"国家级一流本科课程"配套教材系列

教育部高等学校计算机类专业教学指导委员会推荐教材

国家级线上线下混合式一流本科课程"人工智能"指定教材

人工智能基础及应用

微课视频版

周军 梅红岩 薛笑荣 伊华伟 杜颖 张巍 编著

清华大学出版社

北京

内 容 简 介

本书是国家级一流本科课程"人工智能"的配套教材，是作者二十余年教学经验的结晶。考虑初学者的特点，遵循思维过程安排全书内容，同时通过案例学习深化理解。

全书分两篇，共11章。基础篇（第1～6章）包括绪论、确定性推理、不确定性推理、搜索策略、机器学习和知识图谱。应用篇（第7～11章），包括人工神经网络与深度学习、卷积神经网络及其图像分类案例、推荐系统及其应用案例、决策树分类方法及案例实现和ChatGPT。除绪论外，每章内容均按照"基础理论＋应用案例"的结构组织和撰写。第7章和第8章都以神经网络为基础，其他各章各成体系。

本书适合作为高等院校计算机科学与技术、软件工程、智能科学与技术、人工智能等相关专业高年级本科生、研究生的教材，也可供对人工智能感兴趣的读者参考。

图书在版编目（CIP）数据

人工智能基础及应用：微课视频版/周军等编著. --北京：清华大学出版社，2025.7.

（"国家级一流本科课程"配套教材系列）. -- ISBN 978-7-302-69731-2

Ⅰ. TP18

中国国家版本馆 CIP 数据核字第 20250XJ803 号

责任编辑：张　玥
封面设计：刘　键
责任校对：王勤勤
责任印制：曹婉颖

出版发行：清华大学出版社
　　　　　网　　址：https://www.tup.com.cn，https://www.wqxuetang.com
　　　　　地　　址：北京清华大学学研大厦 A 座　　　　邮　　编：100084
　　　　　社 总 机：010-83470000　　　　　　　　　　邮　　购：010-62786544
　　　　　投稿与读者服务：010-62776969，c-service@tup.tsinghua.edu.cn
　　　　　质量反馈：010-62772015，zhiliang@tup.tsinghua.edu.cn
　　　　　课件下载：https://www.tup.com.cn，010-83470236
印 装 者：三河市龙大印装有限公司
经　　销：全国新华书店
开　　本：185mm×260mm　　　　　印　　张：17.75　　　　字　　数：433 千字
版　　次：2025 年 7 月第 1 版　　　　　　　　　　　　印　　次：2025 年 7 月第 1 次印刷
定　　价：66.00 元

产品编号：102933-01

前　言

人工智能经过近 70 年的演进，已经成为这个时代最具变革的技术力量。过去 10 年，深度学习成为主流，人工智能进入了大数据、大计算、大模型的时代。从 AlphaGo 在围棋领域战胜人类，到现在我们正在经历的 ChatGPT、DeepSeek 现象，人工智能技术正在深层次地改变我们的世界。作为发展新质生产力的重要引擎，人工智能正在全球范围内引发深刻的变革。对于中国来说，抓住这一历史机遇，实现人工智能产业的快速发展，具有重要的战略意义。

从 1998 年起，我们开始人工智能的教学与研究。从最初单纯介绍知识表示、推理和搜索策略等经典理论，到后来增加了实践、项目作业等应用环节，再到当前"经典理论＋新技术新方法"的教学设计，历经二十余年终获突破，我校"人工智能"课程于 2016 年建成辽宁省精品资源共享课程，2017 年建成在线课程并在"高校邦"平台上线使用，2019 年在超星平台完成重建，2020 年获批省级一流线上线下混合课程。2023 年获批国家级线上线下混合式一流本科课程。本书是作者在多年教学基础上重新梳理整合教学内容，同时引入国内外最新的研究成果编撰而成的。经典内容力求逻辑结构紧密，新技术、新方法部分力求"新"与"应用"相结合，"新"与"基础"相适应。

全书分为基础篇和应用篇两部分，共 11 章。第 1 章介绍人工智能相关的基本内容；第 2 章由推理的基本概念引入，主要介绍确定性推理中的谓词逻辑推理、自然演绎推理和归结演绎推理的基本概念和方法；第 3 章讲述不确定性推理方法，包括产生式知识表示、可信度推理方法和主观贝叶斯推理方法；第 4 章先介绍状态空间表示，然后举例说明宽度优先搜索、深度优先搜索、代价树搜索、启发式搜索和博弈树搜索；第 5 章的主题是机器学习，内容包括机器学习的定义、分类、系统结构和应用；第 6 章重点讲述知识图谱，从表示与建模、抽取与挖掘、存储与融合、检索与推理到问答和对话；第 7～11 章属于本书应用篇的内容，分别介绍人工神经网络与深度学习、卷积神经网络、推荐系统、决策树、ChatGPT。

本书具有以下特点：

(1) 遵照教指委最新计算机科学与技术和软件工程专业及相关专业的培养目标和培养方案，结合应用型人才培养实际，以"懂理论，能应用，会应用"为目标进行内容组织安排。

(2) 由于人工智能的发展日新月异，任何人不可能学习和掌握所有的新技术、新方法。因此，组织内容时分为基础篇和应用篇。基础篇主要介绍人工智能的经典理论和方法；应用篇介绍新技术、新方法及相关的应用，读者可以根据需要进行取舍。

（3）整合知识内容，逻辑结构紧密。基础篇融合知识表示与确定性推理、不确定性推理，使逻辑结构更加紧密，利于阅读学习。应用篇深入浅出展开讲解，举例说明每种方法，使读者有更直观的认识，便于掌握理解。

（4）习题分为三种类型。分别是对知识和方法的理解及掌握情况的检验类习题；对所学内容应用于解决实际问题情况的验证类习题；需要学生去课外阅读、思考、理解的开放式思考题。

（5）本书有对应的线上教学资源平台，包括课程视频（知识＋案例）、习题、测验，翻转课堂教学实录等内容，可以在清华大学出版社本书配套资源页面获取。本书也提供配套的课件、案例的源码等相关资源，可扫描封底刮刮卡注册后再扫描书中二维码观看。

本书由周军、梅红岩、薛笑荣、伊华伟、杜颖、张巍（锦州开放大学）共同编写而成。其中，周军编写第 1、7 章并统稿，梅红岩编写第 3、4、10 章，薛笑荣编写第 6、8 章，伊华伟编写第 9 章，杜颖编写第 5、11 章，张巍编写第 2 章。黄印博士、马骏龙、张大俊、曲晨曦、李雪、李洋洋、刘哲宇和曲光娜同学负责完成相关实验和绘制部分图表。在编写本书的过程中，作者参阅了王万良教授和马少平教授等多部与人工智能相关的书籍和论文，也吸取了国内外其他作者教材的精髓，在此，对这些作者表示由衷的感谢。本书在出版过程中，得到了辽宁工业大学的支持，还得到了清华大学出版社的大力支持与帮助，在此一并表示诚挚的谢意。

由于作者水平有限，书中难免存在不妥和疏漏之处，敬请读者批评指正。

作　者

2025 年 2 月于辽宁锦州

目 录

第1部分 基 础 篇

第 2 部分　应　用　篇

第1部分

基 础 篇

      基础篇主要介绍人工智能的基础理论和方法,包括传统推理方法、搜索策略、机器学习等。传统推理方法是人们在长期的生产、生活实践中总结提炼出来的推理方法,它能够从已知信息中推导出新的结论,在逻辑学和数学中有着广泛的应用。在人工智能研究中,有一种观点认为:智能就是在巨大的状态空间中搜索满意解的过程,搜索在智能信息处理、问题求解等领域中有着非常重要的作用,搜索成为人工智能的重要基础方法之一。当前,知识图谱和机器学习方法被广泛应用,也将其归入基础篇。

第 **1** 章

绪　　论

本章学习目标：
- 了解人工智能的发展史，人工智能面临的挑战和机遇。
- 理解人工智能的研究内容、研究领域和应用。
- 了解人工智能发展的国家战略。

　　面对一个新事物时，人们总是会问"它是什么，它是怎样产生和发展的，它有什么用"等问题，以期望对这一新事物有个概括性的了解。本章简要探讨"人工智能是什么，人工智能是如何产生和发展的，以及它有什么用，应用在哪些领域"等问题。

1.1　人工智能及其衡量智能机器的准则

　　人工智能正在改变人们的工作和生活方式，它正以迅猛的发展席卷全球。那么，什么是人工智能？衡量标准又是什么？本节就简要介绍之。

1.1.1　人工智能的定义

　　当前，世界正面临百年未有之大变局，创新成为社会发展的第一动力，以大数据、人工智能和物联网为主要特征的新技术成为创新的重要支撑点。智能化、信息化无时无刻不在影响着我们的生活，提高生活质量，使生活更加便利。智能化是什么？百度上说，智能化是指事物在计算机网络、大数据、物联网和人工智能技术的支持下所具有的能满足人的各种需求的属性。如我们常说的智能家电、智能楼宇、智能交通等，如图 1-1 所示。那么，楼宇有智能吗？交通有智能吗？没有。我们所说的各种智能化，只是用人工的方法使其具有智能或智能的某些方面、某种特征。比如，智能家电具有智能识别、智能控制等功能；智能楼宇具有识别、监控检测等功能。它们的共同特点是用人工的方法在机器（计算机）上实现人类某些方面的智能。

图 1-1　智能家电、智能楼宇、智能交通

另外，人类区别于动物的重要标志是能够制造和使用工具，利用工具来减轻劳动强度，提高劳动效率。当前，使用各种机械、工具减轻"体力劳动"已经非常成功，但能否使用机器减轻"脑力劳动"？如果在机器上实现了人类智能，那么既可以提高脑力劳动的效率，又能够减轻脑力劳动的强度。也就是说，用人工的方法在机器上实现智能，这就是最通俗意义上的人工智能。

"人工智能"（Artificial Intelligence，AI），这个术语已经被用作"研究如何在机器上实现人类智能"的学科的名称，代表计算机科学的一个学科分支，也是一个热门的研究领域。

目前，人工智能还没有一个公认的精确的定义，学者们从不同的角度和侧面、从不同层次给出不同的定义。这里列举一二。

① 人工智能是那些与人的思维、决策、问题求解和学习等有关活动的自动化（Bellman，1978）。

② 人工智能是研究那些使理解、推理和行为成为可能的计算（Winston，1992）。

③ 人工智能是一门通过计算过程力图理解和模仿智能行为的学科（Schalkoff，1990）。

在我国的大部分人工智能书籍中，人工智能主要有以下两种定义方式。

第一种定义：人工智能是一门研究如何构造智能机器（智能计算机）或智能系统，使它能模拟、延伸、扩展人类智能的学科。通俗地讲，人工智能就是要研究如何使机器具有能听会说、能读会写、能思会想、能学会做、能适应环境变化、能解决实际问题等功能的一门学科。

第二种定义：人工智能是关于知识的学科，它研究知识表示、知识获取和知识运用。

第一种定义是从结果或称为目的视角给出的人工智能的定义，即构造一个智能机器的角度；第二种定义是从智能的形成、应用的视角围绕知识给出的定义。

我们不必纠结"人工智能"定义的描述，我们重点要知道"人工智能"是研究如何用人工的方法实现人类智能的一个学科、一类研究领域。实现人工智能的方法是多种多样的。从方法论上说，可以是应用数字符号的符号主义方法，也可以是应用仿生运算的连接主义方法，还可以是强调感知和行动的行为主义方法；从软硬件的角度说，可以是软件的方法，也可以是硬件的方法，当然也可以是软硬件结合的方法等。

将人工智能知识应用于某一特定领域，即所谓的"AI＋学科"，就可以形成一个新的学科或研究领域。引用李德毅院士的话说，"掌握人工智能知识已经不仅仅是对人工智能研究者的要求，也是时代的要求"。

1.1.2 衡量智能机器的准则

如何衡量一个机器具有智能？衡量智能机器的准则是什么？这是个学术界一直争论的问题。这里必须提到英国数学家图灵（A.M.Turing，1921—1954），他提出了现代计算机的数学模型——图灵机，对后世计算机和计算机科学的发展有深远影响。为了纪念这位伟大的科学家，1966年，美国计算机协会（ACM）设立了"图灵奖"，旨在奖励对计算机事业作出重要贡献的个人。

关于衡量机器智能的准则，图灵提出了著名的"图灵测试"。

图灵测试的方法如下：分别让人与机器位于两个房间里，他们可以通话，但彼此都看不到对方，不限定对话内容。如果通过对话，作为人的一方不能分辨对方是人还是机器，就可以认为那台机器达到了人类的智能水平。

事实上，1952 年，图灵在一场 BBC 广播中谈到了一个新的具体想法：让计算机来冒充人类，如果超过 30% 的裁判误以为和自己说话的是人而非计算机，那么测试就算成功。2014 年 6 月 7 日，在英国皇家学会举行的"2014 图灵测试"大会上，聊天程序"尤金·古斯特曼"(Eugene Goostman)首次"通过"了图灵测试。但是，关于这个程序也有许多争议，人们关注到尤金·古斯特曼并不是超级计算机，而是一个聊天程序。它并不懂得感性的思考，而只是一个用文字模拟人类对话的模拟程序。

综上所述，人工智能的概念单纯从名词来解释，就是用人工的方法实现人的智能。目前，人工智能已经成为一个学科的名称，它表示研究如何制造智能机器来模拟、延伸和扩展人类智能的学科。衡量智能机器的准则虽然多有争论，但"图灵测试"仍然被视为是评估人工智能智能程度的经典方法。

1.2　人工智能的发展历史和研究途径

利用机器实现智能，减轻脑力劳动，是人类长久的梦想。人类一直在探索，探索的历史也是人工智能的发展历史，下面简单回顾人工智能的发展史，讨论人工智能的研究途径。

1.2.1　人工智能的发展历史

任何事物的产生和发展都要经历一个由无到有、由小变大、由强转弱的曲折发展过程。这期间全凭一个"度"在衡量。"由无到有"是由量变到质变的飞跃过程，"由小变大"是曲折成长的磨炼过程，"由强渐弱"是逐步被新事物替代的升华过程，如图 1-2 所示。

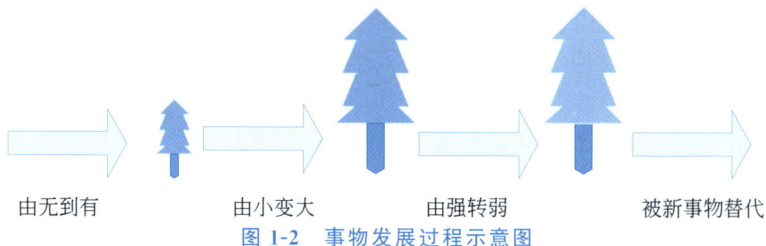

由无到有　　　由小变大　　　由强转弱　　　被新事物替代

图 1-2　事物发展过程示意图

人工智能也必然经历这样一个过程。我们将人工智能的发展历史分为孕育、形成、发展三个阶段。这样划分的原因是：人工智能的理论研究还有待于向纵深发展，它的实践应用推广还处于初级起步阶段，还面临许多挑战，正处在"由小变大"的发展阶段。

图 1-3 所示为人工智能的发展历程。横坐标是时间轴，纵坐标是发展趋势，图中标识了各个阶段的主要成果。

1. 孕育阶段（1956 年以前）

1956 年以前，是人工智能学科的理论基础和物质基础的形成时期。

理论基础包括：亚里士多德的三段论，它是演绎推理的基本依据；英国哲学家培根提出的归纳法；德国数学家莱布尼兹提出的万能符号和推理计算的思想；布尔代数、神经网络模型的建立等。

物质基础包括：中国珠算的发明、图灵机模型的提出、计算机的诞生等。

这些都为人工智能的诞生奠定了基础。

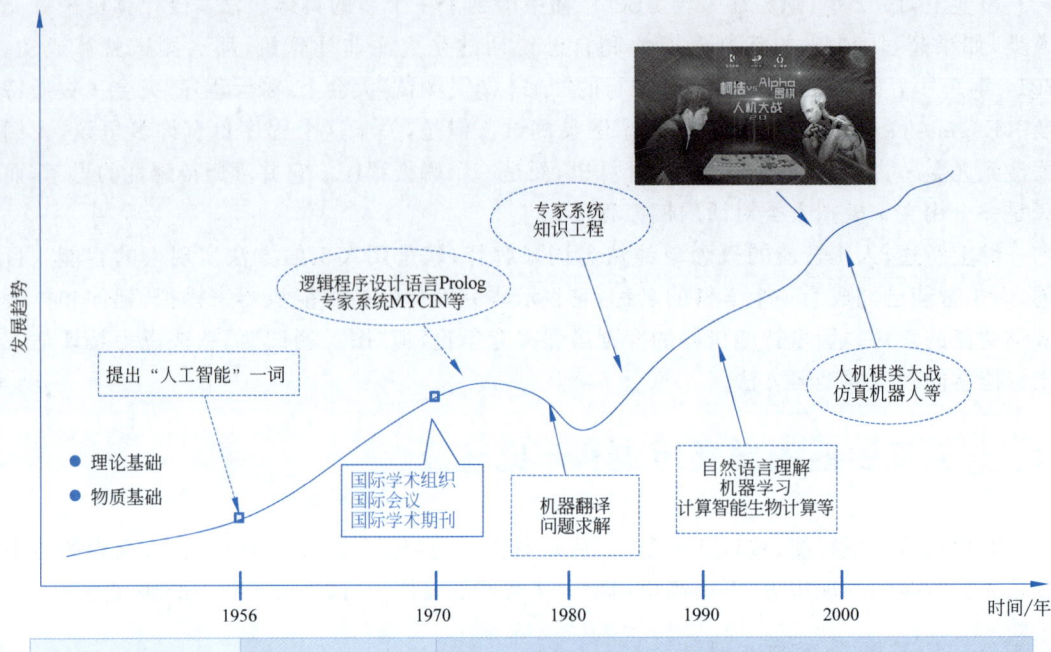

图 1-3　人工智能的发展历程

2. 形成阶段（1956—1969 年）

从 1956 年到 1969 年，是人工智能学科理论的形成时期。

形成阶段开始的标志事件是 1956 年夏季，国际上一些从事数学、心理学、计算机科学、信息论和神经学研究的年轻学者汇聚在达特茅斯（Dartmouth）学院，举办了长达两个月的学术讨论会，认真热烈地讨论了用机器模拟人类智能的问题，其间约翰·麦卡锡首次提出"人工智能"一词。

形成阶段取得的令人瞩目的成就主要有：

① 1956 年，塞缪尔研制的跳棋程序能从棋谱和实践中学习，1959 年击败了他本人，1962 年又击败了一个州冠军。

② 美籍华人王浩 1958 年在 IBM-704 上证明了命题演算的全部定理，及谓词演算中 85％的定理，成为机器定理证明的重要理论基础。

③ 1965 年，鲁滨逊提出归结原理，成为机器定理证明的又一种重要理论基础。

④ 开始研制并使用专家系统。

⑤ 麦卡锡研制出人工智能语言 LISP，LISP 是一种通用高级计算机程序语言，作为面向应用人工智能而设计的语言，于 1958 年建成，至今仍在使用。

⑥ 1969 年成立国际人工智能协会，人工智能国际学术组织成立。

⑦ 1969 年召开了第一届国际人工智能联合会议，并且约定此后每两年召开一次。

3. 发展阶段（1970 年至今）

1970 年，"人工智能"学科形成的标志性事件已经全部具备，主要包括：

（1）人工智能国际学术组织于 1969 年成立。

（2）第一届国际人工智能联合会议于 1969 年召开，并且约定此后每两年召开一次。

（3）国际杂志 *Artificial Intelligence* 于 1970 年创刊。

以上事件对开展人工智能国际学术活动和交流、促进人工智能的研究和发展起到了积极作用。至此人工智能学科正式诞生。

20 世纪 70 年代,人工智能的研究风起云涌,成果大量涌现。包括 1972 年法国马赛大学提出的逻辑程序设计语言 Prolog、专家系统 MYCIN 的成功研制以及各类面向具体应用的专家系统的诞生等,将人工智能的研究推向了第一次高潮。但是,任何事物的发展都不会是一帆风顺的,人工智能的发展道路也是曲折前进的。

20 世纪 70 年代后期,人工智能的发展出现了一些波折。在机器翻译和问题求解领域都遇到了问题。在机器翻译中,当人们认为只要用一部双向词典及语法就可以实现两种语言的对译时,出现了 Time flies like an arrow(光阴似箭)翻译成日语,再译回来,竟然变成了"苍蝇喜欢箭"。The spirit is willing but the flesh is weak(心有余而力不足)翻译成俄语,再翻译回来时竟变成了 The wine is good but the meat is spoiled,即"酒是好的,但肉变质了"。在求解问题中也遇到了组合爆炸的问题。人工智能的研究遭受质疑,研究工作一度陷入了困境。

20 世纪 80 年代前后,专家系统和知识工程在全世界迅速发展,是人工智能研究走出低谷的重要因素。1977 年,费根鲍姆提出了知识工程(knowledge engineering)的概念,许多学者认为人工智能系统是一个知识处理系统,因此知识表示、知识利用和知识获取便成为人工智能系统的三个基本问题。

20 世纪 90 年代以来,在知识获取、自然语言理解等方面的研究工作逐步成为学术界的研究热点,机器学习成为 20 世纪 90 年代最令人瞩目的研究领域。目前,机器学习、计算智能、生物计算已经发展到一个比较成熟的阶段,并在实际应用中作用显著。

进入 21 世纪后,人工智能无论在理论研究,还是在实际应用中都取得了许多令世界瞩目的成绩。在人机棋类大战方面,1997 年 5 月 11 日,IBM 公司的国际象棋超级计算机"深蓝"击败了"等级分"排名世界第一的加里·卡斯帕罗夫;2016 年,DeepMind 公司的人工智能围棋程序 AlphaGo 完胜围棋世界冠军、职业围棋九段李世石;在机器人方面,诞生了能交流的仿真机器人、家居服务机器人、危险救灾机器人等。所有这些都表明人工智能呈现蓬勃迅猛的发展形势。

1.2.2　人工智能的研究途径

怎样研究人工智能? 通过什么样的途径研究人工智能? 人工智能的不同研究途径代表不同的研究学派,目前主要有符号主义、连接主义和行为主义三种研究途径。

1. 符号主义

符号主义(symbolicism)又称逻辑主义(logicism)或计算机学派(computerism),主张运用计算机科学的方法进行人工智能的研究。通过研究逻辑演绎在计算机上的实现方法,在计算机上模拟实现人类智能。符号主义认为人类智能的基本单元是符号,认知过程就是符号表示下的符号计算,从而思维就是符号计算。符号主义认为人工智能源于数理逻辑。数理逻辑从 19 世纪末迅速发展,到 20 世纪 30 年代开始用于描述智能行为。计算机出现后,又在计算机上实现了逻辑演绎系统。后来这一研究途径又推动了"启发式算法→专家系统→知识工程理论与技术",为人工智能的发展作出重要贡献。王浩、吴文俊等在这个研究领域也取得令世界瞩目的成果。

应用符号主义方法实现智能主要面临三个挑战：第一是概念的组合爆炸问题；第二是命题的组合悖论问题；第三是经典概念难以得到，知识难以提取。

2. 连接主义

连接主义（connectionism）又称仿生学派（bionicsism），主张用仿生学的方法进行研究，特别是对人脑模型的研究。力图通过研究人脑的工作模型搞清楚人类智能的本质。它认为人类智能的基本单元是神经元，认知过程是由神经元构成的网络的信息传递过程，这种传递是并行分布进行的。原理为神经网络及神经网络间的连接机制与学习算法。深度学习方法和技术就是连接主义的重要成就之一，也被大众所熟知，在多个领域获得很好的应用。

应用连接主义实现智能的困难在于一直未能完全破解人脑的运行机制，这是人类的四大未解奥秘之一，因此通过仿生来模拟人类智能，任重道远。

3. 行为主义

行为主义（actionism）又称进化主义（evolutionism），主张用进化论的思想进行人工智能的研究。通过对外界事物的动态感知与交互，使计算机能模拟系统，逐步进化，提高智能水平。行为主义认为人工智能起源于控制论，提出智能取决于感知和行动（所以称为行为主义），取决于对外界复杂环境的适应，它不需要知识，不需要表示，不需要推理。智能行为只能在与现实世界的环境交互作用中表现出来，人工智能也会像人类智能一样通过逐步进化而实现（所以称为进化主义）。其原理主要是通过控制论和机器学习算法实现智能系统的逐步进化。

1.3 人工智能的研究内容和研究领域

人工智能要研究哪些内容？人工智能涉及哪些研究领域？这是本节要讨论的问题。

1.3.1 人工智能的研究内容

人工智能是研究用人工的方法实现机器智能的学科。要研究"人工智能"，我们自然会想到：如果智能清楚了，再用人工的方法去实现它，这就应该是人工智能的研究内容了。下面首先讨论"智能是什么，是怎样发生的，有什么特点"，然后讨论人工智能的研究内容。

智能是什么？智能是脑活动的结果，或者说，智能是脑活动的外在表现。脑的工作原理还没有完全搞清楚，智能也没有一个精确的、公认的定义。心理学家认为，将"从感觉到记忆再到思维"这一过程称为"智慧"，智慧的结果就产生了行为和语言，将行为和语言的表达过程称为"能力"，智慧和能力合称为"智能"，将感觉、记忆、回忆、思维、语言、行为的整个过程称为智能过程，是智慧和能力的表现。自然科学家认为智能是知识和智力的总和，知识是智能的基础，智力是获取和运用知识求解问题的能力。不同的人从不同的角度对智能给出了不同的定义：

思维理论认为智能是脑活动的产物，是来自大脑的思维活动。

知识阈值理论认为智能就是在巨大的搜索空间中迅速找到满意解的能力。

没有表达的智能，或称没有推理的智能（20世纪90年代，以麻省理工学院R.A.Brook教授为首的观点）认为智能是某种复杂系统所浮现的性质，是没有表达的、没有推理的。

更多的人则将思维理论与知识阈值理论综合，认为智能是知识与智力的总和，知识是智能的基础,智力是获取并运用知识求解问题的能力。

智能的发生、物质的本质、宇宙的起源、生命的本质被称为自然界的四大奥秘,至今仍未破解。当然,"智能是如何发生的"依然是人类未完全认识的问题。

智能的特点如下。

① 具有感知能力。感知能力是指人们通过视觉、听觉、触觉、味觉、嗅觉等感觉器官感知外部世界的能力。感知是人类获取外部信息的基本途径,人类的大部分知识都是先通过感知获得有关信息,然后经过大脑加工获得。可以说,如果没有感知,人们就不可能获得知识,也不可能引发各种各样的智能活动。因此,感知是产生智能活动的前提和必要条件。有关研究表明,人类80%以上的外界信息是通过视觉得到的,10%是通过听觉得到的。

② 具有记忆与思维的能力。记忆用于存储由感官感知到的外部信息和由思维所产生的知识;思维指利用已有的知识对记忆的信息进行分析、计算、比较、判断、推理、联想、决策。思维是一个动态过程,是获取知识以及运用知识求解问题的根本途径。思维又分为逻辑思维、形象思维和顿悟思维等。逻辑思维和形象思维是两种基本的思维方式。逻辑思维具有依靠逻辑进行、易于形式化等特点;形象思维具有依靠直觉,过程非线性(并行协同式),形式化困难,在缺少信息的情况下仍有可能得到比较满意的结果等特点。顿悟思维具有不定期的突发性、非线性的独创性及模糊性的特性,起着突破、创新、升华的作用,目前还不能描述其产生和实现机理。

③ 具有学习能力及自适应能力。学习是人的本能,每个人都在自觉、不自觉、有意识、无意识地随时随地进行着学习,并且能够进行自我调节,以适应环境的变化。

④ 具有行为和表达能力。人对外界刺激做出的反应或传递某个信息,称为行为能力或表达能力。

⑤ 复杂系统。从智能的特征看,如果感知能力看作是信息的输入,记忆与思维能力、学习能力及自适应能力等作为对输入的处理过程,行为能力和表达能力就可以看作是输出,那么智能应该是一个极其复杂的系统。

关于人工智能的研究内容,正如莱特兄弟发明飞机时飞机的理论基础空气动力学还没有形成一样,可以先从智能所表现出来的性质和特征来开展研究。人工智能的主要研究内容至少应包括机器感知、机器思维、机器学习、机器行为、智能系统及其构造技术等。

① 机器感知。机器感知是指使机器(计算机)具有类似人的感知能力,其中以机器视觉和机器听觉为主。机器视觉是让机器能够识别并理解文字、图像、景物等;机器听觉是让机器能识别语言、声音等。当然,随着传感器技术的发展,机器感知还有电流、电磁场、气流等方面的感知。

② 机器思维。机器思维是指对通过感知得来的外部信息及机器内部产生的各种信息进行有目的的处理。正像人的智能来自大脑的思维活动一样,机器智能也主要是通过机器思维实现的。因此,机器思维是人工智能研究中最重要、最关键的部分,既要进行逻辑思维,又要进行形象思维。

③ 机器学习。机器学习就是使计算机具有获取新知识、学习新技巧,并在实践中不断完善和改进,达到自动获取知识的能力。目的要使机器能够通过各种方式学习,包括阅读、谈话、观察环境、实践等。

④ 机器行为。机器行为主要指机器的行动能力和表达能力,包括动作、运动、说、写、画

等能力。

⑤ 智能系统及其构造技术。研究智能系统的模型、系统分析、系统构造技术、系统集成技术等。

1.3.2 人工智能的研究领域

对于人工智能，不同的人结合不同的领域，从不同的角度开展研究，形成了多样化的研究领域。主要研究领域有问题求解、机器学习、专家系统、自然语言理解、自动定理证明、自动程序设计、机器人学、神经网络，还有机器视觉、模式识别、智能决策支持、人工生命等。这里简要了解具有代表性的研究领域。

1. 问题求解

问题求解主要涉及问题表示空间的研究、搜索策略的研究和归约策略的研究三方面。目前有代表性的问题求解程序是下棋程序，包括塞缪尔跳棋程序、IBM 公司开发的国际象棋程序 *Deep Thought 2*、国际象棋程序"深蓝"、Google DeepMind 开发的围棋程序 AlphaGo 等，下棋程序是人工智能的第一大成就。

2. 机器学习

机器学习是指计算机自身具有学习能力，能够自动获取新的知识和新的推理算法。机器学习是使计算机具有智能的根本途径。正如香农（R.Shank）所说，"一台计算机若不会学习，就不能称为具有智能"。学习的内部表现为不断建立和修改新知识结构，外部表现为改善性能。机器学习的方法有机械式学习、讲授式学习、类比式学习、归纳式学习和观察发现式学习等，近年来，又出现了基于解释的学习、基于事例的学习、基于概念的学习、基于神经网络的学习和遗传学习等。

3. 专家系统

专家系统是一种基于知识的计算机知识系统，它从人类专家那里获得知识，并用来解决只有领域专家才能解决的困难问题。所谓的专家系统，是指一种具有特定领域内大量知识与经验的程序系统，它应用人工智能技术，根据某个领域一个或多个人类专家提供的知识和经验进行推理和判断，模拟人类专家求解问题的思维过程，以解决该领域内的各种问题。

20 世纪 60 年代中期，斯坦福大学研发成功的 DENDRAL 是一个推断化学分子结构的专家系统，是世界上第一例成功的专家系统。20 世纪 60 年代末期，美国麻省理工学院研发成功的 MACSYMA 是一个关于微积分运算和数学推导的专家系统。20 世纪 70 年代中期，斯坦福大学研发成功的 MYCIN 是一个血液感染病诊断专家系统，其中利用了不精确推理的可信度方法等。20 世纪 80 年代以后，专家系统的研发开始趋于商业化。例如，数字设备公司（DEC）和卡内基-梅隆大学合作研发的 XCON 是一个用于为 VAX 计算机系统制定硬件配置方案的商用系统，创造了巨大的经济价值；由通用电气公司研发的 DELTA 是个错误诊断系统，用于诊断发动机中的故障等。

专家系统由单一知识库和单一推理机发展为多知识库和多推理机，由集中式专家系统发展为分布式系统；知识获取是专家系统建造的关键一步，知识获取方法由手工获取方式发展成为半自动化的获取方式，效率和质量有了显著提高；推理机也由开始的确定性推理或较简单的不确定推理发展成为面向应用领域的多种复杂的不确定性推理、非单调推理、模糊推理等。开发工具也有长足的进步。但专家系统还有许多问题需要进一步研究和解决，例如知识的自动获取、深层知识表示和利用、分布式知识处理方法等。

4. 自动定理证明

自动定理证明是人工智能中最先研究并得到成功应用的研究领域。著名的成果是海伯伦理论和鲁滨逊(Robinson)理论,它们成为自动定理证明的基础,尤其是鲁滨逊归结原理,使定理证明能够在计算机上实现。我国的吴文俊院士提出并实现了几何定理机器证明方法,被国际学术界承认并称为"吴方法",是定理证明界的又一个标志性成果,获2000年度国家最高科学技术奖。

5. 自然语言理解

自然语言理解是研究如何让计算机理解人类自然语言的一个研究领域。一个能够理解自然语言的计算机系统看起来就像一个人一样需要有上下文知识,以及具有根据这些上下文知识和信息用信息发生器进行推理的能力。自然语言理解不仅有语义、语法和语音问题,而且还存在模糊性、不确定性等问题。

6. 机器人学

机器人学是当前人工智能研究中备受关注的研究领域。

第一代机器人是可编程控制机器人,是按预先编好的程序执行某些重复作业的简单装置。

第二代机器人称为自适应机器人,主要标志是自身配备相应的感应器,用计算机控制,能够随着环境的变化改变自己的行为。

第三代机器人是指具有类似人的智能的智能机器人,应该具有感知能力、思维能力、控制行为的能力、作用于环境的能力和执行思维机构下达命令的能力等。

机器人学的研究涉及电子学、控制理论、系统工程、机械工程、仿生学、心理学等多个学科,是目前人工智能研究中比较活跃的研究领域,其发展前景十分乐观。

此外,人工智能还有自动程序设计、机器视觉、模式识别、人工神经网络等研究领域。

1.4 人工智能的应用及未来展望

人工智能在哪些领域应用? 人工智能的未来会怎样? 本节主要探讨和展望人工智能的应用与未来,面临的挑战和机遇。同时简要介绍我国和世界其他国家的人工智能发展规划。

1.4.1 人工智能的应用

自然界中的智能无处不在,动物有动物的智能,人类有人类的智能。智能是如何发生的? 至今还是一个谜。但是,我们能够清晰地看到智能的表象:蚂蚁的智能即能够建造蚂蚁宫殿,也能够通力合作抵御外敌,还能够集体完成食物的搬迁;狼群更是具有有策略的集体围剿捕杀猎物的智慧和能力;人类的智能则更胜一筹,不但有人类具有的智慧,还有理解、研究和用人工的方法实现已发现的各类智能的能力。人类发明了许多仿生学的方法,例如人工神经网络的方法,它是深度学习的重要理论基础。除此之外,还有遗传算法、蚁群算法等。

应该说,智能和智能的应用在世界上几乎无处不在,无时不有。同样,人工智能的应用也是无处不在,无时不有。人工智能技术将被广泛应用于教育、医疗、金融、交通、制造、安防等几乎所有领域。

人工智能可以应用于各种服务、娱乐行业。在各种棋类益智游戏中，最具挑战的当属围棋。围棋程序 AlphaGo 的主要工作原理是基于多层人工神经网络的"深度学习"。AlphaGo 的战绩如下：

2015 年 10 月，AlphaGo 以 5∶0 完胜围棋欧洲冠军、职业二段选手樊麾。

2016 年 3 月挑战围棋世界冠军、职业九段选手李世石，AlphaGo 以 4∶1 获胜。

2016 年 12 月 29 日，AlphaGo 注册为 Master，标注为韩国九段的网络棋手，接连"踢馆"弈城网和野狐网。2016 年 12 月 29 日到 2017 年 1 月 4 日，Master 对战人类顶尖高手的战绩是 60 胜 0 负。这其中包括聂卫平、常昊、朴永训、金志锡等许多中外高手。

2017 年 5 月 23—27 日，当前围棋世界排名第一的我国棋手柯洁与 AlphaGo 在"中国乌镇·围棋峰会"展开对弈。5 月 23 日、25 日、27 日，AlphaGo 三胜柯洁。

从 2016 年 AlphaGo 以 4∶1 击败李世石，到 2017 年 AlphaGo 化名 Master 再次以 60∶0 连胜的战绩横扫比赛，2017 年 5 月 27 日，AlphaGo 赛后宣布退役。

目前，人类已经开发出来服务各行各业的机器人。例如，在"一站到底"电视节目中的搜狗机器人——旺仔，这是一个智能服务机器人，它实现了全语音智能交互。它的主要技术包括语音识别、图像识别、搜索检索等，还有音乐机器人和家庭服务机器人。人工智能还可以应用于工业制造业和医疗健康业；应用于危险救助，例如火灾、地震等的救援；应用于自动驾驶，使人们的出行更加方便、快捷和安全。

1.4.2　人工智能的未来

一般地，人工智能分为弱人工智能和强人工智能。

弱人工智能（artificial narrow intelligence，ANI）是指仅在单个领域较强的人工智能程序。目前，在某个领域擅长的弱人工智能发展迅速，应用广泛。如 AlphaGo 仅是围棋领域的人工智能，在围棋领域已超过了人类智能。

强人工智能（artificial general intelligence，AGI）是指能够达到人类级别的人工智能程序。不同于弱人工智能，强人工智能可以像人一样应对不同层面的问题，还具有自我学习以及理解复杂概念等多种能力。因此，强人工智能程序的开发比弱人工智能要困难得多。

2024 年 9 月 1 日，由中共中央宣传部、中央广播电视总台教育部联合主办的大型公益节目 2024 年《开学第一课》播出。北京大学智能学院朱松纯教授携全球首个通用智能人——小女孩"通通"亮相节目现场，她的形象如图 1-4 所示。在这堂全国中小学生共同学习的课上，朱教授展示了通用人工智能的创新发展成果，这位名叫"通通"的小女孩虽然只有三四岁的心智，但她和大家平常见到的智能音响、智能驾驶等人工智能有所不同，后者往往是完成某些事先设定的有限任务，而"通通"是一个有"心"的人工智能体，她所做的事情不受人为控制，而是由自己"心"里的价值所驱动。

要谈"人工智能的未来"，无疑是一种猜想，或者说是一种推测。

人工智能的未来怎样演进？将给人类带来哪些影响？成为社会各界普遍关注的重要议题。无论学术界如何讨论，"未来人工智能将会作为一种基础服务渗透到人类生产和生活的各方面，并将极大地重塑人类社会"是毋庸置疑的。

人工智能的未来有广阔的应用前景，也将改变我们的生活。人工智能将推动新一代技

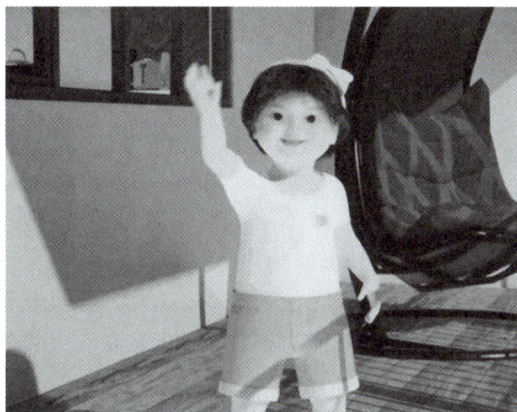

图 1-4　全球首个通用智能人——小女孩"通通"

术革命,成为推动社会发展和变革的主要技术支撑。21 世纪具有网络、大数据、人工智能三个时代特征,它们共同构成了新的社会时代。

网络侧重于描述人类社会乃至与物理社会广泛连接的状态。

大数据侧重描述新社会状态下的内容形态和数字本位状态。

人工智能则描述了新的社会创造物和广泛的机器介入的社会状态。

在新的社会时代,我们未来的生活也许是这样的。

您的家里可能会是这样:您有一个智能管家,它可以是有形的实物个体,也可以是无形的整体。首先,这个智能管家会认识您,不是通过密码口令什么的,而是通过您独有的生物信息,这样您不再需要钥匙,您到家,门会自然打开。这个智能管家能够与您进行语言和肢体语言的沟通,它既是您的私人秘书,又管理着您家里的所有设施,您的习惯将成为您的各种家用设施的习惯,例如,这个管家或各种家用设施会记着您的各种习惯,您习惯的洗浴时间、习惯的水温,到了相应的时间一切都会为您准备妥当。大家想象一下,那时过得是不是很像从前国王的生活!

未来的教育会是什么样子? 我们中国人自古就很注重孩子的教育,"孟母三迁"为的就是为孩子创造良好的教育和教育环境。首先,我们来看看现在的虚拟技术,虚拟现实的效果如同身临其境。应用虚拟技术实现的虚拟邓丽君与周杰伦同台演唱如图 1-5 所示。

图 1-5　虚拟现实技术实现隔空对唱

描述新时代教育的一个场景:孩子的同学和老师可能是同一个城市的人,也可能分布于世界各地,他们通过三维虚拟现实出现在一个课堂上,在同样的教育环境下共同成长,共同体验和感受沉思与快乐,东西方文明和文化的交汇融合在不知不觉中实现。

在新时代,用人的生物信息识别人,可能是指纹、面部信息、姿态,也可能是多种信息的综合。许多我们当前常用的东西可能都会消失,例如信用卡、钥匙、手机等,甚至是货币,人们的财产只是一个数字符号。诚信也不再成为要求,而是一种制度下的行为准则。

1.4.3　人工智能面临的挑战

人工智能的未来令人向往,但同时也面临巨大挑战。下面简单列举一二。

机器的自主学习能力还需要突破。无论人类还是动物,都具有自主学习的能力,也就是无监督学习能力。当前机器的自主学习能力还很弱,如果没有人类的监督,可以说还不具备自主学习能力。

机器意识处于起步阶段。机器意识是指机器的自我意识、情感以及反思自身处境与行为等能力,这是人工智能最大的挑战。人类正是因为具有自我意识,以及反思自身处境与行为的能力,才能区别于世间万物。

人工智能技术的标准化、规范化等问题。随着人工智能的发展,带来的不仅是生产力水平的提高,还有新的伦理、法律、隐私保护等许多社会问题。当机器有了意识,有了生死的概念,具有了独立思考的意识和能力时,人类能否真正完全控制机器,使机器只能够帮助人类,而不是代替或取代人类,就成为人类关注的话题。

1.4.4　人工智能发展的机遇

随着人工智能技术的不断发展和其在各个领域所展现出的巨大潜力,越来越多的国家开始将人工智能技术作为国家战略的重要组成部分,以期在全球竞争中占据有利地位。

国务院"十三五"规划纲要中把"脑科学与类脑研究""大力发展工业机器人、服务机器人、手术机器人和军用机器人,推动人工智能技术在各领域商用""推动驾驶自动化、设施数字化和运行智慧化"等内容列入国家的重大科技项目。2017年7月8日,国务院印发了《新一代人工智能发展规划》,提出了"三步走"战略目标,如图1-6所示。2020年7月,国家标准化管理委员会等五部门联合发布《国家新一代人工智能标准体系建设指南》。2023年10月18日,中央网信办发布《全球人工智能治理倡议》的倡议,提出了人工智能发展和利用的原则和权利。这个倡议彰显了中国在人工智能能力建设上的坚定立场,贡献了中国智慧和方案,展现了高度责任感和全球视野。

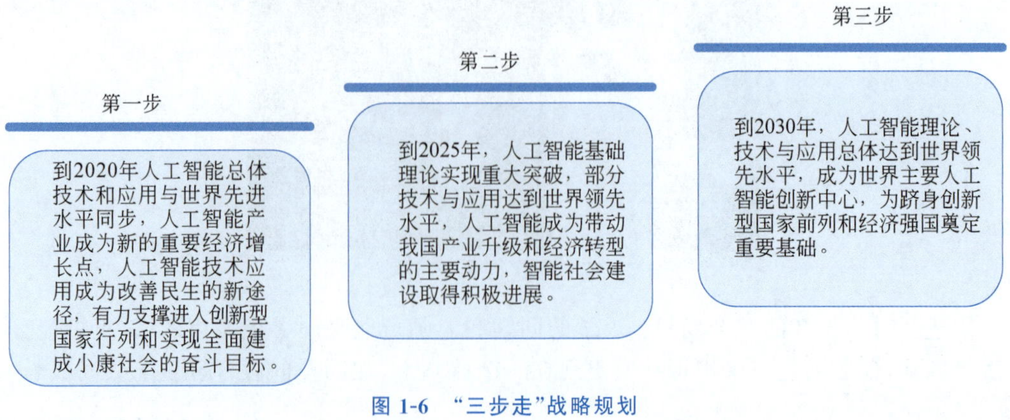

第一步：到2020年人工智能总体技术和应用与世界先进水平同步,人工智能产业成为新的重要经济增长点,人工智能技术应用成为改善民生的新途径,有力支撑进入创新型国家行列和实现全面建成小康社会的奋斗目标。

第二步：到2025年,人工智能基础理论实现重大突破,部分技术与应用达到世界领先水平,人工智能成为带动我国产业升级和经济转型的主要动力,智能社会建设取得积极进展。

第三步：到2030年,人工智能理论、技术与应用总体达到世界领先水平,成为世界主要人工智能创新中心,为跻身创新型国家前列和经济强国奠定重要基础。

图1-6　"三步走"战略规划

2016 年 10 月，美国政府发布了两份关于人工智能领域的重要报告：《国家人工智能发展与研究战略计划》和《为人工智能的未来做好准备》。2018 年 4 月，英国政府发布了《人工智能行业协议》，2022 年又推出国家层面的《人工智能战略》和行动计划。

所有这些都标志着新时代的到来，人工智能将成为人类社会发展的重要推动力，许多国家开始了面向人工智能时代的国家努力。

人工智能将成为经济增长和社会进步的主要驱动力，也必将助力中国梦的实现。人工智能、网络、大数据必将改变人们生活的方式，改变商业运转的方式，使人类进入新的社会生活方式。

1.5　本章小结

本章主要讨论人工智能的概念，衡量智能机器的标准，人工智能的发展历史、研究途径、研究内容和领域等内容。同时也对人工智能的未来进行了展望。通过学习这些内容，相信读者能够对人工智能有基本了解和总体认识。

习题 1

1. 简述衡量机器智能的图灵准则。
2. 简述人工智能研究的主要内容。
3. 简述人工智能的主要研究领域。
4. 通过查阅资料了解"深蓝"计算机的相关内容及其在人工智能发展史上的影响。
5. 调研一年来我国关于"人工智能"的相关规划、政策或相关的新闻，谈谈你的感想。

第 2 章

确定性推理

本章学习目标：

- 了解推理的基本概念。
- 理解确定性推理和不确定性推理的基本概念及其对应实际问题的情况。
- 理解和掌握谓词逻辑推理方法、自然演绎推理方法和归结演绎推理方法。
- 操作实践：应用谓词逻辑推理方法、自然演绎推理方法、归结演绎推理方法证明或求解实际问题。

思维是人类智能的重要表现形式，"如何让机器思考"也是人工智能的主要研究内容。一般地，通常把思维过程称为推理。推理是应用知识求解实际问题的过程，也是人工智能的重要研究内容。本章主要介绍确定性推理方法，包括推理的基本概念、谓词逻辑推理方法、自然演绎推理方法和归结演绎推理方法。

2.1 确定性推理与不确定性推理

本节主要介绍推理、确定性推理、不确定性推理的基本概念和确定性推理的一般过程。

2.1.1 推理的基本概念

所谓推理，是指从已知的事实出发，应用已掌握的知识，推导出其中蕴含的事实性结论或归纳出某些新结论的过程。推理过程表示的是一种思维过程，即运用知识进行推理来求解问题的过程。这里有 4 个关键要素，即事实、知识、结论和推导方法（通常也称为推理方法）。

人类的智能活动有多种思维方式，对应的推理也有多种方式。例如，若按照从推出结论的途径（推理的逻辑基础）来划分，推理分为演绎推理、归纳推理和默认推理；若按照推理过程中推出的结论是否越来越接近目标来划分，推理分为单调推理和非单调推理；若按照推理过程中所用知识的确定性来划分，推理分为确定性推理和不确定性推理；若按照推理过程中所用知识是否具有启发性来划分，推理分为启发式推理和非启发式推理；若按照推理的方向来划分，推理可分为正向推理、逆向推理、双向推理和混合式推理等。这些概念有的在高中或前序课程中学过，这里不再赘述，后面用到相关的概念时再详细介绍。

人工智能系统中的推理就是要用人工的方法实现推理，让机器会推理，那么怎样在机器上实现推理呢？首先，"事实、知识和结论"都需要表示出来，表示成机器可以接受的，同时也适合推理的形式，通常称为知识表示。然后，再根据事实，应用相应知识推出相应结论。如果从技术的角度看推理的关键要素,推理的关键问题就是知识的表示和推理方法。

2.1.2 确定性推理与不确定性推理

按照推理过程中所用知识和证据的确定性,推理分为确定性推理和不确定性推理。

确定性推理是指推理时所用的知识与证据都是确定的,推出的结论也是确定的,其真值或者为"真",或者为"假",没有第三种情况。例如,知识:大于1的自然数中,只能被1和它本身整除的数叫素数或质数;事实:自然数7,因为7只能被1和7整除;结论:7是素数。这里事实、知识和结论都是确定的,是从确定的事实"自然数7"出发,运用知识"大于1的自然数中,只能被1和自身整除的数叫素数或质数",推出确定性结论"7是素数",这便是一种确定性推理。本章主要讨论三种确定性推理方法,即谓词逻辑推理方法、自然演绎推理方法和归结演绎推理方法。

不确定性推理是指推理时所用的知识和证据具有不确定性,推出的结论也具有不确定性,并推算出不确定性的程度。也就是说,不确定推理是从不确定性的证据(或称事实)出发,通过运用不确定性知识推出具有一定程度的不确定性的结论,该结论通常是合理或近乎合理的。例如,知识"咳嗽且发烧可能感染了流感病毒",事实:张三咳嗽且发烧,可以推出"张三可能感染了流感病毒"。这里事实、知识和结论都具有不确定性,知识"咳嗽且发烧就可能感染了流感病毒"具有不确定性,事实"张三咳嗽且发烧"也具有一定的不确定性,结论"张三可能感染了流感病毒"同样具有不确定性,这便是一种不确定性推理。在不确定推理中,还需要确定这些不确定性的程度,称为不确定性度量。例如,知识"咳嗽且发烧就可能感染了流感病毒"中,"咳嗽且发烧"有多大的可能性是因"感染了流感病毒",这个"可能性"需要度量;"张三咳嗽且发烧"的程度也需要度量;"张三可能感染了流感病毒"的可能性也需要度量。同时,在推理过程中还需要给出不确定性度量的传递算法等。这些内容将在第4章"不确定性推理方法"中详细介绍。

2.1.3 确定性推理的一般过程

确定性推理是指推理使用的事实、知识是具有确定性的,推出的结论也是具有确定性的,因此,确定性推理的一般过程是:应用已知的事实去匹配知识库中的知识,推出相应的中间结论,再应用中间结论和已知事实匹配知识库中的知识推出相应的结论,循环这个过程,直到推出最终结论或知识库中没有可用的知识为止,如图2-1所示。

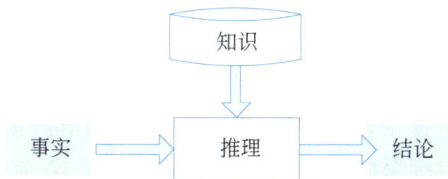

图 2-1 确定性推理的一般过程示意图

推理的效果和效率会受到诸多因素的影响,如受到提供的事实的充分性、知识的完整性的影响,更会受到推理方法和推理控制策略的影响。因此,在实际应用中,要根据具体情况选择适合的事实和知识的表示方法、推理方法和推理控制策略等。

2.2 谓词逻辑推理方法

确定性推理是基于经典逻辑的,谓词逻辑推理方法是确定性推理方法中的一种,谓词逻辑推理方法以谓词逻辑为基础。本节简要介绍谓词逻辑及其推理方法,主要内容包括一阶谓词逻辑知识表示方法、谓词逻辑推理方法、应用谓词逻辑推理方法求解问题的一般步骤和应用举例。

2.2.1 谓词逻辑的知识表示

在推理中,首先要解决的就是知识表示的问题。使用什么形式的知识表示,主要考虑三方面因素,一是符合知识本身特点,二是适合推理使用,三是易于计算机存储和使用。一阶谓词逻辑表示法是最早应用于人工智能的一种知识表示方法,也是到目前为止能够表达人类思维活动规律的一种最精确的形式语言,和人类的自然语言较为接近,能够方便地存储到计算机中,并被计算机识别和处理。

下面就探讨一下谓词逻辑推理中的知识表示。

谓词是谓词逻辑中的基本概念,谓词逻辑是在命题逻辑的基础上发展起来的,命题逻辑可以看作谓词逻辑的一种特殊形式,首先回顾一下命题逻辑的相关内容。

1. 命题

定义 2.1　能够分辨真假的语句称为命题。若命题的意义为真,称它的真值为真,记为T;若命题的意义为假,称它的真值为假,记为 F。

例如:3<5,意义为真,其值为 T。

太阳从西边升起,意义为假,其值为 F。

一个命题可在一种条件下为真,在另一种条件下为假,即命题具有相对性。

例如:1+1=2,在十进制下,正确;在二进制下,不正确。

定义 2.2　一个语句如果不能再进一步分解成更简单的语句,并且又是一个命题,则称此命题为原子命题。原子命题是命题中的基本单位,一般用大写字母表示,如 P、Q、R、S 等。

命题表示法无法把它所描述的客观事物的结构及逻辑特征反映出来,也不能把不同事物间的共同特征表述出来。例如,命题:李白是诗人,用 P 表示;命题:杜甫也是诗人,用 Q 表示。从 P 和 Q 中不能看出他们的共同特点"都是诗人"。又如,命题:老李是小李的父亲,用 R 表示。但从 R 也不能看出他们之间的父子关系。因此,产生了谓词表示法。

2. 谓词

一个谓词由谓词名和个体两部分组成,个体指可以独立存在的事物,可以是具体的事物,也可以是抽象的事物;谓词名用于刻画个体的性质、状态或个体间的关系。

例如,我们可以定义谓词:Poet(x),表示 x 是诗人,其中,Poet 是谓词,x 是个体。

"李白是诗人"这个命题的谓词表示就是:Poet(LiBai),拼音"LiBai"表示个体李白。

又如:5>3:可表示为 Greater(5,3),Greater(x,y)表示"x 大于 y"。

又如:x<6:可表示为 Less(x,6),Less(x,y)表示"x 小于 y"。

谓词的一般形式如下:

$$P(x_1, x_2, \cdots, x_n)$$

其中，P 是谓词名，$x_1, x_2, \cdots, x_n$ 是 n 个个体，个体变元的取值范围称为个体域。

通常，谓词名用大写的英文字母或英文字符串表示，个体用小写的英文字母表示，个体可以是常量，也可以是变元，还可以是函数等。例如：定义 Father(x) 表示 x 的父亲，这就是一个函数，因为它的函数值是个体"父亲"。即一个谓词的值是真值（真或假），一个函数的值是个体。

谓词中包含的个体数目称为谓词的元数。例如，$P(x)$、$Q(x,y)$、$R(x,y,z)$ 分别表示一元、二元和三元谓词。谓词中的个体也可以是一个谓词，当谓词中的个体也是一个一阶谓词时，称为二阶谓词，本书只讨论一阶谓词，对二阶及以上谓词逻辑有兴趣的读者可以参看"数理逻辑"的相关内容。

3. 谓词公式

1）联结词与量词

在谓词逻辑中，需使用联结词和量词将谓词联结起来，用于表示复杂的知识。五个基本联结词如下。

(1) ¬："否定"（negation），也称"非"（no）。

(2) ∨："析取"（disjunction），也称"或"（or）。

(3) ∧："合取"（conjunction），也称"与"（and）。

(4) →："蕴含"（implication），也称"条件"（condition）。

(5) ↔："等价"（equivalence），也称"双条件"（bicondition）

联结词的优先级别从高到低排列如下：

¬（逻辑非）。

∧（合取联结词）、∨（析取联结词）。

→（条件联结词）、↔（双条件联结词）。

其中，同优先级运算次序由左至右依次进行，用括号()可以改变运算的优先级，即先算括号内的表达式。

逻辑联结词对应的真值如表 2-1 所示。

谓词逻辑中，有两个约束量词，一个是全称量词，一个是存在量词。

(1) 全称量词（universal quantifier）（∀x）：对个体域中的所有（或任意）个体 x。

表 2-1 五个基本联结词真值表

P	Q	¬P	P∨Q	P∧Q	P→Q	P↔Q
T	T	F	T	T	T	T
T	F	F	T	F	F	F
F	T	T	T	F	T	F
F	F	T	F	F	T	T

(2) 存在量词（existential quantifier）（∃x）：在个体域中存在个体 x。

例如：定义 $F(x,y)$：个体 x 是个体 y 的朋友，则

（∀x）（∃y）$F(x,y)$ 表示对于个体域中的任何个体 x 都存在个体 y，x 与 y 是朋友。

$(\exists x)(\forall y)F(x,y)$表示在个体域中存在某个个体$x$，与个体域中的任何个体$y$都是朋友。

$(\exists x)(\exists y)F(x,y)$表示在个体域中存在某个个体$x$与某个个体$y$，$x$与$y$是朋友。

$(\forall x)(\forall y)F(x,y)$表示对于个体域中的任何两个个体$x$和$y$，$x$和$y$都是朋友。

约束量词的作用范围(一般称为量词的辖域)是最靠近约束量词的谓词或最靠近量词括号中的谓词公式，辖域内同名变元受约束量词约束，不同名的变元不受约束量词约束。

2) 谓词公式

定义 2.3 谓词公式的定义如下。

(1) 单个谓词是谓词公式，称为原子谓词公式。

(2) 若A是谓词公式，则$\neg A$也是谓词公式。

(3) 若A、B都是谓词公式，则$A \wedge B$、$A \vee B$、$A \rightarrow B$、$A \leftrightarrow B$也都是谓词公式。

(4) 若A是谓词公式，则$(\forall x)A$，$(\exists x)A$也是谓词公式。

有限步应用(1)~(4)生成的公式也是谓词公式。

例如，公式$(\exists x)(P(x,y) \rightarrow Q(x,y)) \wedge R(x,y)$是谓词公式，其中存在量词$(\exists x)$的辖域是$(P(x,y) \rightarrow Q(x,y))$，$x$是约束变元，$y$是自由变元(即不受约束的变元)。

命题公式可以看作是一种特殊谓词公式，它是用联结词把命题联结起来的公式，例如$\neg(P \wedge Q)$、$P \vee R$、$P \rightarrow (Q \leftrightarrow R)$都是谓词公式。

3) 应用谓词公式表示知识的一般步骤

了解了谓词公式之后，怎样用谓词公式表示知识呢？一般步骤如下。

(1) 定义谓词及个体，包括确定每个谓词及个体的确切含义、个体的定义域。

(2) 依据所要表达的事物或概念，为每个谓词中的变元赋予特定的值。

(3) 根据所要表达的知识的语义，用适当的联结符号将各个谓词联结起来，形成谓词公式。

【例 2.1】 李是一名计算机系的学生，但他不喜欢编程序。

解：按照知识表示的步骤，用谓词公式表示上述知识。

首先定义谓词如下。

COMPUTER(x)：表示x是计算机系的学生。

LIKE(x,y)：表示x喜欢y。

涉及的个体有：李(Li)，编程序(programming)。

然后将这些个体代入谓词中，得到

$$\text{COMPUTER(Li)}, \neg \text{LIKE(Li,programming)}$$

最后根据语义，用联结词将它们联结起来，就得到上述知识的谓词公式。

$$\text{COMPUTER(Li)} \wedge \neg \text{LIKE(Li,programming)}$$

2.2.2 谓词公式的解释

关于谓词公式的真值，有下面几种情况。

(1) 谓词中含有个体常量。

例如，谓词 Stud(x)：表示x是学生。Stud(a)，若指定$a=$"张清"，如果"张清"是学生，Stud(a)的真值就为真(T)；如果"张清"不是学生，Stud(a)的真值就为假(F)。此时，就称给谓词 Stud(a)一种解释,即为谓词中的个体常量指派定义域中确定的个体,谓词则有对应确定的真值,称为谓词公式的一个解释。

(2) 谓词含有个体变元的情况。

例如,谓词 Stud(x):表示 x 是学生,且 x 的定义域是 $D=\{$张清,李华、王园$\}$,那么 Stud(x)的真值是什么?可以建立一个从 D 到$\{T,F\}$的映射,例如 Stud(张清)$=T$,Stud(李华)$=F$,Stud(王园)$=T$。在这种情况下,每个个体对应的谓词都有一个真值。可以称它为谓词 Stud(x)的一个解释。

如果是 n 元谓词,就建立一个 D^n 到$\{T,F\}$的映射(注:这里 D^n 是定义域 D 的 n 维笛卡尔积),对应的就是这个谓词的一个解释。

(3) 谓词含有个体函数。

例如:定义二元函数 Ch(u,v)表示 u 与 v 的孩子,函数的定义域和值域均为 D,u 与 v 的个体域都是 D,可以建立一个从 D^2 到 D 的映射来反映函数的对应关系。

定义 2.4 设 D 为谓词公式 P 的个体域,若对 P 中的个体常量、函数和谓词按照如下规定赋值:

(1) 为每个个体常量指派 D 中的一个元素。

(2) 为每个 n 元函数指派一个从 D^n 到 D 的映射,其中

$$D^n=\{(x_1,x_2,\cdots,x_n)\,|\,x_1,x_2,\cdots,x_n\in D\}$$

(3) 为每个 n 元谓词指派一个从 D^n 到$\{T,F\}$的映射。

则称这些指派为谓词公式 P 在个体域 D 上的一个解释。

在上面谓词公式的解释定义中,无论是为常量指派确定的元素、为 n 元函数指派到元素的映射,还是为多元谓词指派到真值的映射,都有多种组合的情况。因此,一般情况下谓词公式可以有多个解释。

【例 2.2】 设个体域 $D=\{1,2\}$,求公式 $A=(\forall x)(\exists y)P(x,y)$ 在 D 上的一个解释,并指出在这个解释下的真值。

解:由解释定义给出一个解释。由于公式 A 中没有常量和函数,因此只需要建立一个从 D^2 到$\{T,F\}$的映射。对于个体域 $D=\{1,2\}$,$D^2=\{(1,1),(1,2),(2,1),(2,2)\}$,指派映射如下。

$$D^2 \xrightarrow{P} \{T,F\}$$

具体指派为 $P(1,1)=T$、$P(1,2)=F$,$P(2,1)=F$,$P(2,2)=T$。这就是公式 A 的一个解释。

在这个解释下,公式 $A=(\forall x)(\exists y)P(x,y)$ 的真值是确定的,当 $x=1$ 时,$P(1,1)=T$;当 $x=2$ 时,$P(2,2)=T$。所以,在这个解释下,公式 $A=(\forall x)(\exists y)P(x,y)$ 的真值是 T。

对于一个谓词公式的解释有很多种,例如对于上面的公式 A,共有 16 种指派,即有 16 个解释,每个解释都对应一个确定的真值。

【例 2.3】 设个体域 $D=\{1,2\}$,求公式 $B=(\forall x)(P(x)\rightarrow Q(f(x),b))$ 在 D 上的某一个解释,并指出在这解释下的真值。

解:由解释的定义,按照下列步骤给出公式 $B=(\forall x)(P(x)\rightarrow Q(f(x),b))$ 的一个

解释。

（1）为每个个体常量指派 D 中的一个元素，公式 B 中有一个常量 b，指派 b＝1；

（2）为函数 $f(x)$ 指派一个从 D 到 D 的映射，

$$D \xrightarrow{f} D$$
$$x \in D \rightarrow f(x) \in D$$

具体指派为 $f(1)=2, f(2)=1$。

（3）为每一个谓词指派一个映射，这里有两个谓词 $P(x)$ 和 $Q(x,y)$，分别指派映射如下：

$$P(1)=T, P(2)=F; Q(1,1)=T, Q(1,2)=T, Q(2,1)=F, Q(2,2)=F$$

则称这些指派为谓词公式 P 在个体域 D 上的一个解释。

下面来求在这个解释下谓词公式 $B=(\forall x)(P(x) \rightarrow Q(f(x),b))$ 的真值。

当 $x=1$ 时，根据指派 $(P(1) \rightarrow Q(f(1),1))=(P(1) \rightarrow Q(2,1))=F$；同理，当 $x=2$ 时，$(P(2) \rightarrow Q(f(2),1))=(P(1) \rightarrow Q(1,1))=T$，所以，在这个解释下，$B=(\forall x)(P(x) \rightarrow Q(f(x),b))$ 的真值是 F。

2.2.3 谓词公式的永真性、可满足性、不可满足性

应用谓词公式解释的推理就是穷举谓词公式的所有解释，若所有解释都为真，则推出谓词公式为真；若所有解释均为假，则推出谓词公式为假。若有的解释为真，有的解释为假，则可以推出此谓词公式是可满足的。

定义 2.5 如果谓词公式 P 对个体域 D 上的任何一个解释都取得真值 T，则称 P 在 D 上是永真的；如果 P 在每个非空个体域上都是永真的，则称 P 永真。

定义 2.6 如果谓词公式 P 在个体域 D 上至少存在一种解释，使得 P 在此解释下的真值为 T，则称谓词公式 P 在个体域 D 上是可满足的，否则，即 P 在个体域 D 上的所有解释都为 F，则称 P 在个体域 D 上是不可满足的；如果谓词公式 P 在非空个体域上至少存在一种解释，使得 P 在此解释下的真值为 T，则称谓词公式 P 是可满足的，否则，即 P 在任何非空个体域上的所有解释都为 F，则称 P 是不可满足的，也称 P 永假。

2.2.4 谓词逻辑应用案例

前面学习了用一阶谓词逻辑进行知识表示的方法。那么，在对知识进行准确的表示之后，怎样对问题进行求解呢？下面通过一个具体实例讲解。

【例 2.4】 机器人搬盒子问题。

问题描述：在房间的 c 处有一个机器人 robot，两张桌子 a 和 b，桌子 a 上放着一个盒子 box。现需要机器人将桌子 a 上的盒子转移到桌子 b 上，然后回到 c 处，如图 2-2 所示。那么如何用一阶谓词逻辑来表示这一问题，并对其进行求解呢？

要想让计算机实现这个过程，首先要对问题进行表示：即使用谓词公式将该问题所涉及的状态、位置、动作表示出来，再进行问题求解。

依题意，先定义谓词和确定个体域。

定义谓词如下。

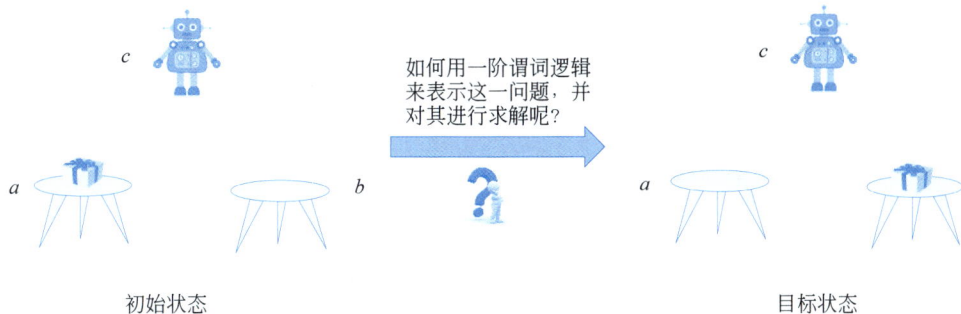

图 2-2 机器人搬盒子问题示意图

TABLE(x)：x 是桌子。

EMPTY(y)：y 双手是空的。

AT(y,z)：y 在 z 附近。

HOLDS(y,w)：y 拿着 w。

ON(w,x)：w 在 x 上面。

其对应的个体域分别为

$$x：\{a,b\}；y：\{robot\}；z：\{a,b,c\}；w：\{box\}$$

依据问题的描述，将问题的初始状态和目标状态分别用谓词公式表示出来。

问题的初始状态描述为

$$AT(robot,c) \land EMPTY(robot) \land ON(box,a) \land TABLE(a) \land TABLE(b)$$

问题的目标状态描述为

$$AT(robot,c) \land EMPTY(robot) \land ON(box,b) \land TABLE(a) \land TABLE(b)$$

将问题表示出来之后，如何进行问题的求解呢？即如何将问题从初始状态变化到目标状态呢？其过程应该是机器人走到桌子 a 处，然后拿起 box，接下来走到桌子 b 处，将 box 放下，然后再回到 c 处。也就是说机器人需要执行这样的一组操作才能得到问题的解。那么，怎样用谓词公式将机器人可执行的这些操作表示出来呢？

通过分析发现，操作一般分为条件和动作两部分。条件是动作发生的前提，是一种状态的描述，很容易用谓词公式表示；动作可通过动作发生前后的状态变化来表示，即通过在动作前的状态中删去和增加一些谓词来表达动作的实现。在这个问题中，机器人要执行的操作主要如下。

机器人移动。

GOTO(x,y)：从 x 处走到 y 处，其对应的条件和动作分别如下。

条件：AT(robot,x)。

动作：删除：AT(robot,x)。

增加：AT(robot,y)。

机器人拿起盒子。

PICK-UP(x)：在 x 处拿起盒子(box)，其对应的条件和动作分别如下。

条件：TABLE(x) $\land$ ON(box,x) $\land$ AT(robot,x) $\land$ EMPTY(robot)。

动作：删除：ON(box,x) $\land$ EMPTY(robot)。

增加：HOLDS(robot,box)。

机器人放下盒子。

SET-DOWN(x)：在 x 处放下盒子,其对应的条件和动作分别如下。

条件：TABLE(x)∧AT(robot,x)∧HOLDS(robot,box)。

动作：删除：HOLDS(robot,box)。

增加：ON(box,x)∧EMPTY(robot)。

机器人在执行每一个操作之前,首先检查当前的状态是否满足操作执行的条件。若满足,则执行操作,否则检查下一个操作所要求的条件是否能够满足。

通过上面的学习,依据问题求解的要求,可以给出机器人搬积木问题的求解过程。其中在检查条件的满足性时,要进行变量的代换。

机器人搬盒子的具体过程如下。

初始状态如下。

AT(robort,c)∧EMPTY(robot)∧ON(box,a)∧TABLE(a)∧TABLE(b)

机器人对初始状态进行检查,当前满足 GOTO(x,y)操作执行的条件 AT(robot,x),用 c 替换 x,a 替换 y。机器人执行 GOTO(c,a),删除 AT(robot,c)得到：

AT(robot,a)∧EMPTY(robot)∧ON(box,a)∧TABLE(a)∧TABLE(b)

机器人再检查当前状态,当前满足 PICK-UP(x)操作执行的条件：TABLE(x)∧ON(box,x)∧AT(robot,x)∧EMPTY(robot),用 a 代换 x。机器人执行动作 PICK-UP(a),删除 EMPTY(robot)∧ON(box,a)得到：

AT(robot,a)∧HOLDS(robot,box)∧TABLE(a)∧TABLE(b)

机器人继续检查当前状态,当前满足 GOTO(x,y)操作执行的条件：AT(robot,x),用 a 替换 x,b 替换 y,执行 GOTO(a,b),删除 HOLDS(robot,box),得到：

AT(robot,b)∧HOLDS(robot,box)∧TABLE(a)∧TABLE(b)

机器人继续检查当前状态,当前满足 SET-DOWN(x)操作执行的条件：TABLE(x)∧AT(robot,x)∧HOLDS(robot,box),用 b 替换 x,执行 SET-DOWN(b),删除 HOLDS(robot,box)得到：

AT(rabot,b)∧ON(box,b)∧EMPTY(robot)∧TABLE(a)∧TABLE(b)

机器人继续检查当前状态,当前满足 GOTO(x,y)操作执行的条件：AT(robot,x),用 b 替换 x,c 替换 y,执行 GOTO(b,c),删除 AT(robot,b)得到：

AT(robot,c)∧EMPTY(robot)∧ON(box,b)∧TABLE(a)∧TABLE(b)

这就是目标状态。机器人搬盒子的完整过程如图 2-3 所示。

这就是用谓词公式表示法进行问题的表示及问题求解与推理的过程。

2.2.5 谓词逻辑知识表示的特点

从一阶谓词逻辑表示法及其问题求解的一般过程可以看出,一阶谓词逻辑表示法具有如下特点。

自然性：其形式接近于自然语言,易于被人理解和接受。

精确性：谓词公式非真即假,能够精确地表示知识,进行确定性推理。

严密性：谓词逻辑具有严格的形式定义与推理规则。

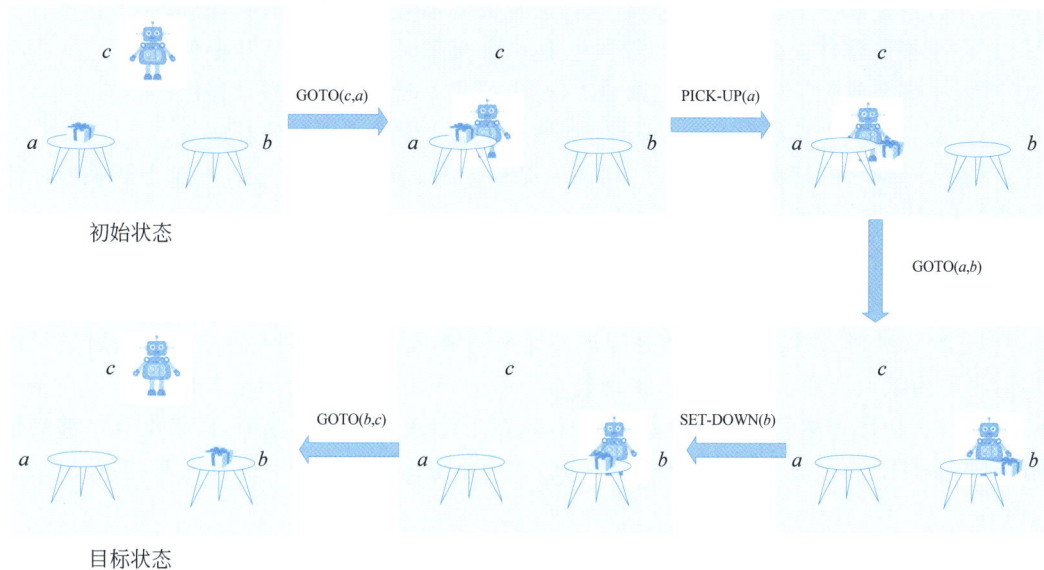

图 2-3　机器人搬盒子的完整过程

易实现：用谓词逻辑表示的知识易于转换为计算机的内部形式，易于模块化。

不足之处：它不能表示不精确、不确定、模糊性的知识，同时，对于大型系统会出现组合爆炸的问题，从而导致问题的复杂度呈指数级增长。

2.3　自然演绎推理方法

推理是实现人类思维过程的方法和手段。人类的智能活动中有多种思维方式，因而人工智能中的也有很多种推理方式。按照推理的逻辑基础或推出结论的途径，推理分为演绎推理、归纳推理和默认推理。

（1）演绎推理。演绎推理是指从一组已知为真的事实出发，直接运用经典逻辑的推理规则推出结论的过程，即由一般性知识推导出适合于某一具体情况的结论的过程，这是一种从一般到个别（或称为特殊）的推理。许多智能系统中采用了演绎推理，它是人工智能中一种重要的推理方式。

（2）归纳推理。归纳推理是指从足够多的事例中归纳出一般性结论的推理过程，是一种从个别到一般的推理。归纳推理又分为完全归纳推理和不完全归纳推理。完全归纳推理是穷举论域中所有对象的推理；不完全归纳推理是穷举论域中部分对象的推理。例如，设论域 $U=\{x \mid x \in \{软件工程专业 221 班学生\}\}$，有以下事实：

软件工程专业 221 班学生张清坐公交车时给老弱病残让座位；

软件工程专业 221 班学生李华坐公交车时给老弱病残让座位；

⋮

软件工程专业 221 班学生马京坐公交车时给老弱病残让座位。

即包含了软件工程专业 221 班所有学生后，才归纳推理出结论"软件工程专业 221 班学生坐公交车时给老弱病残让座位"，这就是完全归纳推理。

下面是不完全归纳推理的例子，有以下事实：

　　　张清是软件工程专业221班学生，他坐公交车时给老弱病残让座位；

　　　李华是软件工程专业221班学生，他坐公交车时给老弱病残让座位；

　　　王园是软件工程专业221班学生，她坐公交车时给老弱病残让座位；

　　　刘心是软件工程专业221班学生，她坐公交车时给老弱病残让座位。

　　由这4个学生的情况，归纳推出"软件工程专业221班学生坐公交车时给老弱病残让座位"的一般性结论，这就是不完全归纳推理。

　　由此可以看出，完全归纳推理是完备的；不完全归纳推理是不完备的，也有可能是错误的。

　　（3）默认推理。默认推理是指在知识不完全的情况下假设某些条件已经具备所进行的推理，也称为默认推理。显然，默认推理是不完备的，应用它推出的结论未必正确，但在条件不充分时，它却是一种可行的推理方法。例如，在条件A成立的情况下，如果没有足够的证据能证明条件B不成立，则默认条件B是成立的，并在此默认前提下进行推理，推导出某个结论。

2.3.1 自然演绎推理的推理规则

　　自然演绎推理是演绎推理的一种，也就是说，自然演绎推理也是一种从一般到特殊（或称为个体）的推理。自然演绎推理特指直接运用经典逻辑的推理规则进行的推理，即从一组已知为真的事实出发，直接运用经典逻辑的命题逻辑或谓词逻辑中的推理规则推出结论的过程。自然演绎推理常用的推理规则主要有谓词逻辑的等价式、永真蕴含和其他推理规则。下面分别介绍这些推理规则。

1. 谓词公式的等价式

　　定义2.7　设 P 与 Q 是两个谓词公式，D 是它们共同的个体域，若对 D 上的任何一个解释，P 和 Q 都有相同的真值，则称公式 P 和 Q 在 D 上是等价的。如果 D 是任意个体域，则称 P 和 Q 等价，记为 $P \Leftrightarrow Q$。

　　下面列出一些主要的等价式。

交换律

$$P \lor Q \Leftrightarrow Q \lor P, \quad P \land Q \Leftrightarrow Q \land P$$

结合律

$$(P \lor Q) \lor R \Leftrightarrow P \lor (Q \lor R)$$

$$(P \land Q) \land R \Leftrightarrow P \land (Q \land R)$$

分配律

$$P \lor (Q \land R) \Leftrightarrow (P \lor Q) \land (P \lor R)$$

$$P \land (Q \lor R) \Leftrightarrow (P \land Q) \lor (P \land R)$$

德摩根律

$$\neg (P \lor Q) \Leftrightarrow \neg P \land \neg Q$$

$$\neg (P \land Q) \Leftrightarrow \neg P \lor \neg Q$$

双重否定律

$$\neg \neg P \Leftrightarrow P$$

吸收率

$$P \lor (P \land Q) \Leftrightarrow P, \quad P \land (P \lor Q) \Leftrightarrow P$$

补余律

$$P \lor \neg P \Leftrightarrow T, \quad P \land \neg P \Leftrightarrow F$$

连词化归律

$$P \to Q \Leftrightarrow \neg P \lor Q$$
$$P \leftrightarrow Q \Leftrightarrow (P \to Q) \land (Q \to P)$$
$$P \leftrightarrow Q \Leftrightarrow (P \land Q) \lor (\neg P \land \neg Q)$$

量词转换律

$$\neg (\exists x) P \Leftrightarrow (\forall x) \neg P$$
$$\neg (\forall x) P \Leftrightarrow (\exists x) \neg P$$

量词分配律

$$(\forall x)(P \land Q) \Leftrightarrow (\forall x)P \land (\forall x)Q$$
$$(\exists x)(P \lor Q) \Leftrightarrow (\exists x)P \lor (\exists x)Q$$

2. 谓词逻辑的永真蕴含

定义 2.8 对于谓词公式 P 和 Q，如果 $P \to Q$ 永真，则称 P 永真蕴含 Q，且称 Q 为 P 的逻辑结论，称 P 为 Q 的前提，记作 $P \Rightarrow Q$。

下面列出今后用到的常用的主要永真蕴含式。

化简律

$$(P \land Q) \Rightarrow P, \quad (P \land Q) \Rightarrow Q$$

附加律

$$P \Rightarrow (P \lor Q), \quad Q \Rightarrow (P \lor Q)$$

析取三段论

$$(P \lor Q) \land \neg Q \Rightarrow P$$

假言推理

$$(P \to Q) \land P \Rightarrow Q$$

拒取式

$$(P \to Q) \land \neg Q \Rightarrow \neg P$$

假言三段论

$$(P \to Q) \land (Q \to R) \Rightarrow (P \to R)$$

二难推论

$$(P \lor Q) \land (P \to R) \land (Q \to R) \Rightarrow R$$

全称固化

$$(\forall x)P(x) \Rightarrow P(y)$$

其中，y 是个体域中的任意个体。利用此永真蕴含式可以消去公式中的全称量词。

存在固化

$$(\exists x)P(x) \Rightarrow P(b)$$

其中，b 是个体域中某个可以使 $P(x)$ 为真的个体。利用此永真蕴含式可以消去公式中的存在量词。

等价式和永真蕴含式保证了推理的有效性，它们是进行谓词推理和演绎推理的重要依据，也称这些公式为推理规则。

3. 其他推理规则

除了假言三段论、假言推理、拒取式，还有下列常用规则。

(1) P 规则：在推理的任何步骤上都可以引入前提。

(2) T 规则：推理时，如果前面步骤中有一个或多个公式永真蕴含公式 S，则可把 S 引入推理过程中。

(3) CP 规则：如果能从 R 和前提集合中推出 S 来，则可从前提集合推出 $R \rightarrow S$。

(4) 反证法：$P \Rightarrow Q$ 当且仅当 $P \wedge \neg Q \Rightarrow F$。即，$Q$ 为 P 的逻辑结论，当且仅当 $P \wedge \neg Q$ 是不可满足的。

在自然演绎推理中，就是利用上述这些规则来进行证明或求解问题。

2.3.2　自然演绎推理的推理方法

自然演绎推理的一般过程是从一组已知为真的事实开始，应用等价式、蕴含式或 P 规则等推理规则推出新的为真的结论，新的结论又作为新的条件，继续应用推理规则，再推出更新的为真的结论。如此往复，直到推出需要的结论或没有可用的规则为止。

演绎推理经常用的是三段论。三段论主要包括大前提、小前提、结论三部分。

大前提：已知的一般性知识或假设。

小前提：关于所研究的具体情况或个别事实的判断。

结论：由大前提推出的适合小前提所示情况的新判断。

例如，大前提：在大于 1 的自然数中，只能被 1 和自身整除的数是质数。（一般性知识）

小前提：11 只能被 1 和自身整除。（具体情况）

结论：11 是质数。（结论）

这是一个三段论推理。再如：

① 软件工程专业的学生都会编程序。（一般性知识）

② 程强是软件工程专业的一位学生。（具体情况）

③ 程强会编程序。（结论）

这也可以看作是一个三段论推理，其中，①是大前提，②是小前提，③是经演绎推理推出来的结论。可见，结论是蕴含在大前提中的。

2.3.3　自然演绎推理应用案例

前面讲解了自然演绎推理方法及其所使用的推理规则。下面举例说明怎样应用自然演绎推理方法进行问题的求解。

【例 2.5】 已知如下事实。

$$A, \quad B, \quad A \rightarrow C, \quad B \wedge C \rightarrow D, \quad D \rightarrow Q$$

求证：Q 为真。

证明：因为

$$
\begin{array}{ll}
A, A \rightarrow C \Rightarrow C & \sharp \text{假言推理及 P 规则} \\
B, C \Rightarrow B \wedge C & \sharp \text{引入合取词} \\
B \wedge C, B \wedge C \rightarrow D \Rightarrow D & \sharp \text{假言推理及 T 规则} \\
D, D \rightarrow Q \Rightarrow Q & \sharp \text{假言推理及 T 规则}
\end{array}
$$

因此，Q 为真。证毕。

【例2.6】 已知如下事实。

(1) 凡是需要室外活动的课，郝亮(Hao)都喜欢。

(2) 所有的公共体育课都需要室外活动。

(3) 篮球(Ball)是一门公共体育课。

求证：郝亮喜欢篮球课。

对这个问题进行求解时，首先要对所描述的事实进行表示，采用一阶谓词逻辑表示法。然后使用自然演绎推理方法，从已知出发，应用推理规则进行推理证明。

证明：首先，依据已知事实定义如下谓词。

Outdoor(x)：x 是需要室外活动的课。

Like(y,x)：y 喜欢 x。

Sport(x)：x 是一门公共体育课。

依据谓词定义，把已知事实及待求解问题用谓词公式表示如下：

Outdoor(x)→Like(Hao,x)

($\forall x$)(Sport(x)→Outdoor(x))

Sport(Ball)

待求解的问题：Like(Hao,Ball)

最后，应用推理规则进行推理：因为($\forall x$)(Sport(x)→Outdoor(x))

所以 Sport(y)→Outdoor(y)   ♯全称固化

又因为 Sport(Ball),Sport(y)→Outdoor(y)⇒Outdoor(Ball)   ♯假言推理{Ball/y}

又因为 Outdoor(Ball),Outdoor(x)→Like(Hao,x)⇒Like(Hao,Ball)

♯假言推理{Ball/x}

所以原题得证：郝亮喜欢篮球课。证毕。

2.3.4 自然演绎推理的特点

自然演绎推理方法的主要优点是定理证明过程自然，易于理解，并且有丰富的推理规则可用。

自然演绎推理方法的主要缺点是容易产生知识爆炸，推理过程中得到的中间结论一般按指数规律递增，对于复杂问题的推理不利，甚至难以实现。

此外，利用自然演绎推理方法进行问题求解时，一定要注意避免以下两类错误。

(1) 肯定后件：当 P→Q 为真时，希望通过肯定后件 Q 为真来推出前件 P 为真。这是错误的推理逻辑。

(2) 否定前件：当 P→Q 为真时，希望通过否定前件 P 来推出后件 Q 为假，这也是错误的。

2.4 归结演绎推理方法

归结演绎推理是一种最为经典的机器推理技术。在归结演绎推理方面最有成效的工作就是罗宾逊归结原理。罗宾逊归结原理也称消解原理，是罗宾逊于1965年在海伯伦理论的基础上提出的一种基于逻辑的"反证法"。它使定理证明的机械化成为现实。

归结演绎推理是最经典的定理证明方法之一。定理证明的实质，是要对前提 P 和结论 Q，证明 $P \rightarrow Q$ 永真。要证明 $P \rightarrow Q$ 永真，就要证明 $P \rightarrow Q$ 在任何一个非空个体域上都永真。这将非常困难，甚至是不可能实现的。为此，人们进行了大量的探索，后来发现可以采用反证法的思想，把关于永真性的证明转化为关于不可满足性的证明。即要证明 $P \rightarrow Q$ 永真，应用反证法证明 $\neg(P \rightarrow Q)$ 是永假的，也就是不可满足的。又因为

$$\neg(P \rightarrow Q) \Leftrightarrow \neg(\neg P \vee Q) \Leftrightarrow P \wedge \neg Q$$

所以只要能够证明 $P \wedge \neg Q$ 是不可满足的就可以了。一般的情况下，有下面的定理。

定理 2.1 设 $Q, P_1, P_2, \cdots P_n$ 是谓词公式，Q 是 $P_1, P_2, \cdots P_n$ 的逻辑结论，当且仅当

$$(P_1 \wedge P_2 \wedge \cdots \wedge P_n) \wedge \neg Q$$

是不可满足的。

证明：即证明（Q 是 $P_1, P_2, \cdots P_n$ 的逻辑结论）$\Leftrightarrow$（$(P_1 \wedge P_2 \wedge \cdots \wedge P_n) \wedge \neg Q$ 是不可满足的）。

由于

（Q 是 $P_1, P_2, \cdots P_n$ 的逻辑结论）$\Leftrightarrow$（$(P_1 \wedge P_2 \wedge \cdots \wedge P_n \Rightarrow Q)$ 永真）（应用逻辑结论的定义）

（$(P_1 \wedge P_2 \wedge \cdots \wedge P_n \Rightarrow Q)$ 永真）$\Leftrightarrow$（$\neg(P_1 \wedge P_2 \wedge \cdots \wedge P_n \Rightarrow Q)$ 永假）（应用否定定义）

（$\neg(P_1 \wedge P_2 \wedge \cdots \wedge P_n \Rightarrow Q)$ 永假）$\Leftrightarrow$（$\neg(\neg(P_1 \wedge P_2 \wedge \cdots \wedge P_n) \vee Q)$ 永假）（应用连接词化归律）

（$\neg(\neg(P_1 \wedge P_2 \wedge \cdots \wedge P_n) \vee Q)$ 永假）$\Leftrightarrow$（$\neg\neg(P_1 \wedge P_2 \wedge \cdots \wedge P_n) \wedge \neg Q$ 永假）（应用德·摩根律）

（$\neg\neg(P_1 \wedge P_2 \wedge \cdots \wedge P_n) \wedge \neg Q$ 永假）$\Leftrightarrow$（$(P_1 \wedge P_2 \wedge \cdots \wedge P_n) \wedge \neg Q$ 永假）（应用双重否定律）

即 $(P_1 \wedge P_2 \wedge \cdots \wedge P_n) \wedge \neg Q$ 是不可满足的。证毕。

由定理 2.1 知道，要证明由一组条件推导出一个结论，可以首先将所有条件和结论用谓词公式表示出来，即可以表示为 $P_1, P_2, \cdots P_n$ 和 Q，只要证明 $(P_1 \wedge P_2 \wedge \cdots \wedge P_n) \wedge \neg Q$ 是不可满足的就可得证。那么如何证明 $(P_1 \wedge P_2 \wedge \cdots \wedge P_n) \wedge \neg Q$ 的不可满足性？仔细观察 $(P_1 \wedge P_2 \wedge \cdots \wedge P_n) \wedge \neg Q \Leftrightarrow (P_1 \wedge P_2 \wedge \cdots \wedge P_n) \wedge (\neg Q)$ 可知，只要证明 $(P_1 \wedge P_2 \wedge \cdots \wedge P_n) \wedge (\neg Q)$ 是不可满足的即可。这里各个条件、结论的否定之间是合取关系，只要能证明其中一个是不可满足的，或者能证明由这些谓词公式推导出的结论是不可满足的，就可推导出 $(P_1 \wedge P_2 \wedge \cdots \wedge P_n) \wedge (\neg Q)$ 是不可满足的，这样就完成了证明。

无论是海伯伦理论还是罗宾逊归结原理，都是以子句集为背景展开研究的，这里先介绍子句与子句集的相关内容。

2.4.1　子句和子句集

定义 2.9 不含有任何连接词的谓词公式叫原子公式，简称原子。

定义 2.10 原子或原子的否定统称为文字。

例如，$P(x)$、$Q(x)$、$\neg P(x)$、$\neg Q(x)$ 等都是文字。

定义 2.11 子句就是由一些文字组成的析取式。

例如,$P(x) \vee Q(x)$、$P(x,f(x)) \vee Q(x,g(x))$都是子句。

定义 2.12 不含任何文字的子句称为空子句,空子句是不可满足的,记为 NIL。

定义 2.13 由子句或空子句所构成的集合称为子句集。

例如,$\{P(x) \vee Q(x), P(x,f(x)) \vee Q(x,g(x)), \text{NIL}\}$就是一个子句集。

注意:由于空子句不含有任何文字,也就不能被任何解释所满足,因此空子句是永假的,不可满足的。空子句表示为 NIL。

2.4.2 谓词公式的 Skolem 标准型

为了探讨谓词公式 G 化为子句集的方法,以及谓词公式与其子句集的关系,首先了解一下谓词公式的 Skolem 标准型,它是谓词公式化为子句集的基础。

应用谓词公式的等价式和永真蕴含,一个谓词公式可以有许多种形式,这给谓词演算带来了一定的困难。因此,能不能将谓词公式等价地转化为规范的形式? 以此来简化演算过程,且易于程序实现。下面就介绍谓词演算中最常用的一种范式——Skolem 范式。

Skolem 标准型的一般形式是

$$(\forall x_1)(\forall x_2)\cdots(\forall x_n)M$$

其中,M 是子句的合取式,称为 Skolem 标准型的母式。M 的形式也可以表示为

$$(P_{11} \vee P_{12} \vee \cdots \vee P_{1n_1}) \wedge (P_{21} \vee P_{22} \vee \cdots \vee P_{2n_2}) \wedge \cdots \wedge (P_{m1} \vee P_{m2} \vee \cdots \vee P_{mn_m})$$

其中,P_{ij} 是文字,$i \in \{1,2,\cdots,m\}$,$j \in \{1,2,\cdots,n_i\}$。

Skolem 标准型由前后两部分组成,前部分为一些全称量词,后部分为 Skolem 标准型的母式 M。

谓词公式化为 Skolem 标准型的步骤如下。

(1) 消去谓词公式中的"蕴含"和"等价"联结词,即"→"和"↔",使用下列等价关系。

$$P \rightarrow Q \Leftrightarrow \neg P \vee Q$$

$$P \leftrightarrow Q \Leftrightarrow (P \wedge Q) \vee (\neg P \wedge \neg Q)$$

(2) 把"¬"移到靠近谓词的位置上,使用下列等价关系。

$$\neg \neg P \Leftrightarrow P$$

$$\neg (P \vee Q) \Leftrightarrow \neg P \wedge \neg Q$$

$$\neg (P \wedge Q) \Leftrightarrow \neg P \vee \neg Q$$

$$\neg (\exists x)P \Leftrightarrow (\forall x)\neg P$$

$$\neg (\forall x)P \Leftrightarrow (\exists x)\neg P$$

(3) 重新命名变元名,使不同量词约束的变元有不同的名字。

(4) 消去存在量词"∃"。分为两种情况:

① 存在量词不出现在任何全称量词的辖域内,只要用一个新的个体常量替换该存在量词约束的变元就可消去存在量词(因为若原公式为真,则总能找到一个个体常量,替换后仍使公式为真)。

② 存在量词位于一个或多个全称量词的辖域内,例如

$$(\forall x_1)(\forall x_2)\cdots(\forall x_n)(\exists y)P(x_1,x_2,\cdots,x_n)$$

此时需要用某个函数 $f(x_1,x_2,\cdots,x_n)$替换受该存在量词约束的变元,然后消去存在量词。

（5）把全称量词全部移到公式的左边。

（6）利用下面的等价关系

$$P \vee (Q \wedge R) \Leftrightarrow (P \vee Q) \wedge (P \vee R)$$

把公式化为 Skolem 标准型，即

$$(\forall x_1)(\forall x_2)\cdots(\forall x_n)M$$

2.4.3 谓词公式化为子句集的方法

从 Skolem 标准型可以知道，一个谓词公式 G 可以依据等价变换化为 Skolem 标准型，而一个谓词公式 G 的 Skolem 标准型的母式是由一些子句的合取组成的。如果将谓词公式 G 的 Skolem 标准型前面的全称量词全部消去，并用逗号代替合取符号 $\wedge$，便可得到谓词公式 G 的子句集 S。

谓词公式化为子句集的步骤如下。

（1）将谓词公式化为 Skolem 标准型。

（2）消去全称量词。

（3）对变元更名，使不同子句中的变元不同名。

（4）消去合取词，得到子句集。

显然，在子句集中各子句之间是合取关系。

【例 2.7】 求谓词公式 $G=(\forall x)((\forall y)P(x,y)\rightarrow\neg(\forall y)(Q(x,y)\rightarrow R(x,y)))$ 的子句集。

解：将谓词公式 $G=(\forall x)((\forall y)P(x,y)\rightarrow\neg(\forall y)(Q(x,y)\rightarrow R(x,y)))$ 化为 Skolem 标准型：

$(\forall x)((\forall y)P(x,y)\rightarrow\neg(\forall y)(Q(x,y)\rightarrow R(x,y)))$

$\Leftrightarrow(\forall x)(\neg(\forall y)P(x,y)\vee\neg(\forall y)(\neg Q(x,y)\vee R(x,y)))$ ♯消去蕴涵

$\Leftrightarrow(\forall x)((\exists y)\neg P(x,y)\vee(\exists y)(Q(x,y)\wedge\neg R(x,y)))$

♯移动"¬"到靠近谓词的位置

$\Leftrightarrow(\forall x)((\exists y)\neg P(x,y)\vee(\exists z)(Q(x,z)\wedge\neg R(x,z)))$

♯变元重新命名，使所有变元的名字不相同

$\Leftrightarrow(\forall x)(\exists y)(\exists z)(\neg P(x,y)\vee(Q(x,z)\wedge\neg R(x,z)))$ ♯量词前移

$\Leftrightarrow(\forall x)(\neg P(x,f(x))\vee(Q(x,g(x))\wedge\neg R(x,g(x))))$

♯应用 Skolem 函数消去存在量词

$\Leftrightarrow(\forall x)((\neg P(x,f(x))\vee Q(x,g(x))\wedge(\neg P(x,f(x))\vee\neg R(x,g(x))))$

♯化为合取范式，得到 Skolem 标准型

去掉全称量词、合取词，则谓词公式 G 的子句集 S 为

$$S=\{(\neg P(x,f(x))\vee Q(x,g(x)),(\neg P(x,f(x))\vee\neg R(x,g(x)))\}$$

2.4.4 归结原理

通过 Skolem 标准型可以得到一个谓词公式 G 所对应的子句集 S，那么对谓词公式 G 的不可满足性的证明是否可以转换为对其子句集 S 的不可满足性的证明呢？归结原理（罗宾逊归结原理）回答了这个问题。1965 年，罗宾逊（Robinson）提出了一种证明子句集不可

满足性的方法,称为归结原理。

定理 2.2 设谓词公式 G,其相应的子句集为 S,则 G 是不可满足的充分必要条件是 S 是不可满足的。

证明:(充分性证明)G 是不可满足的,应用等价关系将 G 化为对应的 Skolem 标准型也是不可满足的,进而,其对应的子句集也是不可满足的。

(必要性证明)谓词公式 G 相应的子句集为 S 是不可满足的,子句集中的子句进行合取运算就形成了谓词公式 G 的 Skolem 标准型的母式,即谓词公式 G 的 Skolem 标准型的母式也是不可满足的。应用等价关系可以将这个 Skolem 标准型转换为谓词公式 G,等价关系不改变谓词公式的不可满足性。因此,谓词公式 G 也是不可满足的。证毕。

依据定理 1,要想证明公式 G 是不可满足的,可以转化为证明公式 G 所对应的子句集 S 是不可满足的,那么怎么证明子句集 S 是不可满足的呢?

从上面的讲解可知,子句集中各子句之间是合取的关系,因此,其中只要有一个子句是不可满足的,子句集就是不可满足的。另外,前面已经指出,空子句是不可满足的。所以,只要子句集中包含一个空子句,则此子句集一定是不可满足的。罗宾逊的归结原理就是基于这一认识提出来的,其基本思想是:检查子句集 S 中是否有空子句,若有,则表明 S 是不可满足的;若没有,就在子句集中选择合适的子句对其进行归结推理,如果能推出空子句,就说明子句集是不可满足的。

那么,选择什么样的子句? 又怎样进行归结和推理呢? 下面来学习归结原理的基本概念和相关内容。

1. 命题逻辑中的归结原理

定义 2.14 若 P 是原子谓词公式或原子命题,即为文字,则称 P 与 $\neg P$ 为互补文字。

定义 2.15 设 C_1 和 C_2 是子句集中的任意两个子句,如果 C_1 中的文字 L_1 与 C_2 中的文字 L_2 互补,那么可从 C_1 和 C_2 中分别消去 L_1 和 L_2,并将 C_1 和 C_2 中余下的部分按析取关系构成一个新的子句 C_{12},则称这一过程为归结,称 C_{12} 为 C_1 和 C_2 的**归结式**,称 C_1 和 C_2 为 C_{12} 的**亲本子句**。

【例 2.8】 设 $C_1=P \vee Q \vee R$,$C_2=\neg P \vee S$,求 C_1 和 C_2 的归结式 C_{12}。

解:这里 $L_1=P$,$L_2=\neg P$,通过归结可以得到 $C_{12}=Q \vee R \vee S$。

【例 2.9】 设 $C_1=\neg P \vee Q$,$C_2=\neg Q$,$C_3=P$,求 C_1、C_2、C_3 的归结式 C_{123}。

解:若先对 C_1、C_2 归结,可得到

$$C_{12}=\neg P$$

然后,再对 C_{12} 和 C_3 归结,得到

$$C_{123}=\text{NIL}$$

如果改变归结顺序,也可能得到相同的结果,但归结的过程是不一样的,如图 2-4 所示。一般情况下,归结的顺序和过程影响归结的效率,因此归结策略也是影响归结过程的重要因素。归结过程可用树来表示,该树称为归结树。图 2-4 表示的是两棵归结树。

事实上,归结过程就是一种推理过程,也称为归结推理规则。归结推理规则是正确的吗? 下面的定理回答了这个问题。

定理 2.3 归结式 C_{12} 是其亲本子句 C_1 和 C_2 的逻辑结论。

证明:按归结式定义,设 $C_1=C'_1 \vee L$,$C_2=\neg L \vee C'_2$(如果 C_1 和 C_2 不是这种形式,可

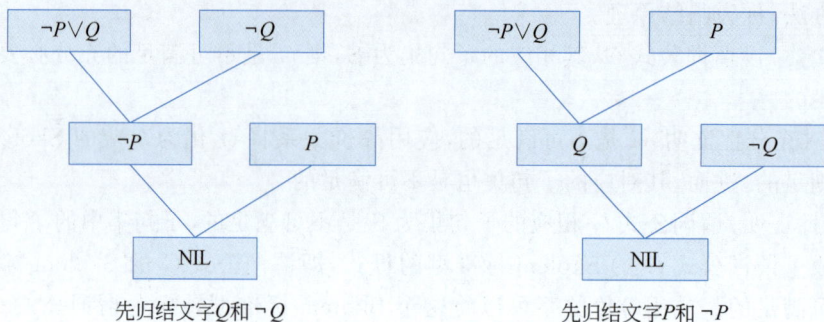

先归结文字Q和¬Q　　　　　　　先归结文字P和¬P

图 2-4　不同归结顺序的归结树

以通过交换律转换成这种形式），有 $C_{12} = C'_1 \lor C'_2$。

$$C_1 = C'_1 \lor L, C_2 = \neg L \lor C'_2 \Rightarrow \neg C'_1 \rightarrow L, L \rightarrow C'_2 \qquad \sharp \text{连接词化归律}$$

$$\Rightarrow \neg C'_1 \rightarrow C'_2 \qquad \sharp \text{假言三段论}$$

$$\Rightarrow C'_1 \lor C'_2 = C_{12} \qquad \sharp \text{连接词化归律}$$

由子句 C_1 和 C_2 推出了 C_{12}，即 C_{12} 是其亲本子句 C_1 和 C_2 的逻辑结论。证毕。

依据定理 2.3，可以得到如下两个重要推论。

推论 1　设 C_1 和 C_2 是子句集 S 中的两个子句，C_{12} 是 C_1 和 C_2 的归结式，若用 C_{12} 代替 C_1 和 C_2 后得到新的子句集 S_1，则由 S_1 的不可满足性可以推出原子句集 S 的不可满足性。即

$$S_1 \text{ 的不可满足性} \Rightarrow S \text{ 的不可满足性}$$

推论 2　设 C_1 和 C_2 是子句集 S 中的两个子句，C_{12} 是 C_1 和 C_2 的归结式，若把 C_{12} 加入 S 中得到新的子句集 S_2，则 S 与 S_2 的不可满足性是等价的。即

$$S_2 \text{ 的不可满足性} \Leftrightarrow S \text{ 的不可满足性}$$

这两个推论说明，为证明子句集 S 的不可满足性，只要对其中可进行归结的子句进行归结，并把归结式加入到子句集 S 中，或者用归结式代替他的亲本子句，然后对新的子句集证明其不可满足性，就可以了。如果经归结能得到空子句，根据空子句的不可满足性，即可得到原子句集 S 是不可满足的结论。

2. 一阶谓词逻辑的归结原理

在谓词逻辑中，由于子句集中的谓词一般都含有变元，因此不能像命题逻辑那样直接消去互补文字，而是需要单独或一组代换，将相关谓词公式中的文字转换为互补文字，才能进行归结。可见，谓词逻辑的归结要比命题逻辑的归结复杂一些。

例如，设有两个子句

$$C_1 = P(x) \lor Q(x)$$
$$C_2 = \neg P(a) \lor R(y)$$

由于 $P(x)$ 与 $P(a)$ 不同，因此 $P(x)$ 与 $\neg P(a)$ 不是互补文字，需要适当的代换后才能成为互补文字。因为 x 是变量，因此可以进行以下变量代换

$$\sigma = \{a/x\}$$

对两个子句分别进行代换，得到

$$C_1\sigma = P(a) \lor Q(a)$$
$$C_2\sigma = \neg P(a) \lor R(y)$$

这里 $P(a)$ 与 $\neg P(a)$ 就是互补文字。

这里代换目的是为了使两个谓词统一，$P(x)$ 与 $P(a)$ 代换之后达到统一，这种代换称为合一。

定义 2.16 设 $E_1,E_2,\cdots,E_n$ 为表达式，若存在置换 θ，使得 $E_1\theta=E_2\theta=\cdots=E_n\theta$，则称置换 θ 为 $\{E_1,E_2,\cdots,E_n\}$ 的合一。如果 $\{E_1,E_2,\cdots,E_n\}$ 存在这样的合一，则称集合 $\{E_1,E_2,\cdots,E_n\}$ 可合一。

例如，设两个表达式分别为 $E_1=P(x)\vee Q(x)$、$E_2=P(a)\vee Q(y)$。首先，从左至右找到 E_1 与 E_2 差异符号集，第一个差异符号是 a 与 x，x 是变量，可以得到置换 $\sigma=\{a/x\}$，进而得到 $E_1\sigma=P(a)\vee Q(a)$ 和 $E_2\sigma=P(a)\vee Q(y)$，继续寻找 $E_1\sigma$ 与 $E_2\sigma$ 的差异集，差异符号是 a 与 y，可以得到置换 $\{a/y\}$，将其合并到 $\sigma=\{a/x\}$，得到 $\sigma=\{a/x,a/y\}$，进而使 $E_1\sigma=P(a)\vee Q(a)$ 和 $E_2\sigma=P(a)\vee Q(a)$，即

$$E_1\sigma=E_2\sigma=P(a)\vee Q(a)$$

因此，$\sigma=\{a/x,a/y\}$ 为 E_1 与 E_2 的合一。

定义 2.17 设 $\{E_1,E_2,\cdots,E_n\}$ 是表达式 E_i 组成的集合，$i=1,2,\cdots,n$，对于集合 $\{E_1,E_2,\cdots,E_n\}$ 存在合一 θ，使得对于 $\{E_1,E_2,\cdots,E_n\}$ 的任意合一 γ，都存在一个置换 λ，使得 $\gamma=\lambda\cdot\theta$，则称合一 θ 是集合 $\{E_1,E_2,\cdots,E_n\}$ 的最一般合一。

合一和最一般合一算法是一种非常重要的基于逻辑推理的算法，它可以用于自动推理、知识表示和智能搜索等领域。该算法的核心思想是将不同的逻辑公式合并成一个更加简单的公式，从而实现知识的自动推理和推断。此外，最一般合一算法还可以用于自然语言处理和机器翻译等领域，帮助计算机理解和处理自然语言。这里只作简单介绍。

定义 2.18 设 C_1 和 C_2 是两个没有公共变元的子句，L_1 和 L_2 分别是 C_1 和 C_2 中的文字。如果 L_1 和 L_2 存在最一般合一 σ，使得 $L_1\sigma$ 与 $L_2\sigma$ 是互补文字，则称

$$C_{12}=(\{C_1\sigma\}-\{L_1\sigma\})\vee(\{C_2\sigma\}-\{L_2\sigma\})$$

为 C_1 和 C_2 的二元归结式，而 L_1 和 L_2 为归结式上的文字。其中，$\{C_i\sigma\}-\{L_i\sigma\}$ 表示从子句 $C_i\sigma$ 中去掉文字 $L_i\sigma$ 后形成新子句的运算。

【例 2.10】 设 $C_1=P(x)\vee Q(a)$，$C_2=\neg P(b)\vee R(x)$，求 C_{12}。

解： 由于 C_1 和 C_2 有相同的变元 x，不符合定义 2.18 的要求。为了进行归结，需要修改 C_2 中变元的名字，令 $C_2=\neg P(b)\vee R(y)$。此时 $L_1=P(x)$，$L_2=\neg P(b)$，L_1 和 L_2 的最一般合一是 $\sigma=\{b/x\}$，则有

$$C_{12}=(\{C_1\sigma\}-\{L_1\sigma\})\vee(\{C_2\sigma\}-\{L_2\sigma\})=Q(a)\vee R(y)$$

2.4.5 归结原理的应用案例

归结原理给出了证明子句集不可满足的方法。事实上，要证明谓词公式 $G:P\to Q$ 永真，只需证明 $\neg(P\to Q)$ 是永假的，是不可满足的。欲证明 $\neg(P\to Q)$ 是不可满足的，只需证明 $P\wedge\neg Q$ 是不可满足的，应用归结原理，只需证明 $P\wedge\neg Q$ 所对应的子句集是不可满足的，也就是通过归结得出空子句。

下面举例说明利用归结原理进行定理证明和问题求解的步骤和方法。

1. 归结演绎推理方法之定理证明案例

应用归结原理进行定理证明又称为归结反演。设要被证明的定理可用谓词公式表示为

$G = P \to Q$，证明 $G = P \to Q$ 为真的一般步骤如下。

(1) 否定结论 Q，得 $\neg Q$。

(2) 把 $\neg Q$ 并入公式集 P 中，得到 $G = P \wedge \neg Q$。

(3) 把 $\{G = P \wedge \neg Q\}$ 化为其对应的子句集 S。

(4) 应用归结原理对子句集 S 中的子句进行归结，并把每次得到的归结式并入 S 中。如此反复进行，直至出现空子句 NIL 或子句集 S 中没有可用于归结的子句为止。若出现空子句，则停止归结，此时就证明了 G 为真，否则证明失败，结束。

【例 2.11】 P：$(\forall x)((\exists y)(A(x,y) \wedge B(y)) \to (\exists y)(C(y) \wedge D(x,y)))$

$\qquad\qquad$ Q：$\neg(\exists x)C(x) \to (\forall x)(\forall y)(A(x,y) \to \neg B(y))$

证明：Q 是 P 的逻辑结论，即证明 $P \to Q$ 永真。

证明：先否定 Q，并入公式集 P 中，得到 $G = P \wedge \neg Q$ 为

$$\{(\forall x)((\exists y)(A(x,y) \wedge B(y)) \to (\exists y)(C(y) \wedge D(x,y))) \wedge \neg$$
$$(\neg(\exists x)C(x) \to (\forall x)(\forall y)(A(x,y) \to \neg B(y)))\}$$

再把 $G = P \wedge \neg Q$ 化为其对应的子句集，得到如下 5 个子句：

① $\neg A(x,y) \vee \neg B(y) \vee C(f(x))$。

② $\neg A(u,v) \vee \neg B(v) \vee D(u,f(u))$。

③ $\neg C(z)$。

④ $A(m,n)$。

⑤ $B(k)$。

其中，①、②是由 P 化出的两个子句，③、④、⑤是由 $\neg Q$ 化出的 3 个子句。

最后应用归结原理对上述子句集进行归结，其过程为：

由①和③归结，取代换：$\sigma = \{f(x)/z\}$，得

⑥ $\neg A(x,y) \vee \neg B(y)$。

由④和⑥归结，取代换：$\sigma = \{m/x, n/y\}$，得

⑦ $\neg B(n)$。

由⑤和⑦归结，取代换：$\sigma = \{n/k\}$，得

⑧ NIL。

因此，Q 是 P 的逻辑结论，证毕。

上面的归结过程也可以用归结树来表示，如图 2-5 所示。

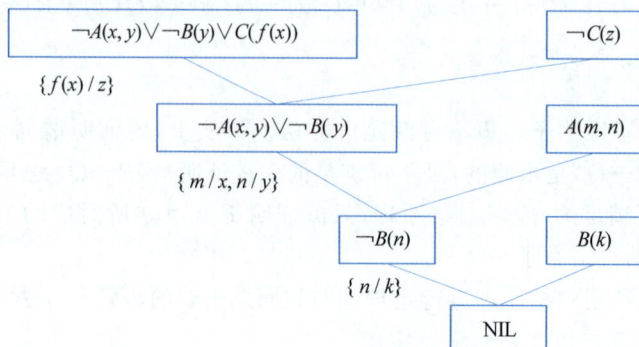

图 2-5　例 2.11 对应的归结树

【例2.12】 "快乐学生"问题。

前提：任何通过计算机考试并获奖的学生都是快乐的,任何肯学习或幸运的学生都可以通过所有考试,Tom不肯学习但他是幸运的,任何幸运的学生都能获奖。

求证：Tom是快乐的。

解：对这个问题进行求解时,首先要对给定的知识进行正确的表示,在表示的基础上再进行证明。先定义谓词如下：

$Pass(x,y)$：表示x可以通过y考试。

$Win(x,prize)$：表示x能获得奖励。

$Study(x)$：表示x肯学习。

$Happy(x)$：表示x是快乐的。

$Lucky(x)$：表示x是幸运的。

再将问题用谓词表示如下：

"任何通过计算机考试并奖的学生都是快乐的"表示为

$$(\forall x)(Pass(x,computer) \wedge Win(x,prize) \rightarrow Happy(x))$$

"任何肯学习或幸运的学生都可以通过所有考试"表示为

$$(\forall x)(\forall y)(Study(x) \vee Lucky(x) \rightarrow Pass(x,y))$$

"Tom不肯学习但他是幸运的"表示为

$$\neg Study(Tom) \wedge Lucky(Tom)$$

"任何幸运的学生都能获奖"表示为

$$(\forall x)(Lucky(x) \rightarrow Win(x,prize))$$

结论"Tom是快乐的"的否定：$\neg Happy(Tom)$

接下来按照推理步骤,将上述谓词公式转换为下列子句集。

① $\neg Pass(x,computer) \vee \neg Win(x,prize) \vee Happy(x)$

② $\neg Study(y) \vee Pass(y,z)$

③ $\neg Lucky(u) \vee Pass(u,v)$

④ $\neg Study(Tom)$

⑤ $Lucky(Tom)$

⑥ $\neg Lucky(w) \vee Win(w,prize)$

⑦ $\neg Happy(Tom)$ （结论的否定）

最后依据归结原理,对子句集进行归结,归结过程如图2-6所示。最后归结出空子句,原题得证。

2. 归结演绎推理方法之问题求解案例

归结原理除了可用于定理证明外,还可用于问题的求解。

归结演绎推理方法之问题求解的一般步骤如下。

(1) 将已知前提用谓词公式表示出来,并且化为相应的子句集S。

(2) 把待求解的问题也用谓词公式表示出来,然后把它的否定式与谓词ANSWER构成一个析取式,ANSWER是一个为了求解问题而专设的谓词,其变元数量和变元名必须与问题公式的变元完全一致;

(3) 把此析取式化为子句集,并且把该子句集并入子句集S中,得到子句集S'。

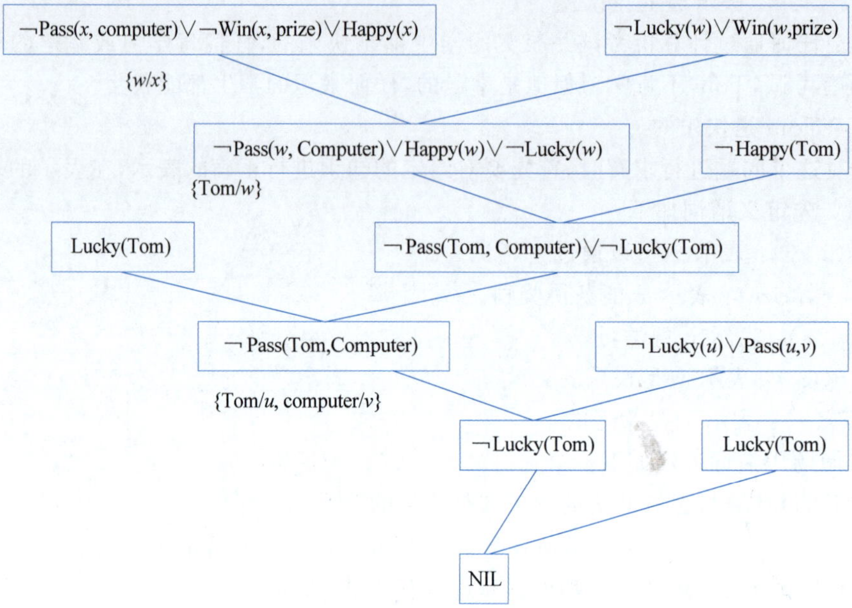

图 2-6　例 2.12 的归结树

（4）用归结原理对 S 进行归结。

（5）若在归结树的根节点中（或在归结最后）仅得到归结式 ANSWER，则答案就在 ANSWER 中。

下面举例说明应用归结原理进行问题求解的过程。

【例 2.13】　某人财物被盗，公安局派出 5 名侦察员去调查。研究案情时，

侦察员 A 说："赵与钱中至少有一人作案。"

侦察员 B 说："钱与孙中至少有一人作案。"

侦察员 C 说："孙与李中至少有一人作案。"

侦察员 D 说："赵与孙中至少有一人与此案无关。"

侦察员 E 说："钱与李中至少有一人与此案无关。"

如果这 5 名侦察员的话都是可信的，试问谁是盗窃犯呢？

解：第一步，将 5 位侦察员的话表示成谓词公式，为此先定义谓词，并表示成下列谓词公式。

设谓词 $P(x)$ 表示 x 是盗窃犯，根据侦查员的描述，分别得到如下谓词公式

"赵与钱中至少有一人作案"表示为：$P(\text{zhao}) \vee P(\text{qian})$；

"钱与孙中至少有一人作案"表示为：$P(\text{qian}) \vee P(\text{sun})$；

"孙与李中至少有一人作案"表示为：$P(\text{sun}) \vee P(\text{li})$；

"赵与孙中至少有一人与此案无关"表示为：$\neg P(\text{zhao}) \vee \neg P(\text{sun})$；

"钱与李中至少有一人与此案无关"表示为：$\neg P(\text{qian}) \vee \neg P(\text{li})$；

第二步：将待求解的问题表示成谓词。设 y 是盗窃犯，则问题的谓词公式为 $P(y)$，将其否定，并与 $\text{ANS}(y)$ 析取得：$\neg P(y) \vee \text{ANS}(y)$。

第三步：求前提条件及 $\neg P(y) \vee \text{ANS}(y)$ 的子句集，并将各子句列表如下。

① $P(\text{zhao}) \vee P(\text{qian})$

② $P(\text{qian}) \vee P(\text{sun})$

③ $P(\text{sun}) \vee P(\text{li})$

④ $\neg P(\text{zhao}) \vee \neg P(\text{sun})$

⑤ $\neg P(\text{qian}) \vee \neg P(\text{li})$

⑥ $\neg P(y) \vee \text{ANS}(y)$

第四步：应用归结原理进行推理。

⑦ $P(\text{qian}) \vee \neg P(\text{sun})$	①与④归结
⑧ $P(\text{zhao}) \vee \neg P(\text{li})$	①与⑤归结
⑨ $P(\text{qian}) \vee \neg P(\text{zhao})$	②与④归结
⑩ $P(\text{sun}) \vee \neg P(\text{li})$	②与⑤归结
⑪ $\neg P(\text{zhao}) \vee P(\text{li})$	③与④归结
⑫ $P(\text{sun}) \vee \neg P(\text{qian})$	③与⑤归结
⑬ $P(\text{qian})$	②与⑦归结
⑭ $P(\text{sun})$	②与⑫归结
⑮ $\text{ANS}(\text{qian})$	⑥与⑬归结
⑯ $\text{ANS}(\text{sun})$	⑥与⑭归结

所以,本题的盗窃犯是两个人：钱和孙。

归结演绎推理方法在计算机上实现了定理证明的机械化。归结演绎推理实际上就是从子句集中不断寻找可进行归结的子句对,并通过对这些子句对的归结,最终得出一个空子句。由于事先并不知道哪些子句对可以进行归结,更不知道通过对哪些子句对的归结能尽快得到空子句,因此就需要对子句集中的所有子句逐对进行比较,直到得出空子句为止。这样会影响归结的效率,如何提升归结效率？这也是归结原理需要研究和解决的问题。因此,归结策略也是归结演绎推理的重要研究内容,有纯文字删除策略、新生成子句优先归结策略、短子句优先归结策略等。

2.5　本章小结

本章主要介绍了谓词逻辑推理方法、自然演绎推理方法和归结演绎推理三种确定性推理方法。在学习过程中,我们可以看到知识表示与推理方法、推理效果和效率息息相关。在实际应用中要统筹考虑,选择最适合于待解决问题的知识表示、推理方法及推理策略。

习题 2

1. 请用相应的谓词公式分别把下面的语句表示出来。

(1) 有人喜欢梅花,有人喜欢菊花,有人既喜欢梅花又喜欢菊花。

(2) 西安市的夏天既干燥又炎热。

(3) 有人每天下午都去打篮球。

2. 用谓词表示法求解机器人摞积木问题。设机器人有一只机械手,要处理的世界有一张桌子,桌上可堆放若干相同的方积木块。机械手有 4 个操作积木的典型动作：从桌上拣起一块积木；将手中的积木放到桌子上；在积木上再摞上一块积木；从积木上面拣起一块积木。积木世界的布局如图 2-7 所示。

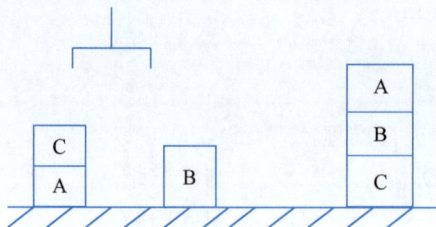

图 2-7　机器人摞积木问题

3. 请大家思考，在机器人摞积木的问题中，当某一状态可同时满足多个操作的条件时，应选用哪个操作？在进行变量代换时，如果存在多种代换的可能性，如何确定用哪一个？

4. 已知有如下事实：$R,S,R \to T,S \wedge T \to P,P \to Q$，求证：$Q$ 为真。

5. 已知有如下事实。

① 只要是需要室外活动的课，王程都喜欢。

② 所有的公共体育课都是需要室外活动的课。

③ 羽毛球是一门公共体育课。

求证：王程喜欢羽毛球这门课。（要求：定义相关谓词和常量；用谓词公式表示已知事实；用自然演绎方法进行推理）

6. 所谓肯定后件的错误，是指当 $P \to Q$ 为真时，希望通过肯定后件 Q 为真来推出前件 P 为真。这显然是错误的推理逻辑，请问为什么？举例说明。

7. 所谓否定前件的错误，是指当 $P \to Q$ 为真时，希望通过否定前件 P 来推出后件 Q 为假，这也是不允许的，请问为什么？举例说明。

8. 判断下列公式是否为可合一，若可合一，则求出其最一般合一。

① $P(a,b),P(x,y)$。

② $P(f(x),b),P(y,z)$。

③ $P(f(x),y),P(y,f(b))$。

④ $P(f(y),y,x),P(x,f(a),f(b))$。

9. 对下列各题，分别证明 G 是否为 $F_1,F_2,\cdots,F_n$ 的逻辑结论。

① F：$(\exists x)(\exists y)(P(x,y))$
　　G：$(\forall y)(\exists x)(P(x,y))$

② F：$(\forall x)(P(x) \wedge (Q(a) \vee Q(b)))$
　　G：$(\exists x)(P(x) \wedge Q(x))$

③ F：$(\exists x)(\exists y)(P(f(x)) \wedge (Q(f(y))))$
　　G：$P(f(a)) \wedge P(y) \wedge Q(y)$。

④ F_1：$(\forall x)(P(x) \to (\forall y)(Q(y) \to \neg L(x,y)))$。
　　F_2：$(\exists x)(P(x) \wedge (\forall y)(R(y) \to L(x,y)))$。
　　G：$(\forall x)(R(x) \to \neg Q(x))$。

10. 判断下列子句集中哪些是不可满足的。

① $\{\neg P \vee Q, \neg Q, P, \neg P\}$。

② $\{P \lor Q, \neg P \lor Q, P \lor \neg Q, \neg P \lor \neg Q\}$。

③ $\{P(y) \lor Q(y), \neg P(f(x)) \lor R(a)\}$。

④ $\{\neg P(x) \lor Q(x), \neg P(y) \lor R(y), P(a), S(a), \neg S(z) \lor \neg R(z)\}$。

⑤ $\{\neg P(x) \lor Q(f(x), a), \neg P(h(y)) \lor Q(f(h(y)), a) \lor \neg P(z)\}$。

11. 应用归结原理进行归结时,存在很大的盲目性,不仅会产生许多无用的归结式,更严重时会产生组合爆炸问题。请大家思考并简述,归结过程中采用哪些策略能够提高归结效率?

第 3 章

不确定性推理

本章学习目标：

- 了解不推理性推理的知识表示方法、产生式系统及其推理过程。
- 理解不确定推理中需要解决的三个基本问题：不确定性的表示、度量和不确定性计算方法。
- 理解和掌握可信度推理和主观 Bayes 推理方法的原理。
- 操作实践：基于可信度推理和主观 Bayes 推理方法原理求解不确定性推理问题。

推理中所用证据和知识的确定性决定了推理的类别。在确定性推理中，所用证据和知识都是确定的，而在不确定性推理中，推理所用证据和知识都具有不确定性，其推理过程就是运用具有不确定性的证据和知识，最终推出具有一定程度的不确定性但却是合理或近乎合理的结论的过程。因此，在不确定性推理方法的设计和实现中，必须解决以下三个基本问题。

① 不确定性的度量问题：证据的不确定性度量和知识的不确定性度量。

② 不确定性的表示问题：证据的不确定性表示和知识的不确定性表示。

③ 不确定性的计算问题：组合证据的不确定性算法、结论不确定性的传递算法、结论不确定性的合成与更新算法等相关问题。

不确定性推理中的三个基本问题相辅相成，相互影响和制约。第 2 章介绍了确定性推理的知识表示方法，即一阶谓词逻辑知识表示方法，该方法只能表示确定性的知识，并不能表示不确定性的知识。本章首先介绍一种能够表示不确定性知识的表示方法，用于解决不确定性的表示问题，然后阐述可信度推理方法和主观 Bayes 方法。

3.1 产生式知识表示与推理

产生式表示法又称为产生式规则表示法。"产生式"由美国数学家波斯特（E. Post）于1943 年首先提出。1972 年，纽厄尔（Newell）和西蒙（Simon）在研究人类的认知模型中开发了基于规则的产生式系统。目前，它已成为人工智能中应用最多的一种知识表示方法。

3.1.1 产生式知识表示法

产生式通常用于表示事实、规则以及它们的不确定性度量，适合表示事实性知识和规则性知识，并根据知识的确定性分别表示确定性知识和不确定性知识。产生式通常用于表示具有因果关系的知识。

产生式的基本形式是

$$\text{IF} \quad P \quad \text{THEN} \quad Q \quad \text{或} \quad P \rightarrow Q$$

P 为产生式的前提:用于指出该产生式是否可用的条件。

Q 为结论或操作:用于指出当前提 P 所指示的条件被满足时,应该得出的结论或应该执行的操作,根据 Q 的不同,产生式规则分为条件-动作型和条件-结论型规则。

(1)确定性规则知识的产生式表示,与产生式的基本形式相同。

例如:R_5:IF 动物会飞 AND 会下蛋 THEN 该动物是鸟。

这是一条确定性规则知识的产生式表示,R_5 是产生式规则的编号,"动物会飞 AND 会下蛋"是前提条件 P,"该动物是鸟"是结论 Q。

(2)不确定性规则知识的产生式表示。

不确定性规则知识的产生式表示为

$$\text{IF} \quad P \quad \text{THEN} \quad Q(\text{置信度}) \quad \text{或} \quad P \rightarrow Q(\text{置信度})$$

在确定性知识表示的基础上加上置信度,置信度用于表示结论可以相信的程度。

例如:IF 发烧 THEN 感冒(0.6),可以将该规则理解为:如果发烧了,那么感冒的可能性是60%。

(3)确定性事实性知识的产生式表示。

采用三元组形式,表示为

$$(\text{对象},\text{属性},\text{值}) \quad \text{或} \quad (\text{关系},\text{对象}1,\text{对象}2)$$

例:老李年龄是50岁可表示为:(Li,age,50)。

老李和老王是朋友可表示为:(friend,Li,Wang)。

(4)不确定性事实性知识的产生式表示。

采用四元组形式,表示为

$$(\text{对象},\text{属性},\text{值},\text{置信度}) \quad \text{或} \quad (\text{关系},\text{对象}1,\text{对象}2,\text{置信度})$$

例:老李年龄很可能是50岁:(Li,age,40,0.8),老李的年龄是50岁的可能性为80%。老李和老王不大可能是朋友:(friend,Li,Wang,0.1),老李和老王是朋友的可能性为10%。

当把知识用产生式的方式表示出来之后,将一组产生式放在一起,进行问题的求解,就构成了产生式系统。

3.1.2 产生式系统与推理过程

1. 产生式系统

产生式系统就是把产生式放在一起,让它们相互配合,协同工作,一个产生式生成的结论可以供另一个产生式作为已知的事实使用,以求得问题的解,这样的系统就是产生式系统。

产生式系统主要由规则库、综合数据库、控制系统(推理机)三部分构成,如图3-1所示。

(1)规则库。规则库用于描述相应领域知识的产生式的集合。包含将问题从初始状态转换成目标状态(或解状态)的依据或规则。

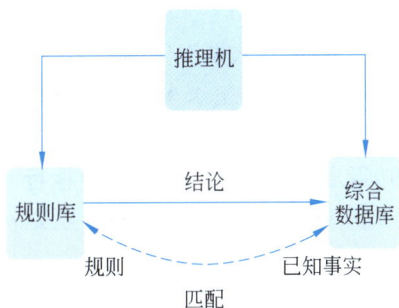

图3-1 产生式系统示意图

（2）综合数据库。综合数据库又称事实库，是存放问题求解过程中各种信息的工作区，如问题的初始状态、已知的事实、推理过程中得到的中间结论以及最终的结论等。当规则库中某条产生式的前提可与综合数据库中某些已知的事实进行匹配时，该产生式被激活，并把它推出的结论放入综合数据库中，作为后面推理的已知事实。因此综合数据库中的内容是动态的、不断变化的。

（3）控制系统。控制系统又称推理机，由一组程序组成，用于控制和协调规则库和综合数据库的运行，实现对问题的求解。其具体的工作包括：

① 将综合数据库中的已知事实与规则库中规则的前件进行匹配。

② 当匹配成功的规则不止一条时，需要进行冲突消解。

③ 执行某一规则时，如果右部是一个或多个结论，则把这些结论加入到综合数据库中；如果其右部是一个或多个动作，则执行这些动作。

④ 对于不确定性知识，在执行每一条规则时，还要按一定的算法计算结论的不确定性。

⑤ 检查综合数据库中是否包含了最终结论，决定是否停止系统的运行。

当同时有几条规则的前提条件与综合数据库中的事实匹配时，需要决定首先使用哪一条或哪几条规则去执行，这称为冲突消解。

关于冲突消解的策略有很多，常用的有 First、Best、All 策略。

① First 策略：选择首条匹配的规则执行。

② Best 策略：选择"最好"的匹配规则执行。"最好"的评价依赖于应用领域制定的尺度。

③ All 策略：执行所有的匹配规则。

2. 产生式推理方法

这里将基于产生式的知识表示方法和产生式系统进行推理的方法称为产生式推理方法。产生式推理方法就是在推理机的控制下，通过将综合数据库中的已知事实与规则库中的规则进行匹配，按冲突消解策略选择匹配的规则执行。若匹配的规则为结论型的，则将结论放入综合数据库，若匹配的规则为动作型的，则执行动作，反复执行上述过程，直到问题有解或无解退出。因此，应用产生式推理方法进行问题求解的流程如图 3-2 所示，具体过程如下。

① 初始化综合数据库，把问题的初始已知事实送入综合数据库。

② 判定规则库是否还有未使用的规则。若没有，则终止问题的求解，失败退出；若有，则考察综合数据库中的已知事实与规则的前提是否匹配。若不匹配，则要求用户进一步提供关于问题的已知事实，如果用户能够提供，则返回到②继续执行；否则终止问题的求解，失败退出。

③ 若综合数据库中的已知事实与规则的前提匹配，则执行当前选中的规则，把该规则执行后得到的结论送入综合数据库。若该规则的结论部分指出的是动作，则执行动作。

④ 检查综合数据库中是否包含了结论，即问题的解，若包含，则终止问题的求解过程，成功退出；否则，返回到②继续执行。

⑤ 重复②～④，直到成功或失败退出为止。

3.1.3　产生式推理应用案例

下面通过一个案例来深入理解基于产生式知识表示和推理的问题求解过程。

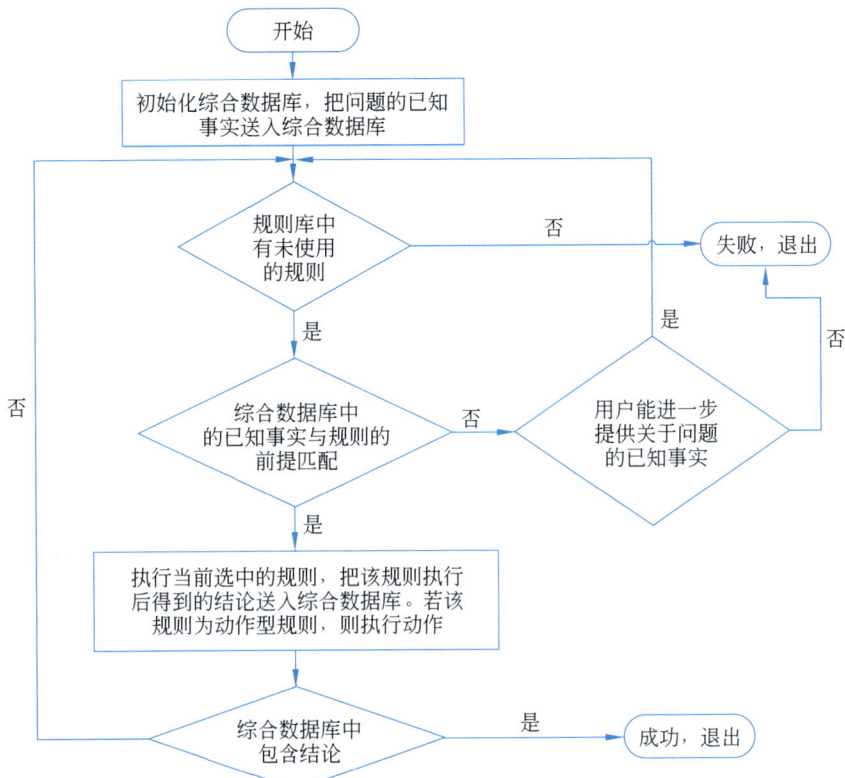

图 3-2 产生式推理方法流程图

1. 问题描述

动物识别系统：用于识别虎、金钱豹、斑马、长颈鹿、鸵鸟、企鹅、信天翁七种动物的产生式系统，其所建立的规则库共有 15 条规则，即 $r1 \sim r15$。

$r1$：IF 该动物有毛发 THEN 该动物是哺乳动物。

$r2$：IF 该动物有奶 THEN 该动物是哺乳动物。

$r3$：IF 该动物有羽毛 THEN 该动物是鸟。

$r4$：IF 该动物会飞 AND 会下蛋 THEN 该动物是鸟。

$r5$：IF 该动物吃肉 THEN 该动物是食肉动物。

$r6$：IF 该动物有犬齿 AND 有爪 AND 眼盯前方 THEN 该动物是食肉动物。

$r7$：IF 该动物是哺乳动物 AND 有蹄 THEN 该动物是有蹄类动物。

$r8$：IF 该动物是哺乳动物 AND 是反刍动物 THEN 该动物是有蹄类动物。

$r9$：IF 该动物是哺乳动物 AND 是食肉动物 AND 是黄褐色
   AND 身上有暗斑点 THEN 该动物是金钱豹。

$r10$：IF 该动物是哺乳动物 AND 是食肉动物 AND 是黄褐色
   AND 身上有黑色条纹 THEN 该动物是虎。

$r11$：IF 该动物是有蹄类动物 AND 有长脖子 AND 有长腿
   AND 身上有暗斑点 THEN 该动物是长颈鹿。

$r12$：IF　该动物有蹄类动物　AND　身上有黑色条纹　THEN　该动物是斑马。

$r13$：IF　该动物是鸟　AND　有长脖子　AND　有长腿 AND　不会飞

　　　AND　有黑白二色　THEN　该动物是鸵鸟。

$r14$：IF　该动物是鸟　AND　会游泳　AND　不会飞

　　　AND　有黑白二色　THEN　该动物是企鹅。

$r15$：IF　该动物是鸟　AND　善飞　THEN　该动物是信天翁。

现在已知某动物身上有暗斑点、长脖子、长腿、奶、蹄。通过该系统识别该动物是什么动物。

2. 问题求解

① 把已知初始事实（被识别动物身上的特点）存放在综合数据库中：暗斑点、长脖子、长腿、奶、蹄。

② 用这些已知的事实与规则库中的规则 $r1 \sim r15$ 进行匹配。

③ 规则 $r2$ 匹配成功，执行规则 $r2$，得到结论哺乳动物，放入综合数据库，作为已知的事实。继续应用综合数据库中的事实与规则库中的规则进行匹配。

④ 规则 $r7$ 匹配成功，执行规则 $r7$，得到结论有蹄类动物，放入综合数据库，作为已知的事实。

⑤ 继续匹配，规则 $r11$ 匹配成功，执行规则 $r11$，得到结论长颈鹿，放入综合数据库。

综合数据库中包含结论，问题得解，该动物为长颈鹿。

从以上的求解过程可以看出，规则匹配是按照由上而下的顺序，冲突消解策略采用的是 First 策略，即执行首次匹配的规则。

本节主要介绍了产生式表示方法的基本形式，其既能表示确定性知识，又能表示不确定性知识；既能表示规则性知识，又能表示事实性知识。产生式系统主要由规则库、综合数据库和推理机构成。从人类智能的角度来看，规则库相当于人脑储备的丰富知识，而推理机的作用相当于人类智能中人脑的思维与控制。

3.2　可信度推理方法

可信度推理方法是由美国斯坦福大学肖特里菲等在确定性推理的基础上，结合概率论等理论提出的一种不确定性推理方法。1976 年，其首先在专家系统 MYCIN 中得到成功的应用。目前，许多专家系统都是基于这一方法建造起来的。

3.2.1　可信度推理的不确定性度量与表示

可信度推理方法是一种不确定性推理方法。针对不确定性推理中的度量问题，可信度推理方法采用可信度作为证据和知识的不确定性度量。所谓可信度，就是人们在实际生活中根据经验或观察对某一事件或现象为真的相信程度。

例如：李同学今天没来上课，请假的理由是生病了。据此分析，有两种情况，一种是确实生病了，理由为真；另一种是借口，理由为假。老师可能完全相信，也可能完全不相信，也可能在某种程度上相信，其依据是老师对李同学以往的上课表现情况所积累起来的认识。这种相信程度就是可信度。可信度也称为确定性因子。

可信度推理方法采用产生式知识表示方法表示证据和知识的不确定性,解决不确定性推理的知识表示问题。

1. 可信度推理中知识的不确定性表示

一般形式为

$$\text{IF}\quad E\quad \text{THEN}\quad H\quad (CF(H,E))$$

其中,(1)E 是知识的前提,可以是单一条件,也可以是多个条件的合取或析取。例如:$E = E1\ \text{AND}\ E2\ \text{AND}\ (E3\ \text{OR}\ E4)$。

(2)H 是结论,可以是单一结论,也可以是多个结论。

(3)$CF(H,E)$ 为该条知识的可信度,称为可信度因子或规则强度,用以量度规则的确定性(可信)程度。

例如:IF 头痛 AND 流鼻涕 THEN 感冒(0.7)。

表示当病人出现"头痛"和"流鼻涕"的症状时,则有 70% 的把握认为他患了感冒。

在这里,$CF(H,E)$ 的取值范围是 $[-1,1]$,其值一般由"领域专家"直接给出。给出 $CF(H,E)$ 的值时,通常参考的原则是如果因出现证据 E 使结论 H 为真的可信度增加,则使 $CF(H,E)$ 大于 0,并且支持力度越大,$CF(H,E)$ 的值越大;相反,如果因出现证据 E 使结论 H 为假的可信度增加,则使 $CF(H,E)$ 小于 0,并且这种支持的力度越大,$CF(H,E)$ 的值越小;若证据的出现与否和 H 无关,则使 $CF(H,E)=0$。

2. 可信度推理中证据的不确定性表示

在可信度推理方法中,证据的不确定性表示与规则的不确定性表示类似,即表示为 $CF(E)$,证据的可信度往往可由"领域专家"凭经验主观确定。单一证据的可信度值 $CF(E)$ 来源于两种情况。

(1)初始证据由领域专家或用户给出。

(2)中间结论由不确定性传递算法计算得到。

$CF(E)$ 的取值范围为 $[-1,1]$。当

$CF(E)>0$:表示证据 E 以某种程度为真;值越大,为真的程度越大;

$CF(E)<0$:表示证据 E 以某种程度为假;值越小,为假的程度越大;

$CF(E)=0$:表示证据 E 未出现。

3.2.2　可信度推理的不确定性计算

在可信度推理方法中,针对不确定性的计算问题,依据不同的情况有不同的不确定性计算方法。

1. 组合证据的不确定性计算方法

当组合证据是多个单一证据的合取时,采用最小值法。

例如:$E = E1\ \text{AND}\ E2\ \text{AND}\cdots\text{AND}\ En$,则取所有证据可信度的最小值,即 $CF(E) = \min\{CF(E1),CF(E2),\cdots,CF(En)\}$。

当组合证据是多个单一证据的析取时,采用最大值法。

例如:$E = E1\ \text{OR}\ E2\ \text{OR}\cdots\text{OR}\ En$,则取所有证据可信度的最大值,即 $CF(E) = \max\{CF(E1),CF(E2),\cdots,CF(En)\}$。

2. 结论不确定性的传递算法

在可信度推理方法中，当只有单一知识支持结论 H 时，其结论可信度的计算问题由结论 H 的不确定性传递算法计算得到。

例如：当知识 IF E CF(E) THEN H (CF(H,E))，证据可信度和该规则的可信度都已知时；当证据 E 发生，规则被触发，得到结论 H，则 H 的可信度（不确定性）CF(H) 的计算方法为

$$CF(H) = CF(H,E) \times \max[0, CF(E)]$$

由上式可知：

当 $CF(E) < 0$ 时，表示相应的证据以某种程度为假，则 $CF(H) = 0$，说明该方法没有考虑证据为假时对结论 H 所产生的影响。

当 $CF(E) = 1$ 时，$CF(H) = CF(H,E)$，说明规则可信度 $CF(H,E)$ 就是证据为真时的结论 H 的可信度。

3. 结论不正确性的合成算法

在可信度推理方法中，当多个知识支持同一结论 H 时，其结论可信度的计算问题，由结论 H 的不确定性的合成算法计算得到。

例如：已知有知识

$r1$：IF $E1$ CF($E1$) THEN H(CF($H,E1$))

$r2$：IF $E2$ CF($E2$) THEN H(CF($H,E2$))

当证据 $E1$ 和 $E2$ 都发生时，两条规则都被触发，都得到结论 H，则结论 H 的综合可信度 $CH_{12}(H)$ 的计算方法如下。

(1) 分别对每条规则求出 CF(H)：

依据规则 $r1$：得到 $CF_1(H)$ 的值 $= CF(H,E1) \times \max\{0, CF(E1)\}$

依据规则 $r2$：得到 $CF_2(H)$ 的值 $= CF(H,E2) \times \max\{0, CF(E2)\}$

(2) 用式(3-1)求出 $E1$ 与 $E2$ 对 H 的综合可信度 $CH_{12}(H)$，依据 $CF_1(H)$ 和 $CF_2(H)$ 值的情况，分别采用不同的计算公式计算得到，计算公式如下：

$$CF_{12}(H) = f(x)$$

$$= \begin{cases} CF_1(H) + CF_2(H) - CF_1(H) \times CF_2(H), & CF_1(H) \geqslant 0, CF_2(H) \geqslant 0 \\ CF_1(H) + CF_2(H) + CF_1(H) \times CF_2(H), & CF_1(H) < 0, CF_2(H) < 0 \\ \dfrac{CF_1(H) + CF_2(H)}{1 - \min\{|CF_1(H)|, |CF_2(H)|\}}, & CF_1(H) \times CF_2(H) < 0 \end{cases}$$

$$(3-1)$$

4. 结论不确定性的更新算法

在可信度推理方法中，若已知结论的原始可信度，当规则被触发后，其结论可信度的计算问题则由结论 H 不确定性的更新算法计算得到。

即已知结论原始可信 CF(H) 的情况下，由于出现前提 E，触发执行规则 IF E CF(E) THEN H (CF(H,E))，导致结论可信度更新的计算方法。即已知 CF(E)、CF(H,E) 和 CF(H)，求 CF(H/E)。

这时，分 3 种情况进行问题的求解。

当 $CF(E) = 1$ 时，即证据肯定出现时，按式(3-2)计算：

$$CF\left(\frac{H}{E}\right)=$$

$$\begin{cases} CF(H)+CH(H,E)-CF(H,E)\times CF(H), & \text{若 } CF(H)\geqslant 0,CF(H,E)\geqslant 0 \\ CF(H)+CH(H,E)+CF(H,E)\times CF(H), & \text{若 } CF(H)<0,CF(H,E)<0 \\ \dfrac{CF(H,E)+CF(H)}{1-\min\{|CF(H)|,|CF(H,E)|\}}, & \text{若 } CF(H) \text{ 与 } CF(H,E),\text{异号} \end{cases}$$

(3-2)

当 $0<CF(E)<1$ 时,按式(3-3)计算:

$$CF\left(\frac{H}{E}\right)=$$

$$\begin{cases} CF(H)+CH(H,E)\times CF(E)-CF(H,E)\times CF(H)\times CF(E), & \text{若 } CF(H)\geqslant 0,CF(H,E)\geqslant 0 \\ CF(H)+CH(H,E)\times CF(E)+CF(H,E)\times CF(H)\times CF(E), & \text{若 } CF(H)<0,CF(H,E)<0 \\ \dfrac{CF(H,E)\times CF(E)+CF(H)}{1-\min\{|CF(H)|,|CF(H,E)\times CF(E)|\}}, & \text{若 } CF(H) \text{ 与 } CF(H,E),\text{异号} \end{cases}$$

(3-3)

当 $CF(E)\leqslant 0$ 时,说明规则 IF E THEN H 不可使用,对结论 H 的可信度无影响。

结论可信的合成算法与更新算法在本质上是一致的,可依据待求解问题的已知条件选择合成法或更新法进行问题求解。可信度推理方法在采用可信度作为不确定性度量的基础上,解决了证据和知识的不确定性表示以及组合证据与不确定性的计算问题,下面用一个具体案例讲解应用可信度推理方法进行问题求解的过程。

3.2.3 可信度推理应用案例

1. 问题描述

已知有规则:

$r1$:IF A_1 THEN B_1 $CF(B_1,A_1)=0.8$;

$r2$:IF A_2 THEN B_1 $CF(B_1,A_2)=0.5$;

$r3$:IF $B_1\wedge A_3$ THEN B_2 $CF(B_2,B_1\wedge A_3)=0.8$。

初始证据为 A_1、A_2、A_3,其可信度 CF 均设为1,即 $CF(A_1)=CF(A_2)=CF(A_3)=1$,对 B_1、B_2 一无所知,求 $CF(B_1)$ 和 $CF(B_2)$。

2. 问题求解

由于对结论 B_1、B_2 的原始可信度一无所知,所以采用合成法求解 $CF(B_1)$ 和 $CF(B_2)$。依题意得到的推理网络如图 3-3 所示。

(1)利用规则 $r1$ 和 $r2$,分别计算 $CF(B_1)$,得

$CF_1(B_1)=CF(B_1,A_1)\times\max\{0,CF(A_1)\}=0.8\times 1=0.8$

$CF_2(B_1)=CF(B_1,A_2)\times\max\{0,CF(A_2)\}=0.5\times 1=0.5$

(2)利用合成法计算结论 B_1 的综合可信度,得

$CF_{1,2}(B_1)=CF_1(B_1)+CF_2(B_1)-CF_1(B_1)\times CF_2(B_1)$

$=0.8+0.5-0.8\times 0.5=0.9$

图 3-3 问题的推理网络图

(3)计算 B_2 的可信度,这时,B_1 和 A_3 的合取作为 B_2 的证据,B_1 的可信度已由前面计算出来。$CF(B_1)=0.9$,而 A_3 的可信度为初始设定的1。

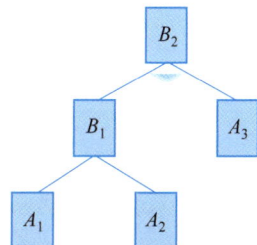

由规则 $r3$ 可计算得到 $CF(B_2)$：

$CF(B_2)=CF(B_2,B_1 \wedge A_3) \times \max\{0,CF(B_1 \wedge A_3)\}=CF(B_2,B_1 \wedge A_3) \times \max\{0,\min\{CF(B_1),CF(A_3)\}\}=0.8 \times \max\{0,0.9\}=0.8 \times 0.9=0.72$

最后求得的 $CF(B_1)$ 和 $CF(B_2)$ 的值分别是 0.9 和 0.72。

针对上面的求解过程，如果该题中的其他条件均不变，将"对 B_1、B_2 一无所知"改为"初始 $CF(B_1)=CF(B_2)=0$"，该采用什么方法对问题进行求解？请读者思考。

本节主要介绍了可信度推理方法，可信度推理方法是一种不确定性推理方法，主要是在证据和知识不精确、不完全或具有一定程度不确定性的情况下进行问题的求解。因此在其问题的求解过程中，必须解决不确定性的度量、证据和知识的不确定性表示和不确定性的推理计算问题。可信度推理方法采用可信度作为不确定性的度量，采用产生式表示法进行知识表示，并给出了结论的不确定性计算方法，特点是证据和知识的可信度主要由领域专家给出，具有一定的主观性，主要应用于专家系统。

3.3 主观贝叶斯推理方法

主观贝叶斯推理（Bayesian inference）方法是杜达、哈特等于 1976 年在贝叶斯公式的基础上经过适当改进建立的一种不确定性推理模型。其在地矿勘探专家系统 Prospector 中得到了成功的应用。

3.3.1 主观贝叶斯推理的不确定度量与表示

在主观贝叶斯推理方法中，采用事件发生的概率作为不确定性的度量，采用产生式规则表示方法对证据和知识进行表示。

1. 主观贝叶斯推理方法中知识的不确定性表示

一般形式为

$$\text{IF} \quad E \quad \text{THEN} \quad (\text{LS,LN}) \quad H \quad (P(H))$$

其中：

（1）E 是知识的前提，可以是单一条件，也可以是多个条件的合取或析取。

（2）H 是结论，$P(H)$ 是 H 的先验概率，由领域专家给出，它指出在没有任何专门证据的情况下，结论 H 为真的概率。

（3）LS 称为充分性度量，用于指出 E 对 H 为真的支持程度，取值范围是 $[0,+\infty]$，其定义为

$$\text{LS}=\frac{P\left(\dfrac{E}{H}\right)}{P\left(\dfrac{E}{\neg H}\right)}$$

（4）LN 称为必要性度量，用于指出证据 E 对结论 H 为真的必要性程度，取值范围是 $[0,+\infty]$，其定义为

$$\text{LN}=\frac{P\left(\neg \dfrac{E}{H}\right)}{P\left(\neg \dfrac{E}{\neg H}\right)}$$

LS 和 LN 的值也由领域专家根据以往的实践及经验给出,表示规则的静态强度。

2. 主观贝叶斯推理方法中证据的不确定性表示

一般形式为

$$IF \ E \ (P(E/S)) \quad THEN \quad H$$

含义:依据观察 S 给出证据 E 的条件概率 $P(E/S)$。表示在观察 S 范围内 E 发生的可能性。

3. 主观贝叶斯推理方法中知识的不确定性表示

一般形式为

$$IF \ E \ (P(E)) \quad THEN \ (LS,LN) \quad H \quad (P(H))$$

其中,$P(H)$ 是专家对结论 H 给出的先验概率,它是在没有考虑任何证据出现的情况下根据经验给出的。

随着证据的出现,对结论 H 发生的概率或信任程度应该有所改变。则主观贝叶斯推理方法的推理过程就是根据证据 E 的概率 $P(E)$,利用规则的 LS 和 LN 值,把结论的先验概率 $P(H)$ 更新为后验概率 $P(H|E)$ 或 $P(H|\neg E)$ 的过程。

在推理过程中,由于一条知识所包含的证据可能是多个单一证据的组合,其中的证据可能是肯定出现,也可能是肯定不出现或某种程度的出现。在问题的求解过程中,要依据不同的情况,分别给出组合证据不确定性的计算方法,证据肯定出现、肯定不出现和某种程度出现情况下,结论 H 的不确定性传递算法;以及多条知识支持相同结论时的合成与更新算法,解决不确定性推理中的计算问题。

3.3.2 主观贝叶斯推理的不确定计算

1. 组合证据的不确定性算法

当组合证据是多个单一证据的合取时,采用最小值法。

例如:$E=E1 \ AND \ E2 \ AND \cdots AND \ En$,则 $P(E/S)$ 取所有证据在观察 S 下出现概率的最小值,即 $P(E/S)=\min\{P(E1/S),P(E2/S)\cdots P(En/S)\}$。

当组合证据是多个单一证据的析取时,采用最大值法。

例如:$E=E1 \ OR \ E2 \ OR \cdots OR \ En$,则 $P(E/S)$ 取所有证据在观察 S 下出现概率的最大值,即 $P(E/S)=\max\{P(E1/S),P(E2/S)\cdots P(En/S)\}$。

对于"非",即证据不出现的情况,可用式(3-4)计算。

$$P(\neg E/S)=1-P(E/S) \tag{3-4}$$

2. 结论不确定性的传递算法

(1) 当证据肯定出现时,即 $P(E)=P(E/S)=1$ 结论的先验概率 $P(H)$ 更新为后验概率 $P(H|E)$ 的方法。

由贝叶斯公式,有

$$P\left(\frac{H}{E}\right)=P\left(\frac{E}{H}\right)\times\frac{P(H)}{P(E)} \tag{3-5}$$

$$P\left(\neg\frac{H}{E}\right)=P\left(\frac{E}{\neg H}\right)\times\frac{P(\neg H)}{P(E)} \tag{3-6}$$

两式相除可得式(3-7):

$$\frac{P\left(\dfrac{H}{E}\right)}{P\left(\neg\dfrac{H}{E}\right)}=\frac{P\left(\dfrac{E}{H}\right)}{P\left(\dfrac{E}{\neg H}\right)}\times\frac{P(H)}{P(\neg H)} \tag{3-7}$$

为计算方便，引入几率函数：$O(H)=\dfrac{P(H)}{P(\neg H)}=\dfrac{P(H)}{1-P(H)}$，推出 $P(H)=\dfrac{O(H)}{1+O(H)}$

则可得条件几率函数为 $O(H|E)=\dfrac{P(H|E)}{P(\neg H|E)}$。

显然，$P(H)$ 与 $O(H)$，$P(H/E)$ 与 $O(H/E)$ 具有相同的单调性。$P(H)\in[0,1]$，

$O(H)\in[0,+\infty]$。又由 $\text{LS}=\dfrac{P\left(\dfrac{E}{H}\right)}{P\left(\dfrac{E}{\neg H}\right)}$ 的定义，则式（3-7）化简为

$$O\left(\frac{H}{E}\right)=\text{LS}\times O(H) \tag{3-8}$$

即

$$\frac{P\left(\dfrac{H}{E}\right)}{1-P\left(\dfrac{H}{E}\right)}=\text{LS}\times\frac{P(H)}{1-P(H)} \tag{3-9}$$

最后推出公式：

$$P\left(\frac{H}{E}\right)=\frac{\text{LS}\times P(H)}{(\text{LS}-1)\times P(H)+1} \tag{3-10}$$

这是在证据肯定出现的情况下，把先验概率 $P(H)$ 更新为后验概率 $P(H/E)$ 的计算公式。

由式（3-10）可知：

当 LS>1 时，由 $O\left(\dfrac{H}{E}\right)=\text{LS}\times O(H)$，有 $O\left(\dfrac{H}{E}\right)>O(H)$，由于 $P(H)$ 与 $O(H)$，$P(H/E)$ 与 $O(H/E)$ 具有相同的单调性，则有 $P\left(\dfrac{H}{E}\right)>P(H)$，说明证据 E 的出现，将增大结论 H 为真的可能性，而且 LS 越大，$P(H/E)$ 就越大，即 E 对 H 的支持度越强。

当 LS<1 时，有 $P\left(\dfrac{H}{E}\right)<P(H)$，说明证据 E 的出现导致 H 为真的可能性减小。

当 LS=1 时，有 $P\left(\dfrac{H}{E}\right)=P(H)$，说明 E 与 H 无关。

当 LS=0 时，有 $P\left(\dfrac{H}{E}\right)=0$，说明 E 的出现使 H 为假。

上述的分析结果，可作为领域专家为 LS 赋值的依据，当证据 E 越支持 H 为真时，LS 的值就越大。

（2）当证据肯定不出现时，即 $P(E)=P(E/S)=0$，$P(\neg E)=1$ 结论 H 的先验概率 $P(H)$ 更新为后验概率 $P(H|\neg E)$ 的方法。

由贝叶斯公式，有

$$P\left(\frac{H}{\neg E}\right)=P\left(\neg\frac{E}{H}\right)\times\frac{P(H)}{P(\neg E)} \tag{3-11}$$

$$P\left(\neg\frac{H}{\neg E}\right)=P\left(\neg\frac{E}{\neg H}\right)\times\frac{P(\neg H)}{P(\neg E)} \tag{3-12}$$

两式相除，可得式(3-13)：

$$\frac{P\left(\dfrac{H}{\neg E}\right)}{P\left(\neg\dfrac{H}{\neg E}\right)}=\frac{P\left(\neg\dfrac{E}{H}\right)}{P\left(\neg\dfrac{E}{\neg H}\right)}\times\frac{P(H)}{P(\neg H)} \tag{3-13}$$

由几率函数：$O(H)=\dfrac{P(H)}{P(\neg H)}=\dfrac{P(H)}{1-P(H)}$、条件几率函数 $O\left(\dfrac{H}{\neg E}\right)=\dfrac{P\left(\dfrac{H}{\neg E}\right)}{P\left(\neg\dfrac{H}{\neg E}\right)}$ 和

$$\text{LN}=\frac{P\left(\neg\dfrac{E}{H}\right)}{P\left(\neg\dfrac{E}{\neg H}\right)}。$$

式(3-13)可化简为 $O\left(\dfrac{H}{\neg E}\right)=\text{LN}\times O(H)$，即 $\dfrac{P\left(\dfrac{H}{\neg E}\right)}{1-P\left(\dfrac{H}{\neg E}\right)}=\text{LN}\times\dfrac{P(H)}{1-P(H)}$。

最后推出公式：

$$P\left(\frac{H}{\neg E}\right)=\frac{\text{LN}\times P(H)}{(\text{LN}-1)\times P(H)+1} \tag{3-14}$$

这是在证据肯定不出现的情况下，把先验概率 $P(H)$ 更新为后验概率 $P(H|\neg E)$ 的计算公式。

由式(3-14)可知：

当 LN>1 时，由 $O\left(\dfrac{H}{\neg E}\right)=\text{LN}\times O(H)$ 有 $O\left(\dfrac{H}{\neg E}\right)>O(H)$，则有 $P\left(\dfrac{H}{\neg E}\right)>P(H)$，说明证据 E 的不出现将增大结论 H 为真的可能性，而且 LN 越大，$P(H/\neg E)$ 就越大，即 E 不出现将导致 H 为真的可能性越大。

当 LN<1 时，则有 $P\left(\dfrac{H}{\neg E}\right)<P(H)$，说明证据 E 的不出现导致 H 为真的可能性减小。

当 LN=1 时，则有 $P\left(\dfrac{H}{\neg E}\right)=P(H)$，说明 E 不出现与 H 无关。

当 LN=0 时，则有 $P\left(\dfrac{H}{\neg E}\right)=0$，说明 E 的不出现使 H 为假。

上述分析结果可作为领域专家为 LN 赋值的依据，当证据 E 对 H 为真越必要时，LN 的值就越大。

由于证据 E 的确定出现与确定不出现，不可能同时支持 H 或同时反对 H，所以，在同一条知识中，LS 和 LN 的取值应满足：

$$\begin{cases} LS>1 \& LN<1 \\ LS<1 \& LN>1 \\ LS=1 \& LN=1 \end{cases}$$

（3）在证据不确定的情况下，不能再用上面的公式计算后验概率，而要用杜达等 1976 年证明了的式（3-15）计算：

$$P\left(\frac{H}{S}\right)=P\left(\frac{H}{E}\right)\times P\left(\frac{E}{S}\right)+P\left(\frac{H}{\neg E}\right)\times P\left(\neg\frac{E}{S}\right) \tag{3-15}$$

下面分 4 种情况对其进行讨论。

当 $P(E/S)=1$ 时，有 $P\left(\dfrac{H}{S}\right)=P\left(\dfrac{H}{E}\right)=\dfrac{LS\times P(H)}{(LS-1)\times P(H)+1}$，这是证据肯定出现的情况。

当 $P(E/S)=0$ 时，有 $P\left(\dfrac{H}{S}\right)=P\left(\dfrac{H}{\neg E}\right)=\dfrac{LN\times P(H)}{(LN-1)\times P(H)+1}$，这是证据肯定不出现的情况。

当 $P(E/S)=P(E)$ 时，表示 E 与 S 无关，利用全概率式将式（3-15）变为

$$P\left(\frac{H}{S}\right)=P\left(\frac{H}{E}\right)\times P(E)+P\left(\frac{H}{\neg E}\right)\times P(\neg E)=P(H)$$

当 $P(E/S)$ 为其他值时，通过分段线性插值，依据 $P(E/S)$ 所在范围不同，按照式（3-16）计算如下。

$$P(H/S)=$$

$$\begin{cases} P(H/\neg E)+\dfrac{P(H)-P(H/\neg E)}{P(E)}\times P(E/S) & \text{当 } 0\leqslant P(E/S)<P(E) \\[3mm] P(H)+\dfrac{P(H/E)-P(H)}{1-P(E)}\times[P(E/S)-P(E)] & \text{当 } P(E)\leqslant P(E/S)<1 \end{cases}$$

$$\tag{3-16}$$

3. 结论不确定性的合成算法

在主观贝叶斯推理方法中，当多条知识支持同一结论 H 时，结论 H 不确定性的合成算法为：若有 n 条知识都支持相同的结论 H，而且每条知识的前提条件所对应的证据 $E_i(i=1,2,\cdots,n)$ 都有相应的观察 S_i 与之对应，此时只要先对每条知识分别求出其概率 $O(H/S_i)$，就可以运用式（3-17）和式（3-18）求出结论 H 的不确定性。

$$O(H/S_1,S_2,\cdots S_n)=\frac{O(H/S_1)}{O(H)}\times\frac{O(H/S_2)}{O(H)}\times\cdots\times\frac{O(H/S_n)}{O(H)}\times O(H) \tag{3-17}$$

$$P(H/S_1,S_2,\cdots S_n)=\frac{O(H/S_1,S_2,\cdots S_n)}{1+O(H/S_1,S_2,\cdots S_n)} \tag{3-18}$$

4. 结论不确定性的更新算法

在主观贝叶斯推理方法中，多条知识支持同一结论 H 时的更新算法，可采用类似可信度推理中的更新方法获得结论 H 的后验概率。其基本思想是利用第一条规则对结论的后验概率进行更新；再把得到的更新概率作为第二条规则的先验概率；继续利用第二条规则对其进行更新……直到搜索规则使用完。

3.3.3　主观贝叶斯推理应用案例

主观贝叶斯推理方法主要是依据已知条件,选择更新法或合成法计算结论的后验概率值。

1. 问题描述

例如:已知有规则

$r1$:IF　A_1　THEN　$(20,1)$ B;

$r2$:IF　A_2　THEN　$(300,1)$ B。

已知结论 B 的先验概率 $P(B)=0.03$,求 A_1 和 A_2 必然发生后,结论 B 的概率。

2. 问题求解

依题意,由多条知识支持同一结论,则选择合成法对其进行求解。首先依据每条知识,在证据确定出现的情况下,计算结论 B 的后验概率和概率的更新值。

利用规则 $r1$,得到

$$P\left(\frac{B}{A_1}\right)=\frac{LS_1 \times P(B)}{(LS_1-1)\times P(B)+1}=\frac{20\times0.03}{19\times0.03+1}\approx0.382$$

$$O\left(\frac{B}{A_1}\right)=\frac{P\left(\dfrac{B}{A_1}\right)}{1-P\left(\dfrac{B}{A_1}\right)}=\frac{0.382}{1-0.382}\approx0.618$$

利用规则 $r2$,得到

$$P\left(\frac{B}{A_2}\right)=\frac{LS_2 \times P(B)}{(LS_2-1)\times P(B)+1}=\frac{300\times0.03}{299\times0.03+1}\approx0.903$$

$$O\left(\frac{B}{A_2}\right)=\frac{P\left(\dfrac{B}{A_2}\right)}{1-P\left(\dfrac{B}{A_2}\right)}=\frac{0.903}{1-0.903}\approx9.309$$

将两条知识对结论 B 的概率进行合成,得到

$$O\left(\frac{B}{A_1},A_2\right)=\frac{O\left(\dfrac{B}{A_1}\right)}{O(B)}\times\frac{O\left(\dfrac{B}{A_2}\right)}{O(B)}\times O(B)=\frac{0.618\times9.309}{0.03}\approx191.765$$

$$P\left(\frac{B}{A_1},A_2\right)=\frac{O\left(\dfrac{B}{A_1},A_2\right)}{1+O\left(\dfrac{B}{A_1},A_2\right)}=\frac{191.765}{1+191.765}\approx0.995$$

最后由几率与概率的关系求得结论 B 在规则 $r1$ 和 $r2$ 的作用下,其更新值为 0.995,说明 A_1、A_2 发生,增加了 B 为真的可能性。该题也可采用更新法,按照公式对其进行求解,具体的过程,请读者自行完成。

主观贝叶斯推理方式是基于概率论的一种不确定性推理方法。其在采用概率作为不确定性度量的基础上,解决了证据和知识的不确定性表示以及组合证据与不确定性的计算问题,给出了在证据肯定出现、肯定不出现与证据不确定的情况下,将先验概率更新为后验概率的方法,从推理构成可以看出,其实现了不确定性的逐级传递。

主观贝叶斯方法的主要优点在于具有扎实的理论基础，因为其很多的计算公式是在概率论的基础上推导出来的。同时知识的静态强度 LS 和 LN 反映了证据与结论之间的因果关系，符合领域的实际情况，领域专家能够给出较为准确的 LS 和 LN 值，使得推出的结论有较高的确定性。方法中依据证据的出现情况给出了不同的将结论的先验概率更新为后验概率的计算方法，使推理方便灵活。不足之处在于给出结论 H 的先验概率比较困难，主观贝叶斯方法因贝叶斯定理要求事件间要具有独立性而使其应用受到限制。

3.4　本章小结

本章主要基于不确定性知识的产生式表示方法介绍不确定性推理，总结了不确定性推理中的三个基本问题：不确定性知识的度量问题、不确定性知识的表示问题和不确定性结论的计算问题。讨论了两种经典的不确定性推理方法：可信度推理方法和主观贝叶斯推理方法，举例说明不确定性推理过程。通过学习这些内容，相信读者能够对不确定性推理有一个比较直观理解和掌握。

习题 3

1. 产生式系统由哪几部分构成，各部分的主要工作是什么？

2. 简述用产生式推理方法的工作流程。

3. 用产生式表示下列不确定性：

(1) 如果证据 A 成立，则可以得出结论 B 的可能性是 70%。

(2) 今天下雨的可能性是 60%。

4. 在产生式推理过程中，哪些因素将影响其推理的性能(如推理的准确性、推理的效率等)？

5. 什么是不确定性推理？

6. 在不确定性推理方法的设计和实现中，必须解决的三个基本问题是什么？

7. 在多条知识下，用合成法求结论可信度。

已知

$r1$: IF A_1 THEN B_1　$CF(B_1, A_1) = 0.8$

$r2$: IF A_2 THEN B_1　$CF(B_1, A_2) = 0.5$

$r3$: IF $B_1 \wedge A_3$ THEN B_2　$CF(B_2, B_1 \wedge A_3) = 0.8$

初始证据 A_1、A_2、A_3 的可信度 CF 均设为 1，即 $CF(A_1) = CF(A_2) = CF(A_3) = 1$。而对 B_1、B_2 一无所知。

求 $CF(B_1)$、$CF(B_2)$。

8. 在多条知识下，用更新法求结论可信度

已知：规则可信度为

$r1$:　$A \rightarrow X$　　　　$CF(X, A) = 0.8$

$r2$:　$B \rightarrow X$　　　　$CF(X, B) = 0.6$

$r3$:　$B \rightarrow X$　　　　$CF(X, C) = 0.4$

$r4$:　$X \wedge D \rightarrow Y$　　$CF(Y, X \wedge D) = 0.3$

证据可信度为

CF(A)＝CF(B)＝CF(C)＝0.5。

X、Y 的初始可信度 $CF_0(X)=0.1$，$CF_0(Y)=0.2$。

要求用 MYCIN 的方法计算：

(1) 结论 X 的可信度 CF(X)。

(2) 结论 Y 的可信度 CF(Y)。

9. 在主观贝叶斯推理中，规定 LS 和 LN 的比应为(　　)。

   A. $\geqslant 0$ B. $\leqslant 0$ C. >0 D. 无限制

10. 对于规则 $r1$：IF X THEN $(1,0.003)Y(0.4)$，应用主观贝叶斯方法，则 $p(Y/X)=$
_____，对于规则 $r2$：IF E THEN $(18,1)H(0.06)$，应用主观贝叶斯方法，则 $p(H/\neg E)=$ _____。

11. 设有如下知识：

$r1$：IF A_1 THEN $(20,1)$ B

$r2$：IF A_2 THEN $(300,1)$ B

$r3$：IF A_3 THEN $(75,1)$ B

$r4$：IF A_4 THEN $(4,1)$ B

已知结论 B 的先验概率 $P(B)=0.03$。

当证据 A_1、A_2、A_3、A_4 必然发生后，求结论 B 的概率变化。

第 4 章

搜 索 策 略

本章学习目标：

- 了解状态空间知识表示方法与搜索的一般过程。
- 理解盲目搜索与启发式搜索的基本原理。
- 理解和掌握宽度优先搜索、深度优先搜索、有界深度优先搜索和代价树搜索等盲目搜索方法。
- 理解和掌握启发式搜索和博弈树搜索方法。
- 操作实践：应用盲目搜索和启发式搜索方法进行搜索问题的求解。

人工智能要解决的问题大部分是结构不良或非结构化问题，解决这样的问题一般不存在成熟的算法，而只能利用已有的知识一步步摸索着前进。例如：八数码游戏问题，如图 4-1 所示，要想从初始状态到达目标状态，只能依据空格的不同移动方式（上移、下移、左移、右移）不断地改变其数码状态，直到目标状态出现为止。

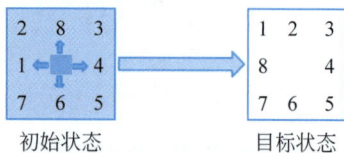

初始状态　　　　　　目标状态

图 4-1　八数码问题示意图

这个过程中就存在 4 种不同的移动方式，从而产生多条可供选择的路径。那么，选择哪种移动方式，如何确定推理路线，使其付出的代价尽可能的少，而问题又能得到很好的解决，这就需要搜索。

搜索就是根据问题的实际情况不断寻找可利用的知识，从而构造一条代价较少的推理路线，使问题得到圆满解决的过程。根据搜索过程中采用的策略不同，搜索分为盲目搜索和启发式搜索。

（1）盲目搜索：是按照预定的控制策略进行搜索，与搜索过程中获得的中间信息无关。即搜索过程中控制策略不变。如在八数码问题中，空格始终按照上、下、左、右一种顺序移动，直到目标状态出现。

（2）启发式搜索：在搜索过程中加入了与问题有关的中间信息，用于指导搜索朝着最有希望的方向前进，以加速问题的求解过程，并找到最优解。在搜索过程中，控制策略依据所获得的中间信息做出相应的改变，以使问题朝着最有希望得解的方向搜索。

人工智能研究涉及多个领域，每个领域有各自的规律和特点，但解决问题的过程都可抽象为"问题求解"，而问题求解的过程就是一个搜索的过程。

如八数码游戏问题，找出初始状态到目标状态的一个解，就是寻找一个从初始状态到目标状态的搜索路径;又如过河问题,如图4-2所示,如何从此岸达到彼岸,也是一边向前走一边依据周边信息选择垫脚石的摸索过程。因此,搜索的本质就是一个问题的求解过程。使用搜索的方式进行问题求解,首先必须用某种方法把问题表示出来,那么在搜索中采用什么方法表示问题呢?

下面介绍一种可用于搜索求解问题时的表示方法——状态空间表示法。

图 4-2 过河问题

4.1 状态空间表示法与搜索

人工智能中有一种观点,认为智能就是从巨大的状态空间中搜索解或最优解,并且给出解或最优解的过程。本节先介绍状态空间表示及其求解问题的方法,接着介绍基于状态空间表示的一般搜索过程。

4.1.1 状态空间表示法

状态空间表示法是用"状态"和"算符"来表示问题的一种方法。其中"状态"用于描述问题求解过程中不同时刻的状况,并采用某种数据结构对状态进行存储和表示,通常用一组变量的有序集合表示。

如在八数码问题中,不同时刻数码的排列形式可表示为一种状态,同时也可采用二维数组存储数码的状态。其中,空格的每次移动(上移、下移、左移、右移)都使问题由一个状态变为另一个状态,这样对状态的操作就是算符。

在问题的求解过程中,初始状态在不同算符的作用下会产生不同的中间状态,最后到达目标状态。

由问题的全部状态和一切可用算符所构成的集合称为状态空间。状态空间一般用三元组(S,F,G)表示,其中,S表示初始状态集,F表示算符的集合,G表示目标状态集,八数码问题的状态空间表示如图4-3所示。

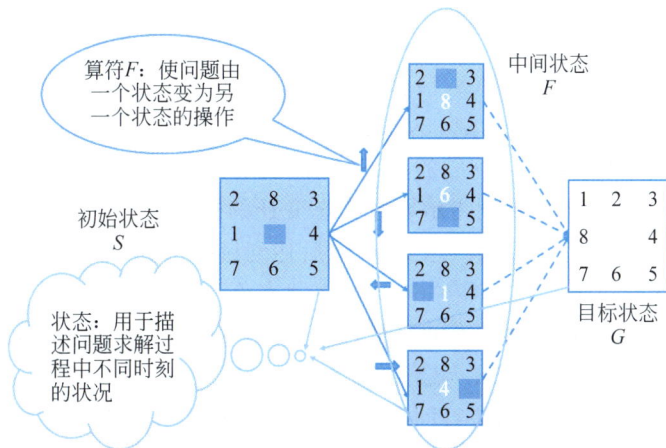
图 4-3 八数码问题的状态空间表示

在采用状态空间法进行问题描述的基础上，进行问题求解的过程就是：从初始状态 S 出发，经过一系列的算符运算到达目标状态 G。问题的解就是由初始状态到目标状态所用算符的序列。

4.1.2　状态空间表示法的问题求解案例

【例 4.1】　二阶梵塔问题。

问题描述：设有编号为 1、2、3 的 3 个柱子和标识为 A、B 的两个圆盘，其中 A 尺寸较小，B 尺寸较大，圆盘中央带有空洞。初始状态是圆盘按 A 上、B 下顺序堆放在 1 号柱子上，目标状态是盘子以同样的次序堆放在 3 号柱子上，如图 4-4 所示。圆盘的移动规则是：每次只能移动一个盘子，且大盘子不能压放在小盘子上。

图 4-4　二阶梵塔问题示意图

问题求解：用状态空间表示法解决这个问题，如图 4-5 所示。首先采用二元组 (x, y) 来表示问题的状态，x 表示圆盘 A 所在的柱子号，y 表示圆盘 B 所在的柱子号，则该问题的初始状态 $S=(1,1)$，表示圆盘 A、B 都在 1 号柱子上，目标状态 $G=(3,3)$，表示圆盘 A、B 都在 3 号柱子上。其对应的算符有两个，$A(i, j)$ 表示把圆盘 A 从第 i 号柱子移到第 j 号柱子，$B(i, j)$ 表示把圆盘 B 从第 i 号柱子移到第 j 号柱子。

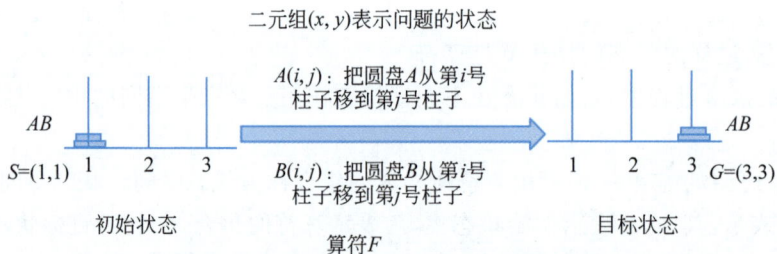

图 4-5　二阶梵塔问题的状态空间描述示意图

依据这种状态和算符的描述，可以得到所有可能的 9 种状态和 12 种算符，依据这 9 种可能的状态 $(1,1)$、$(1,2)$、$(1,3)$、$(2,1)$、$(2,2)$、$(2,3)$、$(3,1)$、$(3,2)$、$(3,3)$ 和 12 种算符 $A(1,2)$、$A(1,3)$、$A(2,1)$、$A(2,3)$、$A(3,1)$、$A(3,2)$、$B(1,2)$、$B(1,3)$、$B(2,1)$、$B(2,3)$、$B(3,1)$、$B(3,2)$，可得到二阶梵塔问题的状态空间图，如图 4-6 所示。图中的节点代表状态，弧代表状态的变迁，弧上的标签则指示导致状态变迁的操作算符。求解过程是从初始状态 S 出发，经过一系列的算符运算和状态变迁，最后达到目标状态 G。问题的解是由初始状态到目标状态所用算符的序列。在图 4-6 中，同一状态作用于不同的算符会得到不同的后继状态，产生多条不同的到达目标状态的路径，因此解不唯一。本题达到目标状态的最短路径是 $A(1,2)$，$B(1,3)$，$A(2,3)$，该解为最优解。

例 4.1 应用状态空间表示法进行问题求解时，首先从定义状态的描述形式和算符 F 开始；然后给出初始状态 S 和目标状态 G 的描述；在进行问题求解时，从初始状态开始不断用

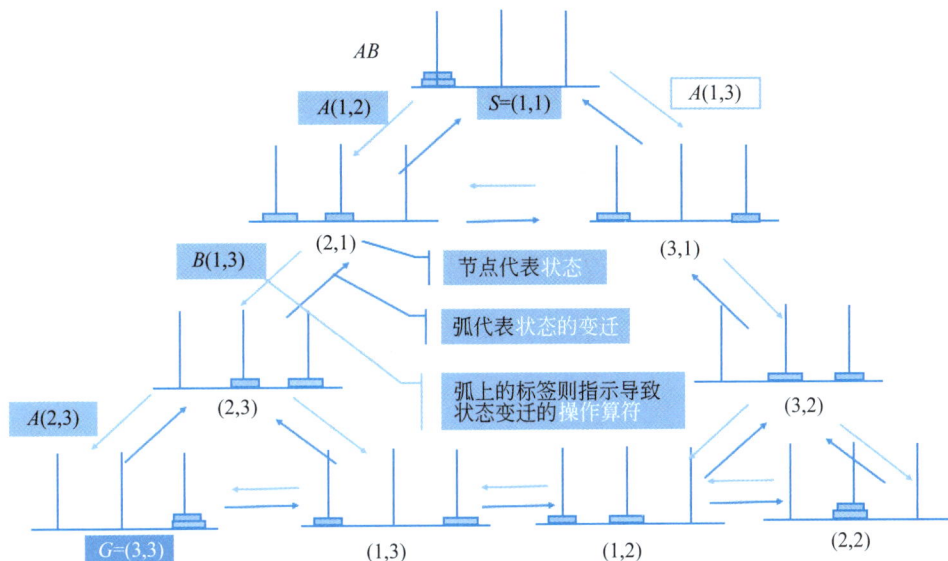
图 4-6 二阶梵塔问题的状态空间图

算符改变问题的状态,直到获得目标状态时为止,而问题的解就是从初始状态到目标状态的算符序列;同时,解不唯一,包含算符最少的解为最优解。

通过例 4.1 可以看出,当把一个待求解的问题用状态空间表示法表示后,就可以通过对状态空间的搜索实现对问题的求解,因此,可以将状态空间表示法进行问题求解的过程归纳如下:

（1）先定义状态的描述形式和算符 F。

（2）给出初始状态 S 和目标状态 G 的描述。

（3）从初始状态开始,不断地使用算符改变问题的状态,直到获得目标状态为止。

（4）问题的解是从初始状态到目标状态的算符序列。

（5）解不唯一,包含算符最少的解为最优解。

4.1.3 状态空间表示法搜索的一般过程

从状态空间图的角度来看,对问题的求解就相当于在有向图上寻找一条从一点(初始状态节点)到另一点(目标状态节点)的路径。然而一个复杂问题的状态空间是十分庞大的,如由 2 阶梵塔变为 64 阶梵塔时,将有 3^{64} 个不同的状态,要把它们都存入计算机,需要巨大的存储空间,这几乎是不可能实现的,也没有必要这样做。因为对于一个具体的问题,与解有关的状态空间往往只是整个状态空间的一部分。所以,只要计算机生成并存储这部分状态空间,即可求得问题的解。这样不仅可以避免生成无用的状态,又可以提高问题的求解效率,同时节省存储空间。但是对于一个具体问题,如何生成并存储与问题有关的状态空间呢?可以应用搜索技术来解决这个问题。

依据搜索的一般概念,基于状态空间表示法的一般搜索的基本思想可描述为:先将问题的初始状态当作当前状态,选择一个适当的算符作用于当前状态,生成一组后继状态(或称后继节点),然后检查这组状态中有没有目标状态。如果有,则搜索成功,从初始状态到目标状态的一系列算符即是问题的解;若没有,则按照某种控制策略,从已生成的状态中再选择一个状态作为当前状态，重复上述过程，直到目标状态出现，或不再有可供操作的状态及算符时为止。

基于上述思想，下面给出状态空间搜索方法的一般过程。给出一般搜索过程之前，先说明搜索过程中涉及的基本概念和算法实现需要的辅助数据结构。

扩展：就是用合适的算符对某个节点进行操作，生成一组后继节点，扩展过程就是求后继节点的过程。

已扩展的节点：已求出了它的后继节点的节点。

未扩展的节点：尚未求出后继节点的节点。

除此之外，还需要两个辅助的数据结构，分别是 OPEN 表和 CLOSED 表，如图 4-7 所示。

OPEN		CLOSED	
		编号	
状态节点		状态节点	
父节点		父节点	

图 4-7　OPEN 表和 CLOSED 表

OPEN 表：存放未扩展的节点，记录当前状态节点及父节点。

CLOSED 表：存放已扩展的节点，记录编号、当前状态节点及其父节点。

其中父节点用于记录生成该节点的前驱节点。

状态空间搜索方法的流程如图 4-8 所示，具体过程如下。

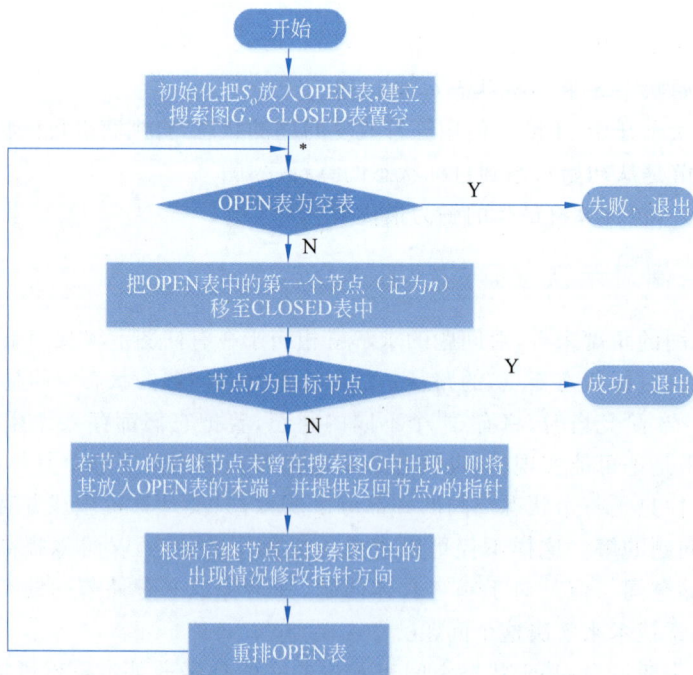

图 4-8　状态空间搜索方法的流程图

（1）初始化：把 S_0（初始节点）放入 OPEN 表中，建立目前只包含 S_0 节点的搜索图 G，

CLOSED 表置空。

（2）判断 OPEN 表是否为空表，若为空表，则问题无解，退出。

（3）若 OPEN 表非空，选择 OPEN 表中的第一个节点，记为 n，移至 CLOSED 表中，考察节点 n 是否为目标节点，若是，则问题有解，成功退出。问题的解可沿着 n 到 S_0 的路径得到。若 n 不是目标节点，则扩展节点 n 生成一组不是 n 的祖先的后继节点，并将它们记为集合 M，将 M 中的这些节点作为 n 的后继节点加入搜索图 G 中。搜索图 G 是在搜索过程中生成的一个图，它是问题状态空间图的一部分，称为搜索图 G。

（4）若节点 n 的后继节点未曾在搜索图 G 中出现，则将其放入 OPEN 表的末端，并提供返回节点 n 的指针。

（5）根据后继节点在搜索图 G 中的出现情况修改指针方向。若后继节点未在 G 中出现，设置一个指向父节点 n 的指针；若后继节点已在 G 中出现，确定是否需要修改指向父节点的指针；对于已在 G 中出现并已在 CLOSED 表中的后继节点，确定是否需要修改通向它们后继节点的指针。

（6）按照某种方式或某种策略重排 OPEN 表中节点的顺序，返回到（2）处，即如图 4-8 的"*"处继续执行。

通过上述描述，可以看到利用状态空间搜索法求解问题时，并不是将整个问题的状态空间图全部输入计算机，而只是随着搜索的进行动态地存入与问题有关的部分状态空间图，这种部分状态空间图是在搜索过程中生成的，并且每前进一步，都要检查是否达到目标状态，这样就尽可能地减少生成与问题求解无关的状态，从而提高了解题效率，节省了存储空间。

状态空间搜索法是状态空间表示法以及在状态空间表示法的基础上利用搜索技术进行人工智能问题求解的一般算法。在算法中对 OPEN 表中节点排序的方法不同，可得到不同的搜索方法。因此状态空间搜索的一般算法具有通用性。

4.2 宽度优先搜索

搜索分为盲目搜索和启发式搜索两类。盲目搜索是指按照之前规定好的路线进行搜索，搜索过程中的搜索策略保持不变。宽度优先搜索又称为广度优先搜索，是一种基于状态空间表示法的盲目搜索方法。

4.2.1 宽度优先搜索的基本思想与搜索过程

宽度优先搜索的基本思想是：从初始节点 S_0 开始，逐层对节点进行扩展（或搜索），并考察被扩展节点是否为目标节点，在第 n 层的节点没有被全部扩展（或搜索）之前，不能对第 $n+1$ 层的节点进行扩展（或搜索）。在搜索过程中，未扩展的节点在 OPEN 表中的排列规则为：排放在 OPEN 表的末端，宽度优先搜索过程如图 4-9 中的虚线所示。

宽度优先搜索的流程如图 4-10 所示，具体可描

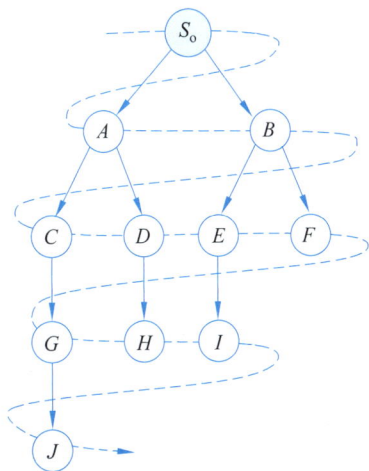

图 4-9 宽度优先搜索过程示意图

述为：

（1）进行初始化，将 OPEN 表和 CLOSED 表都置为空。把初始节点 S_0 放入 OPEN 表中。

（2）判定 OPEN 表是否为空，若为空，则无解，失败退出。

（3）若 OPEN 表非空，将 OPEN 表中的第一个节点（节点 n）移出，放入 CLOSED 表中。

（4）考察节点 n 是否为目标节点，若是，则得到问题的解，采用回溯的方法求解路径，成功退出。

（5）若节点 n 不是目标节点，判定节点 n 是否可扩展。

（6）若节点 n 不可扩展，则算法返回到（2），即图 4-10 的"＊"处，继续进行搜索。

（7）若节点 n 可以扩展，则扩展节点 n，将其后继节点放入到 OPEN 表的末端，并为每个后继节点配置指向节点 n 的指针，算法返回（2）处，即图 4-10 的"＊"处，继续进行搜索。

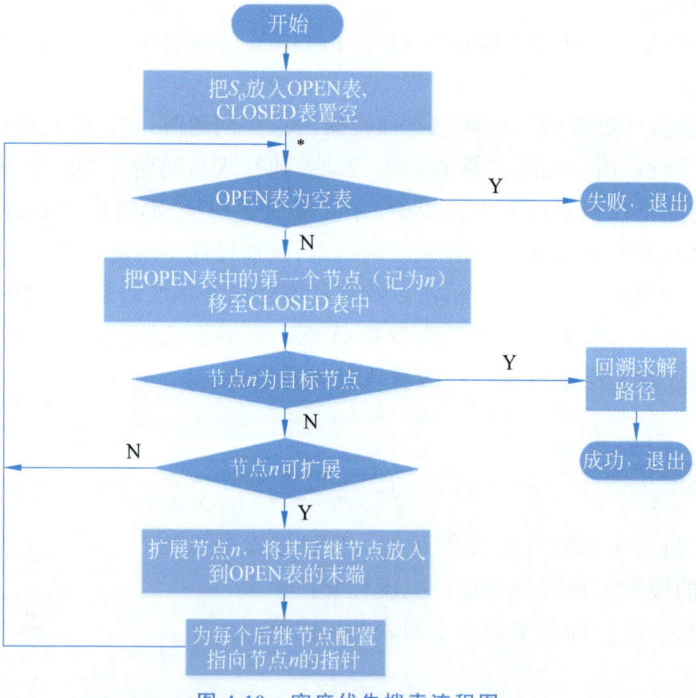

图 4-10　宽度优先搜索流程图

图 4-11 为宽度优先搜索过程示意图，初始 OPEN 表和 CLOSED 表置空，从初始状态 S_0 开始搜索，将 S_0 放入 OPEN 表，OPEN 表不为空，取出 S_0 放入 CLOSED 表，图 4-12 为 OPEN 表和 CLOSED 表搜索状态图。

对 S_0 点进行目标判定和扩展，S_0 点不是目标点，对 S_0 点扩展可得到 A、B 两个后继节点，分别将其放入 OPEN 表的末端，并配置其父节点为 S_0，如图 4-13 所示。接下来，算法返回到图 4-10 的"＊"处，判断 OPEN 表是否为空，继续进行搜索，直到成功或失败退出为止。

从算法的搜索过程可以看出，宽度优先搜索方法的搜索策略是按层次搜索，OPEN 表中节点按照进入的先后顺序排列，先进入 OPEN 表的节点将先被扩展。

OPEN

状态节点	父节点
S_0	NULL

CLOSED

编号	状态节点	父节点

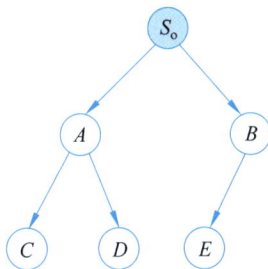

图 4-11　宽度优先搜索示意图

OPEN

状态节点	父节点

CLOSED

编号	状态节点	父节点
1	S_0	NULL

图 4-12　OPEN 表和 CLOSED 表状态图

OPEN

状态节点	父节点
A	S_0
B	S_0

CLOSED

编号	状态节点	父节点
1	S_0	NULL

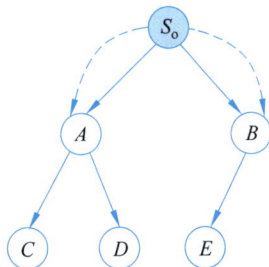

图 4-13　OPEN 表和 CLOSED 表状态图

4.2.2　宽度优先搜索应用案例

应用宽度优先搜索方法解决八数码游戏问题。

【例 4.2】　八数码游戏问题。

问题描述：在一个 3×3 的方格棋盘上，分别放置标有数字1、2、3、4、5、6、7、8的八张数码牌，有一个方格为空，如图 4-14 所示。其初始状态为 S_0，要求通过数码在方格棋盘内上、下、左、右移动，寻找从初始状态 S_0 达到目标状态 S_g 的路径。对这个问题进行求解之前，首先要应用状态空间表示法将问题的状态和算符表示出来，然后采用宽度优先搜索方法求解。

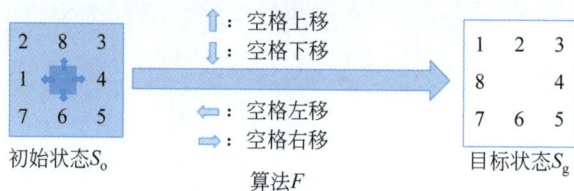

图 4-14　八数码游戏问题描述示意图

依题意，可用 3×3 的表格或矩阵表示状态，采用二维数组作为存储结构。数码的移动就是算符，在方格棋盘上，数码只能移入空格所在的位置，因此数码的移动可转换为空格的移动，用4种算符表示：分别是空格上移、空格下移、空格左移和空格右移。

问题求解：用宽度优先搜索方法寻找从初始状态 S_0 到目标状态 S_g 的路径。首先规定对于任意数码状态，其空格始终按照左、上、右、下的顺序移动，即对于任意当前状态空格，按照左、上、右、下的顺序移动依次生成不同的后继状态（或称后继节点）。宽度优先搜索的具体过程如下。

从初始节点 S_0 出发，将 S_0 放入 OPEN 表中，标记为节点 S_0，置其父节点为空；同时 CLOSED 表为空。

取 OPEN 表中的第一个节点 S_0 放入 CLOSED 表中，对 S_0 进行判断，因为其不是目标节点，所以按照空格左、上、右、下的移动次序，得到4种不同的后继状态（即后继节点，分别标记为 a、b、c、d）。

依据宽度优先搜索策略：先生成的节点先进入 OPEN 表中，并排在 OPEN 表的前面，则新生成的节点在 OPEN 表中的排列次序为 a、b、c、d，并标记其父节点为 S_0。

继续执行算法，取 OPEN 表中的第一个节点 a 放入 CLOSED 表中，因 a 不是目标节点，仍按照左、上、右、下的次序移动空格，但从 a 节点的状态来看，空格只能沿着上、右、下3个方向移动，得到3种不同的后继状态，分别记为节点 e、g、f，此刻的 OPEN 表和 CLOSED 表的状态和搜索过程如图 4-15 所示。又因为通过空格右移得到的节点 g 和其祖先节点 S_0 的状态相同，依据状态空间搜索方法的一般过程，对节点 n 进行扩展时，其扩展节点应为一组不是节点 n 的祖先的后继节点，因此通过节点 a 扩展的后继节点应不包含节点 g，则其扩展的后继节点只有 e 和 f，按顺序加入 OPEN 表的末端，此时 OPEN 中的节点和其排序为 b、c、d、e、f。

再继续执行算法，取 OPEN 表中的第一个节点 b 放入 CLOSED 表中，因 b 不是目标节点，按照上述过程对节点 b 进行扩展，得到节点 g、h，并按生成顺序加入 OPEN 表的末端，

初始状态S_o

目标状态S_g

OPEN		
状态节点	b c d
父节点	S_o

CLOSED		
编号	1	2
状态节点	S_o	a
父节点	NULL S_o	

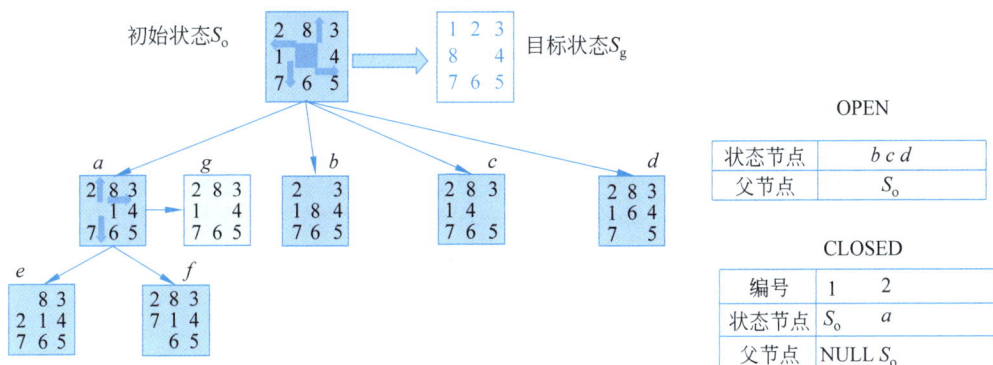

图 4-15 宽度优先搜索过程扩展节点 a 示意图

则此时 OPEN 表中的节点和其排序为 c、d、e、f、g、h。重复上述过程,依次对节点 c、d、e、f、g、h 等进行扩展,节点 c 扩展得到后继节点 i 和节点 j,节点 d 扩展得到后继节点 k 和节点 l,节点 e 扩展得到节点 m,节点 f 扩展得到后继节点 n,以此类推,按顺序扩展下去,分别得到后继节点 o、p、q、r、s、t、u、v、w、x、y、z。

当对节点 o 进行扩展时,得到节点 y 和节点 z,按照算法的描述,将节点 y 和节点 z 放入 OPEN 表的末端。此时,OPEN 表中的内容为 p、q、r、s、t、u、v、w、x、y、z。CLOSED 表中的内容为 S_o、a、b、c、d、e、f、g、h、i、j、k、l、m、n、o,如图 4-16 所示。

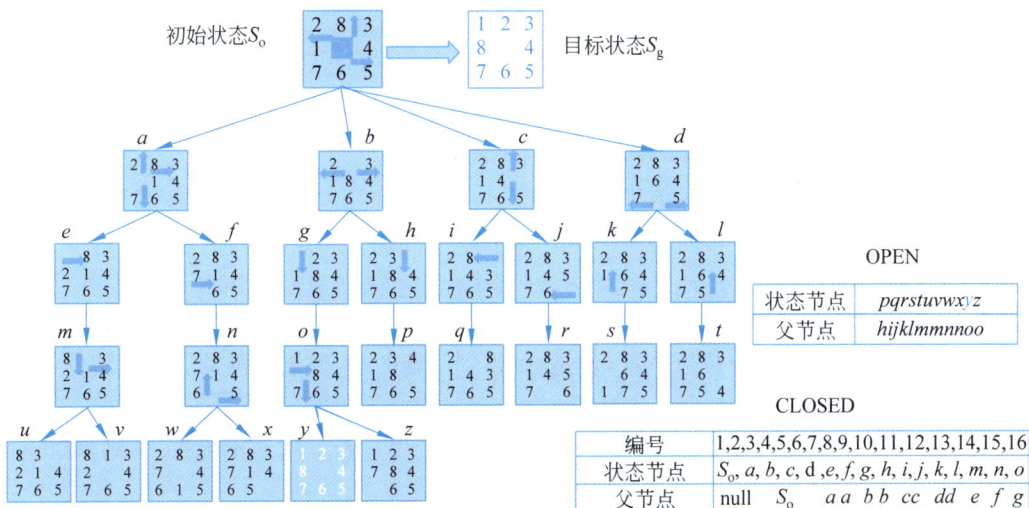

初始状态S_o

目标状态S_g

OPEN		
状态节点	$pqrstuvwxyz$
父节点	$hijklmmnnoo$

CLOSED

编号	1,2,3,4,5,6,7,8,9,10,11,12,13,14,15,16
状态节点	$S_o, a, b, c, d, e, f, g, h, i, j, k, l, m, n, o$
父节点	null S_o a a b b c c d d e f g

图 4-16 宽度优先搜索过程扩展节点 o 示意图

由于节点 y 是目标节点,而 OPEN 表中排在 y 前面的节点均不是目标节点,因此要对节点 p、q、r、s、t、u、v、w、x 等进行扩展,当扩展到 OPEN 表中的节点 y 时,搜索结束。解的路径可通过从节点 y 进行回溯的方式得到,路径为 $S_o \rightarrow b \rightarrow g \rightarrow o \rightarrow y(S_g)$。

八数码问题直观地诠释了宽度优先搜索的过程,从搜索过程可以看出,宽度优先搜索的盲目性较大。当目标节点距离初始节点较远时,将会产生许多无用的节点,因此搜索的效率较低。但这种方式相当于对目标节点进行拉网式的搜索,因此,只要问题有解,宽度优先搜索就能得到解,并且得到的解一定是路径最短的解。综上所述,宽度优先搜索的特点是逐层搜索，缺点是盲目性大，搜索效率低；优点是问题只要有解，就一定能找到最优解。

4.3 深度优先搜索

宽度优先搜索采用逐层搜索的方式，会产生许多无用的节点，影响搜索效率，盲目性大。现在换一种思路，如果搜索沿着一条搜索路径向深处搜索问题的解，是不是可以有不同的结果？下面讨论与宽度优先搜索方法对应的深度优先搜索。

4.3.1 深度优先搜索的基本思想与搜索过程

深度优先搜索也是一种盲目搜索方法，基本思想是：每次扩展最新生成的节点。从初始节点 S_0 开始，对节点 S_0 进行扩展，然后在新生成的后继节点中选择一个节点扩展，考察待扩展的节点是否为目标节点。若是目标节点，则回溯求解；若不是，则对该节点进行扩展，并从其后继节点中选择一个节点进行考察。以此类推，一直搜索下去，当到达某个既不是目标节点又无法继续扩展的节点时，才选择其兄弟节点进行考察。在搜索过程中新生成的节点在 OPEN 表中的排列规则为：排放在 OPEN 表的首部。深度优先搜索的搜索过程如图 4-17 中的虚线所示。

深度优先搜索的流程如图 4-18 所示，具体可描述为：

（1）进行初始化，将 OPEN 表和 CLOSED 表都置为空。把初始节点 S_0 放入 OPEN 表中。

（2）判定 OPEN 表是否为空，若为空，则无解，失败退出。

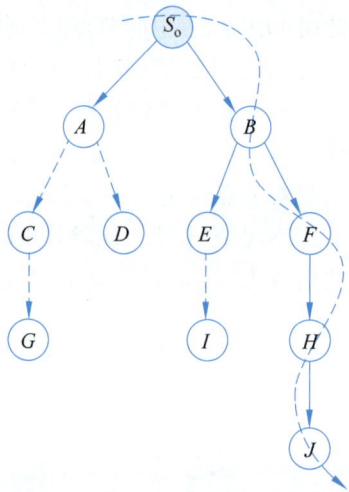

图 4-17　深度优先搜索过程示意图

（3）若 OPEN 表非空，将 OPEN 表中的第一个节点（记为节点 n）移至 CLOSED 表中。

（4）考察节点 n 是否为目标节点，若是，则得到问题的解，通过回溯的方法求解路径，成功退出。

（5）若节点 n 不是目标节点，判定节点 n 是否可扩展。若节点 n 不可扩展，则算法返回（2）处，即图 4-18 的"＊"处，继续进行搜索。

（6）若节点 n 可以扩展，则扩展节点 n，将其后继节点放入 OPEN 表的首部，并为每个后继节点配置指向节点 n 的指针。

（7）接下来算法返回到（2），即图 4-18 的"＊"处，判断 OPEN 表是否为空表，继续进行下一轮搜索，直到成功或失败退出为止。

从深度优先搜索的搜索过程可以看出，深度优先搜索与宽度优先搜索的唯一区别是：宽度优先搜索是将节点 n 的后继节点放入 OPEN 表的末端，而深度优先搜索是将节点 n 的后继节点放入 OPEN 表的首部。仅此一点不同，就使得搜索的路线完全不一样。接下来仍然以八数码游戏问题为例，来深入理解深度优先搜索方法。

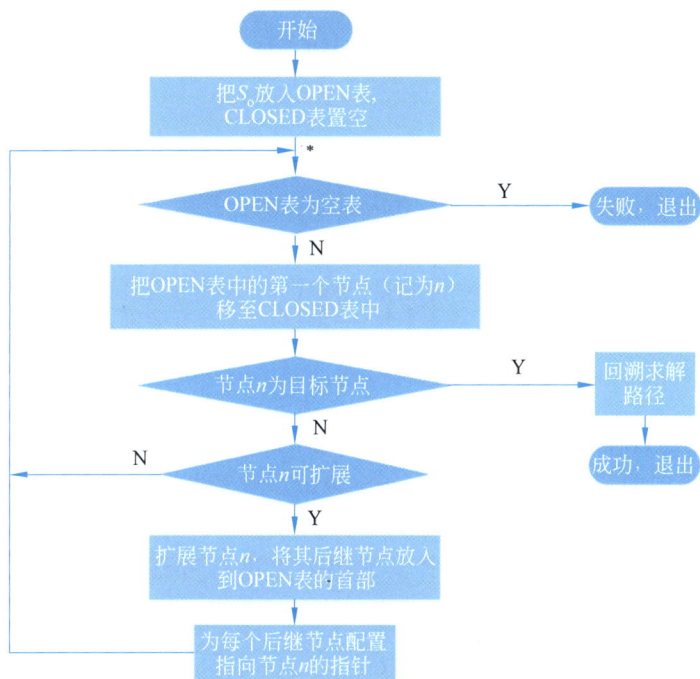

图 4-18　深度优先搜索流程图

4.3.2　深度优先搜索应用案例

下面应用深度优先搜索方法求解八数码中从初始状态 S_0 到达目标状态 S_g 的路径。

仍然规定：对于任意当前状态，空格按照左、上、右、下的顺序移动依次生成不同的后继节点（或称子节点）。

深度优先搜索的过程如下。

从初始节点 S_0 出发，将 S_0 放入 OPEN 表中，标记为节点 S_0，置其父节点为空；同时 CLOSED 表为空。

取 OPEN 表中的第一个节点 S_0，放入 CLOSED 表中，对 S_0 节点进行判断，因 S_0 不是目标节点，则按照空格左、上、右、下的移动次序得到 4 个不同的后继节点（分别标记为 a、b、c、d）。

依据深度优先搜索策略，新生成的节点先进入 OPEN 表的首部，则新生成的节点在 OPEN 表中的排列次序为 d、c、b、a，并标记其父节点为 S_0。

继续进行搜索，取 OPEN 表中的第一个节点 d 放入 CLOSED 表中，因节点 d 不是目标节点，仍按照左、上、右、下的次序对空格进行移动，但从节点 d 的状态来看，空格只能沿着左、上、右 3 个方向移动，得到 3 种不同的后继状态，分别记为节点 e、g、f；又因为通过空格上移得到的节点 g 和其祖先节点 S_0 的状态相同，依据状态空间搜索方法的一般过程对节点 n 进行扩展时，其扩展节点应为一组不是节点 n 的祖先的后继节点，因此通过节点 d 扩展的后继节点应不包含节点 g，其扩展的后继节点只有 e 和 f，按顺序加入 OPEN 表的首部，那么这时 OPEN 表中的节点和其排序为 f、e、c、b、a，此刻的 OPEN 表和 CLOSED 表的状态和搜索过程如图 4-19 所示。

再继续进行搜索，取 OPEN 表中的第一个节点 f 放入 CLOSED 表中，由于 f 不是目标

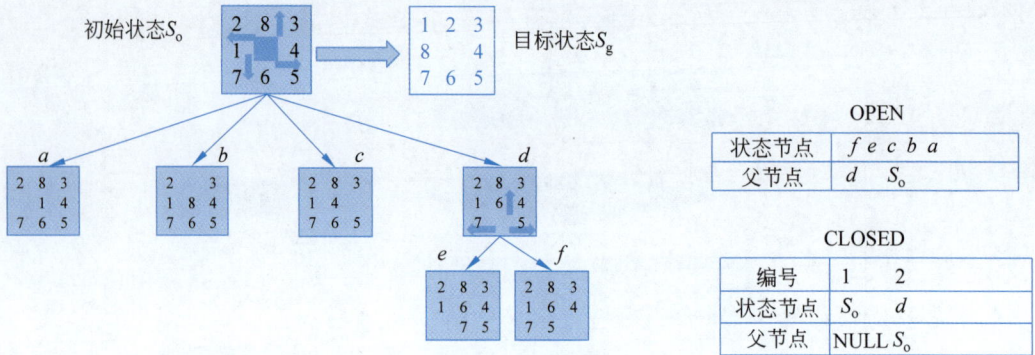

图 4-19　深度优先搜索过程扩展节点 d 示意图

节点，继续按照上述过程对节点 f 进行扩展，得到节点 g，并按生成顺序加入 OPEN 表的首部，此时 OPEN 表中的节点和其排序为 g、e、c、b、a。重复上述过程，扩展节点 g，生成后继节点 h、i，扩展节点 i 得到后继节点 j。依此类推，按顺序扩展下去。直到被扩展的节点既不是目标节点又不能继续扩展时，选择其兄弟节点进行考察，直至有解或无解时退出。图 4-20 中显示的只是部分问题搜索树，尚未到达目标节点，仍要继续搜索下去。

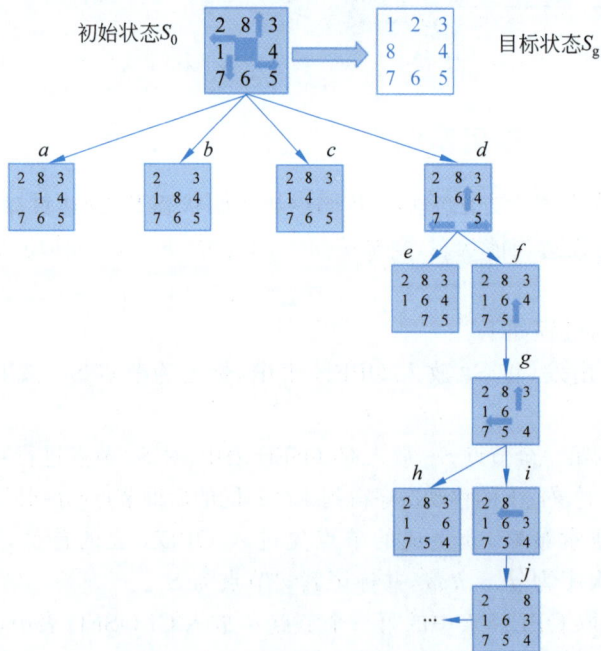

图 4-20　深度优先搜索过程示意图

　　通过八数码问题的深度优先搜索过程可以看出，搜索一旦进入某个分支，就将沿着该分支一直向下搜索。如果目标节点恰好在该分支上，则可较快地得到问题的解。但是，如果目标节点不在该分支上，而该分支又是一个无穷分支的话，就不可能得到问题的解。

　　因此，深度优先搜索是不完备的，即使问题有解也可能搜索不到。此外，从八数码的搜索过程也可以看出，深度优先搜索求得的解不一定是路径最短的解。综上所述，深度优先搜索方法的特点是搜索过程是纵向搜索，具有盲目性和不完备性，求得的解不一定是最优解。

深度优先搜索与宽度优先搜索的最大区别在于新生成的节点是放在 OPEN 表的首部。

4.4 有界深度优先搜索

深度优先搜索存在搜索不完备的问题,对于许多问题,采用深度优先搜索得到的搜索树的深度可能为无限深,或比问题本身可接受的解的序列还要深。为了避免搜索过程沿着无穷的路径搜索下去,可采用有界深度优先搜索方法。

4.4.1 有界深度优先搜索的基本思想与搜索过程

有界深度优先搜索的基本思想是:在深度优先搜索中引入搜索深度界限(dm),首先设搜索树中初始节点的深度为 0,即 $d(S_o)=0$;任何其他节点的深度等于其父节点的深度加 1,即 $d(n+1)=d(n)+1$。当被搜索节点的深度达到了深度界限 dm,而未出现目标节点,就认为其没有后继节点,结束对该分支的搜索,换其他分支继续进行搜索。图 4-21 为深度界限 dm=2 时有界深度优先搜索的过程示意图,虚线为其搜索过程。

有界深度优先搜索的流程如图 4-22 所示,具体可描述为:

(1)进行初始化,将 OPEN 表和 CLOSED 表都置为空。给定深度界限为 dm;把初始节点 S_o 放入 OPEN 表中,设置 S_o 的深度为 $d(S_o)=0$。

(2)判定 OPEN 表是否为空,若为空,则无解,失败退出。

(3)若 OPEN 表非空,将 OPEN 表中的第一个节点(记为节点 n)移出,放入 CLOSED 表中。

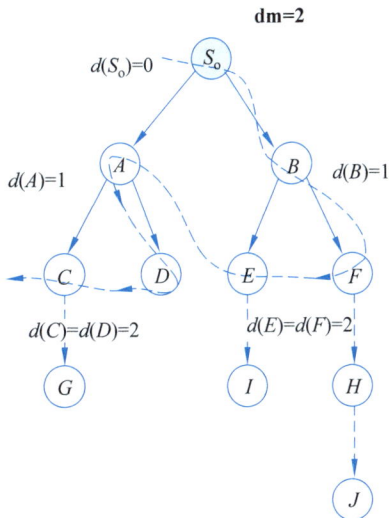

图 4-21 有界深度优先搜索的过程示意图

(4)考察节点 n 是否为目标节点,若是,则得到问题的解,通过回溯的方法求解路径,成功退出。

(5)若节点 n 不是目标节点,判定节点 n 的深度 $d(n)$ 是否等于 dm,如果 $d(n)=dm$,则转到(2),即图 4-22 的"*"处继续执行,即结束本分支的搜索,开始另一分支的搜索。

(6)如果 $d(n)$ 不等于 dm,判定节点 n 是否可扩展,若节点 n 不可扩展,则算法返回到(2),即图 4-22 的"*"处,继续进行搜索。

(7)若节点 n 可以扩展,则扩展节点 n,将其后继节点放入 OPEN 表的首部,并为每个后继节点配置指向父节点的指针。重复以上过程,直到成功或失败退出为止。

例如,深度界限 dm=2,通过对 S_o 点的扩展可得到 A、B 两个后继节点,分别将其放入 OPEN 表的首部,并配置其父节点为 S_o。接下来从 OPEN 表中取出节点 B,放入 CLOSED 表中,对节点 B 进行扩展,生成节点 E 和 F,再分别将其放入 OPEN 表的首部,取节点 F 进行扩展,因为节点 F 不是目标节点,并且 $d(F)=dm=2$,则停止对节点 F 的扩展,算法返回到图 4-22 的"*"处,判断 OPEN 表是否为空表,取 E 继续进行下一轮搜索,因为节点 E 也

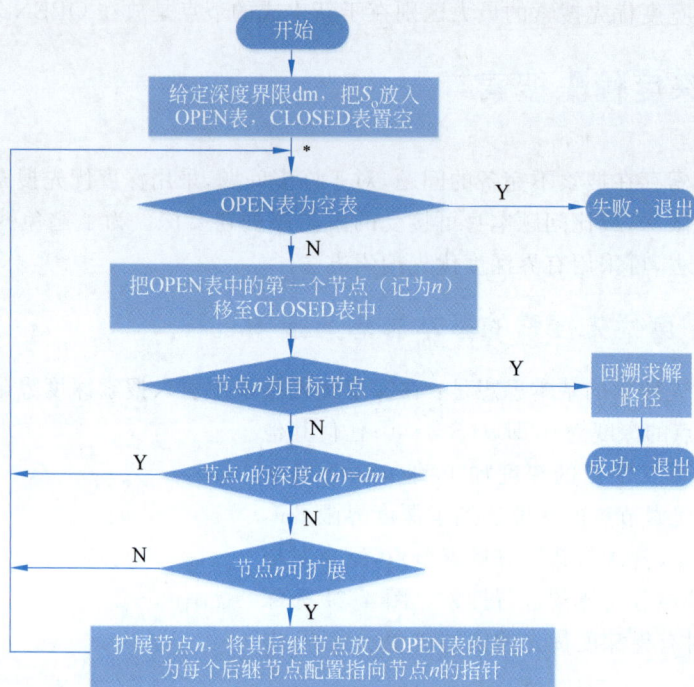

图 4-22 有界深度优先搜索流程图

不是目标节点，并且 $d(E)=dm=2$，则停止对节点 E 的扩展，取 OPEN 表中的节点 A，如图 4-23 所示，继续进行下一轮搜索，直到成功或失败退出为止。

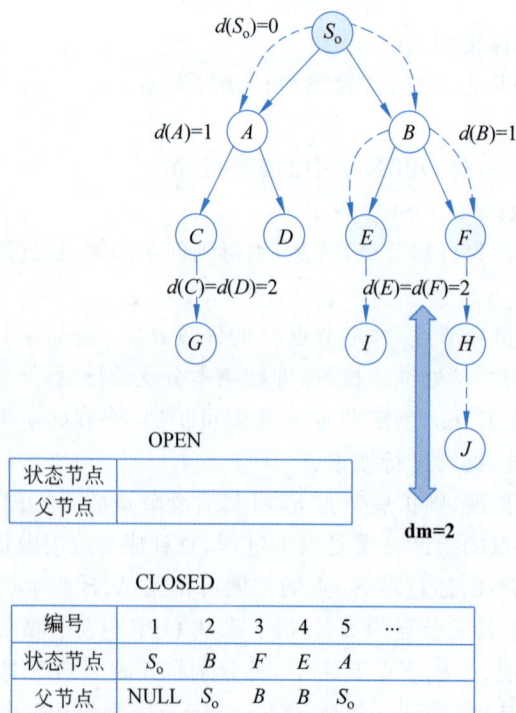

OPEN

状态节点	
父节点	

CLOSED

编号	1	2	3	4	5	...
状态节点	S_o	B	F	E	A	
父节点	NULL	S_o	B	B	S_o	

图 4-23 搜索到节点 A 时的搜索状态与过程示意图

从有界深度优先搜索过程可以看出,在采用有界深度优先搜索进行问题求解时,如果问题有解,且其路径长度小于或等于 dm,则采用有界深度优先搜索方法一定能求得问题的解;但如果解的路径长度大于 dm,则得不到问题的解。

这说明在有界深度优先搜索方法中,深度界限的选择是非常重要的。如果深度界限过大,则得到解的可能性越大,但搜索过程中将产生许多无用的节点,降低搜索的性能与效率;如果深度界限太小,则可能得不到问题的解。接下来仍然以八数码游戏问题为例,深入讲解有界深度优先搜索方法。

4.4.2 有界深度优先搜索应用案例

下面应用有界深度优先搜索解决八数码游戏问题。

4.2 节和 4.3 节已经使用宽度优先搜索方法和深度优先搜索方法对八数码游戏问题进行了求解,下面用有界深度优先搜索求解八数码中从初始状态 S_0 到目标状态 S_g 的路径,并设置其深度界限为 dm=4。仍然规定:对于任意当前状态,空格按照左、上、右、下的顺序移动,依次生成不同的后继节点(或称子节点),则有界深度优先搜索的过程如图 4-24 所示。从初始节点 S_0 出发,按照左、上、右、下的顺序对 S_0 点进行扩展,生成 1、2、3、4 四个子节点,按照有界深度优先搜索方法,接下来考察节点 4,不是目标节点,且其深度为 1,小于 dm,因此对其进行扩展,生成子节点 5 和 6;节点 6 不是目标节点,且其深度为 2,小于 dm,对其进行扩展,生成子节点 7;节点 7 不是目标节点,且其深度为 3,小于 dm,对其进行扩展,生成子节点 8 和 9;节点 9 不是目标节点,但其深度为 4,等于深度界限 dm,因此停止对节点 9 的继续扩展。换另一分支搜索,取 OPEN 表中的第一个节点 8,即节点 9 的兄弟进行考察,节点 8 不是目标节点,但其深度也为 4,等于深度界限 dm,停止对节点 8 的扩展。换另一分支搜索,取 OPEN 表中的第一个节点 5,按照上述过程依次扩展,并按顺序生成节点 10、11、12、13、14、15、16……一直搜索下去,直到生成节点 27、28;考察节点 28,不是目标节点,但其深度也为 4,等于深度界限 dm,停止对节点 28 的扩展。换另一分支考察节点 27,为目标节点,成功退出,其搜索路径为从 S_0 出发的虚线所示。图 4-24 中节点的编号为节点的生成顺序,在虚线上的节点为搜索顺序。

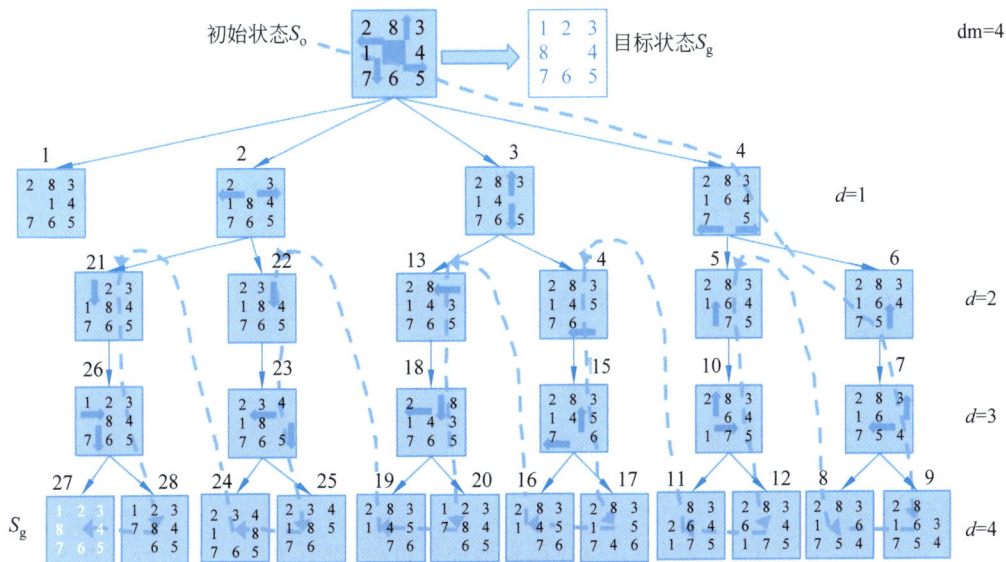

图 4-24 有界(dm=4)深度优先搜索过程示意图

通过采用有界深度优先搜索解决八数码问题的过程可以看出，有界深度优先搜索可以解决深度优先搜索不完备的问题。设置恰当的深度界限是有界深度优先搜索获得良好搜索性能和效率的关键。但对于多数问题，其解的路径长度是难以预料的，所以很难给出恰当的深度界限值。同时，在搜索过程中，即使能求出问题的解，也不一定是最优解。

4.5 代价树搜索

4.2～4.4节介绍了宽度优先、深度优先和有界深度优先搜索，在这些方法中，搜索代价只用路径长度来计算，并用路径的长短来衡量解的质量。这是以搜索过程中各状态之间转换的代价相同为前提的，即假设状态空间图中各节点之间有向边的代价相同，且都为一个单位量。然而，在实际的问题求解中，多数情况下，各状态之间的转换代价是不相同的。

比如在交通图已知的情况下，各城市之间的路程是不相同的，又存在多种不同的交通工具和可供选择的不同路线，到达各城市的代价也是不同的。在这种情况下，怎样按照出行的要求（如时间最短或花费最少等）来选择一条合适的路径呢？这就是代价树搜索要解决的问题。

4.5.1 代价树搜索的基本思想与搜索过程

首先介绍代价树的基本概念。

代价树是代价搜索树的简称，是指有向边上标有代价（或费用）的搜索树，是在搜索过程中逐渐形成的。在代价树中，把从节点 i 到其后继节点 j 的代价记为 $c(i,j)$，把从初始节点 S_0 到任意节点 x 的路径代价记为 $g(x)$，则从初始节点 S_0 到节点 i 的代价计为 $g(i)$，那么从初始节点 S_0 到节点 j 的代价就为 $g(j)=g(i)+c(i,j)$。通常设初始节点 S_0 的代价为 0，即 $g(S_0)=0$。

图 4-25 所示的代价树中有 $g(S_0)=0,c(i,j)=3,g(B)=2$，则有 $g(i)=g(B)+c(B,i)=2+2=4,g(j)=g(i)+c(i,j)=4+3=7$。

基于代价树的基本概念，结合宽度优先搜索和深度优先搜索，可得到代价树的宽度优先搜索和代价树的深度优先搜索。

1. 代价树的宽度优先搜索

代价树的宽度优先搜索的基本思想是：从初始节点 S_0 开始，每次从 OPEN 表中选择一个代价最小的节点，移入 CLOSED 表中进行判断与搜索。这就要求，在对节点进行扩展之后，要计算其所有后继节点的代价，并将它们与 OPEN 表中未扩展的节点按代价从小到大的次序排列，代价最小的节点排在 OPEN 表的最前面。

代价树的宽度优先搜索流程如图 4-26 所示，具体可描述为：

（1）进行初始化，OPEN 表和 CLOSED 表增加代价项，都置为空。把初始节点 S_0 放入

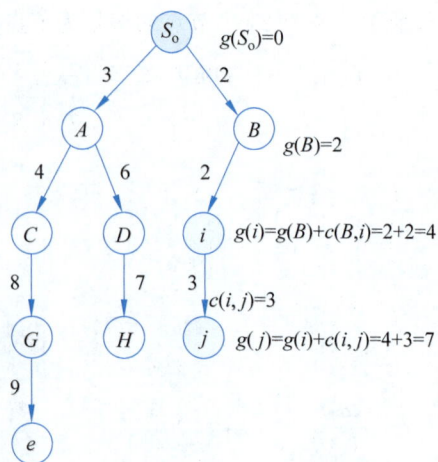

图 4-25　代价树示意图

OPEN 表中。设置 $g(S_0)=0$。

（2）判定 OPEN 表是否为空表，若为空，则无解，失败退出。

（3）若 OPEN 表为非空，将 OPEN 表中的第一个节点（代价最小的节点，记为节点 n）移出，放入 CLOSED 表中。

（4）考察节点 n 是否为目标节点，若是，则得到问题的解，通过回溯的方法求解路径，成功退出。

（5）若节点 n 是目标节点，判定节点 n 是否可扩展，若节点 n 不可扩展，则算法返回到（2），即图 4-26 的"*"处，继续进行搜索。

（6）若节点 n 可以扩展，则扩展节点 n，对每个后继节点，计算其代价，放入 OPEN 表中，为每个后继节点设置指向节点 n 的指针。对 OPEN 表的所有节点，按代价从小到大的序次排列。

接下来算法返回到（2）处，即图 4-26 的"*"处，判断 OPEN 表是否为空表，继续进行搜索，直到成功或失败退出为止。

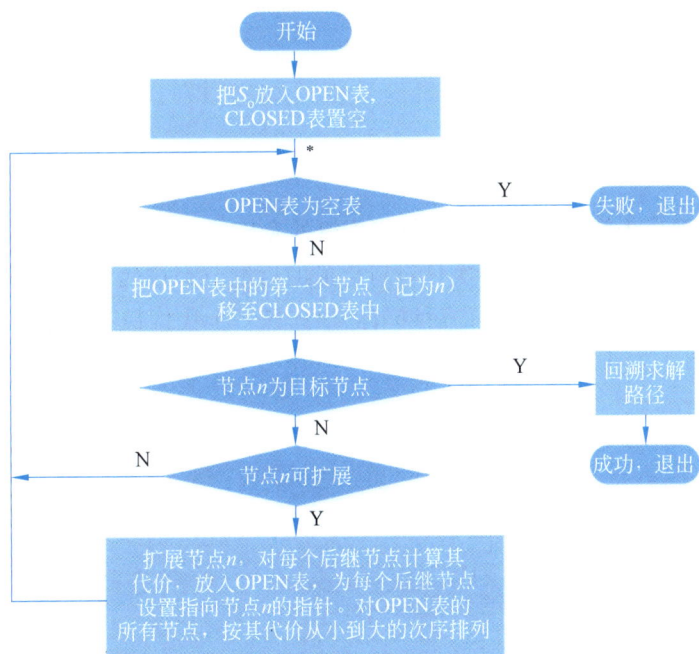

图 4-26　代价树的宽度优先搜索流程图

例如，如图 4-27 所示，通过对 S_0 点的扩展可得到 a、b、c 三个后继节点，其代价分别为 $g(a)=g(S_0)+c(S_0,a)=3$、$g(b)=g(S_0)+c(S_0,b)=6$、$g(c)=g(S_0)+c(S_0,c)=2$，则其在 OPEN 表中的排列为 c、a、b，从 OPEN 表中取节点 c，对节点 c 进行扩展，得到 e 和 f 两个后继节点，其代价分别为 $g(e)=g(c)+c(c,e)=4$，$g(f)=g(c)+c(c,f)=5$，将 e 和 f 加入 OPEN 表中，并对 OPEN 表中的所有节点进行排序，顺序为 a、e、f、b，接下来对 a 点进行扩展，重复上述过程。

使用代价树的宽度优先搜索，每次将新生成的后继节点按其代价与 OPEN 表中所有其他节点按从小到大的次序排列。如果问题有解，该搜索过程一定可以求得解，并且一定是最

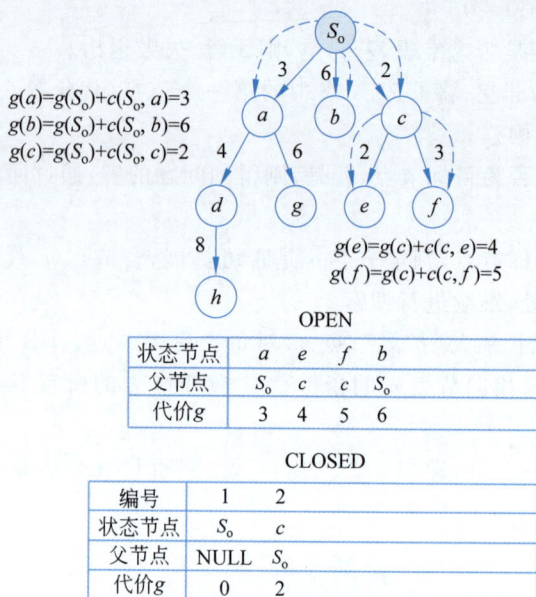

图 4-27　搜索到节点 c 时的搜索状态示意图

优解。

2. 代价树的深度优先搜索

代价树的深度优先搜索的搜索过程与代价树的宽度优先搜索的过程基本类似，唯一的不同是：代价树的深度优先搜索每次只对新生成的后继节点按代价从小到大排序，并放在 OPEN 表的首部。即每次从新生成的后继节点中选择一个代价最小的节点进行扩展（或搜索）。其流程如图 4-28 所示。

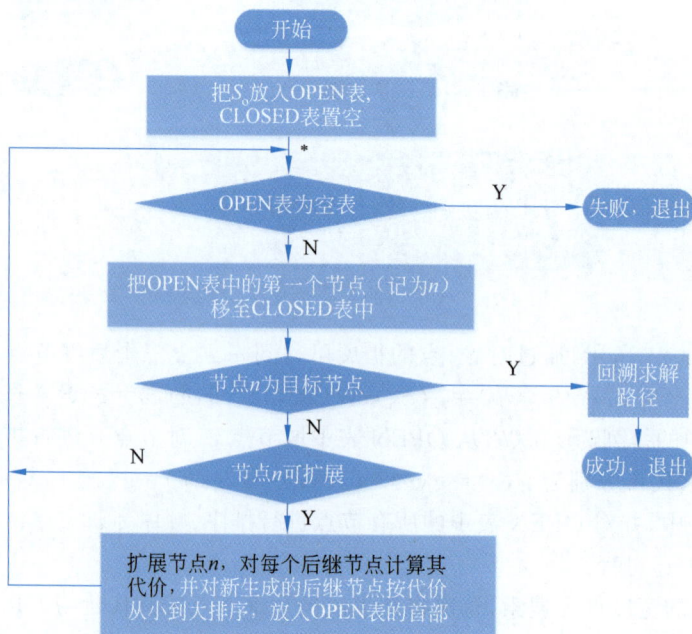

图 4-28　代价树的深度优先搜索流程图

例如,如图 4-29 所示,将 S_o 放入 OPEN 表中,从 S_o 开始,通过对 S_o 点的扩展得到 a、b、c 三个后继节点,其代价分别为 $g(a)=g(S_o)+c(S_o,a)=3$,$g(b)=g(S_o)+c(S_o,b)=6$,$g(c)=g(S_o)+c(S_o,c)=2$,则其在 OPEN 表中的排列为 c、a、b,从 OPEN 表中取节点 c,对节点 c 进行扩展,得到 e 和 f 两个后继节点,其代价分别为 $g(e)=g(c)+c(c,e)=4$,$g(f)=g(c)+c(c,f)=5$。代价树的深度优先搜索方法此时只对新生成的节点 e 和 f 进行排序,加入 OPEN 表的首部,OPEN 表中所有节点的顺序为 e、f、a、b,接下来对 e 点进行扩展,重复上述过程。

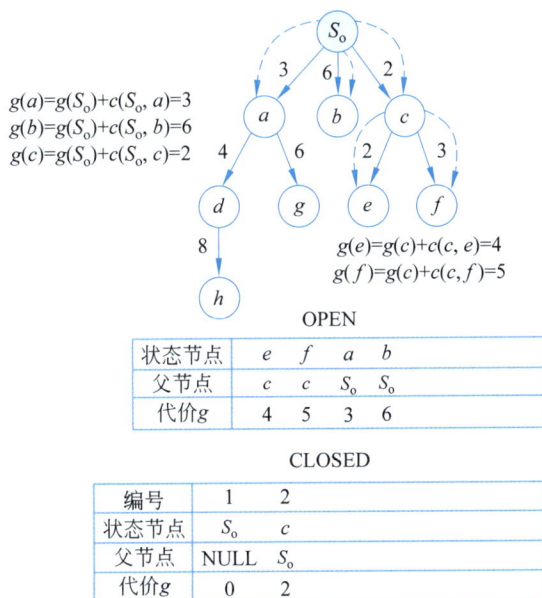

$$g(a)=g(S_o)+c(S_o,a)=3$$
$$g(b)=g(S_o)+c(S_o,b)=6$$
$$g(c)=g(S_o)+c(S_o,c)=2$$

$$g(e)=g(c)+c(c,e)=4$$
$$g(f)=g(c)+c(c,f)=5$$

OPEN

状态节点	e	f	a	b
父节点	c	c	S_o	S_o
代价g	4	5	3	6

CLOSED

编号	1	2
状态节点	S_o	c
父节点	NULL	S_o
代价g	0	2

图 4-29　搜索到节点 c 时的搜索状态示意图

从上述搜索过程可以看出,代价树的深度优先搜索也有可能进入无穷分支的路径,因此这种搜索也是不完备的。接下来以推销员旅行问题为例,深入讲解代价树搜索方法。

4.5.2　代价树搜索应用案例

应用代价树宽度优先搜索解决推销员旅行问题。

【例 4.3】　推销员旅行问题。

问题描述:有五个城市 A、B、C、D 和 E,其交通路线如图 4-30 所示。图中每条边上的数字代表两城市之间的交通费用(代价)。推销员要从城市 A 出发到达城市 E,问走怎样的路线费用最少? 即求从 A 到 E 的最少费用的交通路线。

问题求解:对于这个问题,由于涉及旅行的费用,并且要求最少费用的交通路线,因此,可以用代价树的宽度优先搜索进行求解。

按照代价树的宽度优先搜索过程,首先将 OPEN 表和 CLOSED 表置空,并增加代价项 g;从初始节点 A 开始,将

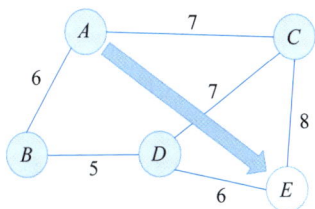

图 4-30　五个城市间的交通路线示意图

A 置入 OPEN 表,父节点为空,代价为 0。

取 OPEN 表中的 A 点,移入 CLOSED 表。

判定 A 点不是目标节点,按节点直接相邻的方式对其扩展,由于到达同一节点有不同的路径,可用不同的下标区别同一个点的多次出现。那么 A 点扩展生成 B_1 和 C_1 两个后继节点,代价分别为 6 和 7,按代价从小到大的次序放入 OPEN 表中,如图 4-31 所示。

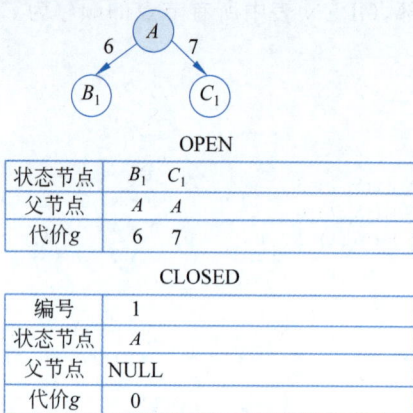

OPEN

状态节点	B_1	C_1
父节点	A	A
代价g	6	7

CLOSED

编号	1
状态节点	A
父节点	NULL
代价g	0

图 4-31　搜索到节点 A 时的搜索状态示意图

取 OPEN 表中的 B_1 点,移入 CLOSED 表。

判定 B_1 点不是目标节点,对其进行扩展,由于 A 点为 B 的祖先,所以 B_1 只扩展出一个后继节点 D,标记为 D_1,代价为 11。D_1 和 OPEN 表中 C_1 进行排序,顺序为 C_1、D_1。

取 OPEN 表中 C_1 点,移入 CLOSED 表。

判定 C_1 点不是目标节点,对其进行扩展,由于 A 点为 C_1 的祖先,所以 C_1 扩展出两个后继节点 D 和 E,标记为 D_2 和 E_1,代价分别为 14 和 15,与 OPEN 表中的 D_1 排序,顺序为 D_1、D_2、E_1。

取 OPEN 表中的 D_1 点,移入 CLOSED 表。

扩展 D_1 点,得到节点 C_2 和 E_2,代价分别为 18 和 17,和 OPEN 表节点一起排序,顺序为 D_2、E_1、E_2、C_2。

取 OPEN 表中的 D_2 点,移入 CLOSED 表。

扩展 D_2 点,得到节点 B_2 和 E_3,代价分别为 19 和 20,和 OPEN 表节点一起排序,其顺序为 E_1、E_2、C_2、B_2、E_3。

取 OPEN 表中的 E_1 点,移入 CLOSED 表。

判定 E_1 为目标节点,如图 4-32 所示。成功退出。得到代价树,并回溯得到搜索路径 A、C、E,路径代价为 15。其节点的扩展次序为 A、B_1、C_1、D_1、D_2、E_1。那么,从城市 A 到城市 E 费用最少的路径为 A、C、E。

代价树的宽度优先搜索和深度优先搜索类似,都是按照代价值进行排序,并将代价最小的节点放入 OPEN 表的首部,不同的是:代价树的宽度优先搜索要对所有未扩展节点按代价进行排序,代价树的深度优先搜索只对新生成的节点按代价进行排序,并放入 OPEN 表的首部。应用代价树的宽度优先搜索对问题进行求解时,只要有解,一定能找到最优解,算法是完备的。而代价树的深度优先搜索得到的不一定是最优解,且存在不完备性(搜索可能

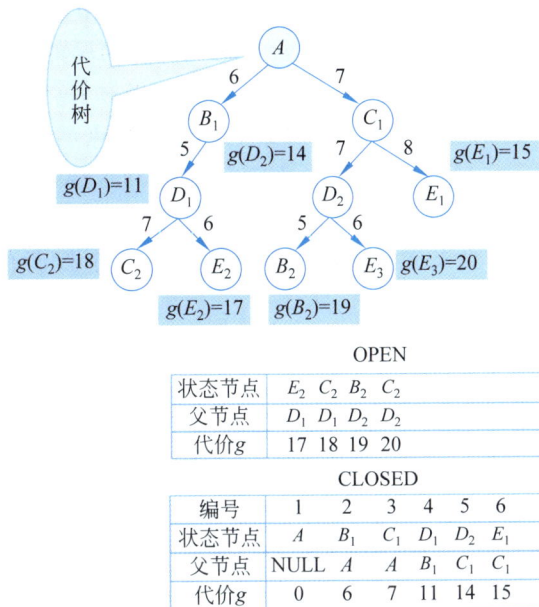

OPEN				
状态节点	E_2	C_2	B_2	C_2
父节点	D_1	D_1	D_2	D_2
代价 g	17	18	19	20

CLOSED						
编号	1	2	3	4	5	6
状态节点	A	B_1	C_1	D_1	D_2	E_1
父节点	NULL	A	A	B_1	C_1	C_1
代价 g	0	6	7	11	14	15

图 4-32　搜索到目标点 E 时的搜索状态示意图

会进入无限分支路径而得不到问题的解）。

4.6　启发式搜索

4.2～4.5 节讨论的各种搜索都是盲目搜索，它们或是按照事先规定好的路线进行搜索，或是按照已经付出的代价决定下一步的搜索。

例如：宽度优先搜索是先进入 OPEN 表的节点先被考察，横向按层次进行搜索；深度优先搜索是后进入 OPEN 表的节点先被考察，纵向进行搜索；有界深度优先搜索在深度优先搜索的基础上，限定搜索深度；代价树搜索是按照代价值的大小决定要搜索的节点，其本质是在宽度和深度优先搜索方法的基础上将节点按代价进行排序。这些方法的一个共同特点是：选择被扩展的节点时，都没有考虑该节点在解的路径上的可能性有多大，它是否有利于问题的求解以及所求得的解是否为最优解！因此，这些方法具有较大的盲目性，搜索过程中产生了很多无用的节点，搜索空间较大，效率不高。启发式搜索能够有效地克服这些问题。

4.6.1　启发式搜索的基本思想与搜索过程

启发式搜索利用问题本身的某些特性信息，考察节点在解的路径上的可能性（重要性），指导搜索向最有利于问题求解的方向进行。即选择那些在解的路径上可能性（重要性）大的节点，这样就会缩小搜索空间，提高效率。那么，怎样去衡量和计算节点在解的路径上的这种可能性呢？可以利用启发性信息与估价函数。

启发性信息是指可用于指导搜索过程，与具体问题求解有关的控制性信息。

估价函数是用于估价节点重要性的函数。其一般形式为

$$f(x)=g(x)+h(x)$$

　　如图 4-33 所示,其中,$g(x)$为从初始节点 S_o 到节点 x 已经实际付出的代价;$h(x)$为从节点 x 到目标节点 S_g 的最优路径的估计代价。它体现了问题的启发性信息,其形式依赖于问题本身的特性。估价函数 $f(x)$ 表示从初始节点 S_o 经过节点 x 到达目标节点 S_g 的最优路径的代价估计值。它的作用是估价 OPEN 表中各节点的重要程度,决定它们在 OPEN 表中的排序。其中 $g(x)$ 指出了搜索的横向趋势,有利于搜索的完备性,但影响搜索效率。如果要获得较高的搜索效率,更快地达到目标节点,可忽略 $g(x)$ 值,但会影响搜索的完备性。在实际应用中,需要根据具体的问题和对解的要求权衡利弊,构造估价函数 $f(x)$,并使 $g(x)$ 和 $h(x)$ 各占适当的比重。

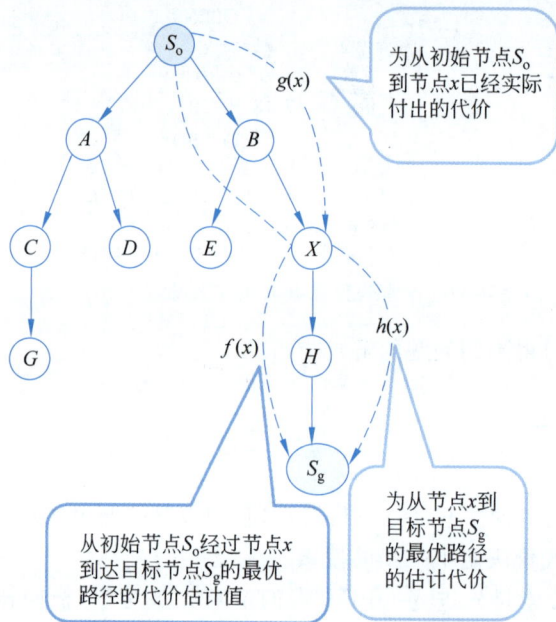

图 4-33　估价函数示意图

通过估价函数获得的值为启发性信息,启发性信息可用于:

(1) 决定要扩展的下一个节点;

(2) 决定要扩展哪一个或哪几个后继节点;(并非生成所有可能的后继节点)

(3) 决定从搜索树中抛弃或修剪哪些节点。

　　启发式搜索就是通过问题本身的特征信息构造估价函数,获得启发性信息,指导搜索朝着最有希望的解的方向进行,以缩小搜索空间,提高搜索效率。

　　局部最佳优先搜索和全局最佳优先搜索是常用的两种启发式搜索。

　　局部最佳优先搜索是对深度优先搜索的一种改进,其基本思想是:当一个节点被扩展后,按估价函数 $f(x)$ 对每个子节点计算估价值,并选择估价值最小者作为下一个要考察的节点。由于它每次只是在子节点的范围内选择下一个要考察的节点,所以称为局部最佳优先搜索方法。又因为其按照估价值对节点进行排序,所以是启发式搜索,其流程如图 4-34 所示。

　　全局最佳优先搜索是在 OPEN 表中的全部节点中选择一个估价函数值 $f(x)$ 最小的节点,作为下一个被考察的节点。因为其选择的范围是 OPEN 表中的全部节点,所以称全局

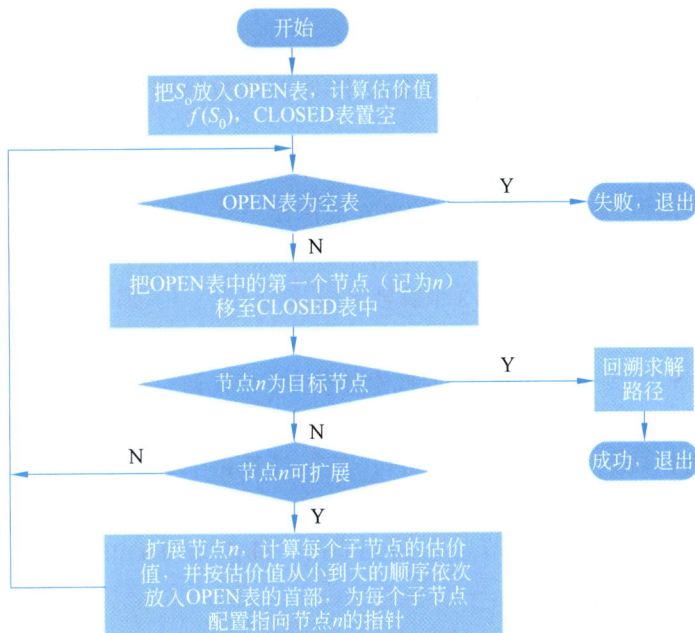

图 4-34　局部最佳优先搜索流程图

最佳优先搜索,其流程如图 4-35 所示。

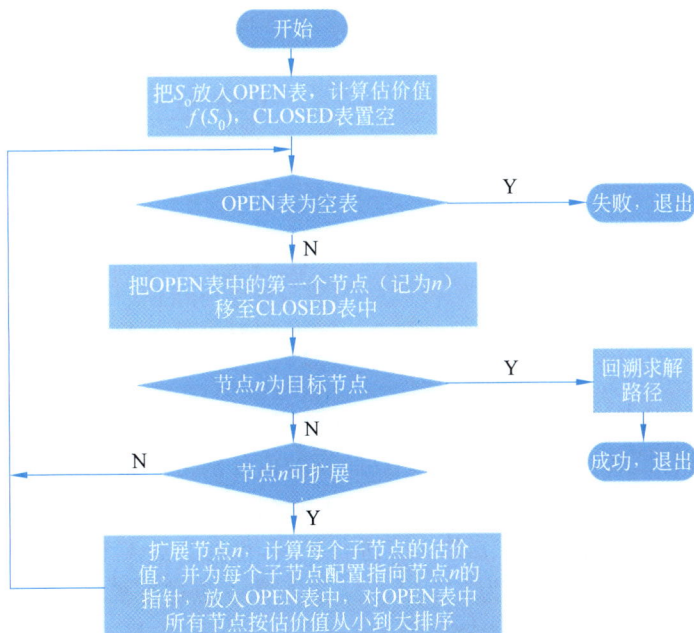

图 4-35　全局最佳优先搜索流程图

从图 4-34 和图 4-35 不难看出,两种方法的流程只是对 OPEN 表中排序的范围不同,其他过程都相同。接下来应用全局最佳优先搜索解决八数码问题,加深对启发式搜索的理解和掌握。

4.6.2　启发式搜索应用案例

下面用启发式搜索——全局最佳优先搜索，求解八数码中从初始状态 S_o 达到目标状态 S_g 的路径。

首先，依据问题定义估价函数为 $f(x)=d(x)+h(x)$ ，其中 $d(x)$ 为表示节点 x 的深度（即节点所在的层次，规定初始节点 S_o 所在的层次为 0， $h(x)$ 为从节点 x 的棋牌格局与目标节点 S_g 的棋牌格局不相同的牌数。则对于 S_o 节点，有 $d(S_o)=0$ ；在 S_o 节点的格局中，与目标节点格局不同的牌，有 1、2、8，3 个牌数不同，则 $h(S_o)=3$ ，那么求得 $f(S_o)=d(S_o)+h(S_o)=3$ 。

从初始状态 S_o 达到目标状态 S_g 的搜索过程为：首先初始化，OPEN 表和 CLOSED 表置空，增加估价值 f 项，将 S_o 放入 OPEN 表中。从初始节点 S_o 出发，按照左、上、右、下的顺序对 S_o 点进行扩展，生成 a、b、c、d 4 个子节点，计算每个节点的估价函数值，分别为 4、4、5、5，对所有节点按估价值排序放入 OPEN 表中，其顺序为 a、b、c、d。取 a 点进行扩展，在扩展的子节点中排除它的祖先节点 g，得到节点 e 和 f，如图 4-36 所示。

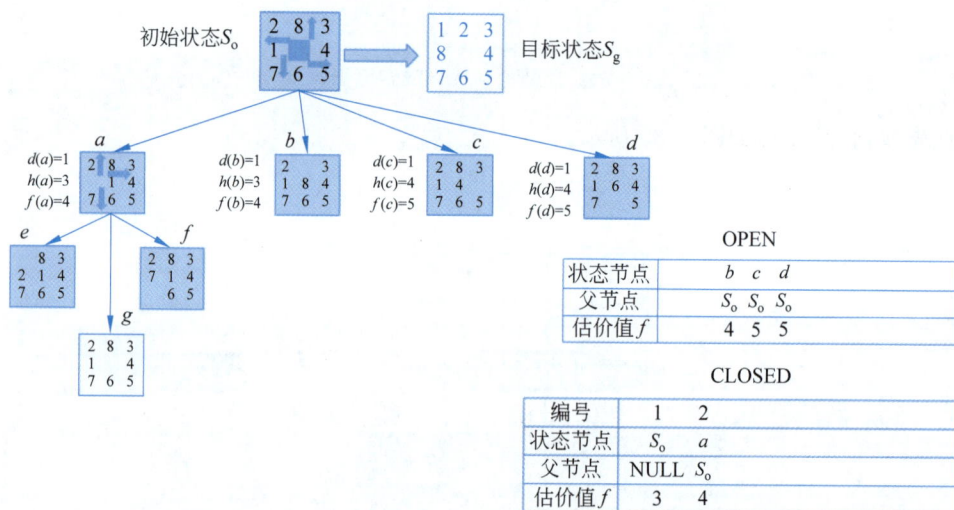

图 4-36　全局最佳优先搜索方法搜索到点 a 时的搜索状态示意图

节点 e 和 f 的估价函数值分别为 5 和 6，与 OPEN 表中的 b、c、d 按估价值排序为 b、c、d、e、f；取 b 点进行扩展，得到节点 h 和 i；估价函数值分别为 4 和 6；与 OPEN 表中的节点按估价值排序为 h、c、d、e、f、i；取 h 点进行扩展，得到节点 j，估价值为 4，与 OPEN 表中的节点按估价值排序为 j、c、d、e、f、i，取 j 点进行扩展，得到节点 k 和 l；估价值为 4 和 6；与 OPEN 表中的节点按估价值排序为 k、c、d、e、f、i、l，取 k 点进行扩展，得到目标节点 S_g，如图 4-37 所示，则求得该问题的搜索路径为 $S_o \rightarrow b \rightarrow h \rightarrow j \rightarrow k(S_g)$。

采用全局最佳优先搜索解决八数码问题的过程中，得到的搜索树更小，说明该方法对比于之前的盲目搜索方法有更好的性能。但是，这种启发式搜索方法中的关键问题是估价函数的构造，它与问题本身的特性是密切相关的，不同问题构造的估价函数不同，同一问题也可构造不同的估价函数。如果估价函数定义不当，可能会使问题找不到解，或者即使找到解，也不一定是最优解。

初始状态S_0

目标状态S_g

解的路径为
$$S_0 \to b \to h \to j \to k(S_g)$$

OPEN

状态节点	c	d	e	f	i	L
父节点	S_0	S_0	a	a	b	j
估价值f	5	5	5	6	6	6

CLOSED

编号	1	2	3	4	5	6
状态节点	S_0	a	b	h	j	k
父节点	NULL	S_0	S_0	b	h	j
估价值f	3	4	4	4	4	

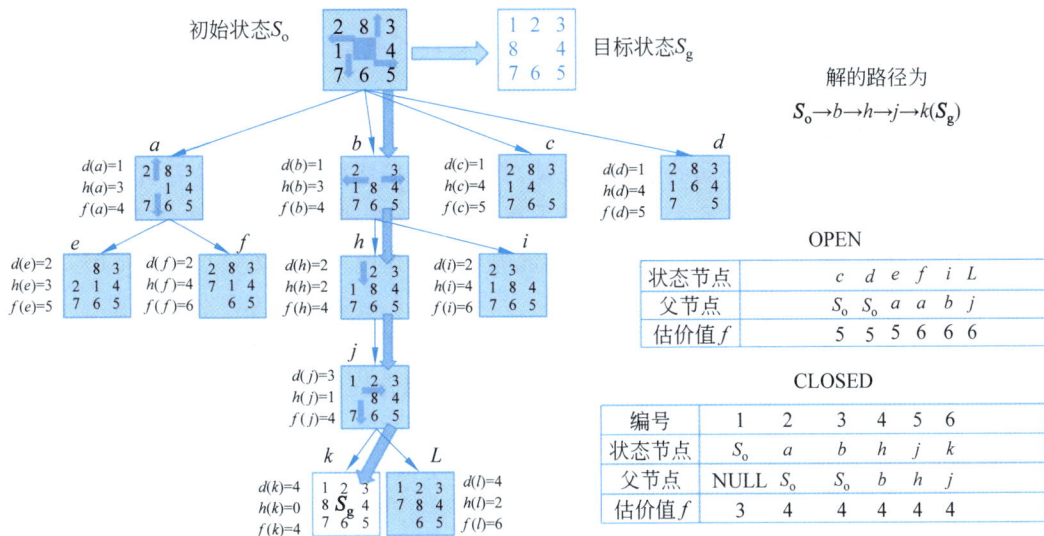

图 4-37　搜索到目标节点 k 时的搜索状态示意图

4.7　博弈树搜索

游戏一直陪伴我们成长,带给我们许多快乐。游戏体现着我们的智慧,提高我们的智能。比如象棋(国际象棋、中国象棋),跳棋,五子棋,围棋等,这类游戏都是博弈类游戏。如何让机器能像人一样完成博弈类游戏? 一直是人工智能领域的研究重点。

4.7.1　博弈类游戏

早在 1956 年,塞缪尔研制出了跳棋程序,并于 1959 年击败了塞缪尔本人,1962 年又赢得了一场对前康涅狄格州跳棋冠军的比赛,为机器博弈领域做了开创性工作。1997 年,华人博士许峰雄领导的 IBM 深蓝小组研制的深蓝战胜了世界棋王卡斯帕罗夫,成为计算机博弈的里程碑。而 2016 年 3 月,围棋世界冠军李世石与谷歌围棋人工智能程序 AlphaGo(阿尔法围棋)的人机大战吸引了全世界的目光。AlphaGo 最终以 4∶1 击败李世石,此次 AlphaGo 的胜利被业界认为是人工智能发展史上一个重要的里程碑。如何使机器具有智能? 能够成为博弈的一方? 本节从搜索的角度讲解机器博弈的原理。

1. 博弈类游戏的特点

首先,象棋、跳棋、五子棋、围棋等棋类游戏有什么共同的特点呢?

(1)通过游戏的过程可以看出,游戏中对弈的 A、B 双方交替行棋,博弈的结果只有 3 种情况:A 方胜,B 方败;A 方败,B 方胜;双方战成平局,这种情况称为“二人零和”。

(2)在对弈过程中,任何一方都了解当前的棋局及过去的历史,这种情况称为“全信息”。

(3)在对弈中,任何一方采取行动前都要根据当前的实际情况进行利弊分析,选取对自己最为有利而对对方最为不利的对策,不存在“碰运气”的偶然因素,双方都是很理智地决定自己的行动,这种情况称为“非偶然”。

2. 博弈类游戏需要解决的关键问题

本节以具有“二人零和、全信息、非偶然”特点的博弈游戏为探讨对象,来研究机器博弈问题。对于这类问题，要解决的关键问题如下。

（1）如何给出对己方最有利，对对方最不利的棋局？就是棋手怎么知道哪个棋局对自己最有利，对对方最不利，方法是什么。

（2）能向前推算几步？这在一定程度上表明了棋手棋艺的高低。

对于第一个问题，针对不同的游戏和规则，判断方法显然是不同的。计算机最擅长的工作是数据处理。那么，可以将各个棋局对棋手有利还是不利进行量化，用数值表示，从而将这个估计棋局的量化函数称为估价函数。估价函数是站在博弈一方进行量化评估的。下面以♯字棋为例定义一个估价函数。

♯字棋游戏与规则：♯字棋棋盘是一个由三行三列组成的九宫格，A、B 二人对弈，交替往空格上放一枚自己的棋子，分别用 a、b 进行标记，谁先使自己的棋子构成"三子一线"，谁就获胜，如图 4-38 所示。

假设站在 A 方的立场，对于棋局 P，定义估价函数 $e(P)$：

A 方必胜的棋局，$e(P)=+\infty$；

B 方必胜的棋局，$e(P)=-\infty$；

胜负未定，$e(P)=e(+P)-e(-P)$；其中，$e(+P)$ 表示 A 方可能形成三子一线的数量，$e(-P)$ 表示 B 方可能形成三子一线的数量。

对于图 4-38 的棋局，$e(+P)$ 是多少？A 方可能三子成一线的数量是 2（见图 4-39(a)），即 $e(+P)$ 的值是 2；B 方可能形成三子一线的数量是 1（见图 4-39(b)），即 $e(-P)$ 的值是 1；则 $e(P)=2-1=1$。说明当前的棋局站在 A 方的立场，其估价函数值是 1；站在 B 方的立场，其估价函数值是 -1，这说明当前的棋局对 A 方更有利。

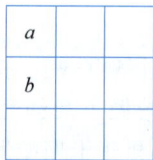

图 4-38　♯字棋对弈示意图

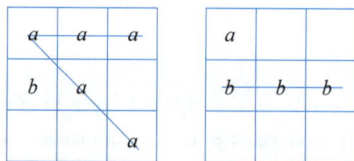

图 4-39　三子一线的情况

(a) A方　　(b) B方

4.7.2　博弈树的构建及应用

对博弈游戏的第一个问题，可以用估价函数解决。第二个问题"棋手能向前推算几步"还没有解决。为了解决这个问题，首先将博弈的过程描述出来。

1. 博弈树的构建

怎样描述博弈过程？比如现在应该 A 方行棋了，现在的棋局称为 S_0，A 方有多种选择，相当于搜索中对当前节点按照游戏规则进行扩展的过程，每种选择都是当前节点的一个后继状态，在 A 方的每种选择之后，对方也会有若干选择，之后又该 A 方行棋，又有多种选择……如此继续下去，就形成了一棵树。

A 方出棋时，应该选择的是对 A 方最有利的棋局，要选择站在 A 方的立场上估价值最大的那个子节点对应的棋局；当对方行棋时，对方会选择对 A 方最不利的棋局，选择站在 A 方立场上的估价值最小的那个子节点对应的棋局。如此继续下去。当选择各子节点的估价值最大的棋局时,各子节点之间认为是"或"的关系,对应的父节点称为"或节点";当选择各子节点的估价值最小的棋局时,各子节点之间认为是"与"的关系,对应的父节点称为"与节点",这样就形成了一棵与或树,也称为博弈树,如图 4-40 所示。

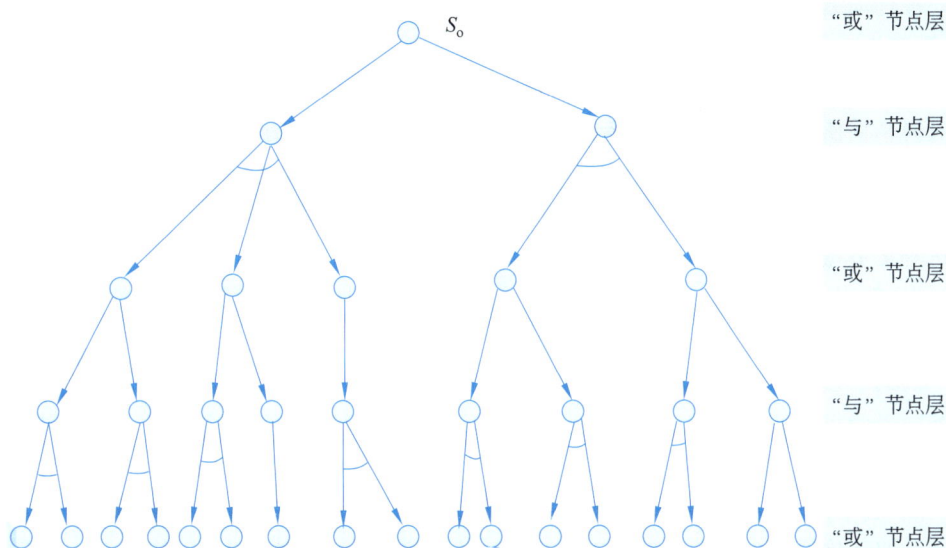

图 4-40 博弈树示意图

从博弈树的构建过程可以看出博弈树具有如下特点。

(1) 博弈的初始棋局是初始节点。

(2) "与""或"节点是逐层交替出现的。

所有使自己获胜的终局称为本原问题,相应的节点都是可解节点;所有使对方获胜的终局都是不可解节点。

2. 博弈树的应用

博弈树建立起来了,该如何使用博弈树解决问题呢?

以♯字棋游戏为例,建立一个博弈树,利用博弈树来寻找最佳走步。假设站在 A 方立场,A 先走,从初始状态出发,构建深度为 2 的♯字棋的博弈树如图 4-41 所示。

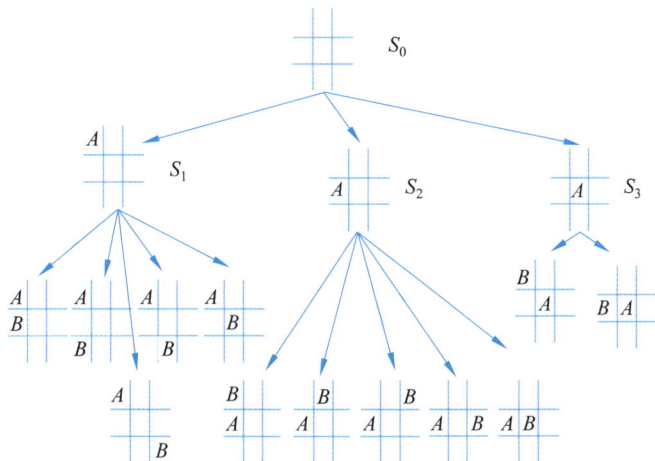

图 4-41 ♯字棋 A 方立场深度为 2 的博弈树示意图

从初始状态 S_0 出发,A 方有三种行动方案 S_1、S_2、S_3;其他位置都与这三个位置对称,A 方选择哪个方案完全由 A 方决定。假如 A 方选择了其中的某个行动方案,之后就该 B 方行棋了,对应于每种 A 方的行动方案,B 方也有相应的多种行动方案可供选择,对 S_1,可以有 5 种行动方案,S_2 有 5 种行动方案,S_3 有 2 种行动方案。这样♯字棋游戏从初始状态出发,深度为 2 的博弈树就构建出来了。

如何使用构建的博弈树来选择最佳走步呢?

依据♯字棋游戏格局的估价函数定义,用 A 方可能形成三子一线的数量减去 B 方可能形成三子一线的数量作为站在 A 立场的格局估价值,则从端节点(最后一层节点)开始计算各个格局的估价值,算完了端节点的估价值,还需要做什么呢?要根据端节点的估价值,去反推它的父节点的估价值。

首先,如图 4-42 所示,基于 A 方立场,计算端节点(博弈树最后一层上的节点)的估价值,S_1 节点的 5 个子节点的估价值分别为 1、0、0、1、−1;S_2 节点的 5 个子节点的估价值分别为 −1、0、−1、0、−2;S_3 节点的两个子节点的估价值分别为 1、2;由于端节点的估价值是依据棋局当前棋面情况使用估价函数计算出来的,因此也称为静态估价值。对于其父节点 S_1、S_2、S_3 和 S_0 节点的估价值要依据其子节点的静态估价值计算得到。如果父节点是"或"节点(表示是 A 方行棋,采取的是对 A 方最有利的行动方案),父节点的估价值取它所有子节点的估价值最大的值;如果父节点是"与"节点(表示是对方出棋,估计对方采取的是对我方最不利的行动方案),父节点的估价值是取它所有子节点的估价值最小的值。端节点的父辈节点的估价值是倒推出来的,因此也称为倒推估价值。

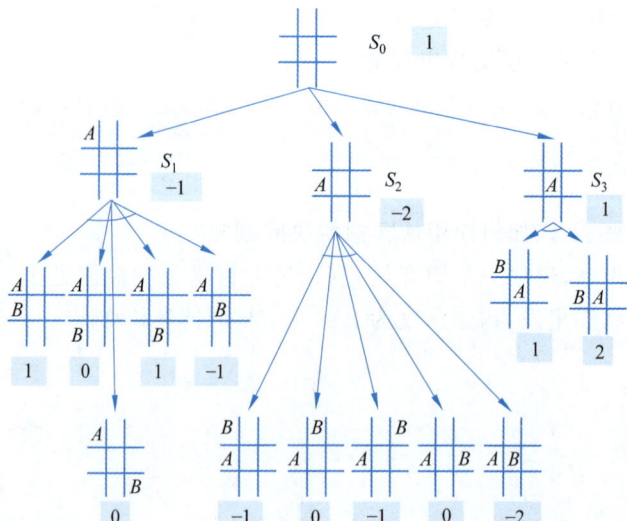

图 4-42　♯字棋 A 方立场估价值与倒推值示意图

例如,对 S_1、S_2、S_3 来说,它们是与节点,它们的倒推估价值为其子节点的最小估价值分别为 −1、−2 和 1。S_0 是或节点,它的倒推估价值为其子节点的最大估价值选择 1,则节点 S_3 就是当前的最佳走步。

4.7.3　极大极小分析法

上述利用博弈树进行行动方案选择的方法就是博弈树的"极大极小分析法",它是由冯·

诺依曼提出的,方法依据通过比较各个方案可能产生的后果,为博弈中的一方寻找一个最优行动方案。归纳起来,该方法的主要思想是依据游戏规则定义估价函数,用于计算端节点的估价值(称为静态估值),利用端节点的估价值,逐层倒推推算父节点、祖父节点等前辈节点的估价值直至初始节点的估价值。"或"节点选择各个子节点中最大估价值作为父节点的估价值,这是对自己最有利的方案;"与"节点选择各个子节点中最小估价值作为父节点的估价值,这是对自己最坏的情况。最好的行动方案就是能获得最大倒推估价值的行动方案。在方法的实现过程中,需要注意的是首先要给出适合估价函数的定义,通过从上到下的方式依据游戏规则扩展节点,构建博弈树;然后从下而上计算各个终端节点的估价函数值,再通过终端节点的估价函数值倒推"与"节点和"或"节点的估价值。

4.7.4 α-β 剪枝技术

对于一个当前格局,基于极大极小分析法是否可以通过考察所有的行动方案,建立完整的博弈树,再选最好的行动方案,以获得胜出呢? 回答是不可以,例如中国象棋,共 10 行 9 列,总计 90 个交点,从初局建立中国象棋完整的博弈树有多大呢? 如果按照每一步平均有 45 种可行走法,每局棋平均走 90 步,那从开始局面展开到分出胜负,则要考虑 45^{90} 种局面。相关资料显示这一天文数字,要比地球上原子数目还要多,以当前的计算机处理能力来看,可能直到地球毁灭也无法算出第一步的走法。因此,利用完整的博弈树来进行极大极小分析法企图获得胜出是极其困难的,一般情况下是不可能实现的。可行的方法就是只生成一定深度的博弈树,然后通过极大极小分析方法,找出当前最好的行动方案。尽管如此,从♯字棋的搜索过程可以看出,极大极小分析法的效率还有待于提高,怎样才能提高搜索效率? 一个想法是改进算法另辟蹊径,另一种方式是在极大极小分析法的基础上减小搜索空间。那么如何减小搜索空间呢?

先看一个例子,如图 4-43 所示,这是一棵博弈树,按每次生成两层的原则得到各端节点的估价值,其中 S_6、S_7 还未计算估价值,甚至还未扩展。

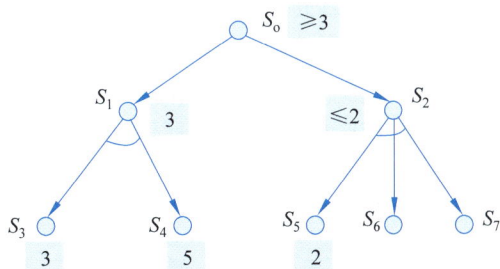

图 4-43 生成两层的博弈树中节点的估价值与倒推值示意图

由 S_3 和 S_4 的估价值得到 S_1 的倒推值为 3,由于 S_0 是"或"节点,S_0 的倒推值是其子节点中最大的,S_0 的倒推值应该大于或等于 3。由 S_5 的估价值是 2,S_2 是"与"节点,它的倒推值是它的各个子节点的最小值,所以 S_2 节点的倒推值应该小于或等于 2。这里虽然没有计算出 S_6、S_7 等节点的估价值,但这对于推算 S_0 的估价值已经没有影响。也就是说,S_6、S_7 等节点可以从博弈搜索树中剪去,这种技术就称为剪枝技术。

剪枝技术的作用是缩小搜索空间。对于博弈树中的"与"节点,它取当前子节点中的最小倒推值作为倒推值的上界,称此值为 β 值。对于博弈树中的"或"节点,取当前子节点中的最大倒推值作为它倒推值的下界,称此值为 α 值。则基于 β 值和 α 值剪枝技术的一般规律为:任何"或"节点 x 的 α 值,如果不能降低其父节点的 β 值,则对节点 x 以下的分支可以停止搜索,并使 x 的倒推值为 α 值,这种剪枝称为 β 剪枝。任何"与"节点 x 的 β 值,如果不能升高其父节点的 α 值,则对节点 x 以下的分支可以停止搜索,并使 x 的倒推值为 β 值,这种剪枝称为 α 剪枝。此种基于极大极小分析法的剪枝技术就称为 α-β 剪枝技术。

　　α-β 剪枝技术是采用极大极小分析法解决博弈类问题提升效率的有效方法,极大极小分析法给出了机器博弈类问题的基本思路和解决方案,成为机器博弈理论的重要基石。但基于博弈树的极大极小分析法搜索效率低,且对剪枝技术有较强的依赖;估价函数的定义是否符合实际情况,也难以判断,而且其后的工作都是建立在估价值的基础上的,一旦出现误差,后果难以挽回;由于每一步都是采取向前看若干步,再确定最佳走步;而事实上,每个棋手都是有"作战意图"的,这种作战意图不是几步就能够体现出来的,如何体现"作战意图"?极大极小分析法还没有实现。同时,向前看几步的问题也很难确定,即搜索深度太大,影响效率;搜索深度太小,机器的高智能性难以体现。

4.8　本章小结

　　本章主要介绍人工智能中结构不良或非结构化问题的解决方法之一——搜索策略,从搜索策略中的知识表示方法状态空间表示法到基于状态空间表示法实现的宽度优先搜索、深度优先搜索、有界深度优先搜索和代价树搜索等盲目搜索,以及启发式搜索和博弈树搜索,并通过案例分析的方式直观展示了各种搜索策略的优缺点。通过学习这些内容,希望读者能够对利用搜索策略解决人工智能领域中的智能问题有一个比较直观的理解和掌握。

习题 4

　　1. 什么是盲目搜索? 什么是启发式搜索?
　　2. 什么是状态空间表示法? 什么是状态空间,如何表示?
　　3. 应用状态空间表示方法进行问题求解的过程是什么?
　　4. 在状态空间搜索中,需要的辅助数据结构有哪些?
　　5. 宽度优先搜索的基本思想是什么?
　　6. 宽度优先搜索的特点有哪些?
　　7. 深度优先搜索的基本思想是什么?
　　8. 深度优先搜索的特点有哪些?
　　9. 有界深度优先搜索的特点与存在的问题有哪些?
　　10. 什么是代价树?
　　11. 代价树宽度与深度优先搜索的区别是什么?
　　12. 什么是启发式搜索?
　　13. 局部最佳优先搜索的基本思想是什么? 全局最佳优先搜索与其有何不同?
　　14. 什么是博弈树? 博弈树有什么特点?
　　15. 在博弈树的极大极小分析方法中,如何计算倒推值? 如何选择倒推值作为节点的估价值?

第 5 章

机 器 学 习

本章学习目标：

- 了解机器学习的基本概念、机器学习系统的基本结构和机器学习的发展历史。
- 理解掌握线性模型方法和三种聚类方法。
- 操作实践：能够应用线性模型方法和三种聚类方法分析和解决实际问题。

人工智能是研究如何在机器上实现人类智能，学习是人类最为重要的智能行为。"如何使机器具有学习能力"就成为人工智能最为重要的研究课题，这便是机器学习。本章简要介绍机器学习，主要包括机器学习定义和发展历史、机器学习的分类、机器学习系统的基本结构和几种常用的机器学习方法。

5.1 机器学习的定义和发展历史

机器学习目前已经成为一门课程、一个研究领域或一个学科的代名词。本节简要探讨机器学习的定义、机器学习的发展历史。

5.1.1 机器学习的定义

1. 什么是机器学习？

至今还没有一个关于"机器学习"的统一公认的定义，许多学者从不同的角度给出了不同的定义。机器学习领域奠基人之一的汤姆·米切尔(Tom Mitchell)教授给出的机器学习的经典定义为"利用经验来改善计算机系统自身的性能"。具体定义为"如果一个计算机程序针对某类任务 T，用 P 衡量性能，根据经验 E 来自我完善，那么称这个计算机程序在从经验 E 中学习，针对某类任务 T，它的性能用 P 来衡量"。汤姆·米切尔撰写的《机器学习》至今仍然被许多学习者视为圭臬。赫伯特·A.西蒙(Herbert A.Simon)给出的定义为"如果一个系统能够通过执行某个过程改进它的性能，这就是学习"。蔡自兴教授给出的定义是"机器学习是一门研究如何使用机器来模拟人类学习活动的一门学科，即机器学习是一门研究机器获取新知识和新技能，并识别现有知识的学问"。

我们不去纠结定义本身，而是按照李德毅院士给出的"简单地按照字面理解，机器学习的目的是让机器能像人一样具有学习能力"。机器学习作为一个学科(或称为研究领域)，那便是研究如何让机器具有学习能力的一门学科(或称为研究领域)。研究使机器具有学习能力，至少我们要知道"什么是学习能力，它有什么表现"。

2. 什么是学习能力？

百度上说，学习能力是学生成功地完成学习目的所必需的个性心理特征。按学习能力的倾向可分为一般学习能力和特殊学习能力。一般学习能力，是指反映在学生学习活动过程中的一般能力，主要包括以下基本要素：观察力、注意力、记忆力、思维能力、想象力、语言表达能力、创造力、感觉统合能力、理解力、运算能力等，适合于广泛实践活动要求的能力。特殊学习能力也称为专门学习能力，指适合某种专业活动要求的能力，如音乐能力、绘画能力、体育能力，等等。

显然，机器学习的目标就是使机器具有这些能力。对于人来说，具有一般学习能力是很普遍的，但具有特殊学习能力的人真的是很特殊的、不普遍的。对于机器来说，从当前的研究成果看，具有特殊学习能力机器的研究成果较为丰富，例如国际象棋程序、围棋程序AlphaGo等，都在某些专门的领域超越了人类；但对于使机器具有一般学习能力的研究成果，却不那么丰富，例如观察力、注意力、想象力等，这也是需要进一步深入研究的课题。

3. 机器学习与人工智能有什么关系？

一般认为，人工智能是研究在机器上实现人类的智能，应包括感知能力、学习能力、表达能力等。机器学习是使机器具有学习能力，机器学习是人工智能的一个重要研究分支方向，也可以说，机器学习是人工智能的一个重要研究领域。人工智能领域还有一些相关学科，其中包括数据挖掘、神经计算、模式识别等，这些学科相互交叉，形成了"你中有我，我中有你"的局面。例如，数据挖掘是从大量数据中发掘有趣的模式和知识的过程，也称作从数据中挖掘知识。机器学习是使机器具有学习能力，学习的目的也是拥有知识。因此，这些都是相近的、交叉的研究领域。

5.1.2　机器学习的发展历史

机器学习是人工智能应用研究中最重要的分支之一。机器学习的发展与人工智能的发展相辅相成、相互促进。以下简单回顾机器学习中的重大事件和重要节点。

第一阶段：20世纪50年代至70年代末。机器学习从逻辑推理、定理证明到专家系统，再到神经网络、结构学习系统等都被相继提出，主要事件如下。

(1) 1952年，"逻辑理论家"程序证明了《数学原理》中的38条定理，1963年证明了52条定理，并且纽厄尔（A.Newell）和西蒙因为这方面的工作获得了1975年的图灵奖。1958年，华人数理逻辑学家王浩在IBM-704计算机上用3～5分钟证明了《数学原理》中有关命题演算的全部定理(220条)，并且还证明了谓词演算中150条定理的85%。

(2) 1956年，IBM公司的亚瑟·塞缪尔研制出了著名的西洋跳棋程序，该程序是使用判别函数法的典型例子。这个程序能从棋谱中学习，也能从下棋实践中提高棋艺。1959年，它击败了塞缪尔本人。塞缪尔在1956年达特茅斯的人工智能研讨会上给出了一个新词——机器学习。

(3) 这个时期，罗森布拉特（F.Rosenblatt）的感知机奠定了基于神经网络的"联结主义"的基础，基于神经网络的"联结主义"学习开始出现，基于逻辑表示的"符号主义"学习技术蓬勃发展，包括温斯顿（Winston）的"结构学习系统""概念学习系统"和海斯·罗思（Hayes Roth）等的"归纳学习系统"等。

(4) 20世纪70年代末，中国科学院自动化研究所进行质谱分析和模式文法推断研究，表明我国机器学习研究得以推进。1980年,西蒙来华传播机器学习的火种后,我国机器学习研究出现了新局面。

第二阶段:20世纪80年代初至90年代末。这个时期机器学习的发展与人工智能的发展都经历了起起落落,发生的主要事件如下。

(1) 1980年,第一届机器学习国际研讨会在卡内基—梅隆大学(CMU)召开,标志着机器学习研究已在全世界兴起。1986年,国际杂志《机器学习》创刊,迎来了机器学习蓬勃发展的新时期。

(2) 1996年,IBM公司的计算机深蓝与人类国际象棋世界冠军加里·卡斯帕罗夫对战,但是深蓝没有胜利。1997年,IBM公司升级了深蓝,运算速度达到2^8次/s,能够预测未来8步以上的棋局,战胜了加里·卡斯帕罗夫。事实上,深蓝并不具有学习能力,它是依靠计算速度和枚举在规则明确的游戏中取得了胜利。这次胜利成为人工智能和机器学习领域具有里程碑意义的对战。

(3) 这个时期,基于"联结主义"的研究成果丰富。神经网络的研究重新兴起,连接机制学习方法的研究方兴未艾,反向传播算法研究有了新进展;基于生物发育进化论的进化学习系统和遗传算法吸取了归纳学习和连接机制学习的优势而更加完善。还有,机器学习的一个重要研究课题"数据挖掘"的研究蓬勃发展,许多学习算法相继提出,例如决策树中的ID3算法、C4.5算法,关联规则中的Apriori算法等。概念学习也从学习单个概念扩展到学习多个概念,示例归纳学习系统产生并快速发展,出现了第一个专家学习系统。再有,以支持向量机(support vector machine,SVM)为代表性成果的"统计学习"也成为机器学习的基本研究内容之一。

(4) 机器学习的应用广泛推广,其不仅应用在基于知识的各种应用系统中,也应用在模式识别、自然语言理解、机器视觉等许多领域。一个系统是否具有学习能力已经成为其是否具有"智能"的一个标志。

第三阶段:进入21世纪以来。机器学习蓬勃发展,一批重要学术成果相继出现,机器学习进入黄金发展期。各种机器学习方法如雨后春笋般蓬勃发展,并且获得许多成功的应用,包括遗传算法、支持向量机、协同过滤算法、等等,其中影响力最大的莫过于"深度学习"。

"深度学习"狂潮席卷机器学习和人工智能研究领域。2006年,杰弗里·辛顿(Geoffrey Hinton)在《科学》杂志发表了论文 *Reducing the Dimensionality of Data with Neural Networks*,开启了深度学习浪潮。至今已经有多种深度学习框架,如深度神经网络、对抗生成网络、卷积神经网络等。这些深度学习框架在计算机视觉、自然语言处理、语音识别、自动驾驶等领域得到广泛应用,并取得了很好的效果。深度学习的内容将在第7章详细介绍。

机器学习已经发展成为一个学科领域,它是一个多学科交叉的研究领域,包括统计学、计算机科学、生物学、神经学等学科。计算机科学的分支学科领域中都有机器学习的身影,例如图形学、软件工程、多媒体等。同时,它还为许多交叉学科提供了重要的技术支撑,机器学习已成为最重要的技术进步源泉之一。

5.2 机器学习的分类

事物一般都有许多种分类方式,从不同的角度有不同的分类方法。例如,对人的分类,可以按照性别分类,可以按照所在地区分类,也可以按照职业分类,等等。机器学习方法的分类亦是如此，可以按照学习目标进行分类，分为概念学习、规则学习、函数学习、类别学习等；可以按照数据形式进行分类，分为结构化学习、非结构化学习和半结构化学习等；也可以按照训练方法进行分类，分为监督学习、无监督学习和强化学习。以下主要介绍根据训练方法的分类，即监督学习、无监督学习和强化学习。

1. 监督学习

从一般意义上理解，监督学习就是有老师在一旁监督的学习，无监督学习就是没有老师监督的学习。在机器学习中，早期监督学习一般指有人工干预的学习，但现在多指学习对象带有指定标签的学习。例如，让机器来学习水果的识别方法时，用来作为学习对象的水果都带有水果的名称（即带着苹果、香蕉、西瓜、橘子等名称标识），这些名称就称为标签，分类对象中既有特征表示，又有类别标识，机器利用这些特征和标签建立一个模型，这个模型具有分类的作用，也称为分类器。这个分类器就是机器学习的目标，这个机器再见到一个新的水果时，就会根据这个分类器对水果进行分类，来识别这个新水果究竟是什么水果。监督学习是指学习时使用带有标签的对象或数据，生成的是能够执行相应任务的函数、规则或模型。机器学习中的绝大多数学习算法都是监督学习算法。例如我们常用的分类方法都是监督学习方法。

监督学习过程就如同我们教小孩学习认识水果的过程，我们拿出一个苹果给小孩看（相当于输入），然后告诉他这是一个苹果（相当于输出），完成一次训练；再拿出一个香蕉给他看（相当于输入），然后告诉他这是一个香蕉（相当于输出），又完成一次训练……如此继续下去，各种水果反复出现进行训练。小孩就会对水果有相应的认识，进而形成分类方法。这样的学习过程就是监督学习。

监督学习就是在已知输入和输出的情况下训练出一个模型，将输入映射到输出。监督学习的学习过程就是建立模型的过程，根据给出的具有输入输出的数据训练出模型。

2. 无监督学习

无监督学习与监督学习相对应，无监督学习就是不受监督的学习。无监督学习是指学习时使用不带有标签的对象或数据的学习。也就是说，无监督学习不需要人类进行数据标注，而是通过模型不断地自我认知、自我巩固，最后进行自我归纳来实现其学习过程。

无监督学习过程就如同有一堆包含不同品种的水果，水果上面没有标签，我们不知道是什么水果，但是可以根据水果的特点和性质，将具有相同或相近特点的水果聚在一起，进而认识这些水果。这就是无监督学习。

当前，无监督学习的应用远远没有监督学习应用广泛，但无监督学习具有很多明显的优势。首先，无监督学习面对的是学习对象本身，没有人为的主观因素，学习的结果更加客观。其次，无监督学习不需要标注数据，也就省去了数据标注的工作。要知道，监督学习用到的标注数据是大量的，甚至是巨大量的，甚至达到百万、亿级别的数据，标注这些数据需要大量的人力、物力和财力，也消耗大量的时间成本。

聚类方法就是一种无监督学习方法，5.4.2节中将详细介绍。

3. 强化学习

强化学习的核心思想是模仿有机生命体对环境进行探索和与之交互时，做出正确行为时会得到奖励，做出错误行为时会得到处罚，进而不断强化对正确行为的选择，在执行任务时制定出最优的决策。强化学习是人工智能研究中行为主义流派的典型学习方法。

强化学习既不同于监督学习,又不同于无监督学习,它不需要数据的标签,而是需要相应的奖惩策略,并用它来决定学习的方向。强化学习就是在学习过程中不断地尝试,错了就扣分,对了就奖励,进而得到在环境中的最好决策。强化学习的目标就是研究在与环境交互的过程中,如何学习一种行为策略,以得到最大化的积累奖赏。

强化学习过程类似人类训练狗时狗的学习过程。狗没有先验经验,它只是在与人交互的奖惩中积累经验,进而做出相应的行为决策。人给狗一个指令,狗做对了,就给予狗一个奖赏(例如一块肉、一个鸡腿等),做错了就不给吃的或者揍它。在长期交互中,狗就会在面对各种环境时形成一个行为策略,以获得最大的奖赏。

下面对监督学习、无监督学习和强化学习作一个简单总结。监督学习主要针对有标签的数据,一般完成回归或分类等任务。无监督学习主要针对无标签的数据,一般完成聚类和降维等任务。与监督学习和无监督学习相比,强化学习最大的区别就是不要求预先给定任何数据,而是通过接收环境对动作的奖惩获得信息,并更新相关的行为策略。下面给出监督学习、无监督学习和强化学习在学习依据、数据来源和学习目标三方面的区别,如表 5-1 所示。

表 5-1 监督学习、无监督学习和强化学习的区别

类 别	学习依据	数据来源	学习目标
监督学习	基于监督(标签)信息	给定的带标签的数据	输入到输出的映射
无监督学习	基于对数据结构的假设	给定的数据	数据的分布模式
强化学习	基于奖励评估	在交互中产生的数据	选择获取最大收益状态到行为的映射

5.3 机器学习系统的基本结构

讨论机器学习系统的基本结构时,我们必须坚持"问题导向"和"系统观念"。那么怎么思考这个问题? 机器学习是要研究使机器具有学习能力,那么人类是如何学习的?

首先,"孟母三迁"是为给孩子一个好的学习环境,所以环境是学习的一个重要因素。学习环境有老师教授的环境(例如学校等),也有没有老师的环境(例如野外探险等),但是有一点是明确的:环境给人提供了信息,人是在这些信息的基础上开展学习的。其次,学习什么? 有老师教时,学习知识或模型形成认知或判断的能力;没有老师教时,学习就是应用从环境中得到的信息,采用总结、归纳、推理等方法获得规律性的知识、模型或行为方式策略。这个过程依据学习方法的不同,可能需要多次反复的学习或训练。学习之后怎么用? 有时学过的知识、模型或行为策略一直在用,不作任何修改;有时学过的知识、模型或行为策略使用之后,有偏差,根据情况调整或修改所用的知识、模型或行为策略;也有边学边用边修改的时候。这里有几个关键因素:环境、知识或模型的形成方法和表示方式、知识的使用和完善方式。

我们从人类社会的视角去理解学习过程,有老师教的叫作"学习",老师会告诉你对错;没有老师教的叫作"研究",没有老师告诉你对错,但有相关的性能指标,你可以根据这些性能指标自己去判断是否合适;边做边学的叫作"技术",在实践中积累经验。有老师教的前提是已经有了知识,例如教孩子认识苹果前老师已经有了苹果的知识(标签数据),教孩子的是

已有的知识（苹果的分类），就是我们常说的"学习"，在机器学习中是监督学习；没有老师教时，面对的是陌生的对象（不带标签的数据），通过相关的方法去认识这些陌生的对象，例如聚类方法，我们不知道一些对象是怎样分类的，但我们可以通过它们的性质、特点将它们聚类，之后将相同或相似的对象聚在一起，形成一个新的类，给这个新类起个名字，则可以粗浅地认为发现了一个类，定义了一个新的名称，即研究了这些陌生的对象，在机器学习中是无监督学习。

当然，对于机器来说，不管是有老师教的、没有老师教的、边做边学的都叫作机器学习。

根据以上讨论，机器学习系统的基本结构应该主要包括环境和机器（有的教材也称为智能体），环境给机器提供信息，机器从信息中获取知识、模型或行为策略，知识、模型或行为策略形成机器的指令及行为，这些指令或行为反作用于环境，被机器作用的环境产生新的信息，再反馈给机器，用于训练或改善知识、模型或行为策略，循环往复形成了机器学习系统的过程，如图 5-1 所示。

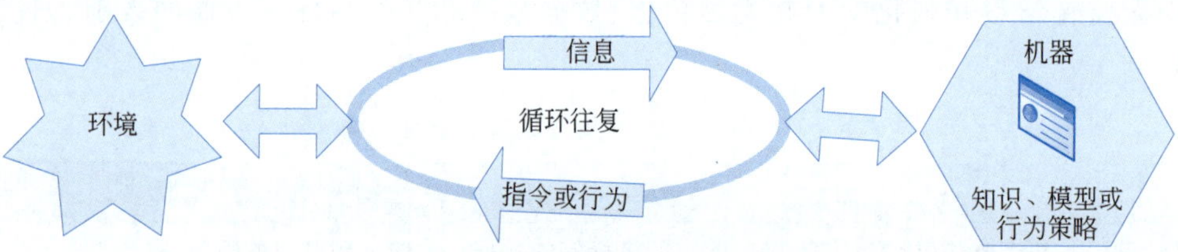

图 5-1　机器学习系统的基本结构示意图

理想的具有学习能力的机器应该是：无论什么样的环境，机器都能根据所处的环境选择相应的学习方法，学会相关的知识、模型或行为策略，进而成为机器对环境的认知、判断和行为能力。当机器面对不同的环境时，会自主选用不同的学习方法去学习和适应环境。

当前，机器学习系统一般只是针对某个问题或某个领域设计的，系统中的学习方法一般只涉及少数几种方法，目标只针对解决的问题。此时，机器学习系统的结构一般是由环境、学习方法、知识或模型构成，其中环境提供相关的信息，学习方法是从信息中获得"知识、模型或行为策略"，同时学习方法还应具有修改和完善"知识、模型或行为策略"的能力。

5.4　机器学习方法应用举例

当前的机器学习一般是用指定的方法或模型去完成学习任务，例如线性回归学习方法是指定了所使用的方法是线性方法，也就是，假定了研究对象具有某种线性关系，学习只是通过相关的数据确定线性模型（方程），进而使用这个方程去预测未知事物。再如，为了解决某个复杂问题要应用深度学习方法，学习之前就已经确定了要使用这个方法，学习的目标只是将模型确定下来，并应用于实际。具体的过程可以描述为：首先要搭建一个深度学习框架，使用已有的训练数据去训练这个框架，应用相关的性能指标确定其中的各种模型参数，进而确定模型，完成学习任务（详细内容见第 7、8 章）。本节主要介绍两种机器学习的方法，一种是监督学习之线性模型方法，另一种是无监督学习之聚类方法。

在监督学习中，学习任务主要是根据环境或实际问题选择相应的学习方法，建立任务模型。在学习过程中，经常会把数据集拆分为训练集和测试集。训练集用来训练模型，调整模型参数;测试集用来验证模型的性能,具体的性能指标是由相关的问题决定的,例如分类问题的性能指标是准确率、错误率等,线性回归的性能指标是残差平方和、R^2 等。

5.4.1　线性模型方法

在现实生活中,往往需要分析若干变量之间的关系,例如碳排放量与气候变暖之间的关系、蛋糕大小与蛋糕价格的关系等,这种分析不同变量之间存在关系的研究叫作回归分析,刻画不同变量之间关系的模型被称为回归模型。如果这个模型是线性的,则称为线性回归模型,也简称为线性回归(linear regression,LR)。在机器学习算法中,线性回归模型简单,是最基础的机器学习模型。我们首先从最简单的一元线性回归开始,再介绍多元线性回归。线性回归是一种通过拟合自变量与因变量之间最佳线性关系来预测目标变量的方法。回归过程也称为用自变量来解释因变量的变化。

1. 一元线性回归

(1)问题的提出。

假如家人的生日快到了,我们想买个生日蛋糕庆贺,买多大的,什么价位的? 我们只知道一些尺寸对应的蛋糕价格,如表 5-2 所示,不知道所有尺寸的蛋糕价格。根据具体情况,我们要购买 14 英寸蛋糕,但不知道 14 英寸蛋糕的价格。怎么办呢? 我们只好用已经了解的情况,预测一下我们需要的蛋糕价格,好做相应的安排。

表 5-2　蛋糕店的"生日蛋糕"价目表

尺寸/英寸	6	8	10	12	16	18
价格/元	38	48	68	98	168	189

用二维坐标图表示蛋糕尺寸与价格的对应关系,如图 5-2 所示。

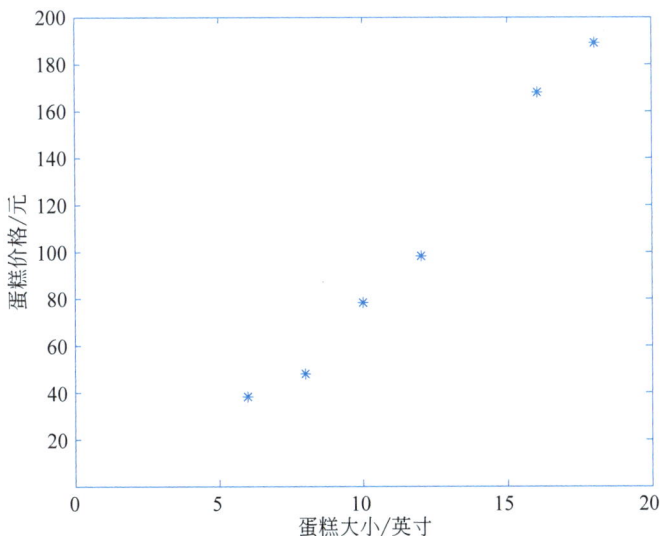

图 5-2　蛋糕尺寸/价格对应图

那么,怎样来预测蛋糕的尺寸与价格的关系?

设已有的数据集

$$D = \{(x_1, y_1)(x_2, y_2), \cdots, (x_6, y_6)\}$$
$$= \{(6,38), (8,48), (10,68), (12,98), (16,168), (18,198)\}$$

显然，我们可以猜想（或称估计）蛋糕的尺寸与价格之间具有线性关系。

（2）怎样用一元线性回归方法解决问题？

我们可以根据这些数据建立一个蛋糕尺寸与蛋糕价格的一元线性模型，进行蛋糕价格的预测。即 $f(x) = w_1 x + w_0$，其中 x 为自变量（表示蛋糕尺寸），$f(x)$ 为因变量（表示蛋糕价格），w_i 是系数（$i = 0, 1, \cdots, n$），用此来预测各种尺寸蛋糕的价格。现在只需要确定系数 w_1、w_0，使用前面两个点 $(6,38)$、$(8,48)$，就可以确定一条直线，进而预测 14 英寸蛋糕的价格。即解下面的方程组：

$$\begin{cases} 38 = 6w_1 + w_0 \\ 48 = 8w_1 + w_0 \end{cases}$$

解得 $w_0 = 8$、$w_1 = 5$，进而得到一元线性方程为

$$f(x) = 5x + 8$$

这个一元线性方程与实际价格对比情况如图 5-3 所示，其中符号"*"表示原始数据。可以看出，只用两点给出的一元线性方程来拟合蛋糕尺寸与价格的模型效果很差，蛋糕尺寸在 10 英寸以上时，预测价格与实际价格相差很大。预测出 14 英寸蛋糕价格为 78 元。显然是不合适的，因为这个价格比 12 英寸蛋糕的价格 98 元还低。

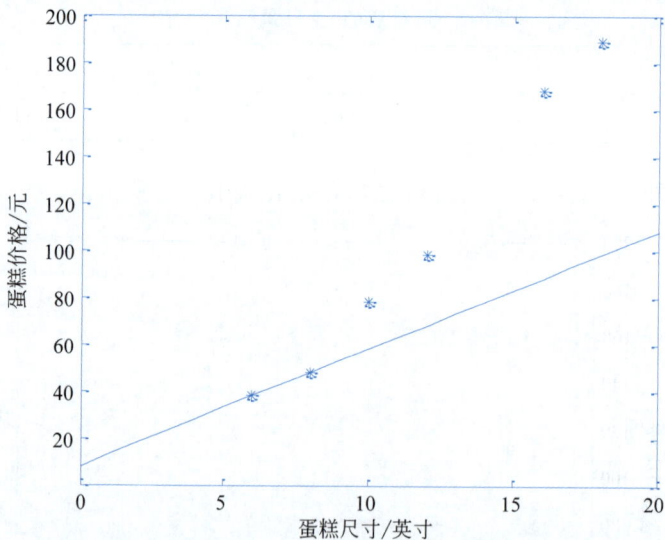

图 5-3　应用两点给出的一元线性方程与实际价格对比图

如何解决这个问题？

假设用一元线性模型 $f(x) = w_1 x + w_0$ 来预测各个尺寸蛋糕的价格，我们希望模型的预测值 $f(x_i)$ 与实际值 y_i 最接近，也就是它们的均方误差最小。即使得 $\sum_{i=1}^{N}(f(x_i) - y_i)^2$ 最小的 w_1、w_0，我们记作 w_1^*、w_0^*，即

$$w_1^*, w_0^* = \underset{w_1, w_0}{\arg\min} \sum_{i=1}^{N}(f(x_i) - y_i)^2 = \underset{w_1, w_0}{\arg\min} \sum_{i=1}^{N}(w_1 x_i + w_0 - y_i)^2 \quad (5\text{-}1)$$

其中，arg min 表示求最小值点，也就是使 $\sum_{i=1}^{N}(f(x_i)-y_i)^2$ 最小的 w_1、w_0。

这个求取 w_1^*、w_0^* 的过程称为参数估计，用均方误差进行估计的方法称为"最小二乘法"。如何求得 w_1^*、w_0^* 的值？

设函数

$$g(w_1,w_0)=\sum_{i=1}^{N}(w_1 x_i+w_0-y_i)^2 \tag{5-2}$$

这是关于 w_1、w_0 的二次函数，其最小值是在对 w_1、w_0 的偏导数为 0 时取得的。因此，对 w_1、w_0 求偏导数，使其等于 0。得到下面两个方程：

$$\frac{\partial(g(w_1,w_0))}{\partial w_1}=\frac{\partial\left(\sum_{i=1}^{N}(w_1 x_i+w_0-y_i)^2\right)}{\partial w_1}=2\sum_{i=1}^{N}(w_1 x_i+w_0-y_i)x_i=0 \tag{5-3}$$

$$\frac{\partial(g(w_1,w_0))}{\partial w_0}=\frac{\partial\left(\sum_{i=1}^{N}(w_1 x_i+w_0-y_i)^2\right)}{\partial w_0}=2\sum_{i=1}^{N}(w_1 x_i+w_0-y_i)=0 \tag{5-4}$$

可以解得

$$w_0=\frac{1}{N}\sum_{i=1}^{N}(y_i-w_1 x_i)=\frac{1}{N}\sum_{i=1}^{N}y_i-w_1\frac{1}{N}\sum_{i=1}^{N}x_i \tag{5-5}$$

其中，$\frac{1}{N}\sum_{i=1}^{N}x_i$ 与 $\frac{1}{N}\sum_{i=1}^{N}y_i$ 分别是数据集中 x_i 和 y_i 的均值，令 $\bar{y}=\frac{1}{N}\sum_{i=1}^{N}y_i$，$\bar{x}=\frac{1}{N}\sum_{i=1}^{N}x_i$，将其代入上式，可得

$$w_0=\bar{y}-w_1\bar{x} \tag{5-6}$$

进而可得

$$w_1=\frac{\sum_{i=1}^{N}x_i y_i-N\bar{x}\bar{y}}{\sum_{i=1}^{N}x_i^2-N\bar{x}^2}$$

$$w_0=\bar{y}-\bar{x}\left(\frac{\sum_{i=1}^{N}x_i y_i-N\bar{x}\bar{y}}{\sum_{i=1}^{N}x_i^2-N\bar{x}^2}\right) \tag{5-7}$$

这里的 w_1、w_0 就是我们要求的 w_1^*、w_0^*，进而得到一元线性模型为

$$f(x)=w_1 x+w_0=\left(\frac{\sum_{i=1}^{N}x_i y_i-N\bar{x}\bar{y}}{\sum_{i=1}^{N}x_i^2-N\bar{x}^2}\right)x+\left(\bar{y}-\bar{x}\left(\frac{\sum_{i=1}^{N}x_i y_i-N\bar{x}\bar{y}}{\sum_{i=1}^{N}x_i^2-N\bar{x}^2}\right)\right) \tag{5-8}$$

应用这个模型，我们针对生日蛋糕数据集求出一元线性回归模型，数据集如下

$$D=\{(x_1,y_1)(x_2,y_2),\cdots,(x_6,y_6)\}$$
$$=\{(6,38),(8,48),(10,68),(12,98),(16,168),(18,198)\}$$

有

$$w_1 = \frac{\sum_{i=1}^{6} x_i y_i - 6\bar{x}\bar{y}}{\sum_{i=1}^{6} x_i^2 - 6\bar{x}^2} = 13.3820 \tag{5-9}$$

$$w_0 = \bar{y} - \bar{x}\left(\frac{\sum_{i=1}^{6} x_i y_i - 6\bar{x}\bar{y}}{\sum_{i=1}^{6} x_i^2 - 6\bar{x}^2}\right) = -52.9565 \tag{5-10}$$

可得关于"生日蛋糕"尺寸与价格的预测模型为

$$f(x) = w_1 x + w_0 = 13.3820x - 52.9565 \tag{5-11}$$

数据集中原始数据、用数据集中前两点求得的直线、应用"最小二乘法"求得的一元线性回归模型的对比情况如图 5-4 所示。从图中可以看出，应用"最小二乘法"求得的一元线性回归模型很好，14 英寸蛋糕的价格按照这个模型预测为 135 元左右，较为合理。

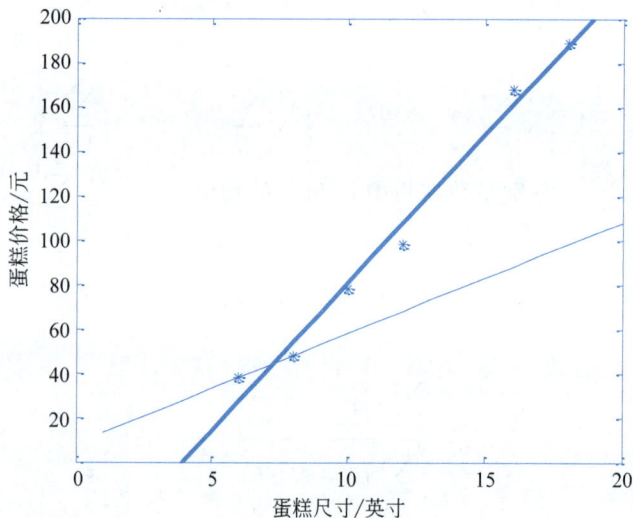

图 5-4　拟合情况图

拟合情况的好坏只是我们观察后得到的结论，具有主观性。那么，衡量线性回归模型性能好坏的性能指标是什么？

（3）如何衡量给出的线性回归模型的性能？

各个蛋糕价格有一定的随机性，我们的目标要给出一个最佳的一元线性模型，能够反映蛋糕尺寸与价格的关系。"怎样衡量最佳模型"就成了关键因素。这里引入统计学的几个概念，给出衡量线性回归模型的性能指标。

总偏差平方和（sum of squares for total，SST）是每个因变量的实际值与其平均值的差的平方，即

$$SST = \sum_{i=1}^{N} (y_i - \bar{y})^2 \tag{5-12}$$

总偏差平方和的值反映了因变量取值的总体波动情况，其值越大，说明原始数据本身具有越

大的波动。

回归平方和(sum of squares for regression,SSR)是因变量的回归值与因变量实际值的平均值的差的平方和,即

$$\text{SSR} = \sum_{i=1}^{N} (f(x_i) - \bar{y})^2 \qquad (5-13)$$

回归平方和的值反映了回归直线的波动情况,其值越大,说明样本点对应回归值具有越大的波动。

残差平方和(sum of squares for error,SSE)是因变量的实际值与回归值的差的平方,即

$$\text{SSE} = \sum_{i=1}^{N} (f(x_i) - y_i)^2 \qquad (5-14)$$

残差平方和反映的是在数据样本点的回归值与原始样本点的因变量值的拟合情况,其值越小,说明回归方程与原始数据样本的拟合越接近。

回归方程拟合程度的好坏一般采用指标$\mathcal{R}^2$来表示,$\mathcal{R}^2$的计算方法如下:

$$\mathcal{R}^2 = \frac{\text{SSR}}{\text{SSR} + \text{SSE}} \qquad (5-15)$$

显然,$\mathcal{R}^2 \in [0,1]$,$\mathcal{R}^2$的值越接近1,残差平方和就越小,拟合的效果就越好。

再来看看生日蛋糕的例子,线性拟合方程$f(x) = 13.3820x - 52.9565$和$f(x) = 5x + 8$的$\mathcal{R}^2$的值分别为0.9846和0.4038。显然,应用最小二乘法拟合的程度更好,$\mathcal{R}^2$的值0.9846更接近1;而应用两点求取直线方程拟合的情况不好,$\mathcal{R}^2$的值0.4038离1更远。

2. 多元线性回归

一元线性回归预测的是一个主要影响因素作为自变量来解释因变量的变化,在现实问题研究中,因变量的变化往往受几个重要因素的影响,此时就需要用两个或两个以上的影响因素作为自变量来解释因变量的变化,这就是多元回归,亦称多重回归。当多个自变量与因变量之间是线性关系时,所进行的回归分析就是多元线性回归。

假设自变量的个数为d,多元线性回归模型可表示为

$$f(\boldsymbol{x}_i) = w_1 x_{i1} + w_2 x_{i2} + \cdots + w_d x_{id} + w_0 \qquad (5-16)$$

其中$\boldsymbol{x}_i = (x_{i1} x_{i2} \cdots x_{id})^{\text{T}} \in \mathbf{R}^d$,$y_i \in \mathbf{R}$,$\mathbf{R}$是实数集,$\mathbf{R}^d$表示$d$维实数空间,$w_j$是系数,$j \in \{1, 2, \cdots, d, 0\}$,$(*)^{\text{T}}$表示矩阵$*$的转置矩阵。

线性回归的目的是根据样本数据给出确定的回归模型,也就是根据样本数据确定模型的系数w_j,$j \in \{1, 2, \cdots, d, 0\}$。

设数据集$D = \{(x_1, y_1)(x_2, y_2), \cdots, (x_N, y_N)\}$,其中$\boldsymbol{x}_i = (x_{i1} x_{i2} \cdots x_{id})^{\text{T}} \in \mathbf{R}^d$,$i \in \{1, 2, \cdots, N\}$,$y_i \in \mathbf{R}$,则线性模型

$$f(\boldsymbol{x}_i) = w_1 x_{i1} + w_2 x_{i2} + \cdots + w_d x_{id} + w_0, i \in \{1, 2, \cdots, N\} \qquad (5-17)$$

将样本数据代入线性模型,得到以下线性方程组

$$\begin{cases} f(x_1) = w_1 x_{11} + w_2 x_{12} + \cdots + w_d x_{1d} + w_0 \\ f(x_2) = w_1 x_{21} + w_2 x_{22} + \cdots + w_d x_{2d} + w_0 \\ \vdots \quad \vdots \quad \vdots \quad \quad \vdots \quad \vdots \\ f(x_N) = w_1 x_{N1} + w_2 x_{N2} + \cdots + w_d x_{Nd} + w_0 \end{cases} \qquad (5-18)$$

可以写成向量形式（也称矢量形式或矩阵形式）

$$\begin{pmatrix} f(x_1) \\ f(x_2) \\ \vdots \\ f(x_N) \end{pmatrix} = \begin{pmatrix} x_{11} x_{11} & \cdots & x_{1d} & 1 \\ x_{21} x_{22} & \cdots & x_{2d} & 1 \\ \vdots & & \vdots & \vdots \\ x_{N1} x_{N2} & \cdots & x_{Nd} & 1 \end{pmatrix} \begin{pmatrix} w_1 \\ w_2 \\ \vdots \\ w_d \\ w_0 \end{pmatrix} \tag{5-19}$$

进而，可以写成

$$f(\boldsymbol{x}) = \boldsymbol{x} w \tag{5-20}$$

其中，$f(\boldsymbol{x}) = \begin{pmatrix} f(x_1) \\ f(x_2) \\ \vdots \\ f(x_N) \end{pmatrix}_{N\times 1}$，$\boldsymbol{w} = \begin{pmatrix} w_1 \\ w_2 \\ \vdots \\ w_d \\ w_0 \end{pmatrix}_{(d+1)\times 1}$，$\boldsymbol{x} = \begin{pmatrix} x_{11} x_{11} & \cdots & x_{1d} & 1 \\ x_{21} x_{22} & \cdots & x_{2d} & 1 \\ \vdots & & \vdots & \vdots \\ x_{N1} x_{N2} & \cdots & x_{Nd} & 1 \end{pmatrix}_{N\times(d+1)}$。

同时，记样本数据集 $D = \{(x_1, y_1)(x_2, y_2), \cdots, (x_N, y_N)\}$ 中的 $y_i \in \mathbf{R}, i \in \{1, 2, \cdots, N\}$，也写成 N 维列向量的形式，即 $\boldsymbol{y} = (y_1 y_2 \cdots y_N)^{\mathrm{T}}$。

类似一元线性回归，我们希望找到使得 $(\boldsymbol{y} - f(\boldsymbol{x}))^{\mathrm{T}}(\boldsymbol{y} - f(\boldsymbol{x}))$ 最小的 w，拟合效果会更好，这里用 w^* 表示这个最小的 w，即

$$w^* = \underset{w}{\mathrm{argmin}}(\boldsymbol{y} - f(\boldsymbol{x}))^{\mathrm{T}}(\boldsymbol{y} - f(\boldsymbol{x})) \tag{5-21}$$

其中，argmin 表示求最小值点，也就是使 $(\boldsymbol{y} - f(\boldsymbol{x}))^{\mathrm{T}}(\boldsymbol{y} - f(\boldsymbol{x}))$ 最小的 w 参数值。

设

$$g(w) = (\boldsymbol{y} - f(\boldsymbol{x}))^{\mathrm{T}}(\boldsymbol{y} - f(\boldsymbol{x})) = (\boldsymbol{y} - \boldsymbol{x} w)^{\mathrm{T}}(\boldsymbol{y} - \boldsymbol{x} w) \tag{5-22}$$

同样对式（5-22）中的 w 求偏导，并令其导数为 0，根据矩阵求导方法，可得

$$\frac{\partial(g(w))}{\partial w} = \frac{\partial((\boldsymbol{y} - \boldsymbol{x} w)^{\mathrm{T}}(\boldsymbol{y} - \boldsymbol{x} w))}{\partial w} = 2\boldsymbol{x}^{\mathrm{T}}(\boldsymbol{x} w - \boldsymbol{y}) = 0 \tag{5-23}$$

得到

$$\boldsymbol{x}^{\mathrm{T}} \boldsymbol{x} w = \boldsymbol{x}^{\mathrm{T}} \boldsymbol{y} \tag{5-24}$$

当 $\boldsymbol{x}^{\mathrm{T}} \boldsymbol{x}$ 是满秩矩阵时，解得

$$w^* = (\boldsymbol{x}^{\mathrm{T}} \boldsymbol{x})^{-1} \boldsymbol{x}^{\mathrm{T}} \boldsymbol{y} \tag{5-25}$$

得到的多元线性回归模型为

$$f(x_i) = x_i w^* = w_1^* x_{i1} + w_2^* x_{i2} + \cdots + w_d^* x_{id} + w_0^* \tag{5-26}$$

当 $\boldsymbol{x}^{\mathrm{T}} \boldsymbol{x}$ 不是满秩矩阵时，无法求解 w^*。此时，可以考虑岭回归（ridge regression）方法，即

$$w^* = (\boldsymbol{x}^{\mathrm{T}} \boldsymbol{x} + \lambda \boldsymbol{I})^{-1} \boldsymbol{x}^{\mathrm{T}} \boldsymbol{y} \tag{5-27}$$

其中，λ 为正则化参数，$\boldsymbol{I}$ 为单位对角矩阵。也可以使用矩阵的广义逆阵，将其化为可逆矩阵，有兴趣的读者可以参考"矩阵分析"方面的书籍。

在实际应用中，多元线性回归的数据样本通常会有巨大的样本数量，即模型中 N 的值，尤其是在大数据时代的今天，N 的值可能是以万、百万计，甚至更多，计算量会是巨大的，可以应用分块式的并行计算方法进一步给出解决方案，例如应用 MapReduce 模型解决。

5.4.2　聚类

物以类聚，人以群分。现实生活中时常会遇到这样的情况，我们面对一些物品（或称为样本、对象），并不知道它们是什么或者属于什么类别（即没有类别标签），但却需要将其中相同或相似的物品聚合在一起。俗话说，将这些物品分堆儿，分成若干堆儿，这便是聚类。

聚类是无监督学习中最重要的一类方法。在聚类前，给出一个由样本点组成的数据集，数据集中的数据没有类别标记。这里样本的属性值一般有两类：一类是数值型的，另一类是描述型的。数值型的属性值可以通过数学的方法转换为聚类方法需要的形式。描述型的属性值可以通过建立属性值到数值的映射来完成描述型属性值到数据值的转换，例如性别属性的属性值{男,女}是描述型的，可以转换为{0,1}数据来表示。

聚类的目的是把事先没有给定类别的样本按照一定的规则分成若干类，这些类是根据待分类样本的特征确定的，事先没有对类的数目和结构做任何假定，只是要求同类样本之间的相似程度高，不同类中的样本之间的相似程度低。例如，保险业务分析人员会根据客户的特征将其聚合成不同的客户群，用以分析群特征给出相应的保险品种和保险模式。

显然，聚类首先涉及的是样本数据，这是没有类别标签样本的信息，例如对象的大小、形状、颜色等基本信息，这个是聚类的基础。其次，要明确怎么聚，聚成几堆儿，或者在什么条件下完成聚合任务，这是聚类的方法。再次，要判断样本的相同或相似性，并且要达到"在同一堆儿内的样本要具有高相似程度，不同堆儿的样本的相似程度低"的要求，这是聚类的效果。

因此，可以提取出聚类最关键的问题是：第一，怎样定义样本之间的相似程度？第二，怎样聚？聚成几类？在聚类分析中，把聚成的类叫作"簇"；第三，怎样衡量聚类的效果。讨论这些问题之前，先给出问题的描述。

设样本集合 $D=\{x_1,x_2,\cdots,x_N\}$，其中 $x_i=(x_{i1};x_{i2};\cdots;x_{id})$ 是数据集中第 i 个样本数据，x_{ij} 是第 i 个样本的第 j 个属性值（也称特征值），N 是样本个数，d 是样本的特征数（即维数）。聚类的目标是将集合 D 中的样本聚集成若干子集 $C_l(l=1,2,\cdots,L)$，满足 $C_i\bigcap_{i\neq j}C_j=\varnothing,(i,j=1,2,\cdots,L)$，且 $D=\bigcup_{i=1}^{L}C_i$，其中符号 $\bigcup$ 为集合的并集，$\bigcap$ 表示集合的交集，$\varnothing$ 为空集。聚类得到的每个子集 $C_l(i=1,2,\cdots,L)$ 称为一个簇。显然，簇具有以下性质。

- $\forall x_i\in D$ 当且仅当只属于某一个 C_l。
- 若 $x_i\in C_{l_1}$，$x_j\in C_{l_2}$，$l_1\neq l_2$，则有 $x_i\neq x_j$。

第一个问题，怎样定义样本之间的相似程度？

在聚类方法中，一般用样本间的距离或样本间的相似度定义对象之间、类别之间的相似程度。这里使用距离来定义样本间的相似程度。如何定义距离？

距离的定义：对于给定的两个样本点 $x_i,x_j\in D$，如果定义一个二元函数 $g(x_i,x_j)$，满足以下 3 个条件。

① 非负性，即 $g(x_i,x_j)\geqslant 0,\forall x_i,x_j\in D$。

② 对称性，即 $g(x_i,x_j)=g(x_j,x_i)$。

③ 满足三角不等式：设样本点 $z,x_i,x_j\in D$，则有

$$g(x_i,x_j)\leqslant g(x_i,z)+g(z,x_j)$$

(5-28)

则称 $g(x_i, x_j)$ 在 D 上定义了一种距离。

在实际应用中,可以根据问题的需要设计距离函数,只要设计出来的函数满足以上 3 个条件,就可以称之为距离。设给定样本点 $x_i = (x_{i1}; x_{i2}; \cdots; x_{id})$,$x_j = (x_{j1}; x_{j2}; \cdots; x_{jd})$,下面给出几种常用的距离计算公式。

① 欧氏距离(Euclidean distance),一般用 d_2 表示,计算公式如下。

$$d_2(x_i, x_j) = \left(\sum_{k=1}^{m} (x_{ik} - x_{jk})^2 \right)^{\frac{1}{2}}, \quad k = 1, 2, \cdots, d \tag{5-29}$$

② 闵可夫斯基距离(Minkowski distance),一般用 d_p 表示,计算公式如下。

$$d_p(x_i, x_j) = \left(\sum_{k=1}^{m} (x_{ik} - x_{jk})^p \right)^{\frac{1}{p}}, \, p \text{ 为整数} \tag{5-30}$$

③ 曼哈顿距离(Manhattan distance),一般用 d_l 表示,计算公式如下。

$$d_l(x_i, x_j) = \sum_{k=1}^{m} \lfloor x_{ik} - x_{jk} \rfloor \tag{5-31}$$

其中,$\lfloor * \rfloor$ 表示是 $*$ 的绝对值。

④ 切比雪夫距离(Chebyshev distance),计算公式如下。

$$d(x_i, x_j) = \max_{1 \leq k \leq m} \lfloor x_{ik} - x_{jk} \rfloor \tag{5-32}$$

两个样本之间的相似程度就用两个样本之间的距离来表示。两个样本距离越近,相似程度越大,相反,距离越远,相似程度越小。这也符合实际生活中的准则,例如身高差距小的人,我们认为个子相似,可以按照身高聚在一起。

第二个问题,怎样聚？聚成几类？？

这就涉及具体的聚类方法。这里介绍 3 种聚类方法,包括 k 均值聚类、层次聚类和密度聚类。

1. k 均值聚类

k 均值聚类是一类将样本数据集聚成 k 个类的聚类方法,这就回答了"聚成几类"的问题。怎样聚？下面给出 k 均值聚类方法的总体思路、聚类过程举例,给出聚类算法。

k 均值聚类方法的总体思路是：首先在数据集 $D = \{x_1, x_2, \cdots, x_N\}$ 中随机选取 k 个点 $x_{i_1}, x_{i_2}, \cdots, x_{i_k} \in D$,将这 k 个点作为 k 个类的代表,每一个点代表一个类(簇),其他的点按照到这 k 个类标识点的距离划归到距离最小的类中。这就得到了对数据集 $D = \{x_1, x_2, \cdots, x_N\}$ 划分的 k 个类别,记为 $C_1, C_2, \cdots, C_k$。然后,重新计算每个类的平均值点,并用这个均值点作为类的代表,再计算 $D = \{x_1, x_2, \cdots, x_N\}$ 中每个点到各个类的均值点的距离,将 $D = \{x_1, x_2, \cdots, x_N\}$ 中每个点都划归到离其距离最小的类中,这样就更新了原来的 k 个类,形成了新的 k 个类 $C_1, C_2, \cdots, C_k$,如此继续下去,直到新的 k 个类与前一个生成的 k 个类没有变化时,完成聚类。

下面通过一个简单的例子说明 k 均值聚类方法的聚类过程。

假设有数据集 $D = \{x_1, x_2, \cdots, x_7\} = \{(2,10), (12,9), (3,2), (4,3), (1,9), (11,8), (7,2)\}$,二维空间中的点集如图 5-5 所示,采用欧氏距离 $d_2(x_i, x_j) = \left(\sum_{k=1}^{m} (x_{ik} - x_{jk})^2 \right)^{\frac{1}{2}}$ 计算距离,希望将这些数据集分成 3 个类($k=3$),记 3 个类分别为 C_1、C_2、C_3,聚类的目标就是给出 C_1、C_2、C_3。

我们希望得到的聚类结果如图 5-6 所示，x_1 与 x_5 是一类；x_2 与 x_6 是一类；x_3、x_4 与 x_7 是一类。那么，k 均值聚类方法是如何进行聚类的？

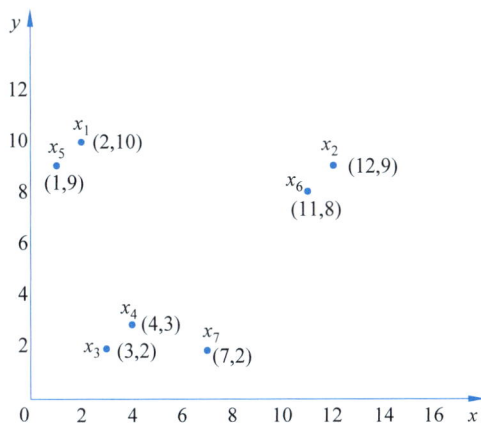

图 5-5　原数据坐标图

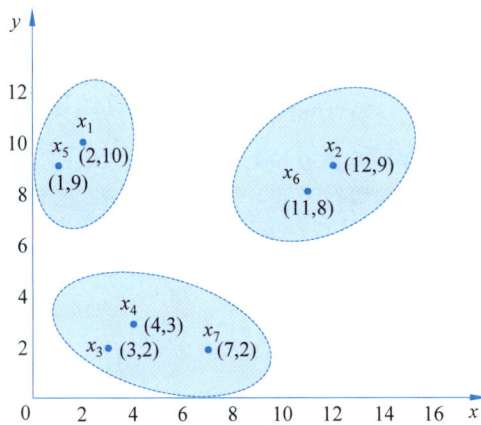

图 5-6　希望的分类结果

具体聚类过程如下。

首先，随机选择 3 个点，这可能是 7 个点中的任意 3 个点，假如选出的 3 个点是 x_3、x_4 和 x_7，并将这 3 个点作为 3 个类的代表，即 $x_3 \in C_1$、$x_4 \in C_2$、$x_7 \in C_3$，此时 C_1、C_2、C_3 中分别只含有一个点，暂且将这 3 个点看作是相应类别的均值点，分别计算数据集 D 中的点到点 x_3、x_4 和 x_7 的距离，计算结果如表 5-3 所示。

表 5-3　第一次计算数据集 D 中的点分别到点 C_1、C_2、C_3 的距离（小数点后保留 2 位）

均　值　点	x_1	x_2	x_3	x_4	x_5	x_6	x_7
$x_3 \in C_1 = \{x_3\}$	8.06	11.40	0.00	1.41	7.28	10.00	4.00
$x_4 \in C_2 = \{x_4\}$	7.28	10.00	1.41	0.00	6.71	8.60	3.16
$x_7 \in C_3 = \{x_7\}$	9.43	8.60	4.00	3.16	9.22	7.21	0.00

从距离的计算结果看，x_1 距离三个类别的距离最小的是 C_2，距离值是 7.28，故 $x_1 \in C_2$。同理，$x_2 \in C_3$、$x_3 \in C_1$、$x_4 \in C_2$、$x_5 \in C_2$、$x_6 \in C_3$、$x_7 \in C_3$，这样就有 $C_1 = \{x_3\}$、$C_2 = \{x_1, x_4, x_5\}$、$C_3 = \{x_2, x_6, x_7\}$，计算每一类的均值点的位置，C_1 只含有 x_3 一个点，其均值

点为 $averageC_1 = x_3$；C_2 的均值点为 $averageC_2 = (2.33, 7.33)$；$C_3$ 的均值点为 $averageC_3 = (10.00, 6.33)$，图中用符号"＊"标出，如图 5-7 所示。

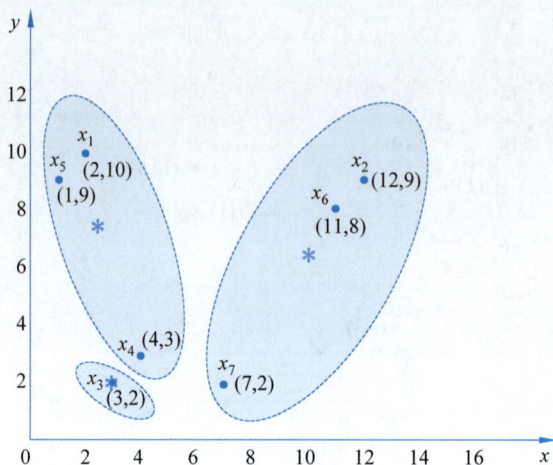

图 5-7　第一次聚类结果

根据新的 C_1、C_2、C_3 的均值点 $averageC_1$、$averageC_2$、$averageC_3$，分别计算数据集 D 中所有点到点 $averageC_1$、$averageC_2$、$averageC_3$ 的距离，计算结果如表 5-4 所示。

表 5-4　第二次计算数据集 D 中的点分别到 C_1、C_2、C_3 均值点的距离

均 值 点	x_1	x_2	x_3	x_4	x_5	x_6	x_7
$averageC_1$	8.06	11.40	0.00	1.41	7.28	10.00	4.00
$averageC_2$	2.69	9.81	5.37	4.64	2.13	8.69	7.09
$averageC_3$	8.80	3.33	8.23	6.86	9.39	1.94	5.27

同样根据距离的计算结果调整 3 个簇 C_1、C_2、C_3 的元素，得到 $C_1 = \{x_3, x_4, x_7\}$、$C_2 = \{x_1, x_5\}$、$C_3 = \{x_2, x_6,\}$，计算每一类的均值点的位置，3 个新的簇 C_1、C_2、C_3 的均值点为 $averageC_1 = (4.67, 2.33)$，$C_2$ 的均值点为 $averageC_2 = (1.50, 9.50)$，$C_3$ 的均值点为 $averageC_3 = (11.50, 8.50)$，图中用符号"＊"标出，如图 5-8 所示。

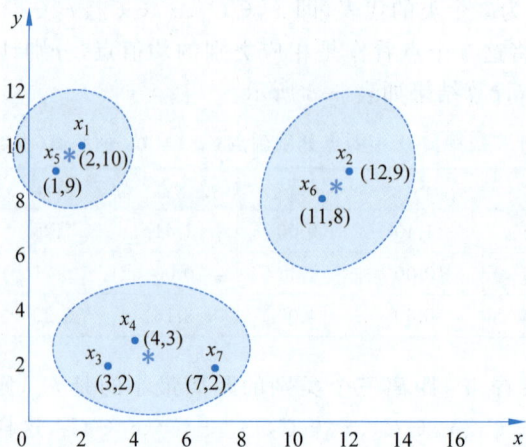

图 5-8　第二次聚类结果

再根据新的 C_1、C_2、C_3 的均值点 $averageC_1$、$averageC_2$、$averageC_3$ 分别计算数据集 D 中所有点到点 $averageC_1$、$averageC_2$、$averageC_3$ 的距离,计算结果如表 5-5 所示。

表 5-5　第三次计算数据集 D 中的点分别到 C_1、C_2、C_3 均值点的距离

均 值 点	x_1	x_2	x_3	x_4	x_5	x_6	x_7
$averageC_1$	8.12	9.91	1.70	0.94	7.61	8.50	2.36
$averageC_2$	0.71	10.51	7.65	6.96	0.71	9.62	9.30
$averageC_3$	9.62	0.71	10.70	9.30	10.51	0.71	7.91

同样,再根据距离的计算结果调整三个簇 C_1、C_2、C_3 的元素,得到 $C_1=\{x_3,x_4,x_7\}$、$C_2=\{x_1,x_5\}$、$C_3=\{x_2,x_6\}$,与上一轮的聚类结果相同,分类结果及之后各个簇的平均值均没有变化,聚类过程结束。

下面给出 k 均值聚类算法的描述。

算法名:k 均值聚类算法。

输入:数据集 $D=\{x_1,x_2,\cdots,x_N\}$、簇数 k。

输出:聚类结果 $C_1,C_2,\cdots,C_k$。

算法过程描述如下。

(1) 随机选取 k 个点 $x_{i_1},x_{i_2},\cdots,x_{i_k}\in D$。

(2) 设置所选取的点 $x_{i_1},x_{i_2},\cdots,x_{i_k}\in D$ 分别为 k 个簇 $C_1,C_2,\cdots,C_k$ 的均值点初始值,即 $averageC_1=x_{i_1}$,$averageC_2=x_{i_2}$,$\cdots$,$averageC_k=x_{i_k}$;

(3) 保留当前分类情况在 $C'_1,C'_2,\cdots,C'_K$ 中,即令 $C'_1=C_1,C'_2=C_2,\cdots,C'_K=C_k$。

(4) 计算 $D=\{x_1,x_2,\cdots,x_N\}$ 中每个点到各个簇 $C_1,C_2,\cdots,C_k$ 的均值点 $averageC_1$,$averageC_2,\cdots,averageC_k$ 的距离 $d_{i,j}$,$i=\{1,2,\cdots,N\}$,$j=\{1,2,\cdots,k\}$。

(5) 将 $D=\{x_1,x_2,\cdots,x_N\}$ 中每个点都划归到离其距离最小的类,即 $x_i\in C_j$,j 使得 $\min\limits_{1\leqslant j\leqslant k}d_{i,j}$。

(6) 计算各个簇的均值点,并更新 $averageC_1$,$averageC_2$,$\cdots$,$averageC_k$。

(7) 如果 $\{C'_1,C'_2,\cdots,C'_K\}\neq\{C_1,C_2,\cdots,C_k\}$,则返回步骤(3)。

(8) 输出 $C_1,C_2,\cdots,C_k$。

k 均值聚类算法思路简单,算法收敛速度快,算法的复杂度($O(Nk)$)较低,聚类结果具有可解释性。但是,k 均值聚类算法需要预先确定聚类结果的簇数 k,且在欧氏空间中默认各个维度同等重要,实际情况中各个维度的重要性往往不同。

2. 层次聚类

层次聚类是无监督学习中重要的聚类方法之一,针对具有层次结构特性的数据尤其适用。按照聚类形式,层次聚类方法又可以分为凝聚层次聚类和分裂层次聚类。凝聚层次聚类又叫自底向上方法,分裂层次聚类又叫自顶向下方法。这里重点探讨凝聚层次聚类,给出凝聚层次聚类的总体思路、聚类过程和聚类算法。

凝聚层次聚类的总体思路如下:开始时将数据集 $D=\{x_1,x_2,\cdots,x_N\}$ 每个样本对象都看作一个类,共有 N 个类,也就是说,数据集中有多少个对象就有多少个类。然后,将离得最近的两个类凝聚成一个新的类,此时数据集 D 有 $N-1$ 个类。之后,再将离得最近的两

个类凝聚成一个新的类,此时数据集 D 有 $N-2$ 个类,如此继续下去,直到最后凝聚成一个类。

如何定义类与类之间的距离?

我们知道,两个样本点之间可以定义距离,前面已经给出了距离的定义和几种常见的距离,那么类与类之间如何定义距离?

假设有数据集 $D=\{x_1,x_2,\cdots,x_7\}=\{(2,10),(12,9),(3,2),(2,3),(1,9),(11,8),(7,2)\}$,已经被分成 3 个类,分别为 C_1、C_2、C_3,即 $C_1=\{x_3,x_4,x_7\}$,$C_2=\{x_1,x_5\}$、$C_3=\{x_2,x_6,\}$,三个类 C_1、C_2、C_3 的均值点分别为: C_1 的均值点为 $averageC_1=(4,2.33)$; C_2 的均值点为 $averageC_2=(1.50,9.50)$; C_3 的均值点为 $averageC_3=(11.50,8.50)$,如图 5-9 所示,图中用符号"$*$"表示 3 个类的均值点。

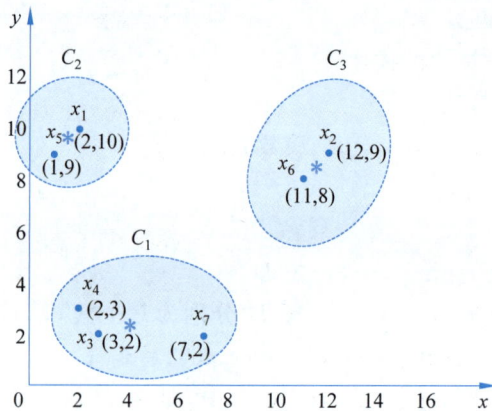

图 5-9 数据集 D 的分类情况图

下面考虑如何定义类之间的距离。

第一种定义类间距离的方法是中心距离法。最容易想到的就是,用各自类别的均值点距离来表示类之间的距离度量,这就是中心距离法。如图 5-10 所示,两个类 C_1、C_2 之间的距离就按 C_1 的均值点 $averageC_1$ 与 C_2 的均值点 $averageC_2$ 之间的距离计算,得到类 C_1 与类 C_2 之间的距离,如图 5-10 所示。

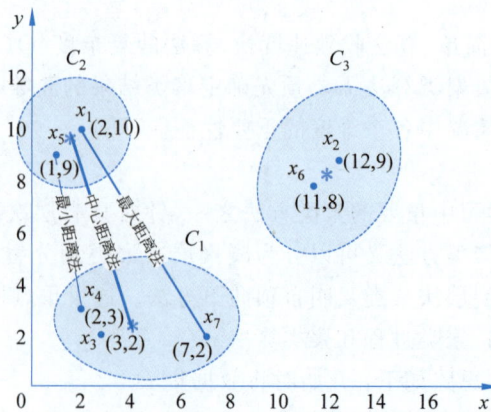

图 5-10 类 C_1 与类 C_2 之间三种距离示意图

第二种定义类间距离的方法是最小距离法。以两个类别中任意两个样本间距离的最小值作为两个类别之间的距离度量。如图 5-10 中两个类 C_1、C_2 之间的距离，就按 $C_1=\{x_3, x_4,x_7\}$ 中的每一个点与 $C_2=\{x_1,x_5\}$ 每一个点距离的最小值计算，这里最小值就是点 x_4 与 x_5 的距离值，得到类 C_1 与类 C_2 之间的距离。最小距离法是用类间最近元素的距离来定义类间的距离度量，即两个类别间用"要靠得近"来衡量距离，如图 5-10 所示。

第三种定义类间距离的方法是最大距离法。以两个类别中任意两个样本间距离的最大值作为两个类别之间的距离度量。如图 5-10 中两个类 C_1、C_2 之间的距离就按 $C_1=\{x_3, x_4,x_7\}$ 中每一个点与 $C_2=\{x_1,x_5\}$ 每一个点距离的最大值计算，这里最大值就是点 x_1 与 x_7 的距离值，得到类 C_1 与类 C_2 之间的距离。最大距离法是用类间最远元素的距离来定义类间的距离度量，即两个类别间用"要离得远"来衡量距离，如图 5-10 所示。

第四种定义类间距离的方法是平均距离法。以两个类别中任意两个样本间距离求和，之后再求平均值，用这个平均值作为两个类别之间的距离度量。如图 5-10 中两个类 C_1、C_2 之间的距离就按 $C_1=\{x_3,x_4,x_7\}$ 中的每一个点与 $C_2=\{x_1,x_5\}$ 每一个点距离的平均值作为类 C_1 与类 C_2 之间的距离。平均距离法考虑了类间所有元素之间的距离，并用其均值来定义类间的距离度量，应该说考虑全面，但运算效率低。

显然，用不同的类间距离定义，得到的距离是不同的。在实际应用中，要根据具体情况具体分析选择最适合的方法，既要考虑实际情况，又要考虑计算成本和性能指标。

下面通过一个简单的例子说明凝聚层次聚类方法的聚类过程。

设有数据集 $D=\{x_1,x_2,\cdots,x_6\}=\{(2,10),(12,9),(3,2),(4,3),(11,7),(7,2)\}$，如图 5-11 所示。

第一步：将数据集 D 中的每个元素都看作一个类别，数据集 D 有 6 个类，即 $C_1=\{x_1\}$、$C_2=\{x_2\}$、$C_3=\{x_3\}$、$C_4=\{x_4\}$、$C_5=\{x_5\}$、$C_6=\{x_6\}$，如图 5-12 所示。

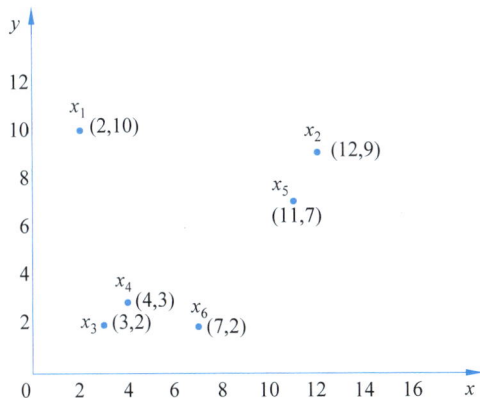

图 5-11 数据集 D 图

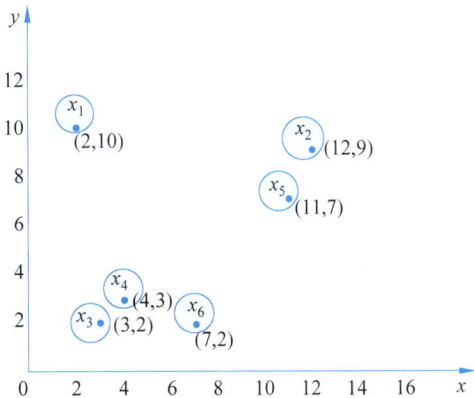

图 5-12 数据集 D 按元素分类情况示意图

第二步：计算 6 个类 $C_1=\{x_1\}$、$C_2=\{x_2\}$、$C_3=\{x_3\}$、$C_4=\{x_4\}$、$C_5=\{x_5\}$、$C_6=\{x_6\}$ 相互之间的距离。为简单起见，这里采用最小距离法计算。因为距离具有对称性，为清晰表示，各个类别之间的距离数据只给出了上三角数据，如表 5-6 所示。

表 5-6　类间的距离

	C_2	C_3	C_4	C_5	C_6
C_1	10.05	8.06	7.28	9.49	9.434
C_2		11.40	10.00	2.24	8.6023
C_3			1.41	9.43	4
C_4				8.06	3.1623
C_5					6.4031

第三步：合并最小距离的两个类，形成新的类。从表 5-6 中可以得到 C_3 与 C_4 的距离最小，合并其成为新的 $C_{34}=\{x_3,x_4\}$，这是第一次凝聚。当前数据集 D 中的类共有 5 个，即 $C_1=\{x_1\}$、$C_2=\{x_2\}$、$C_{34}=\{x_3,x_4\}$、$C_5=\{x_5\}$、$C_6=\{x_6\}$，如图 5-13 所示，单点类图中不再标识。

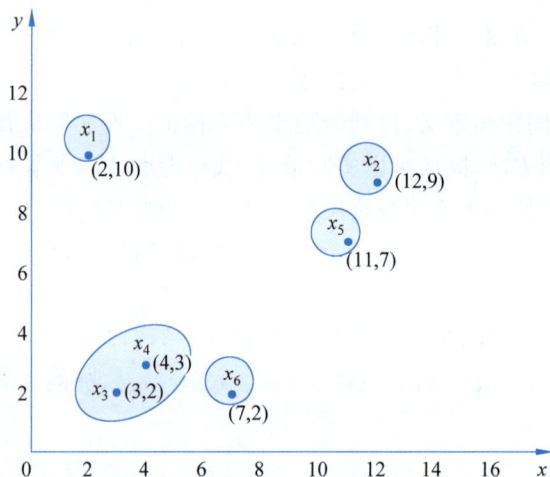

图 5-13　第一次凝聚

第四步：再计算 5 个类 $C_1=\{x_1\}$、$C_2=\{x_2\}$、$C_{34}=\{x_3,x_4\}$、$C_5=\{x_5\}$、$C_6=\{x_6\}$ 间的距离，各个类别之间的距离数据只给出了上三角数据，如表 5-7 所示，类间距离有变化的，表中重点标出了。表 5-7 与表 5-6 的变化主要体现在其他类与 C_{34} 类的距离发生的变化上，这里的 $C_{34}=\{x_3,x_4\}$ 包含两个元素，类间的距离是用其他类到这两个元素最近的距离作为度量的。

表 5-7　类间的距离

	C_2	C_{34}	C_5	C_6
C_1	10.05	7.28	9.49	9.434
C_2		10.00	2.24	8.6023
C_{34}			8.06	3.1623
C_5				6.4031

第五步：再合并 5 个类 $C_1=\{x_1\}$、$C_2=\{x_2\}$、$C_{34}=\{x_3,x_4\}$、$C_5=\{x_5\}$、$C_6=\{x_6\}$ 间最小距离的两个类 C_2 和 C_5，形成新的类 $C_{25}=\{x_2,x_5\}$。当前数据集 D 中的类共有 4 个，即 $C_1=\{x_1\}$、$C_{25}=\{x_2,x_5\}$、$C_{34}=\{x_3,x_4\}$、$C_6=\{x_6\}$，这是第二次凝聚，如图 5-14 所示。

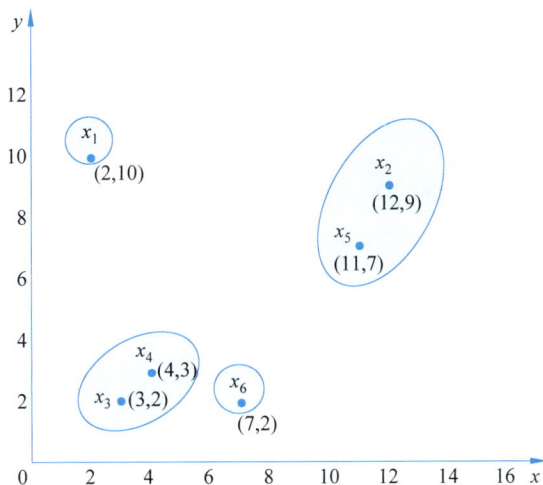

图 5-14　第二次凝聚

第六步：再计算数据集 D 中这四个类 $C_1=\{x_1\}$、$C_{25}=\{x_2,x_5\}$、$C_{34}=\{x_3,x_4\}$、$C_6=\{x_6\}$ 的类间距离，将最小距离的两个类合并形成新的类，即 C_{34} 和 C_6 合并成 $C_{346}=\{x_3,x_4,x_6\}$，当前数据集 D 中的类共有 3 个，即 $C_1=\{x_1\}$、$C_{346}=\{x_3,x_4,x_6\}$、$C_{25}=\{x_2,x_5\}$，这是第三次的凝聚结果，如图 5-15 所示。如此继续下去，第四次凝聚，得到 $C_1=\{x_1\}$、$C_{23456}=\{x_2,x_3,x_4,x_5,x_6\}$，如图 5-16 所示；第五次凝聚，得到 $C_{123456}=\{x_1,x_2,x_3,x_4,x_5,x_6\}$，如图 5-17 所示。这样就完成了全部聚类，最后形成了一个大类。

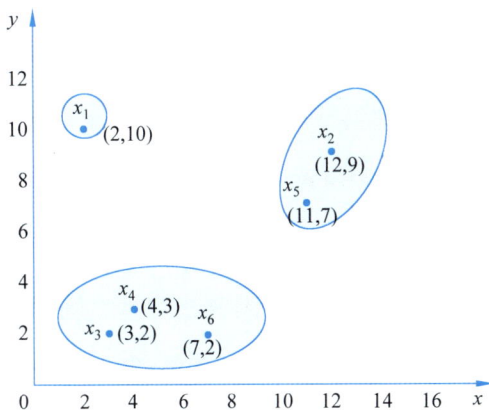

图 5-15　第三次凝聚图

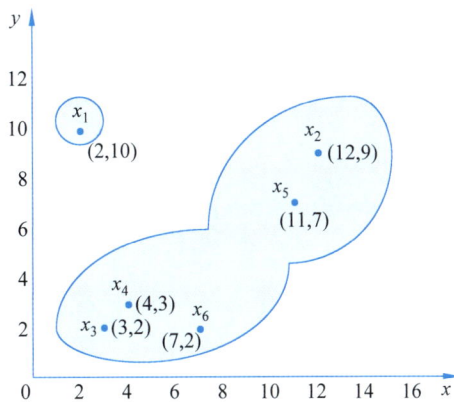

图 5-16　第四次凝聚图

为了更直观地表示上面的聚类过程，下面采用一个树状图表示这个聚类过程，如图 5-18 所示。

将图 5-18 调整一下，形成了图 5-19，显然这是一个"二叉树"。因此，可以用一个二叉树的数据结构来存储凝聚层次聚类的结果。

下面给出凝聚层次聚类的算法描述。

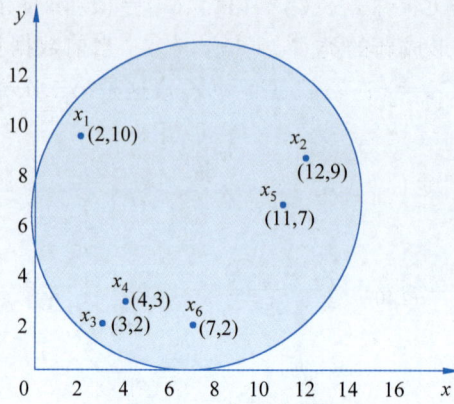

图 5-17　第五次凝聚

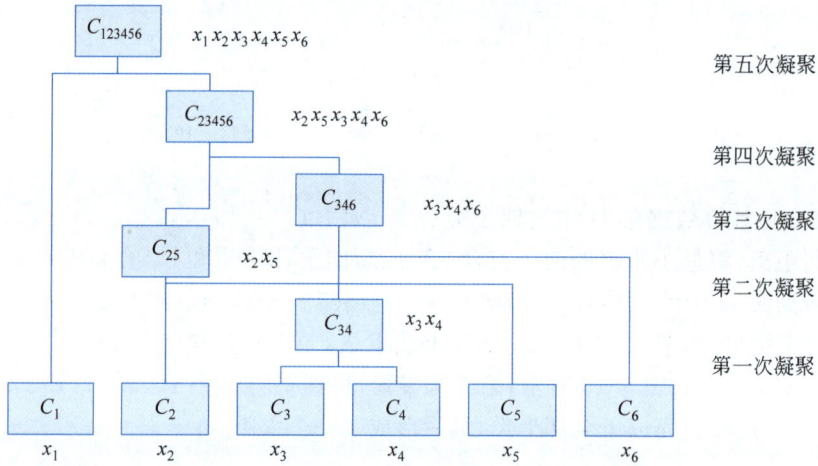

图 5-18　凝聚层次聚类的聚类过程示意图

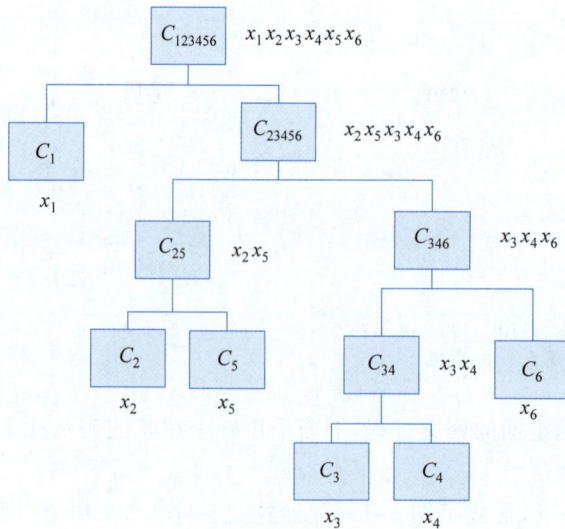

图 5-19　凝聚层次聚类过程示意图调整图

凝聚层次聚类的结果用一个图来表示,记为 G。聚类过程的主要操作是将两个距离最近的类合并成为一个新的类。因此,建图的过程也是建立叶子节点的过程,根据聚类过程再建立其对应的父节点,直至根节点。

算法名:凝聚层次聚类。

输入:数据集 $D = \{x_1, x_2, \cdots, x_N\}$。

输出:聚类结果树状聚类图 G。

算法过程描述如下。

(1) 初始化:将数据集 $D = \{x_1, x_2, \cdots, x_N\}$ 中的每个元素都看作一个类别,共有 N 个类,$C_1 = \{x_1\}$,$C_2 = \{x_2\}$,$\cdots$,$C_N = \{x_N\}$;建立 N 个指针类型节点 $h_1, h_2, \cdots, h_N$,节点数据域分别存放 $x_1, x_2, \cdots, x_N$,指针域由左右两个指针组成,初始设置为空指针。

(2) 计算类集合中各个类之间的距离。

(3) 选择最小距离的两个类 C_{i_1}、C_{i_2},合并形成新的类 $C_{i_1 i_2}$,建立一个新的指针类型的节点指向新类节点 $C_{i_1 i_2}$,新类节点的左右两个子树分别指向 C_{i_1}、C_{i_2}。

(4) 原类别集合除去 C_{i_1}、C_{i_2},加入新类元素 $C_{i_1 i_2}$,形成了新的类集合 $\{C_{j_1}, C_{j_2}, \cdots, C_{j_m}\}$。

(5) 如果新的类集合 $\{C_{j_1}, C_{j_2}, \cdots, C_{j_m}\}$ 中只含有一个元素,则设置这个节点为图 G 的根节点,输出图 G,结束聚类过程。

(6) 转步骤(2)。

注意:建立图 G 时,设置图中的指针节点时,建议将凝聚的次数也一并记录下来,这样当我们希望聚类的结果为 K 个类时,可以直接提取 $N - K$ 次凝聚的结果。例如,在图 5-20 中,假设 $K = 4$,在二叉树中无法准确确定是哪 4 个类,如果记录了凝聚次数,就可以准确确定 $K = 4$ 时,聚类结果是第 2 次的聚类结果,即 $C_1 = \{x_1\}$、$C_{25} = \{x_2, x_5\}$、$C_{34} = \{x_3, x_4\}$、$C_6 = \{x_6\}$。

凝聚层次聚类算法思路简单,易于理解,时间复杂度是 $O(N^2)$。凝聚层次聚类算法对类间距离或相似程度的定义较为依赖,不同定义得到的结果会有较大的差异,算法效率也会有很大的不同。

3. 密度聚类

通俗地说,密度聚类就是根据邻居来进行聚类的方法。密度聚类中最典型的就是 DBSCAN(density-based spatial clustering of applications with noise)方法,它既可以实现对不同形状的样本聚类,也可以同时消除噪声样本。DBSCAN 是基于密度的聚类方法中应用最广的经典聚类方法。

密度聚类首先涉及的就是一个样本 a 与另一个样本 b 之间在什么情况下是邻居。这需要有一个距离的范围,样本 a 与样本 b 之间的距离在这个范围内,就称它们是相邻的点,一般用半径为 r 的圆来表示其邻域。密度怎么来衡量?自然用邻域内样本的个数来度量。这样,在基于密度的聚类方法中有两个关键:一是一个样本的邻域用半径为 r 的圆来表示,二是密度用邻域内的样本个数来表示。当一个样本点的 r 邻域内达到或超过要求的最低样本个数(这里用 minPts 表示最低样本个数)时,这个样本就称为核心样本。一个数据集中核心样本的个数依赖于邻域半径 r 和最低样本个数 minPts。

设样本数据集如图 5-20 所示,邻域半径为 r、最低样本个数 minPts $= 3$,从图中可以看出核心样本集是$\{c,f,g,h\}$，因为它们的邻域内都含有 3 个以上的样本；其他样本集是$\{a,b,d,e,i,j\}$，它们半径为 r 的邻域内包含样本的个数都小于 3。样本 b、d、e 在其他核心样本邻域内，而样本 a、i、j 不在其他核心样本的邻域内。显然，如果定义最低样本个数 minPts＝2，邻域半径不变时，核心样本集就会发生变化，成为$\{b,c,f,g,h,e,d,i,j\}$。因此，在实际应用中，邻域半径 r 和最低样本个数 minPts 的变化会直接影响聚类的结果，这两个参数的选择至关重要，对聚类的结果和效果影响很大。

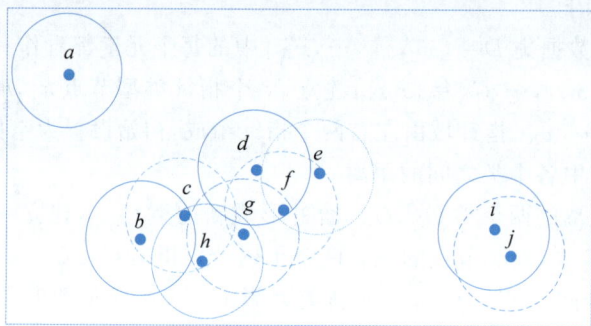

图 5-20　核心样本示意图

DBSCAN 方法的总体思路是：以核心样本为基础，核心样本邻域中的样本与核心样本属于一个类。如果一个核心样本在另一个核心样本邻域内，则将两个核心样本所在的类合并为一个类；如果一个核心样本不在任何其他核心样本的邻域内，则这个核心样本及其邻域内的样本就单独形成一个新类。

这里，非核心样本可能出现三种状况。第一，这个样本在某个核心样本的邻域内，此样本属于其对应核心样本所在的类，如图 5-20 中的 b、d、e 样本；第二，这个样本不在任何核心样本的邻域内，此样本在 DBSCAN 方法中定义为异常点，或称为噪声，如图 5-20 中的 a、i、j 样本；第三，这个样本在两个或两个以上核心样本的邻域内，如图 5-21 所示，邻域半径为 r、最低样本点的个数 minPts＝4。显然 a、b 是核心样本，q 邻域样本数 3 小于 4，它不是核心样本。从图中可以看出，q 既是 a 的邻域样本，也是 b 的邻域样本。在聚类和分类中，都要求一个元素不可以属于两个类，怎么办？在实际聚类过程中，要做相应的处理，可以为每个元素设置一个类别标志位（即可以用 0 表示没被分类，1 表示已被分类），来实现一个样本只属于一个类的要求。当然，也有其他处理方法，例如将这个样本归属于离它最近的核心样本等，这里不再赘述。

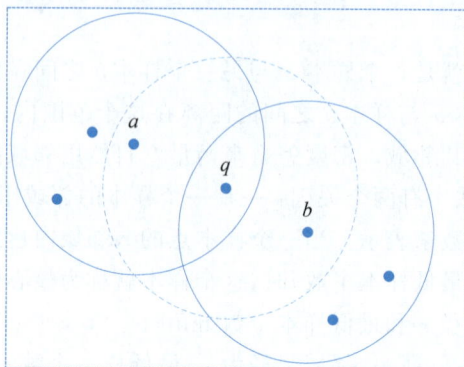

图 5-21　第三种非核心样本点情况示意图

下面通过一个简单的例子说明基于密度的聚类方法——DBSCAN 聚类过程。

设有样本集 $D=\{a,b,c,d,e,f,g,h,i,j,q\}$，邻域半径 r，minPts$=4$，如图 5-22 所示。

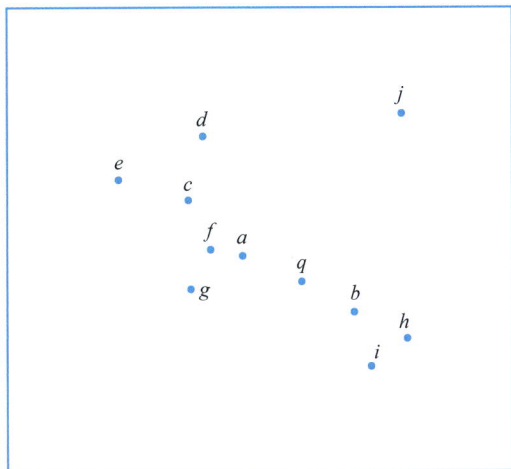

图 5-22　样本集 D

第一步：求出核心样本集 H。将样本集 $D=\{a,b,c,d,e,f,g,h,i,j,q\}$ 中 r 邻域内样本的个数大于或等于 minPts$=4$ 的样本加入核心样本集 H，得到 $H=\{a,b,c,f\}$，如图 5-23 所示，实线圆对应的中心样本是核心样本，用符号"$*$"表示。

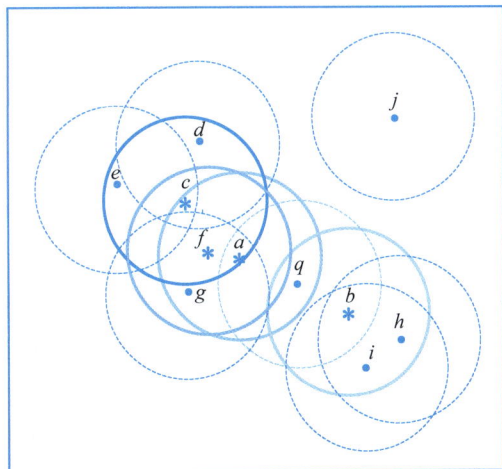

图 5-23　各个样本点的 r 邻域示意图

第二步：取出核心样本集中的一个样本 a。

第三步：将核心样本 a 及其邻域中的点聚合成 C_1 类，$C_1=\{a,c,f,g,q\}$，标记核心样本 a 已被处理，非核心样本 g、q 标记为已分类；将 a 从核心样本集 H 中去除，此时 $H=\{b,c,f\}$，类 C_1 分类情况如图 5-24 所示。

第三步：选取 $C_1=\{a,c,f,g,q\}$ 中未被处理的核心样本 c，c 邻域中含有 a、c、d、e、f 样本，其中非核心样本 d、e 未被标识已分类，加入类 C_1；核心样本 a、c、f 已在 C_1 中。此时 $C_1=\{a,c,d,e,f,g,q\}$，标记核心样本 c 已被处理，非核心样本 d、e 标记为已分类；将 c 从

核心样本集 H 中去除，此时 $H=\{b,f\}$，此时类 C_1 的分类情况如图 5-25 所示。

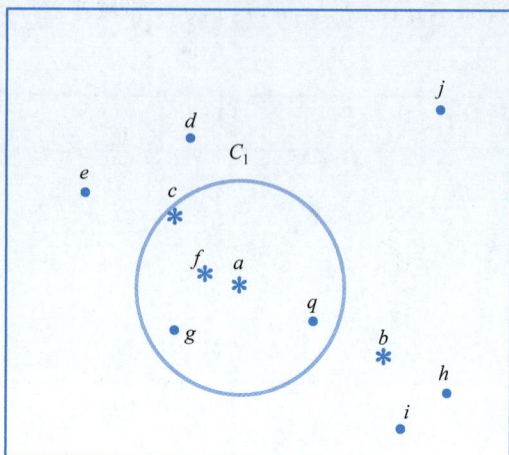

图 5-24　第一次聚类情况

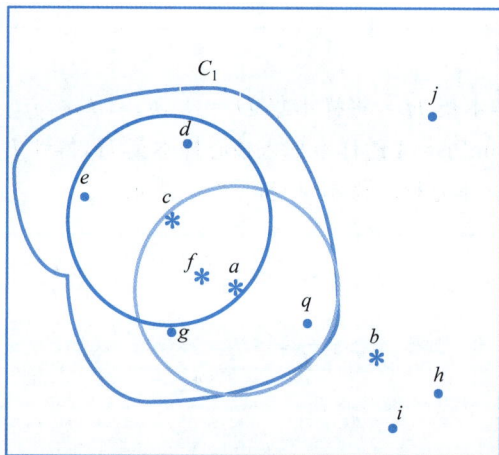

图 5-25　第二次聚类情况

第四步：选取此时 $C_1=\{a,c,d,e,f,g,q\}$ 中未被处理的核心样本 f，其邻域内的样本包括 a、c、f、g，非核心样本 g 已标记为分类，标识核心样本 a、c 已被处理，类 $C_1=\{a,c,d,e,f,g,q\}$ 不发生变化，将 f 从核心样本集 H 中去除，此时 $H=\{b\}$。

第五步：此时 $C_1=\{a,c,d,e,f,g,q\}$ 中没有未被处理的核心样本，类 $C_1=\{a,c,d,e,f,g,q\}$ 聚类结束。

第六步：选取样本集 $H=\{b\}$ 中的核心样本 b，其邻域内的样本包括 b、h、i、q。在非核心样本 h、i、q 中，q 标记为已分类，则将其余的样本聚成一个新的类 $C_2=\{b,h,i\}$，标记核心样本 b 已被处理，标记非核心样本 h、i 已分类，将核心样本 b 从核心样本集 H 中去除，此时 $H=\varnothing$，此时的分类情况如图 5-26 所示。

第七步：如果类 $C_2=\{b,h,i\}$ 中没有未被处理的核心样本，并且核心样本集 $H=\varnothing$，则聚类结束。

第八步：输出聚类结果 $C_1=\{a,c,d,e,f,g,q\}$、$C_2=\{b,h,i\}$。

在聚类过程可以看到，核心样本是聚类的基础，没有在任何核心样本邻域的样本不会聚

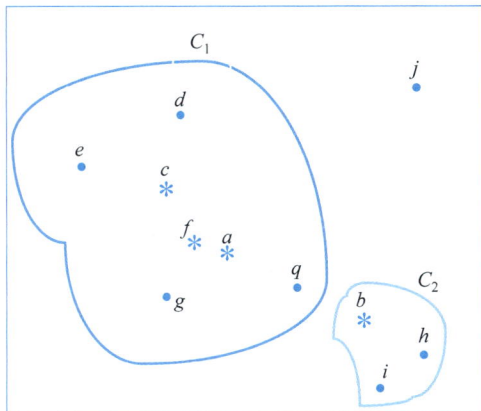

图 5-26　第三次聚类情况

到任何一类,如样本 j,这样的样本一般被看作噪声,也可以认为是孤立点。

下面给出基于密度的聚类——DBSCAN 的算法描述。

算法中用到的符号如下:样本数据集表示为 $D=\{x_1,x_2,\cdots,x_N\}$,用 $q_1,q_2,\cdots,q_N \in \{0,1\}$ 表示样本分类标识,邻域半径表示为 r,最低样本个数表示为 minPts;聚类结果表示为 $C_1,C_2,\cdots,C_k$,其中 k 是聚成的类的个数;核心样本集表示为 $H=\{h_1,h_2,\cdots,h_m\}$,其对应的处理标记表示为 $p_1,p_2,\cdots,p_m \in \{0,1\}$,核心样本对应的邻域样本集表示为 $L_1,L_2,\cdots,L_m$。为方便,这里用类 C 程序语言描述。

算法名:DBSCAN 聚类算法。

输入:样本数据集 $D=\{x_1,x_2,\cdots,x_N\}$,邻域半径 r,最低样本个数为 minPts。

输出:聚类结果 $C_1,C_2,\cdots,C_k$,其中 k 是聚成的类的个数。

算法过程描述如下。

{

(1) 求取数据集 $D=\{x_1,x_2,\cdots,x_N\}$ 的核心样本集 $H=\{h_1,h_2,\cdots,h_m\}$ 及核心样本的邻域样本集 $L_1,L_2,\cdots,L_m$。

(2) 初始化:$p_1=p_2=\cdots=p_m=0$;$q_1=q_2=\cdots=q_N=0$;$i=0$。

(3) 如果 $H=\varnothing$,则输出聚类结果 $C_1,C_2,\cdots,C_k$,程序结束。

(4) 如果 $H\neq\varnothing$,则取 $h_j \in H$,$j \in \{1,2,\cdots,m\}$,对应的邻域样本集合为 L_j。

(5) $h'=h_j$;$L'=L_j$;$v=j$。

(6) $i=i+1$;$C_i=\varnothing$。

(7) 处理 L' 邻域中的样本

　　{

　　　如果 L' 中对应的非核心样本中有已分类的样本,即对应的 $q_s=1$,则对应样本从 L' 中去除,
　　　　即 $L'=L'-\{$已分类非核心样本$\}$;

　　　$C_i=C_i \bigcup L'$;

　　　标记 L' 中非核心样本的分类标志为已分类,即对应的 $q_t=1$

　　}

(8) $H=H-\{h_v\}$。

(9) $p_v=1$。

(10) 如果 C_i 有未被处理的核心样本点,则选择一个核心样本,并将其赋给 h'、邻域样本集赋给 L',

　　核心样本的标号赋给 v；

（11）转步骤(7)。

（12）如果 C_i 没有未被处理的核心样本点，则转步骤(3)。

}

　　注：算法中用到的"="表示的是赋值符号，即将"="右侧的值赋给左侧的变量。下面算法描述中的"="表示相同。

　　从算法描述中，可以看到算法的主要时空消耗是在步骤"(1) 核心样本集及其邻域样本集"中，下面给出求核心样本集及其邻域样本集的函数描述。为方便，这里用类 C 程序语言描述。

函数名：HXYBJ_LYYBJ　　　　　　　　　%求取核心样本集及其邻域样本集的函数

函数参数：样本数据集 $D=\{x_1,x_2,\cdots,x_N\}$，邻域半径 r，最低样本个数 minPts。

函数返回值：核心样本集 H 及其 r 邻域样本集 $L_1,L_2,\cdots,L_m$。

过程描述

{

　$H=\varnothing$；$Lx_1=Lx_2=\cdots=Lx_N=\varnothing$；$Lx_1YS=Lx_2YS=\cdots=Lx_NYS=1$；

　　　　　　　　　　　　　　　　　%初始化

　For $i=1$ to $N-1$ do　　　　　　　%循环计算样本间的距离及其邻域样本数

　{

　　For $j=i+1$ to N do

　　{

　　　计算样本 x_i 与 x_j 的距离 $d(i,j)$；　%计算样本间的距离

　　　如果 $d(i,j)\leqslant r$，则　　　　　　%计算样本邻域样本及其个数

　　　{

　　　　$Lx_iYS=Lx_iYS+1$；

　　　　$Lx_i=Lx_i\bigcup\{x_j\}$；

　　　　$Lx_jYS=Lx_jYS+1$；

　　　　$Lx_j=Lx_j\bigcup\{x_i\}$；

　　　}

　　}

　}

　$j=0$；

　For $i=1$ to N do　　　　　　　　　%求取核心样本集 H 及其邻域样本集 L_1,%$L_2,\cdots,L_m$

　{

　　如果 $Lx_iYS\geqslant minPts$，则

　　{

　　　$h_j=x_i$；$L_j=Lx_i$；$j=j+1$；

　　　$H=H\bigcup\{h_j\}$；

　　}

　}

　返回 H 和对应样本的邻域集 $L_1,L_2,\cdots,L_m$　　%返回结果

}

　　基于密度的聚类方法是通过核心样本来进行聚类的，核心样本实际上是其周围的样本

密度达到要求时的样本。因此,基于密度的聚类 DBSCAN 算法是按照数据分布密度的聚类方法。它既可以实现不同"形状"的聚类,也可以将密度没有达到要求的一些样本去掉,用这个方法消除噪声。当然,也可以反向应用密度聚类方法发现一些孤立点样本,实现特殊样本事件的检测和预测。

基于密度的聚类方法的距离结果直接依赖于邻域半径 r 和最低样本个数 minPts 两个参数,而这两个参数是人为给定的,具有主观性,在实际应用中需要根据经验设定,增加了算法的不确定性和局限性。

第三个问题,怎样衡量聚类的效果?

在聚类时,用不同的聚类方法会有不同的聚类结果,就是用同一个聚类方法,不同的参数设置也可能有不同的聚类结果,那么如何衡量聚类的效果呢?

聚类要达到"同类样本之间要具有高相似程度,不同类样本之间的相似程度低"的要求。也可以表述为"同类样本之间距离近,不同类样本之间的距离远"。怎样衡量这个要求?下面给出两个聚类的性能指标:内聚和分离。

聚类的内聚是衡量每个聚类的类内样本之间距离的度量,是聚类的类内所有样本彼此相似的形式化表示,即类内同质化的度量。基于距离的各种聚类方法可以有多种内聚的度量方式,例如可以用最大距离、平均距离、中心的最大平均距离等。这里给出基于中心点的聚类类内误差平方和定义的内聚,用 WSS 表示,即

$$\mathrm{WSS} = \sum_{k=1}^{N} \sum_{m_i \in C,} \sum_{x_j \in C_i} (c_i - x_j)^2$$

其中,聚类结果为 $C = \{C_1, C_2, \cdots, C_N\}$,$N$ 为类的个数,c_i 为聚类的各个类 C_i 的质心,x_j 为样本。

这里 WSS 的值越小,说明类内样本与样本之间的距离越小,类内聚合度越密。

聚类的分离是衡量一个类与其他类的区别程度或称为分离程度的度量,类与类之间距离的定义有许多种,例如凝聚层次聚类方法中有多种关于类与类之间的距离定义,聚类的分离的定义也可以基于这些类间距离定义给出。例如,可以用各个类的中心点的距离之和来表示聚类的分离 SCCP,即

$$\mathrm{SCCP} = \sum_{i=1}^{N-1} \sum_{j=i+1}^{N} d(c_i, c_j)$$

其中,聚类结果为 $C = \{C_1, C_2, \cdots, C_N\}$,$N$ 为类的个数,c_i 为聚类的各个类 C_i 的质心。

当数据集不变时,对于不同的聚类方法,如果给出的聚类 SCCP 值越大,则对应聚类的各个类之间差别越大,类与类之间越稀疏。

5.5 本章小结

本章简单介绍了机器学习的基本概念,针对机器学习方法给出了几种典型的方法,包括线性模型方法和几种聚类方法。机器学习涵盖的领域很广泛,例如神经网络与深度学习即可以看作是人工智能的一个研究方向,也可以看作是机器学习的一个研究方向,神经网络与深度学习在第 7 章介绍。机器学习的研究与应用越来越广泛,新技术新方法也层出不穷,读者在学习和使用过程中要学会"选择"。

人
工
智
能
基
础
及
应
用
（
微
课
视
频
版
）

习题 5

1. 简述一下，你理解的监督学习和无监督学习是什么样的学习方法，请举例说明。

2. 已知一组包含 x 和 y 的二维数据，如表 5-8 所示。

表 5-8 包含 x 和 y 的数据集

x	1	3	4	5	6
y	5	4.5	3	2	2.5

用线性回归方法计算 $y = \alpha + \beta x$ 中的参数 α 和 β。

3. 请用 k 均值聚类方法将表 5-9 中的数据聚类，$k = 3$，完成算法设计，并用程序实现。

表 5-9 数据集

x	9	2	3	7	3	5	1	6	4	5	3	4	2	6	8
y	5	6	2	4	8	7	5	6	8	1	6	1	4	3	9

4. 下面给出了一组数据（表 5-10）和对应的图像（图 5-27），请仔细观察下列数据的图像，分别用凝聚层次聚类方法、密度聚类方法和 k 均值聚类方法完成聚成 2 类、4 类时的聚类情况。同时，完成各种聚类方法的时空分析和聚类效果分析。

表 5-10 数据表

序号	x	y	序号	x	y	序号	x	y
1	−1.3	0.9501	21	0.45	0.0579	41	−0.85	3.4925
2	−1.2125	0.2311	22	0.5375	0.3529	42	−0.675	3.715
3	−1.125	0.6068	23	0.625	0.8132	43	−0.5	3.8798
4	−1.0375	0.486	24	0.7125	0.0099	44	−0.325	3.7205
5	−0.95	0.8913	25	0.8	0.1389	45	−0.15	3.1725
6	−0.8625	0.7621	26	0.8875	0.2028	46	0.025	3.4056
7	−0.775	0.4565	27	0.975	0.1987	47	0.2	3.9288
8	−0.6875	0.0185	28	1.0625	0.6038	48	0.375	3.8934
9	−0.6	0.8214	29	1.15	0.2722	49	0.55	3.3595
10	−0.5125	0.4447	30	1.2375	0.1988	50	0.725	3.8047
11	−0.425	0.6154	31	−2.6	2.4468	51	0.9	2.9197
12	−0.3375	0.7919	32	−2.425	1.9973	52	1.075	3.1537
13	−0.25	0.9218	33	−2.25	2.5911	53	1.25	3.5404
14	−0.1625	0.7382	34	−2.075	2.6527	54	1.425	2.6499
15	−0.075	0.1763	35	−1.9	3.2129	55	1.6	2.6766
16	0.0125	0.4057	36	−1.725	3.2166	56	1.775	2.6213
17	0.1	0.9355	37	−1.55	3.0251	57	1.95	2.4785
18	0.1875	0.9169	38	−1.375	2.6848	58	2.125	2.7214
19	0.275	0.4103	39	−1.2	3.5709	59	2.3	2.1983
20	0.3625	0.8936	40	−1.025	3.2642	60	2.475	1.8942

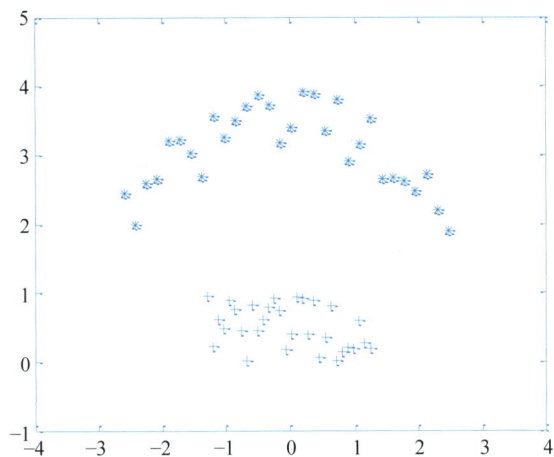

图 5-27　表 5-10 数据对应的图像

5．请查阅聚类应用方面的文献资料，学习研究一种新的聚类方法或经典聚类的改进方法。

第 6 章

知 识 图 谱

本章学习目标：

- 了解知识图谱的价值、应用、未来的发展趋势以及挑战。
- 理解核心概念和它们之间的相互关系。
- 掌握知识图谱的搭建方法和技术。
- 操作实践：通过结合相关技术以及现实场景搭建相应的知识图谱。

知识图谱（knowledge graph，KG）是人工智能技术中的重要组成部分，是一种结构化的、语义化的知识表示方式，能够帮助计算机理解和处理人类语言。本章首先介绍知识图谱的基础概念和发展历程，再次介绍知识图谱的相关技术要素，最后介绍目前代表性的知识图谱以及知识图谱的未来发展趋势及挑战。

6.1 知识图谱概述

在互联网时代，万物互联成为可能。网络数据的爆炸式增长给人们带来了巨大挑战，也成为分析关系的有效原材料。如果说过去的智能分析专注的是每个个体，那么在移动互联网时代，这种个体之间的关系也必然成为我们需要深入分析的重要的一部分。知识图谱因强大的信息处理能力，而适用于关系分析的工作。凭借其强大的语义处理和快速分析能力，知识图谱已成为互联网用户信任的智能搜索工具，可以快速准确地访问信息资源。特别是随着人工智能的发展与应用，知识图谱已成为一个关键技术，被广泛应用于智能问答、大数据分析、个性化推荐等领域。知识图谱已与深度学习一起成为推动人工智能发展的主要驱动力之一。

6.1.1 什么是知识图谱

知识图谱作为一种智能高效的知识组织方式，近年来发展迅速，能够帮助用户快速准确地检索所需信息。尽管产业界对其内涵有了基本共识，但目前尚没有一个公认的定义。

知识图谱由谷歌公司在 2012 年提出，但发布时谷歌公司并没有对这一概念做出清晰的定义。维基百科称，知识图谱是帮助谷歌公司从语义角度组织互联网数据的知识库。也就是说，知识图谱是一种语义知识的形式化描述结构，它使用节点表示语义符号，使用边表示符号之间的语义关系。

百度把知识图谱定义为一个现代理论。它采用了数学、计算机图形学、信息可视化技术、信息科学等的理论和方法，并结合共存分析以及计量学引文分析，利用可视化图谱的形式展示了学科的基本结构、发展历史等。

华东理工大学王昊奋教授认为，"知识图谱用于描述现实世界中存在的实体或概念。每个实体或概念都用一个全局唯一的 ID 来标识，称为标识符。属性-值对（attribute-valuePair，AVP）用于表示实体的固有属性，关系用于连接两个实体，表示它们之间的关联。"而电子科技大学的刘峤等认为"知识图谱是以符号形式描述物理世界中概念和相互关系的语义知识库"。

综上所述，我们可以总结出，知识图谱是由实体、关系和语义描述组成的事实的结构化表示。实体可以是现实世界中的对象和抽象概念，关系表示实体之间的关系，这种关系包括具有明确含义的类型和属性。

6.1.2　知识图谱的发展历程

知识图谱是 Google 为了支撑语义搜索而正式提出的。知识图谱发展至今，是历史上很多相关技术相互影响和集成发展的结果，包括语义网络、知识表示、本体论、Semantic Web、自然语言处理等，有着来自 Web、人工智能和自然语言处理等多方面的技术基因。表 6-1 展示了知识图谱的发展历程。

表 6-1　知识图谱的发展历程

年份	发 展 历 程
1960	语义网络作为知识表示的一种方法被提出，主要用于自然语言理解领域
1980	哲学概念"本体"被引入人工智能领域，用来刻画知识
1989	Tim Berners-Lee 在欧洲高能物理研究中心发明了万维网
1998	Tim Berners-Lee 提出了语义互联网的概念
2006	Tim Berners-Lee 定义了在互联网上连接数据的四条原则
2012	谷歌公司发布了其基于知识图谱的搜索引擎产品

知识图谱被看作下一代人工智能技术的基础设施之一，促进了包括语义网、自然语言处理以及数据库等技术的发展。紧随着谷歌的步伐，国内的搜索引擎公司也纷纷构建了自己的知识图谱，它们主要都是基于百度百科和维基百科的结构化信息构建起来的。如上海交通大学的 Zhishi.me、清华大学的 XLore、复旦大学的 CN-pedia，以及由国内多所高校发起 cnSchema.org 项目等。

6.1.3　知识图谱的价值

知识图谱可应用于智能问答、自然语言理解、推荐等方面。知识图谱的价值，归根结底是为了让人工智能变得更智慧。知识图谱的价值可以总结为以下几方面。

① 机器认知能力的核心是"理解"和"解释"，知识图谱可以促进机器的认知。

② 知识图谱可以引入大规模、语义丰富、结构友好和高质量的背景知识。

③ 知识图谱带来更强的解释性，更像人类一样利用概念、属性、关系去解释现象和事实。

④ 知识图谱可以起到增强作用,包括数据增强、语义增强等,引入外部知识库可以提升模型的综合性能。

⑤ 知识图谱在包括智能搜索、问答系统、推荐系统等工业领域内有巨大的应用价值。

6.2　知识图谱的表示与建模

6.2.1　知识图谱的表示方法

知识表示是指将知识以某种形式表示出来,使计算机能够理解和处理这些知识。麻省理工学院人工智能实验室的兰德尔·戴维斯(Randall Davis)教授等于 1993 年在 *AI Magazine*(《人工智能杂志》)上发表了极具影响的文章 *What is a Knowledge Representation*? 该文章指出,知识表示的五大用途或特点如下。

① 客观事物的机器标识:即定义客观实体的机器指代或指一组本体约定和概念模型。

② 支持推理的表示基础:即提供机器推理的模型与方法,支持推理。

③ 用于高效计算的数据结构:即作为一种用于高效计算的数据结构。

④ 人可理解的机器语言:即接近人的认知,是人可以理解的机器语言。

⑤ 知识库构建和知识表示更加得到重视,传统的专家系统通常包含知识库和推理引擎两个核心模块,为了解决缺少严格的语义理论模型和形式化的语义定义的问题,人们开始研究具有较好理论模型基础和算法复杂度的知识表示框架。

知识图谱的知识表示是将实际世界中的实体、概念及其相互关系结构化地表达出来,便于计算机理解、存储、处理和推理。这种表示形式不仅关注知识的存储,还强调如何有效地进行推理和查询,以便能在复杂应用中提供价值。知识图谱通过节点和边来表示实体及其关系,具体构成包括:

① 节点(实体/概念):节点通常代表一个实体或概念,实体可以是"人""地点""事物"等,概念可能是"动物""车辆""疾病"等。

② 边(关系):边表示节点之间的关系或属性。例如,"比尔·盖茨是微软的创始人",其中"比尔·盖茨"和"微软"是节点,"创始人"是边的类型,表示这两个实体之间的关系。

知识图谱可以看作是一个图,节点代表实体,边代表它们之间的关系,图的结构可以自然地支持推理和查询。基于知识图谱的知识表示主要包括三元组表示、图结构表示、属性-值表示、嵌入表示、本体表示、规则表示等。

1. 三元组表示

三元组是知识图谱中最常用的表示方式,通常用来表示直接的事实或显式的关系,适合存储大量的结构化知识。每个三元组包括三部分:主体、谓词和宾语。主体代表一个实体,谓词表示主体与宾语之间的关系,宾语可以是另一个实体或属性值。

例如:用三元组 (Bill Gates,founded,Microsoft),表示"比尔·盖茨是微软的创始人"。

三元组是一种简洁的知识表示方式,易于理解和实现。其结构便于图数据库和查询引擎高效处理,支持 SPARQL 等查询语言。因此具有简单通用、便于查询和推理的优点。

2. 图结构表示

知识图谱通常通过图的形式表示,其中节点代表实体(如人、地点、事物等),边代表实体之间的关系(如"属于""位于"等)。这种表示方法直观且适合于表达复杂的实体关系。图结构允许描述复杂的、互联的知识,如图 6-1 所示。

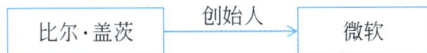

图 6-1 图结构示例

实体:表示知识图谱中的个体,如"比尔·盖茨""微软"。

关系:表示实体之间的关系,如"创始人"等。

图结构使得知识图谱具备了直观且有组织的表示方式,实体之间的关系通过边连接,可以清晰地显示实体与实体之间的相互关系。

3. 属性-值表示

在知识图谱中,实体除了通过关系与其他实体连接外,还可能有多个属性及其对应的值。这种表示方法强调对实体的详细描述。属性-值对常用于描述实体的静态特征或具体信息。

例如:比尔·盖茨的属性-值可以是:

出生日期:1955 年 10 月 28 日。

国籍:美国。

职业:企业家、慈善家。

属性-值的知识图谱表示方法适合描述实体的多种属性,尤其对于具体的实体(如人、地点、组织等)非常有效,并且随着数据的增加,可以不断为实体添加新的属性信息。

4. 嵌入表示

随着深度学习和自然语言处理技术的发展,嵌入表示(embeddings)被广泛应用于知识图谱中。嵌入表示是将实体和关系转换为低维向量的方式,以便在向量空间中进行存储和运算。适用于需要大规模知识图谱、快速推理和关系预测的任务,特别是在推荐系统和信息检索中具有显著优势。在嵌入表示的方法中,可以通过向量空间的计算捕捉到实体间的潜在语义关系。

5. 本体表示

本体是一种形式化的知识表示方式,它通过定义类别(类)、属性和关系来构建一个完整的知识体系。它提供了一种高层次的语义框架,使得不同的知识来源可以共享相同的理解。其中类用于表示知识图谱中的类别或类型(如"人""公司""地点");属性用于描述类之间或类与实体之间的关系(如"拥有""位于");个体用于表示具体的实例(如"比尔·盖茨""微软")。

本体表示方法可以为领域提供一个严格定义的语义结构,支持深度推理和复杂查询,同时支持知识跨不同领域和系统共享与重用。它在人工智能、语义网、知识共享等领域有广泛应用,尤其在需要严格语义约束和推理的场景中,诸如医疗、法律、金融等领域。

6. 规则表示

知识图谱中的规则表示是指通过逻辑规则来描述实体及其关系,其主要应用于推荐引擎、专家系统以及推荐系统等。规则可以基于某些前提推导出新的事实或知识。前提是规则的条件部分,表示如果某些条件成立。结论是规则的结果部分,表示在条件成立时推导出的结论。

例如:IF 该人 是 企业家 AND 该人 拥有 公司 THEN 该人 是 创始人。

规则表示能够处理复杂的推理任务，尤其适用于基于知识图谱进行复杂决策的系统。

6.2.2 知识建模

知识建模是指将现实世界中的事物和概念转化成计算机可理解的形式，以便于计算机进行推理和决策。知识建模是知识的逻辑体系化过程，是指采用什么样的方式来表达知识，关键在于构建一个本体对目标知识进行描述。知识建模的目标是创建一个结构化的知识表示，以支持信息管理、知识发现、决策支持等应用。知识建模通常采用两种方式，即自顶向下建模和自底向上建模。

1. 自顶向下（top-down）知识建模

首先为知识图谱定义数据模式，数据模式从最顶端概念构建，逐步向下细化为更具体和更详细的层次。流程如图 6-2(a)所示。

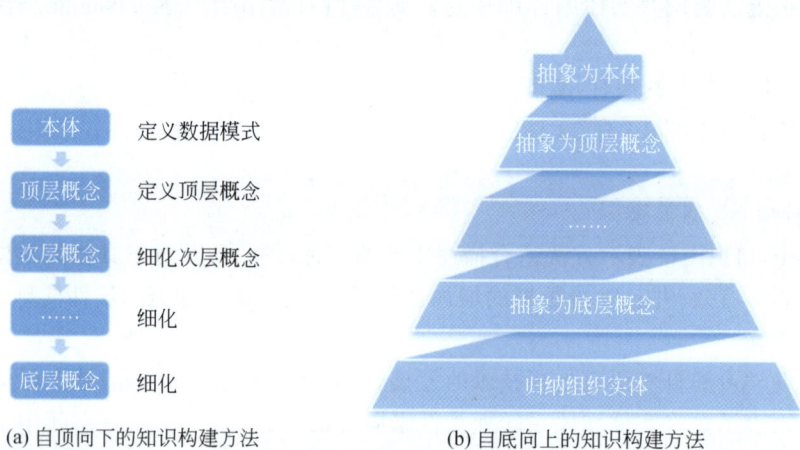

(a) 自顶向下的知识构建方法　　　(b) 自底向上的知识构建方法

图 6-2　知识构建方法

这通常涉及以下步骤。

① 需求分析：识别并理解问题领域的需求，明确知识建模的目标和范围。

② 概念定义：定义问题领域的核心概念和关系，形成高层次的抽象模型。

③ 本体设计：创建一个本体，其中包含领域的概念、属性和关系，以及它们之间的层次结构。

④ 详细建模：在本体的基础上逐步添加更具体的实体、属性和关系，形成一个详细的知识模型。

⑤ 验证和调整：验证知识模型是否符合需求，进行必要的调整和优化。

下面是一个典型的自顶向下的知识建模实例——医疗诊断系统的构建。

目标：构建一个医疗诊断系统，帮助医生根据症状和检查结果给出可能的疾病诊断。

（1）最高层次（需求分析）——定义诊断目标和范围。

在顶层定义系统的总体目标和范围。对于医疗诊断系统，目标是根据病人的症状、体征和检查结果来推断出可能的疾病。

① 目标：通过症状和体征推测疾病，提供诊断建议。

② 范围：本系统主要用于初步诊断，帮助医生制订治疗计划。

（2）第二层（概念定义）——确定主要的诊断类别和领域知识。

在这一层次，将疾病诊断任务划分为几个主要类别，构建大致的领域框架。这些类别是根据医学常识和临床经验提取的，如常见的疾病类别、症状类型等。

① 疾病类别：如呼吸系统疾病、消化系统疾病、神经系统疾病、心血管疾病等。

② 症状类型：如发热、头痛、咳嗽、恶心、呕吐等。

（3）第三层（本体设计）——细化症状和疾病的关系。

这一层次开始细化症状与疾病之间的关系。通过医学文献、临床数据和专家知识，列出不同症状和对应疾病之间的关系。

例如：发热可能与感冒、流感、肺炎等疾病相关。

咳嗽可能与支气管炎、肺结核等疾病相关。

胸痛可能与心脏病、胃溃疡等疾病相关。

这时可以定义症状与疾病的规则，例如"如果患者出现发热和咳嗽，那么可能是流感或肺炎"。

（4）第四层（详细建模）——进一步细化疾病的诊断规则。

在这一层开始进一步细化每个疾病的诊断规则，例如结合病人的年龄、性别、体征和实验室检查结果等信息来进一步推理可能的疾病。

① 流感的诊断规则。

症状：发热、喉咙痛、干咳。

检查：血常规中白细胞计数偏低，C反应蛋白（CRP）水平较高。

可能疾病：流感、普通感冒。

② 肺炎的诊断规则。

症状：高热、咳痰、呼吸急促。

检查：胸部X光显示肺部有阴影，血液检查显示白细胞升高。

可能疾病：细菌性肺炎、病毒性肺炎。

（5）底层（验证和调整）——具体数据和实例。

在底层引入具体的病历数据和实例，用于实际验证和调整。此时，需要输入病人的详细症状、体征以及实验室检查数据，系统根据预先设定的规则进行推理，给出可能的诊断。

例如，病人A出现了以下症状。

发热、头痛、咳嗽、乏力。

血常规检查显示白细胞正常，C反应蛋白偏高。

系统根据这些症状和检查结果，推断可能的诊断为流感或上呼吸道感染。

从高层的诊断目标开始，逐步细化为症状和疾病之间的关系，再到具体的规则和推理过程，最终依据具体的病历数据进行决策。自顶向下的方式有助于我们从全局出发构建一个清晰的框架，并逐步深化到具体的应用细节，使得知识结构更清晰，易于管理和扩展。

2. 自底向上（bottom-up）的知识图谱

首先对底层的实际数据和信息开始，逐步组织和抽象为更高层次的知识表示。流程如图6-2（b）所示。

这通常涉及以下步骤。

① 数据收集：收集和整理领域内的实际数据、文档和信息。

② 模式识别：识别数据中的模式、关联和重要特征。

③ 概念提取：从数据中提取概念、实体和关系。

④ 关联建模：建立实体之间的关联和关系模型。

⑤ 抽象和一般化：将底层的数据和关系抽象为更高层次、更一般化的知识表示。

⑥ 验证和优化：验证构建的知识模型是否准确，进行必要的优化。

下面是一个典型的自底向上的知识建模实例——产品推荐系统的构建。

目标：基于用户的购买历史和行为数据构建一个产品推荐系统，自动为用户推荐可能感兴趣的产品。

（1）底层（数据收集）——收集原始数据。

自底向上的建模从最基础的数据开始。在产品推荐系统中，底层的数据主要来源于用户的行为数据（包括浏览记录、单击记录、购买记录等）、商品信息、评分等。

例如，用户 A 的行为数据如下。

用户 A 浏览了"智能手表""蓝牙耳机""运动鞋"。

用户 A 购买了"智能手表"，并给出了 4 星评价。

用户 A 对"运动鞋"没有购买，但浏览了几次。

（2）第二层（模式识别）——提取模式和特征。

在这一层，从底层的原始数据中提取出有用的模式和特征。通过对大量用户行为数据的分析，挖掘出潜在的规律。

用户行为模式：通过分析用户的浏览历史、购买行为，发现用户可能偏好某种类型的产品。例如，用户 A 对"智能手表"表现出较高的兴趣，并且已经购买了该产品，说明用户 A 可能偏爱智能穿戴设备。

商品特征：通过分析商品信息抽取出商品的特征，比如"智能手表"具有"可穿戴技术""健康监测功能""蓝牙连接"等特性，这些特性可能会对推荐产生影响。

用户的偏好特征：例如，用户 A 喜欢购买电子产品，对价格较高的品牌有偏好，这些特征可能会影响后续的推荐。

（3）第三层（概念提取）——建立关联和关系。

在这一层，通过算法（如协同过滤、基于内容的推荐等）来识别和建立商品与用户之间的关联关系。

协同过滤算法：通过分析用户 A 与其他相似用户的购买行为，发现"与用户 A 相似的用户通常也购买了'蓝牙耳机'"等关联性，从而推测用户 A 可能对"蓝牙耳机"感兴趣。

基于内容的推荐：通过分析商品特征，找到与用户过去购买的商品相似的产品。例如，如果用户 A 购买了"智能手表"，系统可能会推荐其他具有类似功能或特性的智能穿戴产品。

（4）第四层（关系建模）——构建推荐模型。

在这一层，根据从数据中提取出的特征和建立的关联构建一个个性化推荐模型。这个模型可以是基于机器学习的模型，如分类模型、回归模型或深度学习模型，或者是基于规则的推荐引擎。

推荐算法：比如基于协同过滤的推荐算法，会利用大量用户的行为数据来计算用户与商品之间的相似度，给用户推荐潜在感兴趣的商品。

个性化推荐：根据用户的历史行为、喜好以及其他相似用户的行为数据，给用户 A 推荐类似"智能手表"的产品，如"运动手表"或"健康追踪器"。

（5）最上层（验证和优化）——生成最终推荐列表。

最终，基于推荐算法和用户行为的分析结果，系统生成一个个性化的产品推荐列表。

推荐结果：例如，用户 A 的推荐列表可能包含"蓝牙耳机""智能手表配件""运动鞋"等产品，这些推荐都是基于用户 A 的历史行为数据以及与其他相似用户的行为模式建立起来的。

从基础的数据（用户行为、商品信息等）开始，通过模式提取、特征工程和关联分析逐步构建出推荐模型，最后生成个性化的推荐列表。在这一过程中，知识是通过不断从数据中提取、总结和构建而逐步上升的。

与自顶向下的建模相比，自底向上的方法更多依赖于数据驱动和实例的积累，不需要预设高层次的框架或规则，而是通过大量的数据学习逐步形成知识结构。这种方法尤其适用于处理海量数据和复杂、不确定的应用场景。

6.3　知识图谱的抽取与挖掘

6.3.1　知识抽取

知识抽取技术是指通过识别、理解、过滤和归纳等过程从文本型知识源中提取出有价值的知识，并将其存储在知识库中的过程，是从各种数据源和结构中提取知识，转化为知识库的内容，是构建大规模知识图谱的重要技术之一。

知识抽取的数据源可以是结构化数据（如链接数据、数据库），半结构化数据（如网页中的表格、列表）或非结构化数据（即纯文本数据）。知识抽取面向不同的数据源，其所需要的关键技术和涉及的技术难点也是不同的。图 6-3 给出了一个知识抽取的典型例子。

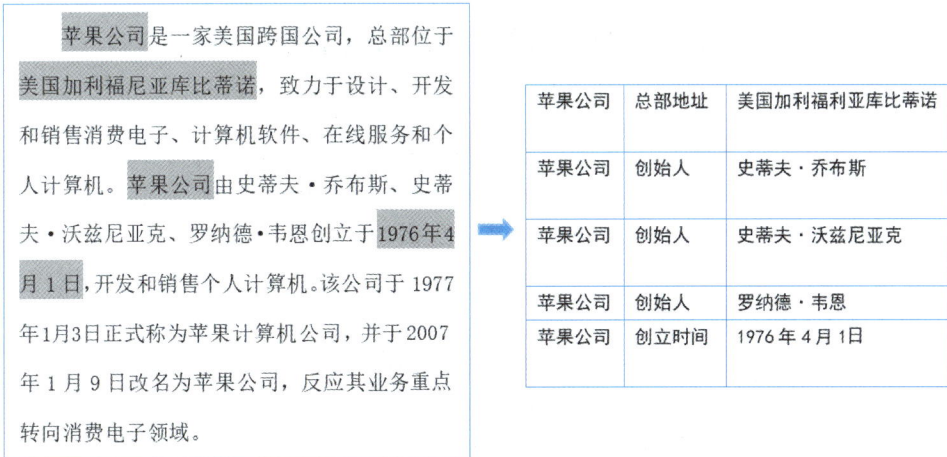

苹果公司	总部地址	美国加利福利亚库比蒂诺
苹果公司	创始人	史蒂夫·乔布斯
苹果公司	创始人	史蒂夫·沃兹尼亚克
苹果公司	创始人	罗纳德·韦恩
苹果公司	创立时间	1976 年 4 月 1 日

图 6-3　知识抽取示例

大量的数据以非结构化数据的形式存在，如新闻报道、文学，读书等。因此，本章重点介绍非结构化数据，我们将介绍从实体抽取、关系抽取和事件抽取。

实体抽取又称命名实体识别，目的是从原数据中抽取实体信息元素，这是知识抽取技术中最基础也是最关键的一步。想要从文本中进行实体抽取，首先需要从文本中识别和定位实体，然后再将识别的实体分类到预定义的类别中去。实体抽取的效果如图 6-4 所示，我们可以识别到"北京"是属于一个地点的实体，"2015 年 10 月 5 日"是一个属于时间的实体，"瑞典卡罗琳医学院"属于组织实体，"屠呦呦"属于人名实体。

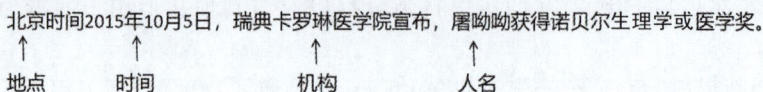

北京时间2015年10月5日，瑞典卡罗琳医学院宣布，屠呦呦获得诺贝尔生理学或医学奖。
地点　　时间　　　　　机构　　　人名

图 6-4　实体抽取实例

关系抽取是从文本中抽取两个或者多个实体之间的语义关系，用来解决实体间语义链接的问题。关系抽取与实体抽取密切相关，一般在识别出文本中的实体后，再抽取实体之间可能存在的关系，常见的关系有二元关系、配偶关系、雇佣关系、部分整体关系、会员关系、地理坐标关系。关系抽取的效果如图 6-5 所示。从这句话中

比尔·盖茨是 微软公司 的 创始人
人名　　　 机构　　 关系

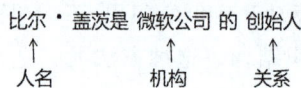

图 6-5　关系抽取实例

可以提取出的一个关系就是比尔·盖茨和微软公司具有创始人关系。

事件是指发生的事情，通常具有时间、地点、参与者等属性。事件抽取是指从自然语言文本中抽取出用户感兴趣的事件信息，并以结构化的形式呈现出来，例如事件发生的时间、地点、发生原因、参与者等属性。事件抽取的效果如图 6-6 所示。我们可以通过事件抽取方法自动获取报道事件的结构化信息，包括事件的类型、发生事件及地点，还有所发布的产品。

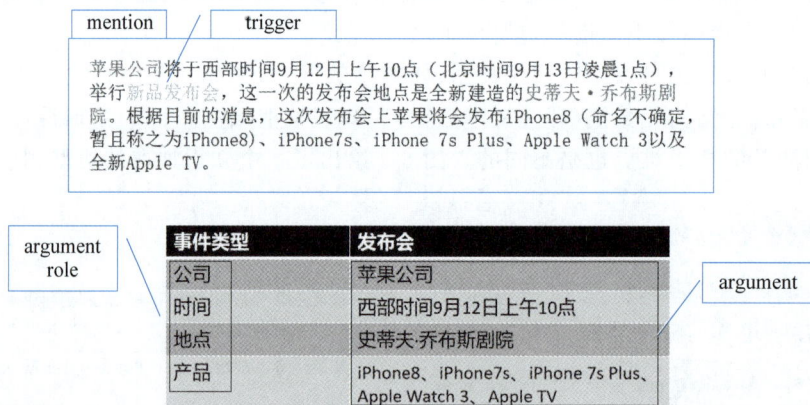

mention　　trigger

苹果公司将于西部时间9月12日上午10点（北京时间9月13日凌晨1点），举行新品发布会，这一次的发布会地点是全新建造的史蒂夫·乔布斯剧院。根据目前的消息，这次发布会上苹果将会发布iPhone8（命名不确定，暂且称之为iPhone8）、iPhone7s、iPhone 7s Plus、Apple Watch 3以及全新Apple TV。

argument role

事件类型	发布会
公司	苹果公司
时间	西部时间9月12日上午10点
地点	史蒂夫·乔布斯剧院
产品	iPhone8、iPhone7s、iPhone 7s Plus、Apple Watch 3、Apple TV

argument

图 6-6　事件抽取实例

其中事件指称（mention）是指对一个客观发生的具体事件进行自然语言形式的描述，通常是一个句子或句群。事件触发器（trigger）是指一个事件指称中最能代表事件发生的词，是决定事件类别的重要特征。事件元素（argument）是指事件中的参与者，是组成事件的核心部分，它与事件触发词构成了事件的整个框架。元素角色（argument role）是指事件元素与事件之间的语义关系，即事件元素在相应的事件中扮演什么角色。事件类型（type）是指事件元素和触发词决定了事件的类别。

6.3.2　知识挖掘

随着互联网的发展，在全球范围内每秒所产生的数据量以亿为单位在不停地增长，在如

此庞大的数据量面前,人们迫切需要对这些数据进行更高效的处理和分析。知识挖掘就是在此基础上发展起来的一个能够从已有数据集中挖掘出有效的、新颖的、潜在有用的以及最终可理解的知识的过程,主要包括知识内容挖掘和知识结构挖掘。

知识内容挖掘即实体链接,是指将文本中的实体链接到其在知识库中目标实体的过程。将文本数据转化为有实体标注的形式,建立文本与知识库的关系,为进一步文本分析和处理提供基础。图6-7给出了一个实体链接的例子,左侧是给定的文本,右侧展示了知识库中的4个实体及它们之间的关系。通过实体链接,文本中的实体指称与其在知识库中对应的实体建立了链接。

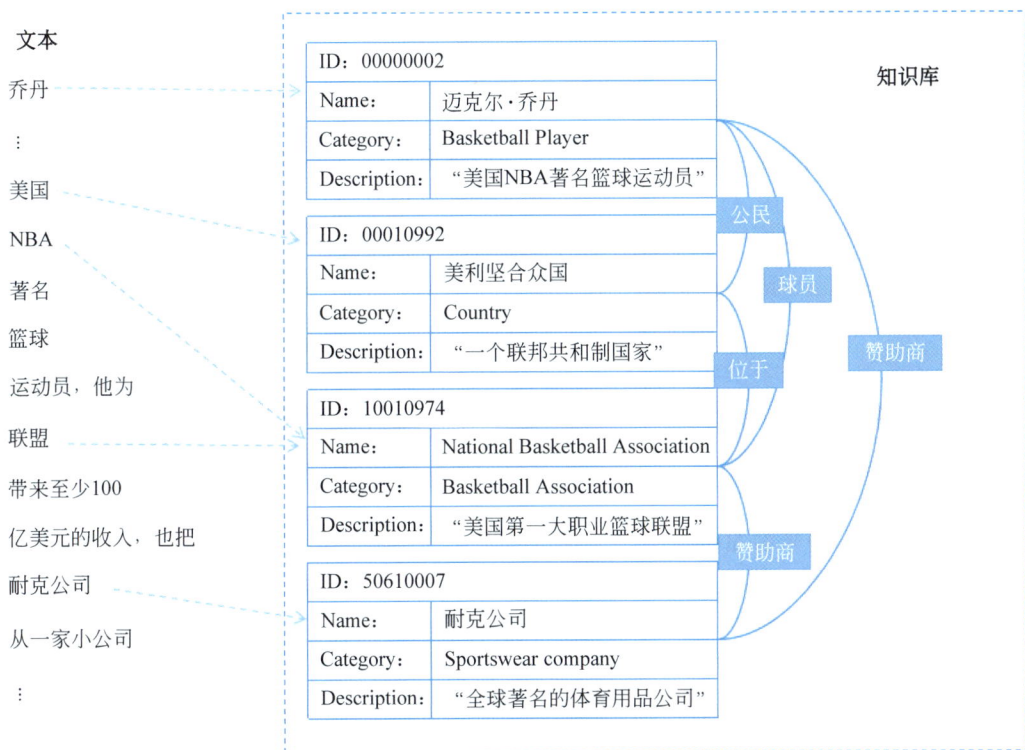

图 6-7 实体链接实例

实体链接的基本流程如下。

① 实体指称识别:实体链接的第一步就是要识别出实体的指称,主要是用实体识别技术或词典匹配技术。其中实体识别技术是指识别文本中具有特别意义的词;词典匹配技术首先需要构建问题领域的实体指称词典,通过直接与文本匹配识别指称实现实体指称的识别。

② 候选实体生成:是确定文本中实体指称可能指向的实体集合。例如"乔丹"可能指向"NBA 运动员乔丹"或是"深度学习的乔丹"。

③ 候选实体消歧:在确定文本的实体指称和它们的候选实体后,实体链接系统需要为每一个实体指称确定其指向的实体。

知识结构挖掘一般通过规则进行挖掘,主要有两种算法,一种是归纳逻辑程序设计,另一种是路径排序算法。

归纳逻辑程序设计（inductive logic programming，ILP）是以一阶逻辑归纳为理论基础，并在其中引入了函数和逻辑表达式的一种算法。知识图谱中的实体与实体之间的关系可以用二元谓词逻辑来表述，因此可以通过 ILP 从知识图谱中学习一阶逻辑规则。给定背景知识和知识图谱中的关系（目标谓词），ILP 可以学习获得描述目标谓词的逻辑规则集合。

路径排序算法（path ranking algorithm，PRA）是一种将关系路径作为特征的知识图谱链接预测算法，其计算的路径特征可以转化为逻辑规则，便于人们发现和理解知识图谱中隐藏的知识。其基本思想是以两个实体间的路径作为特征，判断它们之间可能存在的关系。

6.4 知识图谱的存储与融合

6.4.1 知识存储

知识存储是指将信息、数据、经验和概念以某种形式记录下来，并存储在特定的媒介或系统中，以便后续的检索、利用和共享。知识存储不仅仅是简单的存储数据，还包括对知识的结构化、语义化和分类，以便于长期使用和维护。知识图谱存储的主要方式包括基于关系数据库的存储方案、图数据库和 RDF 数据库。

1. 基于关系数据库的存储方案

基于关系数据库的存储方案是目前知识图谱采用的一种主要存储方法。关系数据库采用关系模型来组织数据，并以行和列的形式存储数据，一行表示一条记录，一列表示一种属性，用户通过 SQL 查询功能来检索数据库中的数据。常见的基于关系数据库的存储方案主要包括三元组表、类型表等。

图 6-8 为关于费米的知识图谱（局部）示意图。图中的每一个节点表示一个实体，每一个实体都是某一抽象概念的实例。这些抽象概念被称为实体类型，例如"人物""城市"等。在知识图谱中，实体还具有丰富的属性信息，这些属性信息构成了实体的内在特征。不同类

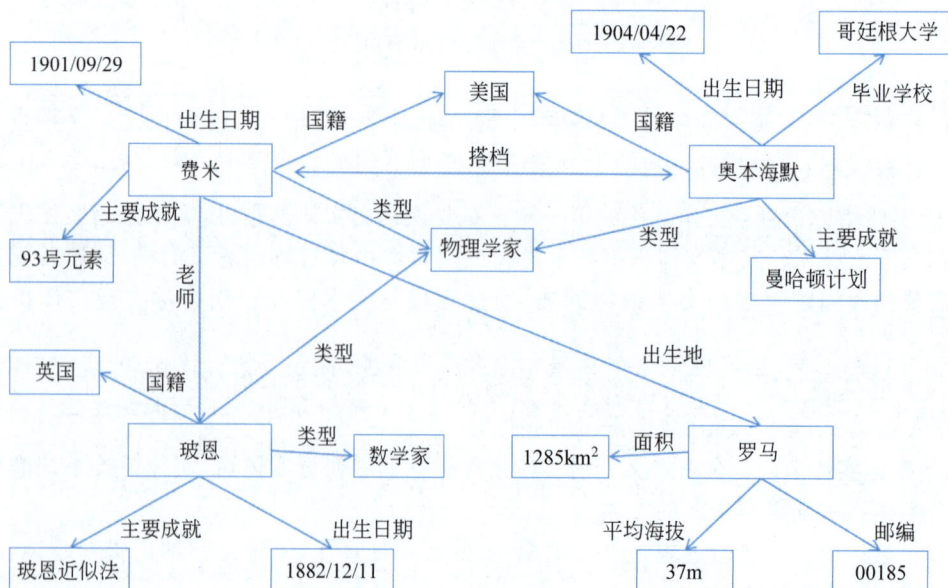

图 6-8　关于费米的知识图谱（局部）示意图

型的实体有不同的属性,例如"人物"有出生地、出生信息、国籍等属性,而"城市"有面积、平均海拔、邮编等属性。

三元组(SPO)表是将知识图谱中的每条三元组存储为一行具有三列的记录,即主语(subject)、谓语(predicate)、宾语(object)。三元组表存储方案的优点是简单直接、易于理解;缺点是将整个知识图谱都存储在一张表中,使得查询、删除等操作开销很大,且效率较低。例如,查询"费米的国籍和出生日期",需要将其拆分为"费米的国籍"和"费米的出生日期"。表 6-2 是图 6-8 中知识图谱对应的三元组表。

表 6-2 三元组表

S	P	O
费米	主要成就	93 号元素
费米	出生日期	1901/09/29
费米	类型	物理学家
费米	国籍	美国
费米	出生地	罗马
⋮	⋮	⋮

类型表是指为每种类型构建一张表,同一类型的实例存放在相同的表中。表的每一列表示该类实体的一个属性,每一行存储该类实体的一个实例。图 6-9 展示了知识图谱的类型表存储示例。

城市表

主体对象	面积	平均海拔	邮编
罗马	1285km^2	37m	00185

人物表

主体对象	主要成就	国籍	出生日期	出生地
费米	93号元素	美国	1901/09/29	罗马
奥本海默	曼哈顿计划	美国	1904/04/22	
玻恩	玻恩近似法	英国	1882/12/11	

图 6-9 知识图谱的类型表存储示例

这种存储方式虽然克服了三元组表的不足,但是带来了新的问题:①大量数据字段的冗余存储。假设知识图谱中既有"数学家",也有"物理学家",那么同属于这两个类别的实例将会同时被存储在这两个表中,其中它们共有的属性会被重复存储。例如"玻恩"既是"数学家"又是"物理学家",在知识图谱中,该实例会被同时存储于上述两个表中。如图 6-10 所示,"玻恩"的"主要成就""出生日期""国籍"等信息被重复存储。②大量的数据列为空值。通常知识图谱中并非每个实体在所有属性或关系上都有值,这种存储方式会导致表中存在大量空值。一种有效的解决方法是,在构建数据表时,将知识图谱的类别体系考虑进来。具

物理学家表

主体对象	主要成就	国籍	出生日期
玻恩	玻恩近似法	英国	1882/12/11
费米	93号元素	美国	1901/09/29
奥本海默	曼哈顿计划	美国	1904/04/22

数学家表

主体对象	主要成就	国籍	出生日期
玻恩	玻恩近似法	英国	1882/12/11

图 6-10　类型表存储中的数据冗余示例

体来说，每个类型的数据表只记录属于该类型的特有属性，不同类别的公共属性保存在上一级类型对应的数据表中，下级表继承上级表的所有属性。图 6-11 展示了实体"费米"在考虑层级关系的类型表中的存储情况，其中图（a）展示了人物相关的类别体系，图（b）展示了在该类别体系下设计的类型表。由图可见，考虑层级体系的类型表不仅解决了数据的冗余存储问题，还可以方便地获取实例的类型信息。

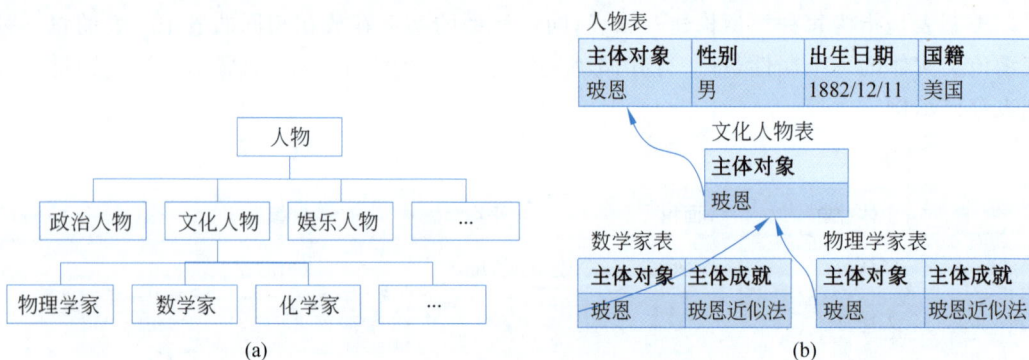

图 6-11　考虑层级关系的类型表

　　类型表克服了三元组表面临的表单过大和结构简单的问题，但是也有明显的不足之处。在进行查询任务前，必须明确好查询目标的属性和关系以及类型。同时，当涉及不同类型的实体时，还需要进行多表的链接，操作复杂，限制了知识图谱对于复杂任务的查询能力。

2. 图数据库

　　将实体看作节点，关系看作带有标签的边，那么知识图谱的数据很自然地满足图模型结构。基于图结构的知识图谱，利用图的方式对知识图谱中的数据进行存储，有利于对知识的查询。值得注意的是，和基于表结构的存储不同，基于图结构的存储不按照类型来组织实体，而是从实体出发，不同实体对应的节点可以定义不同的属性。

　　例如，"玻恩"既是"数学家"又是"物理学家"，在表结构的存储中，"数学家"和"物理学家"分别对应了一张表；而在图结构的方法中，只需要在"费米"的节点同时定义上述两种类型的属性即可。

　　基于图结构的存储方法基于有向图对知识图谱的数据进行建模，因此无向关系需要转换为两条对称的有向关系。例如"费米"和"奥本海默"之间具有"搭档"关系,由于该关系是一种无向关系,因此在图中需要标注两条对称的边,用于表征二者互为"搭档"关系。如图 6-12 所示,基于图结构的存储另外一个显著的优点是不仅可以为节点定义属性,还可以为边定义属性。因此,这种存储方式可以细致地刻画实体之间的关系。

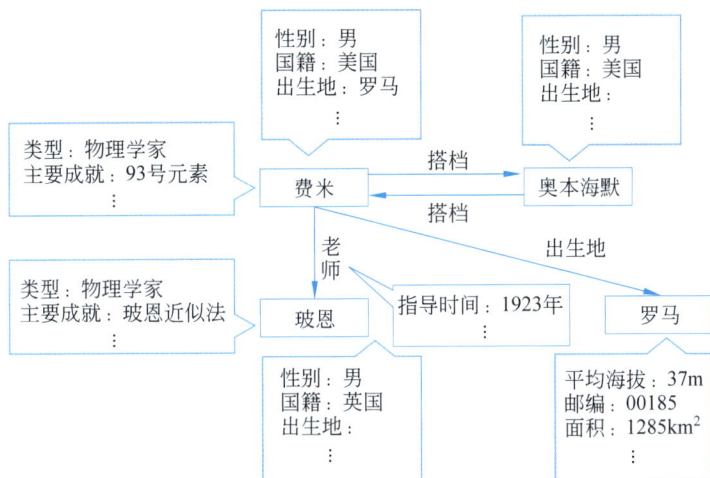

图 6-12　基于图结构的存储模型示例

图数据库的理论基础是图论,通过节点、边和属性对数据进行表示和存储。具体来说,图数据库基于有向图,其中,节点、边、属性是图数据库的核心概念。

① 节点:节点用于表示实体、事件等对象,可以类比关系数据库中的记录或数据表中的行数据。例如人物、地点、电影等都可以作为图中的节点。

② 边:边是指图中连接节点的有向线条,用于表示不同节点之间的关系。例如人物节点之间的夫妻关系、同事关系等都可以作为图中的边。

③ 属性:属性用于描述节点或边的特性。例如人物(节点)的姓名、夫妻关系(边)的起止时间等都是属性。

3. RDF 数据库

RDF 数据库是一种基于三元组的数据库模型,它是一种用于存储和管理语义网络数据的技术。RDF 数据库的全称是"资源描述框架"(resources description framework),是一种用于描述资源的元数据模型,可以用于存储和查询具有复杂关系的数据,例如社交网络中的用户关系、图书馆中的书籍和作者关系等。RDF 数据库可以使用 SPARQL 查询语言进行查询,SPARQL 是一种类似 SQL 的查询语言,用于查询 RDF 数据库中的数据。RDF 数据的应用场景非常广泛,例如,它可以用于搜索引擎、知识图谱、语义网络、企业知识管理系统、电子商务平台等各种应用场景。

6.4.2　知识融合

知识融合是将涉及多个知识库或数据集中的信息整合成一个统一的、条理化的整体,形成高质量的知识库。知识融合技术产生的原因,一方面是数据处理之后的结果可能包含大量的冗余和错误信息,有必要进行清理和整合;另一方面不同来源的数据可能存在数据反复以及数据良莠不齐等问题。

按照融合元素对象的不同，可以分为框架匹配和实体对齐：框架匹配指对概念、属性、关系等知识描述体系进行匹配和融合，实体对齐指通过对齐合并相同的实体完成知识融合。通过框架匹配和实体对齐，可以把不同知识图谱关联在一起，但是，多个知识图谱中的实例知识常常有冲突，因此，检测多个知识图谱之间的冲突并进行小结也是知识融合的重要步骤。

1. 框架匹配

框架匹配涉及对齐不同数据源的结构或模式，使得来自不同知识图谱的数据可以正确地整合在一起。框架匹配的挑战在于如何处理不同的命名、数据模型差异、关系类型以及数据的语义差异。框架匹配通常涉及本体中的类和属性之间的匹配，以及实例之间的匹配。由于异构性，同样的知识在不同知识图谱中的描述可能差异很大。比如，假设有两个知识图谱，一个是英文的医疗知识图谱，另一个是中文的医疗知识图谱。英文图谱使用 Patient 来表示患者，而中文图谱使用"病人"。框架匹配任务是将英文图谱中的 Patient 映射到中文图谱中的"病人"类。

2. 实体对齐

实体对齐是指在不同数据源中识别出指代同一实体的不同表示，并将它们对齐。例如，两个知识图谱中的相同实体可能使用不同的名称或属性，实体对齐确保它们能被识别为相同的实体。假设有两个数据源，一个是英文维基百科，另一个是中文维基百科。英文图谱中有 Albert Einstein 作为实体，而中文图谱中有"阿尔伯特·爱因斯坦"。实体对齐的任务就是识别这两个不同的名称指向的是同一个人。实体对齐在数据库、自然语言处理和语义 Web 领域都有对应任务，它们在数据集成和知识融合中发挥着重要作用。知识库对齐的目标是能够链接多个异构知识库，并从顶层创建一个大规模统一的知识库，从而帮助机器理解底层数据。通过对齐描述相同概念的实例，知识库之间的知识得以共享，也为人们利用多个知识库的资源带来了极大方便。

3. 冲突检测与消解

在多数据源集成过程中，由于数据源的异构性（包括命名、格式、单位等差异），不同数据源可能会提供关于同一实体的不同信息或存在冲突。这时需要检测冲突并解决它们，确保最终数据的准确性和一致性。冲突可能表现为实体名称、属性值、数据类型、单位等方面的不一致。冲突检测与消解的目标是确保当不同数据源中的信息不一致时，能够做出合理的决策来合并数据。例如，假设有两个数据源，分别记录了关于同一个公司的不同信息。

① 数据源 A：公司名"Apple Inc."，成立时间：1976 年。

② 数据源 B：公司名"Apple Inc."，成立时间：1977 年。

这时，数据源 A 和数据源 B 提供的成立时间不同，这是一个冲突。冲突检测与消解的任务是识别出这两个不同的成立年份，并选择一个准确的值。可能的解决方法包括选择可信度更高的数据源，或通过投票法（如果有多个数据源）确定最终的成立年份。

在知识融合中，框架匹配、实体对齐和冲突检测与消解是确保来自不同数据源的信息能够合理整合并保持一致性的关键过程。框架匹配用于将不同数据源中的结构进行映射（例如，将"Patient"类与"病人"类对接）。实体对齐用于识别并对齐指代相同实体的不同表示（例如，将"Albert Einstein"与"阿尔伯特·爱因斯坦"对接）。冲突检测与消解用于识别并解决数据源间的冲突，确保数据一致性（例如，解决不同数据源提供的公司成立年份的冲突）。

框架匹配帮助我们理解数据的结构,实体对齐帮助我们确保数据的准确性,而冲突检测与消解确保合并后的数据的一致性和可靠性。这三个任务确保知识图谱的融合准确、一致,有助于构建全面、可靠的知识库,缺一不可。

6.5 知识图谱的检索与推理

6.5.1 知识检索

知识检索是指在知识库中根据用户提供的查询条件检索出与之匹配的知识点或实体。知识图谱的知识是通过数据库系统存储的,而大部分数据库系统通过形式化查询语言为用户提供访问数据的接口。其主要目的是根据某些条件或关键词,通过对知识图谱进行查询返回相关信息。关系数据库和图数据库分别支持不同的查询语言,前者的标准查询语言是SQL,后者则是 SPARQL。

1. 常见的形式化查询语言

SQL 是 structure query language 的缩写,即结构化查询语言。它是一种专门用来与关系数据库进行交互的编程语言,主要功能包括对数据的插入、修改、删除、查询 4 种操作。SQL 是一个通用的、表达能力很强的数据库语言,目前已经成为关系数据库的标准语言。下面以表 6-3 介绍 SQL 的基本用法。

表 6-3 实例三元组表

S	P	O
费米	类型	物理学家
费米	出生日期	1901/09/29
费米	搭档	奥本海默
奥本海默	搭档	费米
奥本海默	出生日期	1904/04/22
奥本海默	毕业院校	哥廷根大学
费米	出生地	罗马
罗马	平均海拔	37m

① 数据插入有两种主要用法:INSERT INTO 表名 VALUES(值 1,值 2,…)[,值 1,值 2,…],…]:值 1,值 2…分别对应数据表中的第 1 列、第 2 列,VALUES 对应值的顺序和数量有严格的要求。以及 INSERT INTO 表名(列 1,列 2)VALUES(值 1,值 2,…)[,值 1,值 2,…],…]:指明插入数据的列。例如:新增"玻恩"实体及其属性,以及与"费米"的关系(S:费米,P:老师,O:玻恩),代码如下。

```
INSERT INTO Triples VALUES ('费米','老师','玻恩'),('玻恩','类型','数学家'),('玻恩',
'类型','物理学家')
INSERT INTO Triples (S,P,O) VALUES ('费米','老师','玻恩'),('玻恩','类型','数学家'),
('玻恩','类型','物理学家')
```

② 数据修改：UPDATE 表名 SET 列1＝值1,列2＝值2,…WHERE 条件：其中"条件"指明需修改的数据记录,若不指定,则整个表的数据都被修改。例如："费米"的出生日期修改为"1901/09/29"。代码如下。

```
UPDATE Triples SET O = '1901/09/29' WHERE S = '费米' and P = '出生日期'
```

③ 数据删除：DELETE FROM 表名 WHERE 条件：其中"条件"指明需修改的数据记录,若不指定,则整个表的数据都被修改。例如：删除"奥本·海默"实体和与其相关的所有边,代码如下。

```
DELETE FROM Triples WHERE S = '奥本海默' or O = '奥本海默'
```

④ 数据查询有两种主要用法：①SELECT 列1,列2,… FROM 表名 WHERE 条件：查询符合"条件"的某几列。②SELECT * FROM 表名 WHERE 条件：查询符合"条件"的所有列。例如：查询所有数学家实体,代码如下。

```
SELECT S FROM Triples WHERE P = '类型' and O = '数学家'
```

此外,SQL 还内置了许多函数,包括最大值、最小值、平均值等,这将大大方便检索工作。

SPARQL(SPARQL Protocol and RDF Query Language)是为 RDF 数据开发的一种查询语言和数据获取协议。和 SQL 类似,SPARQL 也是一种结构化的查询语言,用于对数据的获取与管理,主要包括数据的插入、删除和查询操作。SPARQL 允许用户针对可以被称为"键值"数据的内容,或者更具体地说,遵循 W3C 的 RDF 规范的数据来编写查询。因此,整个数据库是一组"主语-谓语-对象"三元组。图 6-13 展示了图 6-8 的部分子图以及 RDF 数据,本节将以此为依据介绍 SPARQL 语言的基本用法。

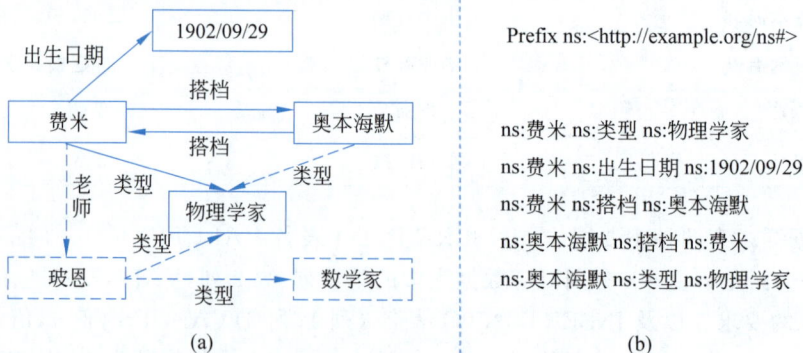

图 6-13　图 6-8 子图及对应的 RDF 数据

① 数据插入是指将新的三元组数据插入已有的 RDF 图中,其基本语法为：INSERT DATA 三元组数据。其中,三元组数据可以是多条三元组,不同的三元组通过","分隔,用";"可以分隔连续插入与前一个三元组的头实体相同的三元组。若待插入的三元组在 RDF 中已存在,则忽略该三元组。例如：向图 6-13 所示的 RDF 中插入以下三元组：

ns：费米　ns：老师　ns：玻恩.

ns：玻恩　ns：类型　ns：数学家.

ns：玻恩　ns：类型　ns：物理学家.

其对应的 SPARQL 语句为：

```
prefix ns: <http://example.org/ns#>
INSERT DATA {
ns:费米　ns:老师　ns:玻恩.
ns:玻恩　ns:类型　ns:数学家;
        ns:类型　ns:物理学家.
}
```

结果如图 6-14 所示。

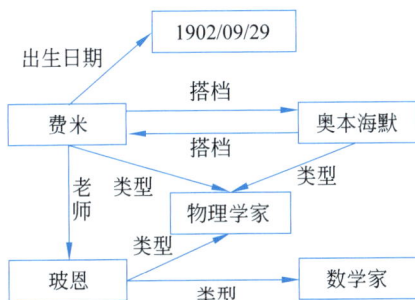

图 6-14　SPARQL 插入数据结果示例

② 数据删除是指从 RDF 中删除一些三元组。其基本语法为：DELETE DATA 三元组数据。其中三元组数据可以是多个三元组。对于给定的每个三元组，若其在 RDF 图中，则删除，否则忽略该三元组。例如：向图 6-14 所示的 RDF 中删除三元组：

ns：奥本海默 ns：类型 ns：物理学家

其对应的 SPARQL 如下：

```
prefix ns: <http://example.org/ns#>
DELETE DATA {
ns:奥本海默 ns:类型 ns:物理学家.
}
```

结果如图 6-15 所示。

若要删除"奥本海默"对应的节点，则对应的 SPARQL 语句为：

```
prefix ns: <http://example.org/ns#>
DELETE WHERE {
ns:奥本海默 ?p ?o.
?s ?p ns:奥本海默.
}
```

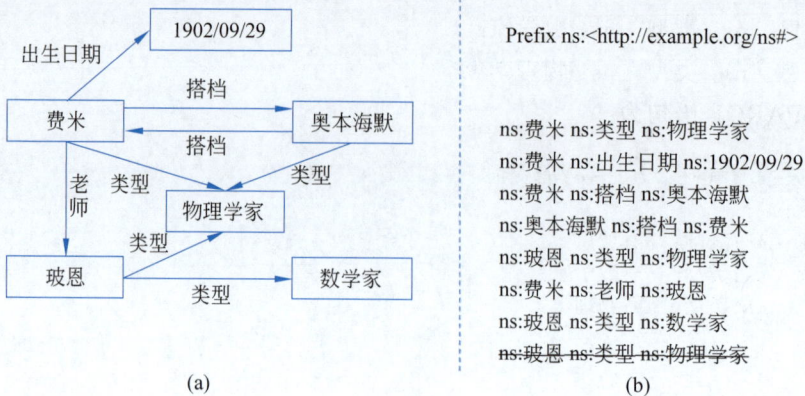

图 6-15 SPARQL 删除单个三元组结果示例

结果如图 6-16 所示。

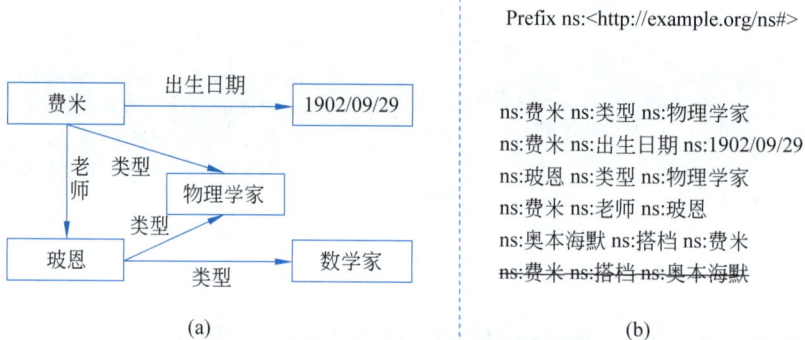

图 6-16 SPARQL 删除节点结果示例

③ 数据更新是指更新 RDF 图中三元组的值,SPARQL 通过组合 INSERT DATA 语句和 DELETE DATA 语句来实现数据更新的功能。例如:修改三元组(ns:费米 ns:出生日期"1902/09/29")修改为(ns:费米 ns:出生日期"1901/09/29"),对应的 SPARQL 语句如下:

```
prefix ns: <http://example.org/ns#>
DELETE DATA {ns:费米 ns:出生日期 "1902/09/29" .};
INSERT DATA {ns:费米 ns:出生日期 "1901/09/29" .}
```

结果如图 6-17 所示。

④ SPARQL 语言提供了 4 种查询方式,分别是 SELECT、ASK、DESCRIBE 和 CONSTRUCT。其中,SELECT 是最为常用的查询语句,其功能和 SQL 中的 SELECT 语句类似,用于从 SPARQL 端点提取原始值,结果以表格格式返回;ASK 则用于为 SPARQL 端点上的查询提供简单的结果,如果存在,则返回"yes",否则返回"no",该查询不会返回具体的匹配数据;DESCRIBE 用于从 SPARQL 端点提取 RDF 图,其数据为指定资源相关的 RDF 数据,这些数据形成了对给定资源的详细描述;CONSTRUCT 则用于从 SPARQL 端

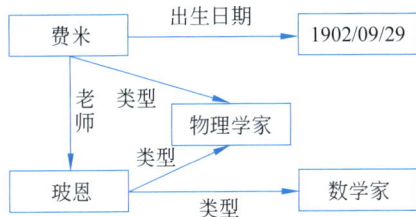

图 6-17　SPARQL 更新数据结果示例

点提取信息,并根据查询图的结果生成有效的 RDF。下面分别简要介绍其用法。

SELECT 的基本查询语法为：SELECT 变量 1 变量 2 … WHERE 图模式［修饰符］

其中,变量 1、变量 2 表示要查询的目标；WHERE 图模式表示为 SELECT 子句中的变量提供约束,查询结果必须完全匹配该子句给出的图模式；［修饰符］用于对查询结果做一些特殊处理,例如,ORDER 子句、LIMIT 子句(限制结果数量)等。例如,查询类型既是"数学家"也是"物理学家"的节点,其对应的 SPARQL 语句如下：

```
prefix ns: <http://example.org/ns#>
SELECT ?s
WHERE {
    ?s   ns:类型   ns:数学家.
    ?s   ns:类型   ns:物理学家.
}
```

查询结果如表 6-4 所示。

表 6-4　SPARQL 查询结果示例

S
玻恩

ASK 查询语句的基本用法为：ASK 图模式。主要用于测试知识图谱中是否有给定图模式的数据。例如,测试是否存在"费米"老师的节点,对应的语句为：

```
prefix ns: <http://example.org/ns#>
ASK  {  ns:费米 ns:老师 ?o  .}
```

该语句返回的结果是"yes",若数据中不存在"费米"的老师节点(即"玻恩"),则返回"no"。

DESCRIBE 查询语句的基本用法为：DESCRIBE 资源或变量［WHERE 图模式］。主要用于获取与给定资源相关的数据。例如,获取老师为"玻恩"的节点的所有信息,对应的语句如下：

```
prefix ns: <http://example.org/ns#>
DESCRIBE  ?s  WHERE {?s  ns:老师 ns:玻恩  .}
```

结果为：

```
@prefix ns:<http://example.org/ns#>
ns:费米    ns:类型    ns:物理学家
ns:费米    ns:出生日期    "1901/09/29"
ns:费米    ns:老师    ns:玻恩
```

CONSTRUCT 的基本语法为：CONSTRUCT 图模板 WHERE 图模式。主要用于用于生成满足图模式的 RDF 图。其中，图模板表示确定生成的 RDF 图所包含的三元组类型，它由一组三元组构成，每个三元组既可以是包含变量的三元组模板，也可以是不包含变量的事实三元组；图模式用于约束语句中的变量。该语句执行的基本流程为：首先执行 WHERE 子句，从知识图谱中获取所有满足图模式的变量取值；然后针对每一个变量取值，替换 RDF 图模板中的变量，生成一组三元组。例如，对上述知识图谱执行以下操作：

```
prefix ns: <http://example.org/ns#>
CONSTRUCT {
    ?s  ns:搭档  ns:奥本海默.
    ns:奥本海默  ns:搭档  ?s.
}
WHERE {
    ?s  ns:老师  ns:玻恩.
}
```

该语句的执行结果为：

```
@prefix ns:<http://example.org/ns#>
ns:费米    ns:搭档    ns:奥本海默.
ns:奥本海默    ns:搭档    ns:费米.
```

2. 图检索技术

知识图谱是一张大图，其中包含了大量的连通分支与子图。进行图匹配时，需要将查询图与每个子图逐一进行同构测试。为了减少匹配的次数，图数据库在进行子图匹配时会先按照一定条件对数据进行筛选，减少候选子图的个数。

（1）子图筛选。

图索引技术是实现子图筛选的有效方法。其基本原理是首先根据图上的特征信息建立索引，在进行子图匹配时，根据查询图上的特征能够快速地从图数据库中检索得到满足条件的候选子图，避免在全部子图上进行匹配操作。基于路径的索引和基于子图的索引是常见的两种图索引方法。

基于路径的索引方法将知识图谱中所有长度小于某特定值的路径收集起来，并根据这些路径为图数据库中的子图建立倒排索引。进行图匹配时，首先从匹配图中抽取具有代表性的路径，然后利用索引检索获得所有包含这些路径的候选子图，最后在候选子图上进行同构测试,获得最终的结果。这种索引方式的优点是图的路径获取简单直接,因此构建索引比较方便。但是问题也比较明显,随着路径长度的增加,路径数目呈指数级增长,对于大规模知识图谱来说,需要索引的路径数目过于庞大,不仅耗费巨大的存储空间,也增加了检索的时间;另外,不同路径对于子图的区分性差异很大,区分性低的路径对于降低搜索空间的效果有限。

基于子图的索引方法则将子图作为索引的特征,该方法的关键问题是如何在保证区分性的条件下减少索引的规模。常用的方法是在构建索引时,通过在知识图谱上挖掘出的频繁子图作为建立索引的依据。频繁度是衡量一个子图频繁程度的指标,通俗地讲,频繁度就是子图出现的次数。在实践中,需要设置一个频繁度来控制需要被索引的子图规模。频繁度设置得过高,那么每个索引项都指向过多的子图,导致过滤效果不佳;频繁度过低,则导致索引项太多,不仅导致索引的空间开销过大,也影响索引的检索效率。因此,频繁度的设置需要经过精心的挑选。

(2)子图同构判定。

子图同构判定是指在一个大图中是否存在一个子图与另一个给定的小图同构。判定子图同构问题是计算机科学中的一个经典问题,它是一个 NP 完全问题,因此没有已知的多项式时间算法可以解决它。目前已知的算法都是基于暴力枚举或剪枝优化的,其中 Ullmann 算法是一个比较常用的算法,它采用的是枚举的方法来找到子图同构。除此之外,还有 VF2 算法、SubgraphIsomorphism 算法,等等。

6.5.2 知识推理

知识推理是在已有的知识基础上,通过逻辑推理或机器学习等方法推导出新的知识或结论。面向知识图谱的推理主要围绕关系的推理展开,即基于图谱中已有的事实或关系推断出未知的事实或关系,一般着重考查实体、关系和图谱结构三个方面的特征信息。图 6-18 所示为任务关系图推理,利用推理可以得到新的事实(X,isFatherOf,M),以及得到规则 isFatherOf(X,Y)<=fatherIs(Y,X)等。具体来说,知识图谱推理主要能够辅助推理出新的事实、新的关系、新的公理以及新的规则等。

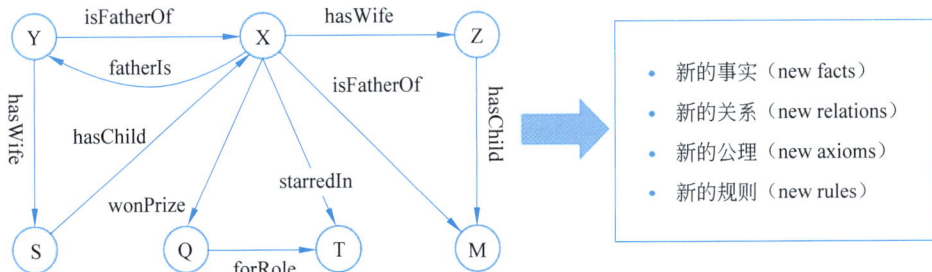

图 6-18 人物关系图推理

一个丰富、完整的知识图谱的形成会经历很多阶段,从知识图谱的生命周期来看,不同的阶段都涉及不同的推理任务,包括知识图谱补全、不一致性检测、查询扩展等。常见的知识推理策略包括正向推理和反向推理。

正向推理称为数据驱动策略或自底向上策略，是由原始数据按照一定的方法，运用知识库中的先验知识推断出结论的方法。正向推理的特征体现为：重复利用已知信息，响应速度快；推理的目的性不强。

反向推理称为目标驱动策略或自顶向下策略，先假设或结论，然后验证支持这个假设或结论成立的条件和证据是否存在。如果条件满足，结论就成立；否则，再提出新假设，重复上述过程，直至产生结果。反向推理的特征体现为：推理目的性强、建立目标和条件之间的关联时会造成资源浪费。

6.6　知识图谱的问答与对话

知识问答与对话是指一种人机交互的方式，用户可以通过提问的方式获取所需的信息，或与机器人进行对话。在这个过程中，机器人会根据用户提供的问题或对话内容，通过自然语言处理技术进行分析和理解，然后给出相应的回答或响应。这种技术在智能客服、智能助手等领域得到了广泛应用。ChatGPT 就是知识问答与对话的经典应用。

6.6.1　知识问答

知识问答是一种旨在回答用户提出的自然语言问题的人工智能技术，它通过自然语言对话的形式帮助人们从知识库中获取知识，将问题与知识库中的实体与关系进行匹配，以获得问题的答案。

知识问答技术依附于一个大型的知识库来获取信息（例如知识图谱、结构化数据库等），它将用户的自然语言转化为计算机能够识别的查询语言来查询问题的答案，常用的查询语句主要包括 SPARQL、SQL 等。例如，用户想了解"特朗普是哪里人"时，可以在网上搜索关键词"特朗普"，找到相关的百科网页，进而通过阅读文章定位出"纽约"是他的出生地。如果换一种思路，用户拿这个问题问身边的人，也许直接就会听到"纽约"这个答案。

知识图谱一般表示为相互关联的事实三元组集合，如图 6-19 右侧所示。针对用户使用自然语言提出的问题，问答系统通过与知识图谱进行交互，检索相关知识点（事实集），进而进行知识推理，得出最终准确的答案。

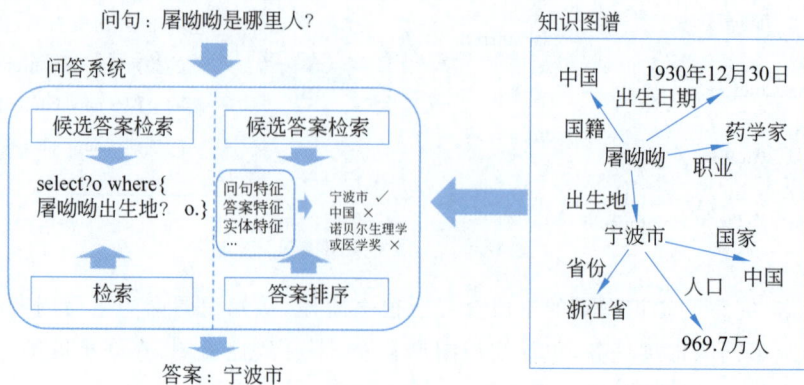

图 6-19　知识问答流程和两类方法

目前,面向知识图谱的问答系统按照技术方法可以分为以下两种类型。

语义解析类型:把自然语言问句自动地转换为结构化查询语言,直接通过检索知识图谱得到精准答案。例如,我们可以把问句"屠呦呦是哪里人?"转换为对应知识图谱的SPARQL查询语句"select ?o where { 屠呦呦出生地 ?o. }",进行知识库检索,能够得到答案"宁波市"。我们把这类模型称为基于语义解析的方法。

搜索排序类型:首先通过搜索与相关实体有路径联系的实体作为候选答案,然后利用从问句和候选答案提取出来的特征进行对比,进而对候选答案进行排序,得到最优答案。例如,利用问句中的实体"屠呦呦"在知识图谱中检索所有关系/路径,可以得到候选答案"宁波市""中国""诺贝尔生理学或医学奖"等候选实体,然后进行匹配和排序,选择最终答案。我们把这类模型称为基于搜索排序的方法。

6.6.2 知识对话

知识问答系统中假设问题包含了提问者的所有信息需求。实际上,人们常常会以多个问题的方式表达出自己的信息需求,例如,"李连杰拍过哪些武打电影?""李连杰是哪儿人?",而不太会表述为"李连杰是哪儿人,他拍过哪些武打电影?"另外,知识问答假设问题之间没有关系,实际上,多个问题之间常常共享信息,如上面的两个问题。再比如,我们常常会问"北京天气如何?""那上海呢?",实际上,后面的问题就利用了前面问题的部分信息("天气如何")。

知识对话是指基于知识图谱或其他知识库的对话系统,它可以通过对用户提出的问题进行语义理解和上下文推理,从而提供更加准确、全面的答案。

文本对话系统一般包含如下6个组成部分:①语音识别:该模块主要负责将用户输入的信息,如语音或文字等转换为计算机能够表示和处理的形式。②对话理解:该模块主要负责对用户输入的信息进行处理与分析,以获得用户的真实意图。③对话管理:该模块根据对话的意图做出合适的响应,控制整个对话过程,使用户与对话系统顺利交互,解决用户的问题,它是对话系统的核心步骤。④任务管理:该模块根据具体任务管理对话过程涉及的实例型知识数据和领域知识。⑤对话生成:该模块主要负责将对话管理系统的决策信息转换为文本结构的自然语言。⑥语音合成:该模块主要负责将文本结构的信息转换为语音数据发送给用户。如图6-20所示,它展示了对话系统的典型架构。

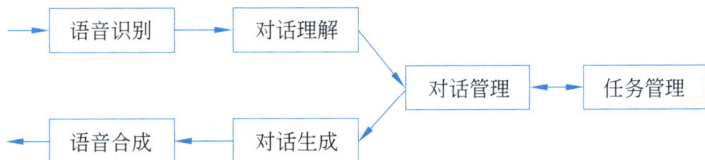

图 6-20 对话系统的典型架构

根据系统目标的差别,可以将对话系统分为如下两类。

① 任务导向型系统:用户使用系统时有确定的目标,一般为完成确定任务,如订机票、查路线(如图6-21(a))。

② 通用对话系统:用户没有具体目标,可能在多个任务之间切换(如图6-21(b))。

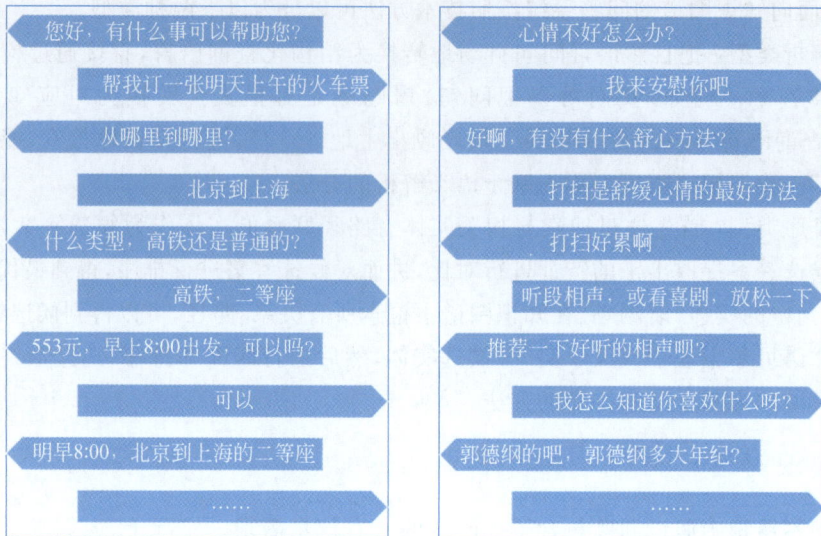

(a) 任务导向型对话过程示例　　　　　(b) 通用对话过程示例

图 6-21　对话系统典型对话过程示例

6.7　代表性的知识图谱

在知识图谱技术的发展过程中，有很多值得关注的代表性知识图谱。接下来将重点介绍一些具有代表性的知识图谱。

6.7.1　经典的通用知识图谱

事实上，2012 年 Google 公司发布 Konwledge Graph 产品以前，知识图谱已经出现了，但并没有明确地提出这一概念。从 2005 年开始，DBpedia、YAGO 等项目纷纷创建，这就是知识图谱的雏形，其中 FreeBase、DBpedia、YAGO、WikiData 是具有代表性的知识图谱。

FreeBase 是一个由 MetaWeb 于 2005 年启动的一个类似维基百科的创作共享类网站。FreeBase 主要采用社区成员的协作方式进行人工构建，所有内容均由用户添加，其数据来源多样。FreeBase 基于资源描述框架（resource description framework，RDF）三元组模型，底层采用图数据库进行存储。它的特点是不对顶层本体作非常严格的控制，用户可以创建和编辑类和关系的定义。

DBpedia 是一个由德国莱比锡大学和柏林自由大学的科研人员 2006 年开始创建的一个知识图谱，它从维基百科中提取结构化数据，以增强维基百科的搜索功能，并接入其他数据集。DBpedia 从维基百科的词条里抽取出结构化的知识，使得维基百科的庞大信息得以创新和有趣的应用，如地图整合、文档分类与标注、关系查询等。

YAGO 是一个由德国马克思·普明克研究所的研究人员于 2007 年开始创立的巨大语义知识库，其数据来源包括维基百科、WordNet 等多个数据源。YAGO 包含了超过 1700 万个实体（如人物、组织、城市等）以及约 1.5 亿条关于这些实体的事实信息。它能够为人工智能、智能问答系统、推荐系统、自然语言处理等领域提供丰富而精准的知识基础。

Wikidata 是一个由维基媒体基金会 2012 年启动的可协同编辑的多语言知识库,主要目的是为维基媒体项目提供结构化数据支持。Wikidata 是维基百科、维基文库、维基导游等维基计划的中央存储器,支持以三元组为基础的知识的自由编辑。Wikidata 中存储了大量的实体信息,包括人脸、地点、组织、事件等,并记录了它们之间的关系。每个实体可以有多个不同语言的标签、别名或描述。

6.7.2　经典的行业知识图谱

接下来介绍早期经典的行业知识图谱。行业知识图谱通常需要依靠特定行业的数据进行构建,具有特定的行业意义,实体的属性与数据模式往往比较丰富,需要考虑不同的业务场景与使用人员。IMDb(Internet Movie Database)、Music Brainz、Concept Net 是具有代表性的行业知识图谱。

IMDb 是一个隶属于亚马逊旗下的互联网电影资料库,是一个关于电影、电影演员、电影制作以及电视节目的在线数据库。其中的资料按类型进行组织,每个具体的条目都包含了详细的元信息。截止到现在,IMDb 共收录了超过 400 多万部作品的资料以及 800 多万名人物的资料。

Music Brainz 是一个开源的音乐数据库,致力于成为音乐信息的终极来源,创建了一个通用的音乐识别形式,使人和机器都能就音乐进行有意义的对话,被称为"公开的音乐百科全书"。Music Brainz 的创始目的是突破 CD 数据库(CDDatabase,CDDb)的限制,但如今的目标已经扩大为一种结构化的"音乐维基百科"。它包含了大量的音乐信息,包括专辑、歌曲、艺术家、唱片公司等,目标是让音乐爱好者有一个更好的音乐体验。

ConceptNet 是一个大规模多语言的常识知识库,其主要目的是帮助计算机理解人们使用的词语的含义。ConceptNet 主要依靠来自互联网众包资源的知识、专家创建的资源和有目的的游戏 3 种方法进行构建,由三元组形式的关系型知识构成。与链接数据和 Google 知识图谱相比,ConceptNet 比较侧重于词与词之间的关系。

6.7.3　基于互联网搜索的知识图谱

自 2012 年 Google 公司明确提出知识图谱的概念开始,各大互联网巨头开始构建自己的知识图谱。国外以 Google、微软为代表,国内以百度、搜狗为代表。

GoogleKG 是谷歌公司开发的一种基于人工智能技术的知识图谱系统。它致力于整合和组织全球范围内的大量信息,以便更好地为用户提供准确的、全面的搜索结果。技术目标主要有 3 个:首先是为用户提供正确的搜索结果,当用户搜索某个实体时,可以为用户提供更快速、准确地搜索结果;其次是可以根据用户提供的实体信息为用户提供结构化的总结,从而更好地理解用户搜索的目的,为用户提供更加方便的整合结果;另外,GoogleKG 可以帮助用户挖掘实体之间的关系,从而提供更深、更广的信息。

微软"概念图谱"(ConceptGraph)是微软亚洲研究院 2016 年 10 月正式发布的是一个大型的概念知识图谱系统,包含了来自数以亿计的网页和数年累计的搜索日志,可以为机器提供文本理解的常识性知识。ConceptGraph 是一个建立在由微软构建的 Probase 知识库基础之上的知识图谱系统,核心知识库包括超过 540 万条实体、近亿条关系/属性。

百度知心是由百度公司提出的一款基于知识图谱的人性化智能问答系统。百度知心致力于构建宏大的知识网络,以图文并茂的方式全方位地展示知识,其特点是对搜索结果进行细致的甄选和干预,并利用数据挖掘技术,将与关键词相关的知识内容聚合在一起,形成知识集群,满足用户的求知需求,实现搜索即答案的效果。

搜狗知立方是一款由搜狗搜索打造的全新知识库搜索引擎,于 2012 年 11 月 22 日上线,是国内搜索引擎行列中首家知识库搜索产品。它通过整合海量的互联网碎片化信息重新优化计算搜索结果,向用户呈现最核心的信息。相较于其他的搜索引擎,搜狗知立方的优势是能够使用户的搜索结果更加精准、更加权威、更加全面。搜狗知立方将知识库中的信息转化为用户可以理解的展现内容;为用户提供更多可以直接消费的富文本信息,增添图片、表格等,结果呈现方式不局限于文字;增加更多的用户交互元素,如单击试听等,提升用户体验。

6.7.4 中文开放知识图谱联盟

随着知识图谱技术的不断发展,国内从事知识图谱研究与开发的学者和机构 2016 年共同发起了一个开放的中文知识图谱联盟——OpenKG。OpenKG 旨在推动中文知识图谱数据的开放与互联,促进知识图谱和语义技术在中国的普及和广泛应用,让知识图谱能更多地在垂直行业落地,为中国人工智能的发展以及创新创业作出贡献。目前,联盟已经包含了来自于常识、医疗、金融、城市、出行等多个类目的开放知识图谱,这为联盟的发展提供了丰富的知识基础。

6.8 知识图谱的发展趋势与挑战

人工智能正逐步从感知智能迈向认知智能,最终目标是让机器模仿人类的思维逻辑和认识能力,具有人类的理解、归纳和应用知识的能力,知识图谱在这里起到了非常关键的作用。未来的知识图谱将更加强大,能够更好地理解人类世界,整体而言,知识图谱领域的发展将会持续呈现特色化、开放化、智能化的趋势。知识图谱也将与更多学科进行跨学科合作,例如自然语言处理、图形学、人工智能等。

6.8.1 知识图谱的发展趋势

随着关注度越来越高,知识图谱的发展正呈现出诸多趋势。针对基础理论和应用技术,人们展开了进一步的研究。同时,随着技术的发展和广泛的关注,知识图谱已经从学术研究逐步转移到行业应用中,落实在相关产业发展,应用领域也日趋广泛。

知识图谱是一种描述实体之间关系的表示形式,可以帮助人们更好地理解知识。而机器学习作为一种人工智能技术,能够自主地学习和预测。将知识图谱与机器学习相互融合渗透,使两者的优点相互结合,就能够达到更好结果。现阶段,越来越多的厂商开始将机器学习技术应用到知识图谱中,大量的机器学习模型可以有效地完成端到端的实体识别、关系抽取和关系补全等任务,进而可以用来构建或丰富知识图谱。

知识图谱与人工智能结合之后,产品和服务将具备认知能力,这将对企业产生颠覆性影响,将重塑其所处行业的形态,革新行业的各个关键环节。当前,已有越来越多的企业将人工智能提升至企业核心战略的高度,近年来,知识图谱在电子商务、金融、公安、医疗等行业逐步开始落地,在这些行业的渗透和深入中,知识图谱愈来愈显现其基础性作用。

6.8.2　知识图谱面临的挑战

目前,人们对知识图谱的研究已经取得了一定的进展,使其在信息检索、自然语言处理和推荐系统等方面有广泛的应用。但是,成熟、大规模的知识图谱应用仍然非常有限。除了搜索、问答、推荐等少数场景外,知识图谱在不同行业中的应用仍然处于非常初级的阶段,有非常广阔的研究和扩展空间。目前,知识图谱仍然面临着诸多挑战。

① 数据质量与一致性:知识图谱的构建依赖于大量数据,其质量取决于数据的质量,但这些数据可能存在噪声、错误等问题,这些问题会直接影响到知识图谱的效果。因此需要更好地收集、清洗和验证数据。

② 知识更新与维护:现实世界是动态变化的,信息在不停地发生变化,相应的知识也需要更新。如何有效地更新知识图谱,在数据飞速发展的当下,使知识图谱一直保持时效性,是一个巨大的挑战。

③ 跨领域整合:不同领域的知识图谱可能有不同的结构和表示方式,如何整合这些图谱,实现跨领域的知识融合,是知识图谱面临的难题。同时,随着数据量的不断提升,信息规模的越来越大,需要更高效地存储和计算技术来支持来自信息的融合。

④ 知识表示的复杂性:知识图谱采用三元组的形式表达知识,而在现实世界中,信息是丰富多样的,包含了客观事实、人类的主观情感以及模糊不确定的信息,在处理这些复杂知识的过程中,三元组的表示方法可能不能充分地表达信息。

⑤ 隐私保护:知识图谱包含了大量个人信息,这些信息可能涉及用户的隐私信息,如何在使用这些数据的同时保护个人隐私,是一个亟待解决的问题。

6.9　本章小结

在互联网飞速发展的今天,万物互联成为可能,智能分析由只关注于个体转向更关注个体之间的关系。伴随着数据处理技术时代的到来,数据量呈爆炸式的增长。在这些海量的非结构化文本数据、大量的半结构化表格和网页以及生产系统的结构化数据中,蕴含着大量的关系信息。利用知识图谱技术,人们可以对这些关系信息进行结构化、语义化的智能处理,形成大规模的知识库,并支撑业务应用,使得机器能够更好地理解网络、理解用户,为用户提供新型智能化服务。

本章从知识图谱的起源发展入手,系统地介绍了知识图谱的相关概念、技术要素与应用,不仅涵盖了知识图谱技术的发展历程和特点,也涵盖了当前阶段知识图谱的主要应用,并分析了未来的发展趋势与挑战。作为未来人工智能领域发展的重要方向之一,知识图谱在未来的发展中,规模将不断扩大,质量将不断提高,应用场景将不断增加。同时,随着人工智能技术的发展,知识图谱的构建技术也将不断改进,从而更好地支持知识图谱的发展。

习题 6

1. 什么是知识图谱?简要描述它在人工智能中的作用和应用领域。

2. 简述实体、属性和关系在知识图谱中的作用,并举例说明如何通过三元组表示实体的属性以及实体之间的关系。

3. 在日常生活中，有哪些方面可以运用自顶向下以及自底向上的知识建模方法？请你结合实例进行说明。

4. 简述知识抽取的概念，并举例说明如何从一段文本中抽取出用于构建知识图谱的实体、属性和关系。

5. 简述知识图谱中的知识推理与知识挖掘的区别，并举例说明如何通过推理方法从知识图谱中推导出新的知识。

6. 在构建知识图谱时，知识存储的主要方法有哪些？请简要比较图数据库和关系数据库在知识存储中的优缺点，并说明在什么场景下选择图数据库进行知识图谱存储会更为合适。

7. 在构建知识图谱的过程中，知识融合是一个重要步骤。请解释知识融合的概念，并列举两种常见的知识融合方法。

8. 基于知识图谱的搜索、问答系统，与传统的搜索与问答系统相比，两者有怎样的区别？

第2部分

应 用 篇

人工智能领域的新方法新技术层出不穷,任何人都不可能完全认识和掌握所有的方法和技术,任何一本书也不可能将这些方法全部介绍完。本着"有的放矢,为我所用"的原则,结合多年的教学实际,应用篇内容的选择主要依据开展项目设计与实施过程中经常用到一些方法和技术。除了"第7章神经网络与深度学习"和"第8章卷积神经网络"都是以神经网络为基础的,其他各章均各成体系,学习时可以根据需要适当选择。

第 7 章

人工神经网络与深度学习

本章学习目标：

- 了解人工神经元、人工神经网络和深度学习的基本概念。
- 理解人工神经元和人工神经网络的工作过程。
- 掌握神经元、BP 神经网络和生成对抗网络的工作原理。
- 操作实践：能够搭建 BP 神经网络模型、生成对抗网络模型，完成网络的训练和应用。

深度学习是一种基于神经网络的机器学习框架。到目前为止，深度学习基本都是用神经网络实现的。深度学习之所以称为深度学习，而不称为神经网络，就是因为构成深度学习的神经网络是很多层的神经网络。本章从神经元与神经网络开始，再介绍最常用的 BP 神经网络，最后介绍生成对抗网络及其应用的例子，卷积神经网络及应用在第 8 章介绍。

7.1 人工神经元与人工神经网络

组成神经网络的基本单位是神经元，组成人工神经网络的基本单位是人工神经元。因此，本节从了解神经元、人工神经元开始，再讲解人工神经网络。

7.1.1 神经元

人工神经元是仿生物神经元设计的，首先简单介绍生物神经元的结构及其各部分的功能。

1. 生物神经元

生物神经元主要由三部分组成：细胞体、轴突和树突。如图 7-1 所示。细胞体是神经元的新陈代谢中心，同时也用于接收和处理从其他神经元传递过来的信息。轴突是细胞体向外伸出的最长的一条分支，每个神经元 1 个，长度最大可达 1m，它的作用相当于神经元的输出，通过尾部分出的许多神经末梢以及梢端的突触向其他神经元输出神经冲动。树突是由细胞体向外伸出的除轴突外的其他分支，长度一般较短，但分支很多，相当于神经元的输入端，用于接收从四面八方传来的神经冲动。

2. 人工神经元

人工神经元是对生物神经元的抽象模拟，由于生物神经元的作用机理目前也没有完全研究清楚，因此，人工神经元只是对生物神经元的模拟建模。为方便起见，人工神经元以下

人工智能基础及应用（微课视频版）

简称神经元,人工神经网络简称神经网络。

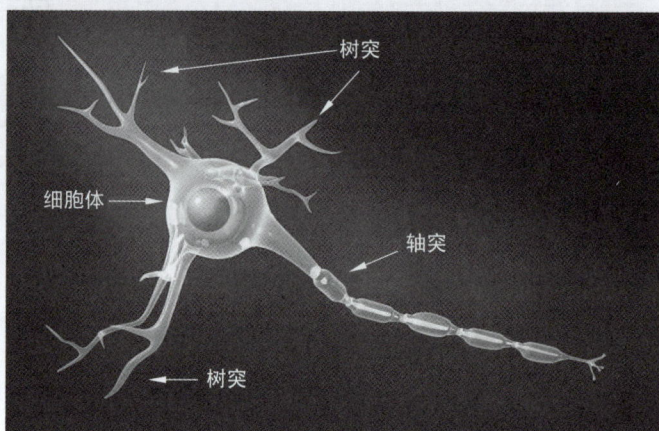

图 7-1　生物神经元结构示意图

神经元的结构如图 7-2 所示,中间实心圆部分模拟的是细胞体,主要作用是处理来自外界或其他神经元传递过来的信息;实心圆左侧模拟的是树突,主要作用是神经元的输入端口,用于接收信息;实心圆右侧模拟的是轴突,主要作用是神经元的输出端口,用于输出信息。图中符号表示的意义是:$x_1,x_2,\cdots,x_n$ 表示 n 个输入,$w_1,w_2,\cdots,w_n$ 是 n 个输入与细胞体的连接权重,y 是输出,b 表示神经元的偏置值,net 表示每个输入乘以对应的权重并求和,再加上偏置值 b 的结果,即

$$\text{net}=x_1\cdot w_1+x_2\cdot w_2+\cdots+x_n\cdot w_n+b=\sum_{i=1}^{n}x_i\cdot w_i+b \tag{7-1}$$

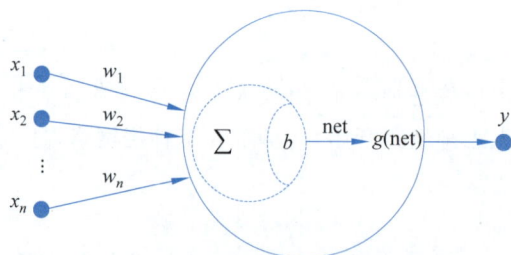

图 7-2　人工神经元示意图

为了简化表示形式,可以令 $x_0=1,w_0=b$,则式(7-1)可以表示为

$$\text{net}=\sum_{i=0}^{n}x_i\cdot w_i \tag{7-2}$$

将输入和连接权重写成向量的形式,即 $\boldsymbol{x}=(x_0,x_1,x_2,\cdots,x_n)$、$\boldsymbol{w}=(w_0,w_1,w_2,\cdots,w_n)$,则式(7-2)可以写为

$$\text{net}=\boldsymbol{x}\cdot\boldsymbol{w}$$

g 是关于 net 的一个函数,得到神经元的输出 y,即

$$y=g(\text{net})=g(\boldsymbol{x}\cdot\boldsymbol{w}) \tag{7-3}$$

这是一个神经元的模型,有时也称单一神经元模型为感知器,这个神经元模型如何工作呢?

第一步：输入 $x_1, x_2, \cdots, x_n$。

第二步：计算 $\mathrm{net} = \sum\limits_{i=0}^{n} x_i \cdot w_i$，即每个输入乘以对应的权重，并求和 $\sum\limits_{i=1}^{n} x_i \cdot w_i$，再加上偏置值 b，结果存入 net。

第三步：计算输出 $y = g(\mathrm{net}) = g(\boldsymbol{x} \cdot \boldsymbol{w})$，得到输出 y。

下面看一个例子，假设用一个神经元模型识别数字 6。如图 7-3 所示，(a)表示数字 6 的图像，(b)表示数字 6 的数字图像，(c)则表示数字 6 的模式，这里图像和模式大小都是 10×9。

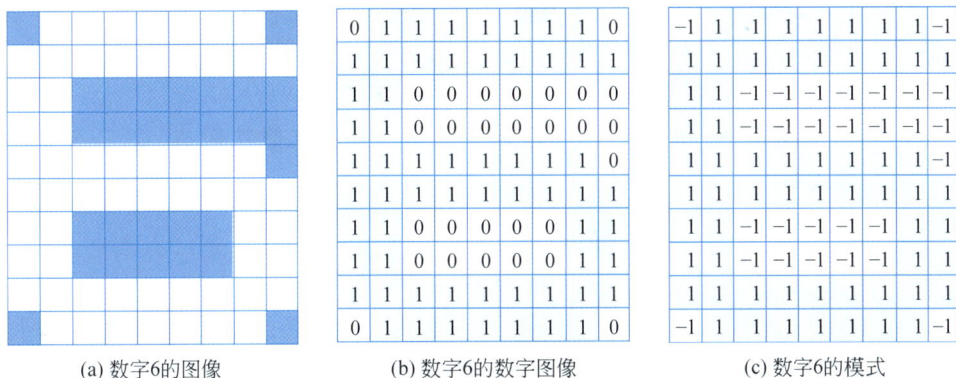

| (a) 数字6的图像 | (b) 数字6的数字图像 | (c) 数字6的模式 |

图 7-3　数字 6 的图像、数字图像和模式

我们可以构建一个 $10 \times 9 = 90$ 个输入的神经元，自然与神经元也有 90 个链接，结构如图 7-4 所示。

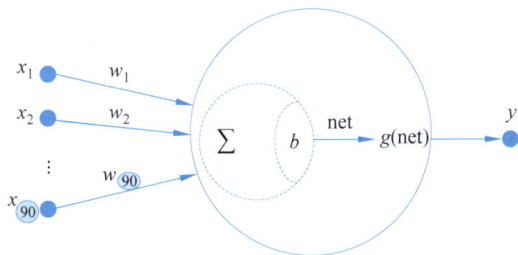

图 7-4　识别数字 6 的神经元结构示意图

可以得到数字 6 的 90 个输入 $x_1, x_2, \cdots, x_{90}$（对应数字图像的像素值）和 90 个连接权重 $w_1, w_2, \cdots, w_{90}$（对应数字模式的值），可得 $\sum\limits_{i=1}^{90} x_i \cdot w_i = 61$。

这里还没有确定偏移量 b 和函数 g，如何确定它们？

先来看看与数字 6 很像的数字 9 的情况。数字 9 的图像和数字图像如图 7-5 所示，数字 9 的数字图像对应的输入表示为 $x_1^{(9)}, x_2^{(9)}, \cdots, x_{90}^{(9)}$，则可以求得 $\sum\limits_{i=1}^{90} x_i^{(9)} \cdot w_i = 51$。这时可以看到，数字 6 对应项求和的数值 61 大于数字 9 对应项求和的数值 51。因此，可以认为"结果 61 是数字 6"比"结果 51 是数字 6"的可能性大。但是，这样的识别结果并不明显。同时，数字 0～9 的笔画各不相同，繁简有别，有多有少，这样就会造成识别结果的匹配值有大有小。希望能有办法将匹配值变换到 $[0,1]$ 区间，并且使得大的匹配值变换成接近 1 的值、小的匹配值变换成接近 0 的值。

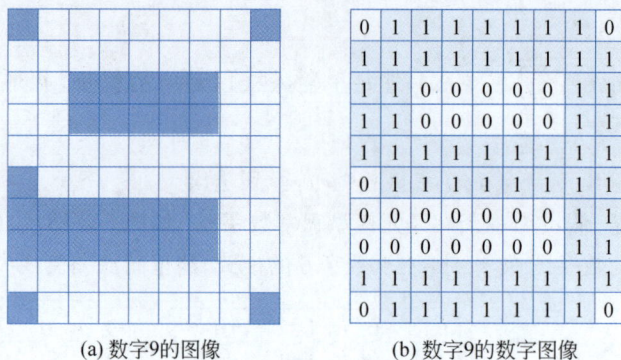

(a) 数字9的图像　　　　　(b) 数字9的数字图像

图 7-5　数字 9 的图像和数字图像

例如，可以使用 sigmoid 函数，它可以将任何一个实数值映射成 $[0,1]$ 区间的值，sigmoid 函数形式如下：

$$\text{sigmoid}(x) = \frac{1}{1 + e^{-x}}$$

sigmoid 函数的图形如图 7-6 所示。

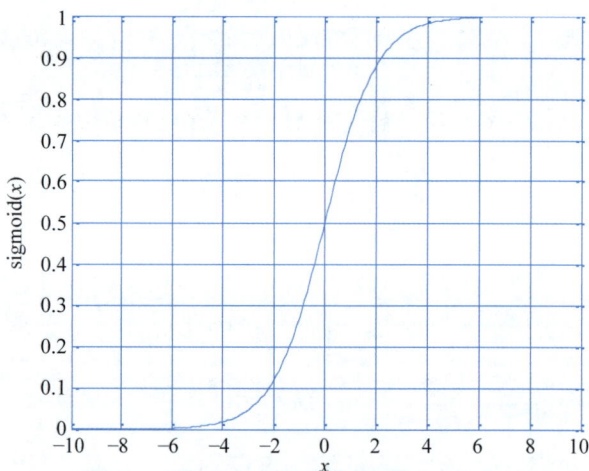

图 7-6　sigmoid 函数

但是，sigmoid(61) 与 sigmoid(51) 的值都接近 1，无法区分数字 6 和数字 9。这时就需要偏置值 b 了，令 $b = -\left(\left(\sum_{i=1}^{90} x_i \cdot w_i\right) + \left(\sum_{i=1}^{90} x_i^{(9)} \cdot w_i\right)\right)/2 = -(61+51)/2 = -56$，则有

$$\text{sigmoid}(61-56) \approx 0.9933$$
$$\text{sigmoid}(51-56) \approx 0.0067$$

从这个结果可以看到，接近 1 的就是识别结果，而接近 0 的就不是识别结果。

模型中的函数 g 叫作激活函数，上面例子中的 sigmoid 函数就是一个激活函数。激活函数还可以是其他形式的函数，下面给出常用的几种激活函数。

（1）sigmoid 函数。

$$\text{sigmoid}(x) = \frac{1}{1 + e^{-ax}}$$

其函数图像如图 7-6 所示，α 是斜率控制参数。

（2）符号函数。

$$f(x)=\begin{cases} 1 & x\geqslant 0 \\ -1 & x<0 \end{cases}$$

其函数图像如图 7-7 所示。

（3）线性整流函数 ReLU。

$$ReLU(x)=\max(0,x)$$

其函数图像如图 7-8 所示。

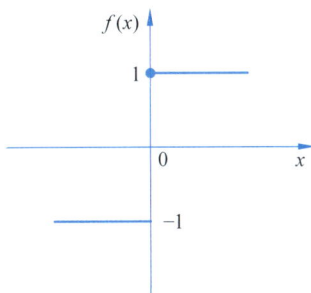

图 7-7　符号函数

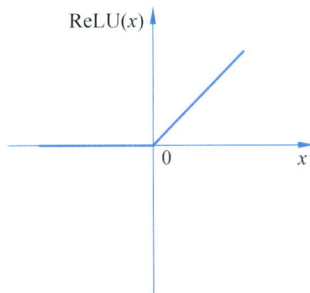

图 7-8　线性整流函数 ReLU

（4）双曲正切函数。

$$\tanh(x)=\frac{e^x-e^{-x}}{e^x+e^{-x}}$$

其函数图像如图 7-9 所示。

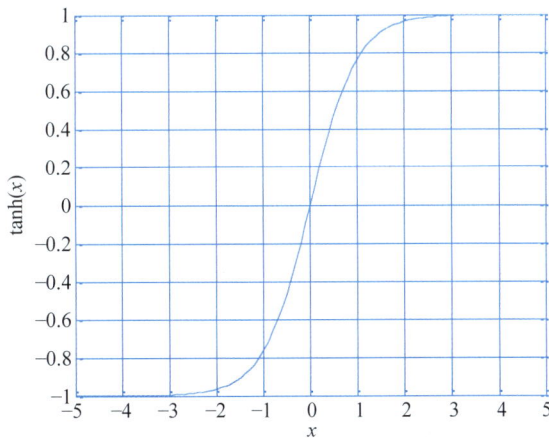

图 7-9　双曲正切函数 tanh

现在，我们对于构成单一神经元模型的各部分及其作用有了直观的认识，知道了神经元信息处理过程、激活函数和偏置值的作用。在识别数字 6 的例子中，数字 6 的模式（图 7-3(c)）是给定的，用数字 6 的模式作为神经元的连接权重 $w_1,w_2,\cdots,w_{90}$，进而完成数字识别。但是，在一般情况下，我们并不知道待识别对象的模式，也就不知道神经元的连接权重，如何通过对实例数据学习来确定连接权重？下面给出单一神经元的学习过程描述。

为清楚起见，这里的算法描述中只考虑仅有一个输出的情况。符号表示意义如下：x_1，

$x_2, \cdots, x_n$ 表示 n 个输入，$w_1, w_2, \cdots, w_n$ 是 n 个连接权重，y 是输出，b 表示神经元的偏置值，函数 g 表示激活函数。

单一神经元学习算法如下。

输入：包含 M 个样例的数据集和相应样例的期望输出，即 $\{x_j \mid x_j = (x_1, x_2, \cdots, x_n), j = 1, 2, \cdots, M\}$，$\{\hat{y}_j \mid \hat{y}_j$ 是对应 x_j 的期望输出，$j = 1, 2, \cdots, M\}$，确定的激活函数 g，误差最低要求 $e_{\min}$。

输出：神经元模型，即确定的 $w_0, w_1, w_2, \cdots, w_n$。

算法描述如下。

第一步：赋初始值：$t = 0$，$e_{\min}$，给 $w_i(0)(i = 0, 1, 2, \cdots, n)$ 及偏移量 b 分别赋予一个较小的随机数作为初值，同时令 $w_0(0) = b$（这里 $w_i(0)$ 表示在时刻 $t = 0$ 时第 i 个输入的连接权值）。

第二步：如果有未训练的数据样例，则选择输入一个样例 $x = (x_0, x_1, x_2, \cdots, x_n)$ 和相应的期望输出 $\hat{y}$，这里令 $x_0 = 1$，否则，转第七步。

第三步：计算神经元的实际输出 $y(t)$、实际输出 $y(t)$ 与期望输出 $\hat{y}$ 的误差 e

$$y(t) = g\left(\sum_{i=0}^{n} x_i \cdot w_i(t)\right)$$

$$e(t) = \hat{y} - y(t)$$

第四步：如果实际输出 $y(t)$ 与期望的输出 $\hat{y}$ 的误差小于最小误差 $e_{\min}$，则无须调整 $w_i(t)$ 的值，转第二步（选择下一个样例训练），否则进行下一步。

第五步：调整连接权值 $w_0, w_1, w_2, \cdots, w_n$。

$$w_i(t+1) = w_i(t) + \Delta w_i(t) \quad i = 0, 1, 2, \cdots, n$$

$\Delta w_i(t)$ 的计算方法依据不同调整策略各不相同。这里给出一种简单的调整方法，令

$$\Delta w_i(t) = \eta \cdot e \cdot x_i = \eta(\hat{y} - y(t))x_i, i = 0, 1, 2, \cdots n$$

则有

$$w_i(t+1) = w_i(t) + \eta(\hat{y} - y(t))x_i \quad i = 0, 1, 2, \cdots, n$$

其中，$0 < \eta \leqslant 1$ 是一个调整参数，用于控制调整速度。通常，η 不能太大，否则会影响 $w_i(t)$ 的稳定；η 也不能太小，否则 $w_i(t)$ 的收敛速度会很慢。

第六步：$t = t + 1$，转第三步（对此样例进行下一轮的参数调整）。

第七步：结束学习过程，得到最后的参数 $w_0, w_1, w_2, \cdots, w_n$，进而确定模型，输出模型参数。算法毕。

单一神经元学习算法流程如图 7-10 所示。

下面通过一个简单的例子进一步认识神经元的训练学习过程。

假设需要建模的是单输入单输出的模型，为了简单起见，这里只给出一个样例数据：输入数据 2，期望输出是数据 7。建立图 7-11 所示的单一神经元模型，其中输入 $x = (x_0, x_1)$，连接权重 $w = (w_0, w_1)$，$x_0 = 1$，w_0 是偏置值 b。这里激活函数 g 选择线性整流函数 $\mathrm{ReLU}(net) = \max(0, net)$，$net = \sum_{i=0}^{n} x_i \cdot w_i$，误差最低要求 $e_{\min} = 0.0001$。

学习训练过程如下：

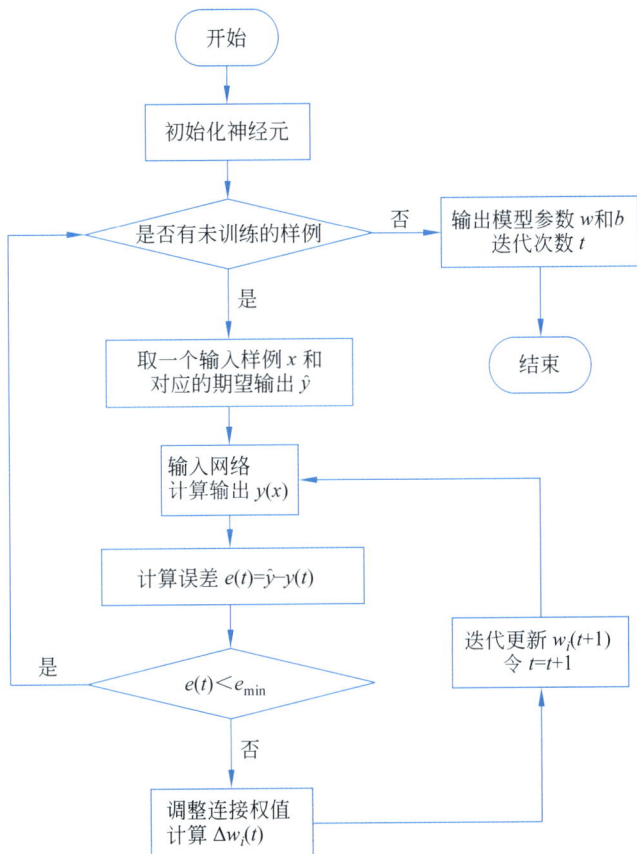

图 7-10　单一神经元学习算法流程图

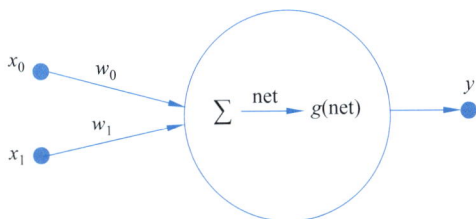

图 7-11　单输入单输出神经元示意图

第一步：赋初始值：$t=0$，$e_{\min}=0.0001$，随机给连接权重 $w(0)=(w_0(0),w_1(0))$ 赋初值，这里令 $w_0(0)=0.5$，$w_1(0)=0.5$。

第二步：输入样例数据 $x_0=1$，$x_1=2$，期望输出 $\hat{y}=7$。

第三步：计算神经元的实际输出及误差：

$$y(0)=\mathrm{ReLU}\Big(\sum_{i=0}^{1}x_i \cdot w_i(0)\Big)=\mathrm{ReLU}(1\times0.5+2\times0.5)=1.5$$

$$e=\hat{y}-y(0)=7-1.5=5.5$$

第四步：$e=5.5$ 不小于 $e_{\min}=0.0001$，进行下一步。

第五步：调整连接权值，这里使用下面的调整策略

$$w_i(1)=w_i(0)+\eta(\hat{y}-y(0))x_i \quad i=0,1$$

取 $\eta=0.1$，计算得到：

$$w_0(1)=0.5+0.1\times(7-1.5)\times1=1.05$$
$$w_1(1)=0.5+0.1\times(7-1.5)\times2=1.6$$

第六步：$t=t+1$，转第三步，开始下一轮的连接权重调整。

（用新的连接权重 $w_0(1)$、$w_1(1)$ 计算 $y(1)$，进而得到在新连接权重下的误差 e）

$$y(1)=\mathrm{ReLU}\Big(\sum_{i=0}^{1}x_i\cdot w_i(1)\Big)=\mathrm{ReLU}(1\times1.05+2\times1.6)=4.25$$

$$e=\hat{y}-y(1)=7-4.25=2.75$$

显然，$e=2.75$ 已经比上一轮误差 5.5 要小，但它仍然大于 $e_{\min}=0.0001$，所以，需要再进行连接权重调整。

$$w_0(2)=1.05+0.1\times2.75\times1=1.325$$
$$w_1(2)=1.6+0.1\times2.75\times2=2.15$$

再执行，$t=t+1$，转第三步，开始下一轮的连接权重调整。

如此重复，直到当 $t=16$ 次调整连接权重时实际输出 $y(16)=6.9999$ 与期望输出 $\hat{y}=7$ 的误差为 8.3923×10^{-5}，小于最小误差 $e_{\min}=0.0001$，转第二步（选择下一个样例训练），本例中只有一个训练样例，转第二步后没有可用样例，转第七步。

第七步：结束学习过程，将最后得到的 $w_i(16)$ 赋给连接权重 $w_i(i=0,1)$，进而确定模型，$\boldsymbol{w}=(w_0,w_1)=(1.6,2.7)$。神经元如图 7-12 所示。

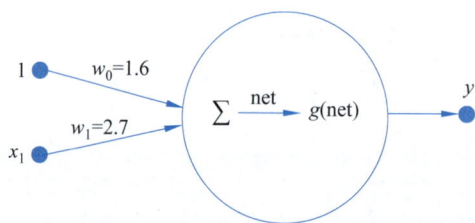

图 7-12　训练后的神经元示意图

神经元的建模过程主要就是确定连接权重的过程，当然也需要对激活函数进行选择。神经元建模的一般过程可以描述为：样例数据从正向输入神经元，经过连接权重、激活函数的作用得到神经元的输出，再求得这个输出与样例数据的期望输出之间的误差，之后依据一定的调整策略对连接权重值进行调整，再用新的连接权重值对样例数据实施作用，如此循环往复，直至神经元输出与期望输出之间的误差满足要求为止，如图 7-13 所示。

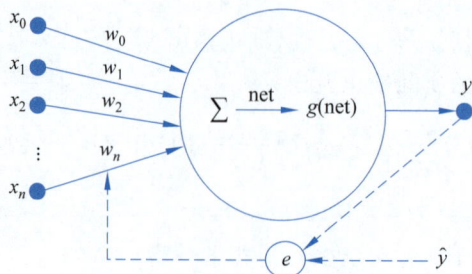

图 7-13　神经元参数调整示意图

7.1.2　神经网络

本节及以后所说的神经网络都是指人工神经网络。

下面从一个最简单的例子开始。如果要建立一个识别 $0\sim9$ 的神经网络,数字模式如图 7-3 的数字 6 的模式,只要建立一个含有 10 个神经元的网络就能够实现数字 $0\sim9$ 的识别,如图 7-14 所示。这是最简单的神经网络,91 个输入分别连接 10 个神经元中的每一个神经元,并引入偏置值 x_0,且令 $x_0=1$,其对应的连接表示偏置值。神经元之间没有连接,w 表示连接权重矩阵,它是一个 91×10 维的矩阵,即 $w_{i,j}$ 表示第 i 个输入与第 j 个神经元的连接权重,其中 $i=0,1,2,\cdots,91,j=0,1,\cdots,9$。通常也称这种神经网络为一层神经网络。

神经网络是由神经元广泛互连组成的网络。每个神经元的结构和行为都不复杂,但组成的神经网络的结构和行为可以是极为复杂的,可以描述很多复杂的物理系统,并且表现出一般复杂非线性系统的特性和作为神经网络系统的各种性质。神经网络中的神经元也称为神经元节点,或直接称为节点。

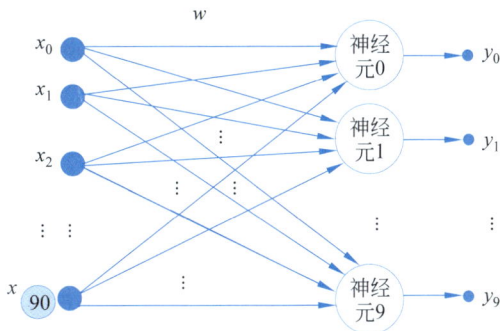

图 7-14　识别数字 $0\sim9$ 的神经网络结构示意图

根据神经网络中神经元的连接方式,可以将神经网络划分为不同类型的神经网络。下面就简单介绍最常用的两类神经网络。

(1) 前馈型:在前馈型神经网络中,神经元是分层排列的,分为输入层、输出层和隐藏层。输入和输出层的神经元与外界相连,输入层主要完成神经网络的输入功能,输出层主要完成神经网络的输出功能;隐藏层的神经元只与其相邻的上一层神经元和下一层神经元相连接,只接收上一层神经网络传递来的数据信息,完成相应的处理后将其结果数据信息传递给下一层神经网络,并作为下一层神经网络的输入。图 7-15 所示的神经网络就是一个前馈型神经网络,最著名的 BP 神经网络、卷积神经网络也都是前馈型神经网络。BP 神经网络将在 7.2 节中介绍,卷积神经网络及应用将在第 8 章中介绍。

(2) 反馈型:在反馈型神经网络的模型中,一些神经元的输出经过若干个神经元后,再反馈到这些神经元的输入端。最典型的反馈型神经网络是 Hopfield 神经网络,它是全互联神经网络,即每个神经元和其他神经元都相连。

神经网络是将知识表示方法和推理方法合二为一的方法,它将知识表示和推理都蕴含在神经网络中。当网络模型确定后,通过样例数据训练网络参数的过程,相当于学习过程;对未知输入数据进行识别或判断的过程,相当于推理过程。

神经网络的学习如同人的学习。一个幼儿见到猫时,妈妈会告诉他这是猫,多次训练之后，幼儿就认识了猫。神经网络也是通过一个个样本认识动物的，只是神经网络需要大量的样本训练才可能达到好的效果。所谓训练，就是通过样例数据调整神经网络的连接权重的过程，且使得正确识别的输出接近于 1，非正确识别的输出接近于 0。例如，对于一个识别"猫狗"的神经网络，训练的目标是调整网络连接的权重，使得：当输入一幅猫的图像时，猫对应的输出接近于 1，狗对应的输出接近于 0，而当输入一个狗的图像时，狗对应的输出接近于 1，猫对应的输出接近于 0。一个神经网络可以用不同的数据作训练，就可以识别不同的对象。

神经网络学习是指调整神经网络的连接权重或结构，使得对任一输入都能得到所期望的输出。神经网络学习的参数调整包括所包含的每个神经元的连接权重的调整，调整过程参见 7.1.1 节神经元学习算法。

7.2 BP 神经网络及其学习算法

BP 神经网络属于前馈型神经网络类型，它是目前应用最广泛的神经网络。本节主要介绍 BP 神经网络的结构、学习算法及一个 PB 神经网络学习的例子。

7.2.1 BP 神经网络结构

BP 神经网络是多层前向网络，第一层称为输入层，最后一层称为输出层，中间各层称为隐藏层。输入层将数据加载到网络，输出层将网络的作用结果输出，隐藏层主要完成数据信息的传递和处理，如图 7-15 所示。从图中可以看到，在输入层和输出层中，每个输入或输出数据只与一个神经元连接，输入层和输出层神经元的激活函数一般使用线性函数。隐藏层（图中的第 2 层到第 $m-1$ 层）的结构是每一层的神经元只与其前一层神经元和后一层神经元连接，而且是与这些神经元的全连接，同层神经元之间不连接，每层的神经元只接收其前一层神经元的输出作为输入，而它的输出又作为后一层神经元的输入。

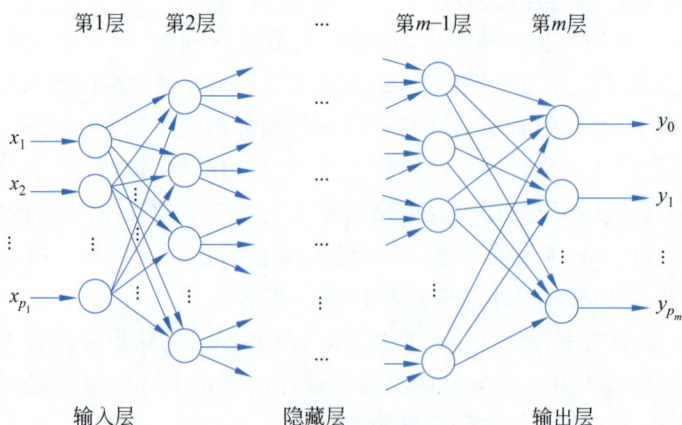

图 7-15　BP 神经网络结构示意图

在 BP 神经网络中，输入层、隐藏层、输出层的神经元组成结构是不同的。输入层神经元与输入数据之间、输出层神经元与输出数据之间的连接方式是单一的线性方式，而非全连接方式，而隐藏层中各个相邻层之间神经元的连接方式是全连接方式。为了描述方便，在

BP 神经网络中引入偏置节点,这个偏置节点值为固定值 1,偏置节点不是任何层的一部分。与其他节点不同,它们没有从左侧进入的连接,并且它们的初始值为 1,且永远不变,如图 7-16 所示。图中引入的阴影节点 1 就是偏置节点。从偏置节点到输入层、隐藏层中各个神经元的连接都有相应的连接权值,用以表示这个神经元的偏置权值。

下面以图 7-16 中的 BP 神经网络为例,介绍数据在神经网络中是如何传递的。

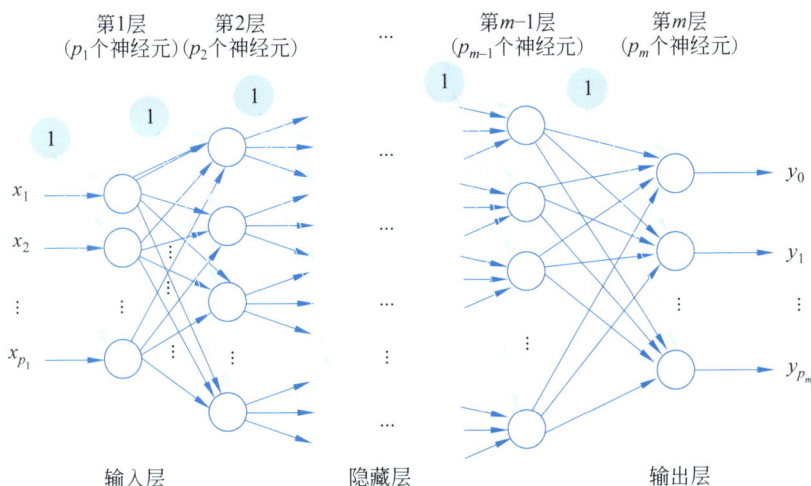

图 7-16　加入偏置点的 BP 神经网络结构示意图

假设输入数据为 $X=(x_1,x_2,\cdots,x_{p_1})$,是一个 p_1 维数据,有 p_m 个输出数据 $Y=(y_1, y_2,\cdots,y_{p_m})$,第 k 层的激活函数为 f_k(这表示每一层的神经元的激活函数是相同的),$k=1,2,\cdots,m$,第 k 层含有 p_k 个神经元,并设第 k 层隐藏层的第 j 个神经元的输出为 y_j^k。从图中可以看到,神经网络输入层的输入数据与第一层神经元的连接方式是直接且一对一的连接,与其他层神经元的连接方式不同,当然数据传递的方式方法也是不同的,用 w_{i1}^0 表示第一层第 i 个输入数据与第 i 个神经元的连接权重(注意:第一层每个输入数据只与一个神经元连接),则有

$$y_i^1 = f_1(\text{net}_i^1)$$

其中,$\text{net}_i^1 = x_i \cdot w_{i1}^0 + 1 \cdot w_{i0}^0 (i=1,2,\cdots,p_1)$。

对于隐藏层和输出层(即从第 2 层到第 m 层),第 $k-1$ 层的第 i 个神经元与第 k 层的第 j 个神经元的连接权重为 w_{ij}^{k-1},并设第 k 层隐藏层第 j 个神经元的输出为 y_j^k,对偏置节点处理方法是:设 $y_0^{k-1}=1$,w_{0j}^{k-1} 是第 k 层隐藏层第 j 个神经元的偏置值,则有

$$y_j^k = f_k(\text{net}_j^k)$$

$$\text{net}_j^k = \sum_{i=0}^{p_{k-1}} y_i^{k-1} \cdot w_{ij}^{k-1}$$

输出层因为没有后继层神经元,每个神经元的输出就是对应神经网络的输出,即

$$Y=(y_1,y_2,\cdots,y_{p_m})=(y_1^m,y_2^m,\cdots,y_{p_m}^m)$$

总结一下,数据在 BP 神经网络中的传递过程是:首先,输入数据 $X=(x_1,x_2,\cdots,x_{p_1})$ 经过输入神经元输入网络,并经过第一次神经网络的作用,形成了第一层神经元的输出 $y_i^1 = f_1(\text{net}_i^1)$,其中 $\text{net}_i^1 = x_i \cdot w_{i1}^0 + 1 \cdot w_{i0}^0$;其次,$y_i^1$ 是第一层神经元的输出,同时也是第二层神经网络的输入,数据传递进入隐藏层,开始逐层传递,传递方式为 $y_j^k = f_k(\text{net}_j^k)$,其中

$net_j^k = \sum_{i=0}^{p_{k-1}} y_i^{k-1} \cdot w_{ij}^{k-1}$；最后，当到达最后一层时，输出的 $(y_1^m, y_2^m, \cdots, y_{p_m}^m)$ 即为神经网络对应的输出 $Y = (y_1, y_2, \cdots, y_{p_m})$。

  BP 神经网络的数据传递过程可以更加形象地表示，数据在输入层输入，经过第一层神经元作用后形成第一层输出；引入偏置节点 y_0^1 及其偏置连接 $w_{0j}^1 (j = 1, 2, \cdots, p_2)$ 后，经过矩阵相乘和相应激活函数作用，形成第二层输出；如此传递下去，直到第 m 层输出为止，如图 7-17 所示，图中"$\otimes$"表示两个矩阵或向量对应元素相乘得到同维的一个新的矩阵或向量的运算，$(\cdot)^T$ 表示该矩阵对应的转置矩阵。

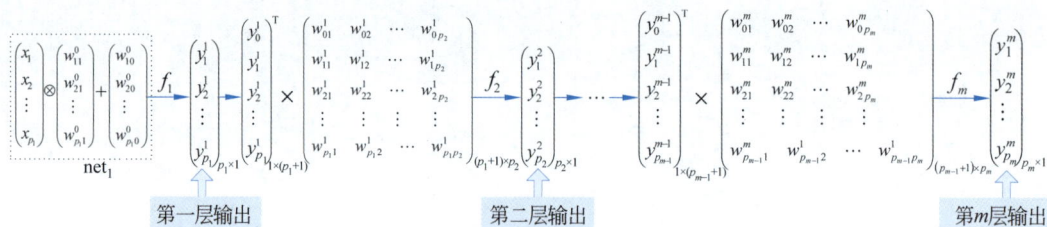

图 7-17　BP 神经网络中数据处理传递过程示意图

  BP 神经网络具有很强的学习能力，根据 Kolmogorov 定理，对于任意一个给定的连续函数 f，可以用一个三层的 BP 神经网络以任意精度逼近。但是，对于一个实际问题，如何选择合理的 BP 神经网络层数和每层的神经元的个数，目前尚缺少有效的理论和方法。

7.2.2　BP 神经网络的学习算法

  神经网络学习的目的是对网络连接权重值和偏置值进行调整，使得对于任一输入都能够得到所期望的输出。也就是说，神经网络学习是为了建立一个确定的神经网络。当使用神经网络时，输入数据到网络中，得到最后的输出就是需要求得的结果。

  BP 神经网络学习的主要思路是：通过正向的数据传播进行网络计算；通过反向逐层的误差传播调整网络中的各个连接权重和偏置值，以得到需要的 BP 神经网络。

  BP 神经网络学习方法是：应用训练数据对网络进行训练，每一个样例都包括输入和期望输出两部分。首先，将样例的输入数据输入网络，逐层传递直到输出为止；其次，计算出网络输出与样例期望输出之间的误差；然后，应用这个误差逐层反向调整各个连接权重和偏置值，直到第一层神经元与输入数据的连接权重和偏置值为止，完成一次神经网络的连接权重和偏置值的调整；再将样例的输入数据输入更新连接后新的神经网络，计算输出，计算误差，如此反复，直至所有样例数据的网络输出与期望输出之间误差达到要求为止。

  BP 神经网络学习过程：通过图 7-18 来说明。用 X 表示输入，用 Y 表示输出，用 $\hat{Y}$ 表示对应的期望输出，矩形虚线框表示神经网络，用 e_i 表示相应层的误差。在网络中，输入的样例数据正向在网络中逐层传递，直至最后一层输出层输出 Y，这是数据的正向传递过程。接着进入误差的反向传递和反向连接参数调整过程。首先，由输出 Y 与期望输出 $\hat{Y}$ 得到误差 e（这里用 e_m 表示），从第 m 层开始，根据误差 e_m 调整第 $m-1$ 层与第 m 层的连接参数，同时，根据误差传递策略计算第 $m-1$ 层的误差 e_{m-1}，以此类推，再根据误差 e_{m-1} 调整第 $m-2$ 层与第 $m-1$ 层的连接参数，计算第 $m-2$ 层的误差 e_{m-2}，直至根据第一层误差 e_1 调整输入层数据与第一层之间的连接权重为止,完成了一次的误差反向传递和连接参数反向调整过程,如此往复,直至达到误差要求为止。

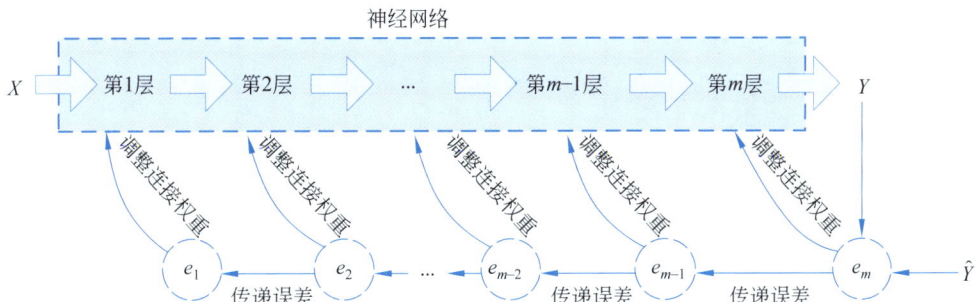

图 7-18　BP 神经网络误差反向传递和连接参数反向调整示意图

这是 BP 神经网络学习的一般过程,那么连接权重是如何调整的? 误差又是如何传递的呢?

对于 BP 神经网络学习,首先考虑的就是误差的表示。先探讨只有一个样例数据的情况。

假设对于样例数据 q,对应的网络输出数据用 $Y=(y_1,y_2,\cdots,y_{p_m})$ 表示,对应的期望输出用 $\hat{Y}=(\hat{y}_1,\hat{y}_2,\cdots,\hat{y}_{p_m})$ 表示,则用一个称为损失函数的函数来刻画该样例数据的网络输出与其期望输出之间的误差,用 $E(w)$ 表示损失函数,定义为

$$E(w)=\frac{1}{2}\sum_{i=1}^{p_m}(\hat{y}_i-y_i)^2 \tag{7-4}$$

其中,w 表示当前神经网络中的所有连接权重(包括偏置值)、p_m 表示输出层神经元的个数;选择 $(\hat{y}_i-y_i)^2$ 的主要原因是每个分量的误差 $(\hat{y}_i-y_i)$ 有正有负,正负相抵消,导致误差衡量有误,用误差的平方能够解决这个问题;前面的 $\frac{1}{2}$ 是为了后面计算结果的方便和简洁。

此时,BP 神经网络学习目标就是寻找使得 $E(w)$ 最小的网络连接权重 w。仔细观察损失函数 $E(w)$,发现它是一个关于 y_i 的二次函数,而 $y_i=f(\text{net}_i)$,$\text{net}_i=\sum_{y_j\in P}y_jw_{ji}$,其中,$P$ 是 y_i 所在神经网络的上一层神经网络的神经元输出的集合,y_i 表示相应神经元的输出。因此,在权重调整过程中,$E(w)$ 是一个多变量函数,并且是复合函数,变量就是连接权重 w_{ij}。

先来看看一般的一元二次函数 $f(x)$,函数图像如图 7-19 所示。显然,$f(x)$ 的最小值在曲线切线斜率为 0 的点,即点 x'。怎样求这个最小值? 开始时给 x 取一个随机值,例如 x_0,我们希望对 x_0 进行修改,使得修改后的值越来越接近 $f(x)$ 的最小值点 x'。设 $x_{i+1}=x_i+\Delta x_i,i=0,1,2,\cdots,\Delta x_i$ 是对 x_i 的修改量,那么如何确定 Δx_i? 首先,考虑 Δx_i 修改方向的问题。从图中可以看到,当点 $x_i<x'$ 时,$f(x)$ 在 x_i 处的切线斜率小于 0,此时希望 $\Delta x_i>0$,使 x_i 向着 x' 所在的方向修改;当点 $x_i>x'$ 时,$f(x)$ 在 x_i 处的切线斜率大于 0,此时希望 $\Delta x_i<0$,使 x_1 向着 x' 方向修改;当点 $x_i=x'$ 时,不用修改,此时 $f(x)$ 就是最小值。

$f(x)$ 在 x_i 的切线斜率用导数形式表示为 $\dfrac{\mathrm{d}f}{\mathrm{d}x}$，用符号 $\left.\dfrac{\mathrm{d}f}{\mathrm{d}x}\right|_{x=x_i}$ 表示函数 $f(x)$ 的导数在点 x_i 的值，则当有 $\left.\dfrac{\mathrm{d}f}{\mathrm{d}x}\right|_{x=x_i}<0$ 时，要有 $\Delta x_i>0$；当 $\left.\dfrac{\mathrm{d}f}{\mathrm{d}x}\right|_{x=x_i}>0$ 时，要有 $\Delta x_i<0$。因此，Δx_i 的修改方向与 $\left.\dfrac{\mathrm{d}f}{\mathrm{d}x}\right|_{x=x_i}$ 的符号方向相反，因此，可以令

$$\Delta x_i=-\left.\frac{\mathrm{d}f}{\mathrm{d}x}\right|_{x=x_i}$$

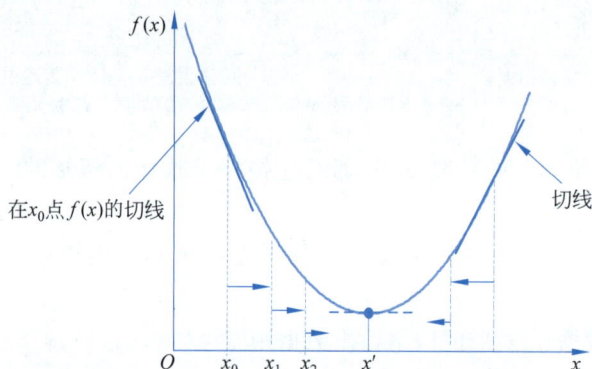

图 7-19　一元二次函数图像及求最小值示意图

这里又出现了另一个问题，就是修改量 Δx_i 的大小问题。

当曲线越陡时，斜率越大，$\left.\dfrac{\mathrm{d}f}{\mathrm{d}x}\right|_{x=x_i}$ 的值也会大，这时可能会出现 $x_{i+1}=x_i+\Delta x_i>x'$ 的情况，即 x_{i+1} 在 x' 的右侧，此时曲线在 x_{i+1} 的导数 $\left.\dfrac{\mathrm{d}f}{\mathrm{d}x}\right|_{x=x_{i+1}}>0$，错过了 $f(x)$ 的最小值点 x'，这样就会使求解过程出现"振荡"现象，影响和降低了求解效率，如图 7-20 所示。"振荡"极端的情况可能会出现无法接近最小值点的状况。

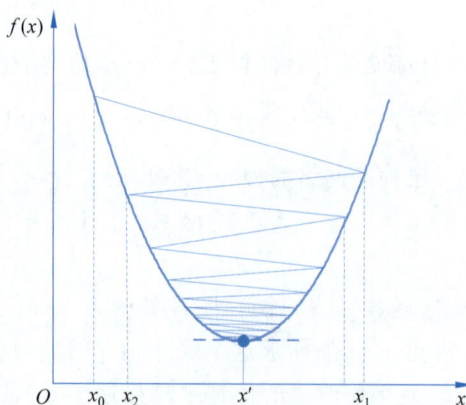

图 7-20　修改量过大可能产生的"振荡"现象示意图

为了避免这种现象的发生，最简单的解决方案就是缩小步长，用一个小于 1 的正参数 η 进行调整，即令

$$\Delta x_i = -\eta \left. \frac{\mathrm{d}f}{\mathrm{d}x} \right|_{x=x_i}$$

$$x_{i+1} = x_i + \Delta x_i = x_i - \eta \left. \frac{\mathrm{d}f}{\mathrm{d}x} \right|_{x=x_i}$$

这种求解函数最小值的方法称为梯度下降算法。

可以用同样的方法求取 $E(w)$ 的最小值。假设 BP 网络结构如图 7-21 所示，网络中共有 m 层，第一层是输入层，第 m 层是输出层，从第 2 层到第 $m-1$ 层是隐藏层。第 $k-1$ 层的第 i 个神经元与第 k 层的第 j 个神经元的连接权重为 w_{ij}^{k-1}，并设输出层第 j 个神经元的输出和期望输出分别为 y_j^m、$\hat{y}_j^m$，则有 $y_j^m = f_m(\mathrm{net}_j^m)$，其中，$\mathrm{net}_j^m = \sum_{i=0}^{p_{m-1}} y_i^{m-1} \cdot w_{ij}^{m-1}$，其中，$p_{m-1}$ 是第 $m-1$ 层神经元的个数。

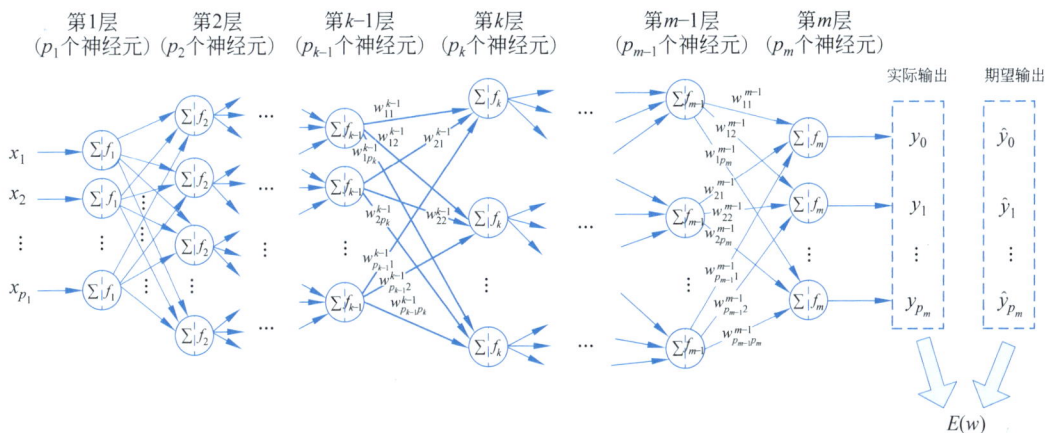

图 7-21　BP 神经网络各层神经元连接参数符号表示示意图

$E(w)$ 是一个多变量复合函数，其中连接权重 w_{ij}^k 都是变量。用 $_{\mathrm{old}}w_{ij}^{k-1}$ 表示调整前的值，$_{\mathrm{new}}w_{ij}^{k-1}$ 表示调整后的值，用 Δw_{ij}^{k-1} 表示其修正量，则有

$$_{\mathrm{new}}w_{ij}^{k-1} = {}_{\mathrm{old}}w_{ij}^{k-1} + \Delta w_{ij}^{k-1}$$

$$\Delta w_{ij}^{k-1} = -\eta \frac{\partial E(w)}{\partial w_{ij}^{k-1}} \tag{7-5}$$

下面分成两种情况讨论连接参数调整，一种是输出层神经元与其上一层神经元连接参数的调整，即参数 w_{ij}^{m-1}；另一种是各个隐藏层、输入层神经元连接参数的调整，即 w_{ij}^{k-1} 的调整，$k=1,2,\cdots,m-1$。

第一种情况：输出层神经元与其上一层神经元连接参数的调整。

输出层神经元与其上一层神经元的连接参数就是图 7-22 中第 $m-1$ 层神经元与第 m 层神经元的连接参数，即 w_{ij}^{m-1}，其中，$i=0,1,\cdots,p_{m-1}$，$j=0,1,\cdots,p_m$。由于 $_{\mathrm{new}}w_{ij}^{m-1} = {}_{\mathrm{old}}w_{ij}^{m-1} + \Delta w_{ij}^{m-1}$，$\Delta w_{ij}^{m-1} = -\eta \frac{\partial E(w)}{\partial w_{ij}^{m-1}}$，其中，$\eta$ 是一个小于 1 的正的调节参数，是给定的值。因此，这里主要考虑求取 $\frac{\partial E(w)}{\partial w_{ij}^{m-1}}$ 的值。这是一个关于求函数 $E(w)$ 偏导数的问题。$E(w)$ 是关于 y_j^m，$j=0,1,2,\cdots,p_m$ 的函数，而 $y_j^m = f_m(\mathrm{net}_j^m)$ 是关于 net_j^m 的函数，$\mathrm{net}_j^m =$

$\sum\limits_{i=0}^{p_{m-1}} y_i^{m-1} \cdot w_{ij}^{m-1}$，$\text{net}_j^m$ 是关于 w_{ij}^{m-1} 的函数，根据复合函数求导的链式法则，则有

$$\frac{\partial E(w)}{\partial w_{ij}^{m-1}} = \frac{\partial E(w)}{\partial y_j^m} \cdot \frac{\partial y_j^m}{\partial \text{net}_j^m} \cdot \frac{\partial \text{net}_j^m}{\partial w_{ij}^{m-1}}$$

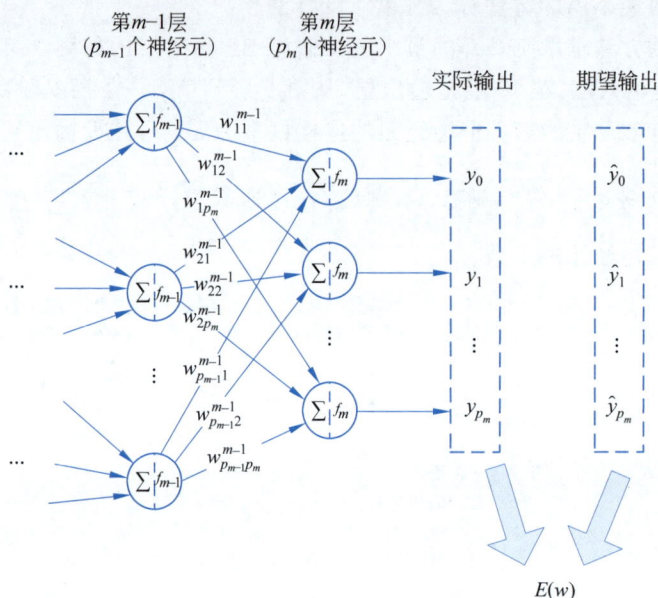

图 7-22 BP 神经网络输出层神经元连接参数表示示意图

这里 $y_j^m(j=0,1,2,\cdots,p_m)$ 是输出层神经元的输出，也是神经网络的输出，即 $y_j = y_j^m$ $(j=0,1,2,\cdots,p_m)$。

由于 $E(w) = \dfrac{1}{2} \sum\limits_{i=1}^{p_m} (\hat{y}_i - y_i)^2$，则有

$$\frac{\partial E(w)}{\partial y_j^m} = -(\hat{y}_j - y_j)$$

由于 $y_j^m = f_m(\text{net}_j^m)$，$f_m$ 是相应层的激活函数，它的导数值由所选的激活函数求得，用 f_m' 表示，则有

$$\frac{\partial y_j^m}{\partial \text{net}_j^m} = f_m'(\text{net}_j^m)$$

由于 $\text{net}_j^m = \sum\limits_{i=0}^{p_{m-1}} y_i^{m-1} \cdot w_{ij}^{m-1}$，这里用到了上一层神经元的输出就是相邻下一层神经元输入的特点，也可以看作 $x_{ij}^{m-1} = y_i^{m-1}(i=0,1,2,\cdots,p_{m-1})$，则有

$$\frac{\partial \text{net}_j^m}{\partial w_{ij}^{m-1}} = x_{ij}^{m-1} = y_i^{m-1}$$

故有

$$\frac{\partial E(w)}{\partial w_{ij}^{m-1}} = \frac{\partial E(w)}{\partial y_j^m} \cdot \frac{\partial y_j^m}{\partial \text{net}_j^m} \cdot \frac{\partial \text{net}_j^m}{\partial w_{ij}^{m-1}} = -(\hat{y}_j - y_j) \cdot f_m'(\text{net}_j^m) \cdot y_i^{m-1}$$

如果记：

$$\delta_j^m = \frac{\partial E(w)}{\partial y_j^m} \cdot \frac{\partial y_j^m}{\partial \mathrm{net}_j^m}$$

则有

$$\frac{\partial E(w)}{\partial w_{ij}^{m-1}} = \delta_j^m x_{ij}^{m-1}$$

进而,有

$$\Delta w_{ij}^{m-1} = -\eta \frac{\partial E(w)}{\partial w_{ij}^{m-1}} = -\eta \delta_j^m x_{ij}^{m-1}$$

因此,

$$_{\mathrm{new}} w_{ij}^{m-1} = {_{\mathrm{old}}} w_{ij}^{m-1} + \Delta w_{ij}^{m-1} = {_{\mathrm{old}}} w_{ij}^{m-1} - \eta \delta_j^m x_{ij}^{m-1} \tag{7-6}$$

其中,$\delta_j^m = \dfrac{\partial E(w)}{\partial y_j^m} \cdot \dfrac{\partial y_j^m}{\partial \mathrm{net}_j^m}$。

第二种情况:隐藏层、输入层神经元连接参数的调整。

先来讨论第 $m-2$ 层第 i 个神经元与第 $m-1$ 层第 j 个神经元连接参数的调整,即参数 w_{ij}^{m-2} 的调整,如图 7-23 所示。由于 $_{\mathrm{new}} w_{ij}^{m-2} = {_{\mathrm{old}}} w_{ij}^{m-2} + \Delta w_{ij}^{m-2}$,$\Delta w_{ij}^{m-2} = -\eta \dfrac{\partial E(w)}{\partial w_{ij}^{m-2}}$,其中,$\eta$ 是一个小于 1 的正的调节参数,是给定的值,这里主要考虑求取 $\dfrac{\partial E(w)}{\partial w_{ij}^{m-2}}$ 的值。根据求导的链式法则,有

$$\frac{\partial E(w)}{\partial w_{ij}^{m-2}} = \frac{\partial E(w)}{\partial y_j^{m-1}} \cdot \frac{\partial y_j^{m-1}}{\partial \mathrm{net}_j^{m-1}} \cdot \frac{\partial \mathrm{net}_j^{m-1}}{\partial w_{ij}^{m-2}}$$

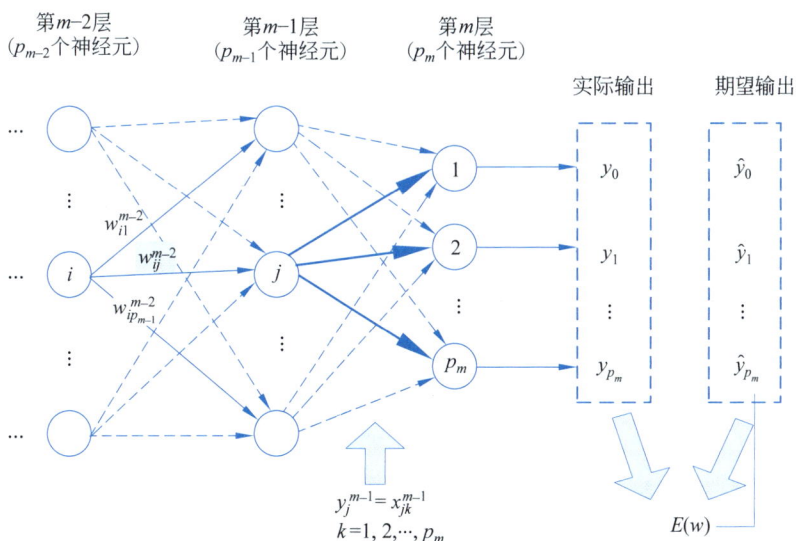

图 7-23　BP 神经网络 $m-2$ 层与 $m-1$ 层隐藏层神经元连接参数调整示意图

由图 7-23 可知,与上面第一种情况"输出层神经元与其上一层神经元连接参数的调整"不同的是:$E(w)$ 并不是 y_j^{m-1} 的函数,而是 y_j^m 的函数(注意:y_j^{m-1} 是网络第 $m-1$ 层第 j 个神经元的输出,也是第 m 层神经元的第 j 个输入,即 $y_j^{m-1} = x_{jk}^{m-1} (k=1,2,\cdots,p_m)$)。网络中第 $m-1$ 层第 j 个神经元与第 m 层的所有神经元都有连接,图中用粗实线标识。这里就

用 $y_i^m(i=1,2,\cdots,p_m)$ 作为 $E(w)$ 与 y_j^{m-1} 之间的隐函数桥梁,也就是

$$\frac{\partial E(w)}{\partial y_j^{m-1}}=\frac{\partial E(w)}{\partial y_1^m}\cdot\frac{\partial y_1^m}{\partial y_j^{m-1}}+\frac{\partial E(w)}{\partial y_2^m}\cdot\frac{\partial y_2^m}{\partial y_j^{m-1}}+\cdots+\frac{\partial E(w)}{\partial y_{p_m}^m}\cdot\frac{\partial y_{p_m}^m}{\partial y_j^{m-1}}$$

由于 $y_j^{m-1}=x_{jk}^{m-1}(k=1,2,\cdots,p_m)$,则有

$$\frac{\partial y_i^m}{\partial y_j^{m-1}}=\frac{\partial y_i^m}{\partial x_{ji}^{m-1}}=\frac{\partial y_i^m}{\partial \mathrm{net}_j^m}\cdot\frac{\partial \mathrm{net}_j^m}{\partial x_{ji}^{m-1}}(i=1,2,\cdots,p_m,j=1,2,\cdots,p_{m-1})$$

因此,得到

$$\frac{\partial E(w)}{\partial y_j^{m-1}}=\frac{\partial E(w)}{\partial y_1^m}\cdot\frac{\partial y_1^m}{\partial \mathrm{net}_1^m}\cdot\frac{\partial \mathrm{net}_1^m}{\partial x_{11}^{m-1}}+\frac{\partial E(w)}{\partial y_2^m}\cdot\frac{\partial y_2^m}{\partial \mathrm{net}_2^m}\cdot\frac{\partial \mathrm{net}_2^{m-1}}{\partial x_{22}^{m-1}}+\cdots$$

$$+\frac{\partial E(w)}{\partial y_{p_m}^m}\cdot\frac{\partial y_{p_m}^m}{\partial \mathrm{net}_{p_m}^{m-1}}\cdot\frac{\partial \mathrm{net}_{p_m}^{m-1}}{\partial x_{p_{m-1}p_m}^{m-1}}$$

如同前面引入的符号表示 $\delta_j^k=\frac{\partial E(w)}{\partial y_j^k}\cdot\frac{\partial y_j^k}{\partial \mathrm{net}_j^k}(k=1,2,\cdots,m,j=1,2,\cdots,p_k)$,同时,$\frac{\partial \mathrm{net}_i^m}{\partial x_{ji}^{m-1}}=w_{ji}^{m-1}$,则有

$$\frac{\partial E(w)}{\partial y_j^{m-1}}=\delta_1^m\cdot\frac{\partial \mathrm{net}_1^m}{\partial x_{j1}^{m-1}}+\delta_2^m\cdot\frac{\partial \mathrm{net}_2^m}{\partial x_{j2}^{m-1}}+\cdots+\delta_{p_m}^m\cdot\frac{\partial \mathrm{net}_{p_m}^m}{\partial x_{jp_m}^{m-1}}=\sum_{i=1}^{p_m}\delta_i^m\cdot\frac{\partial \mathrm{net}_i^m}{\partial x_{ji}^{m-1}}=\sum_{i=1}^{p_m}\delta_i^m\cdot w_{ji}^{m-1}$$

进而,有

$$\delta_j^{m-1}=\frac{\partial E(w)}{\partial y_j^{m-1}}\cdot\frac{\partial y_j^{m-1}}{\partial \mathrm{net}_j^{m-1}}=f'_{m-1}(\mathrm{net}_j^{m-1})\sum_{i=1}^{p_m}\delta_i^m\cdot w_{ji}^{m-1}$$

又由于 $\frac{\partial \mathrm{net}_j^{m-1}}{\partial w_{ij}^{m-2}}=x_{ij}^{m-2}$,有

$$\frac{\partial E(w)}{\partial w_{ij}^{m-2}}=\delta_j^{m-1}\cdot x_{ij}^{m-2}$$

所以,有

$$\Delta w_{ij}^{m-2}=-\eta\frac{\partial E(w)}{\partial w_{ij}^{m-2}}=-\eta\delta_j^{m-1}\cdot x_{ij}^{m-2}$$

$$_{\mathrm{new}}w_{ij}^{m-2}=_{\mathrm{old}}w_{ij}^{m-2}-\eta\delta_j^{m-1}\cdot x_{ij}^{m-2}$$

同理,可以推得,图 7-21 所示的 BP 神经网络中的第 $k-1$ 层的第 i 个神经元与第 k 层的第 j 个神经元的连接权重用 w_{ij}^{k-1} 的调整公式为

$$_{\mathrm{new}}w_{ij}^{k-1}=_{\mathrm{old}}w_{ij}^{k-1}+\Delta w_{ij}^{k-1}$$

$$\Delta w_{ij}^{k-1}=-\eta\frac{\partial E(w)}{\partial w_{ij}^{k-1}}=-\eta\delta_j^k\cdot x_{ij}^{k-1} \tag{7-7}$$

其中,$\delta_j^k=\frac{\partial E(w)}{\partial y_j^k}\cdot\frac{\partial y_j^k}{\partial \mathrm{net}_j^k}(k=1,2,\cdots,m,j=1,2,\cdots,p_k)$,且有 $\delta_j^k=f'_k(\mathrm{net}_j^k)\sum_{i=1}^{p_{k+1}}\delta_i^{k+1}\cdot w_{ji}^k$,也就是说,$\delta_j^k$ 是由其后继的 δ_i^{k+1} 得来的,完成反向的连接权重参数调整。

从前面的推导过程可以看到,BP 神经网络的连接参数调整是“由后向前”进行的。首先,调整的是输出层神经元与其上一层神经元的连接参数;接着,“由后向前”依次调整隐藏层与其前一层各个神经元的连接权重,直至第一个隐藏层与输入层各个神经元的连接权重为止,完成一次神经网络参数调整。之后,应用新的连接参数和样例数据从前向后传递数据,直至输出层得到输出后,将输出与期望输出计算误差。如果满足误差要求,则结束一轮

次的连接权重的调整,否则根据新的误差函数再从后向前调整连接权重,直到满足误差要求为止。

一般地,一次使用一个样本的BP算法称为随机梯度下降算法,一次使用一小部分样本的BP算法称为小批量梯度下降法。

对于样例集合中有多个样例的情况,设样例集合为Q,则损失函数定义$E(w)$为

$$E(w) = \sum_{q \in Q} E_q(w) = \frac{1}{2} \sum_{q \in Q} \sum_{i=1}^{p_m} (y_i^q - \hat{y}_i^q)^2 \tag{7-8}$$

下面给出BP神经网络算法学习的步骤。

(1)初始化BP神经网络,随机给网络中的所有连接权重赋初值。

(2)从训练样例集中取一个样例,将样例信息输入网络。

(3)由网络的输入端开始,"由前向后"计算各层神经元节点的输出。

(4)计算网络的实际输出与期望输出的误差。

(5)从输出层开始反向计算调整连接权重,直到第一层,按照梯度下降的方法,向着误差减小的方向调整各个连接参数。

(6)对训练样例集中的每一个样例重复上面的步骤,直到对整个训练样例集的误差达到要求为止。

7.2.3 BP神经网络学习的例子

下面通过一个简单例子给出BP神经网络学习的具体过程。

为了叙述方便,假设神经网络共有三层,只有一个输入和一个输出,如图7-24所示。第一层是输入层,只有一个神经元a;第二层是隐藏层,有两个神经元b和c;第三层是输出层,只有一个神经元d。输入、输出、连接权重表示如图7-24所示。为简单起见,各个层的激活函数均选择线性整流函数$ReLU(net) = max(0, net)$,$net = \sum_{i=0}^{n} x_i \cdot w_i$。误差最低要求$e_{min} = 0.0001$。假设给出的训练样例数据是$(1,5)$,即输入数据是$x=1$,期望输出是$\hat{y}=5$。

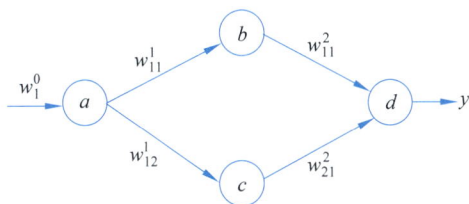

图7-24 一个简单的BP神经网络的例子

第一步:随机给出神经网络的连接权重,假设$w_1^0 = 0.3$、$w_{11}^1 = 0.4$、$w_{12}^1 = 0.6$、$w_{11}^2 = 0.2$、$w_{21}^2 = 0.7$,在各个层中的偏置节点权重w_0^0、w_{01}^1、w_{02}^1、w_{01}^2的初始赋值均为0.1,此时网络情况如图7-25所示。

第二步:样例数据输入网络,$x=1$。

第三步:计算各层神经元节点的输出。为简单起见,这里各层的激活函数选择的是线性整流函数$ReLU(net) = max(0, net)$,y_a, y_b, y_c, y_d分别表示节点a、b、c、d的输出,各层中神经元节点的输出如图7-26所示,最后的网络输出$y = y_d = 0.390$。

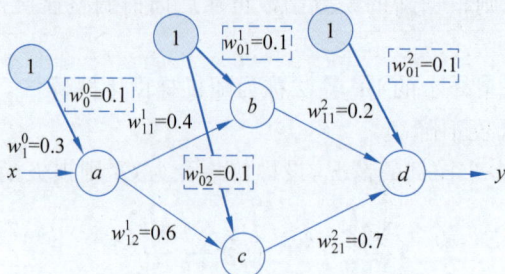

图 7-25 神经网络随机赋初值后的情况

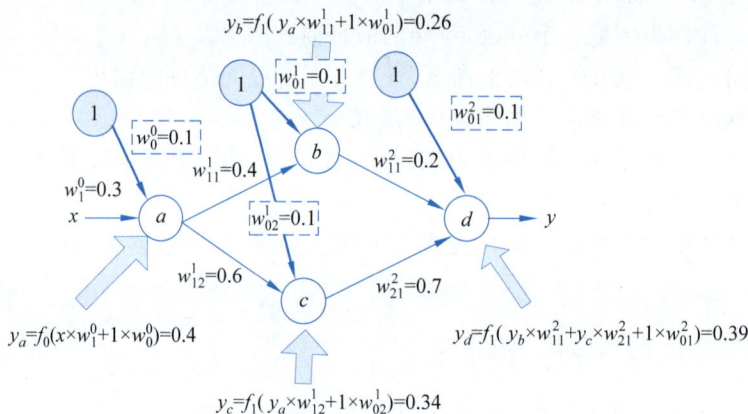

图 7-26 样例输入神经网络后各个神经元节点的输出情况图

第四步：计算实际网络输出与期望输出的误差，$\hat{y}-y=5-0.390=4.610$。

第五步：依据梯度下降法，依次从输出层开始调整连接权重，这里设 $\eta=0.1$。

（1）根据输出层与其上一层的连接参数调整公式，注意相邻上一层神经元节点的输出是下一层神经元节点的相应输入，输出层只有一个神经元，即求得

$$\delta^3=\frac{\partial E(w)}{\partial y_d}\cdot\frac{\partial y_d}{\partial \text{net}_d^3}=-(\hat{y}-y)=-4.61$$

$$_{\text{new}}w_{11}^2=_{\text{old}}w_{11}^2+\Delta w_{11}^2=_{\text{old}}w_{11}^2-\eta\delta^3 x_{11}^2=0.31986$$

$$_{\text{new}}w_{21}^2=_{\text{old}}w_{21}^2+\Delta w_{21}^2=_{\text{old}}w_{21}^2-\eta\delta^3 x_{21}^2=0.85674$$

同样，可以求得调整后的偏置参数

$$_{\text{new}}w_{01}^2=_{\text{old}}w_{01}^2+\Delta w_{01}^2=_{\text{old}}w_{01}^2-\eta\delta^3 x_{01}^2=0.561$$

其中，$E(w)=\frac{1}{2}(\hat{y}-y)^2$，$x_{11}^2=y_b$，$x_{21}^2=y_c$，$x_{01}^2=1$，$\text{net}_d^3=x_{11}^2\cdot w_{11}^2+x_{21}^2\cdot w_{21}^2+w_{01}^2$。

（2）调整隐藏层与其上一层的连接参数，即 w_{11}^1、w_{12}^1、w_{01}^1、w_{02}^1。

根据隐藏层、输入层神经元连接参数的调整方法，有

$$\delta_1^2=f_2'(\text{net}_1^2)\delta^3\cdot w_{11}^2=-0.922$$

$$\delta_2^2=f_2'(\text{net}_2^2)\delta^3\cdot w_{21}^2=-3.227$$

进而，有

$$\Delta w_{11}^1==-\eta\delta_1^2\cdot x_{11}^1=-\eta\delta_1^2\cdot y_a=0.03688$$

$$_{\text{new}}w_{11}^1=_{\text{old}}w_{11}^1+\Delta w_{11}^1=0.43688$$

$$\Delta w_{12}^1 = -\eta \delta_2^2 \cdot x_{12}^1 = -\eta \delta_2^2 \cdot y_a = 0.12908$$

$${}_{new}w_{12}^1 = {}_{old}w_{12}^1 + \Delta w_{12}^1 = 0.72908$$

求得两个偏置参数为

$${}_{new}w_{01}^1 = {}_{old}w_{01}^1 + \Delta w_{01}^1 = {}_{old}w_{01}^1 - \eta \delta_1^2 x_{01}^1 = 0.1922$$

$${}_{new}w_{02}^1 = {}_{old}w_{02}^1 + \Delta w_{02}^1 = {}_{old}w_{01}^1 - \eta \delta_2^2 x_{02}^1 = 0.4227$$

（3）调整输入层的连接参数，即 w_1^0、w_0^0。

根据隐藏层、输入层神经元连接参数的调整方法，有

$$\delta^1 = f'_1(\mathrm{net}^1)\sum_{i=1}^2 \delta_i^2 \cdot w_{1i}^1 = -2.305$$

进而，有

$$\Delta w_1^0 = -\eta \delta_1^1 \cdot x = 0.2305$$

$${}_{new}w_1^0 = {}_{old}w_1^0 + \Delta w_1^0 = 0.5305$$

求得偏置参数为

$${}_{new}w_0^0 = {}_{old}w_0^0 + \Delta w_0^0 = {}_{old}w_{01}^1 - \eta \delta_1^2 = 0.3305$$

经过这样参数调整后，新的网络的连接参数如图 7-27 所示。

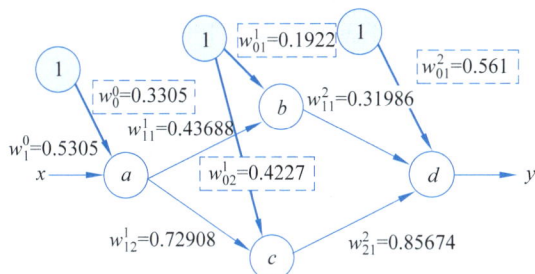

图 7-27 经过一次调整连接参数后的神经网络

第六步：将样例数据输入新网络，得到的输出是 1.64274576，误差 $\hat{y} - y = 5 - 1.64274576 = 3.35725424$，误差有所降低，但还没有达到误差要求 0.0001，转到第五步继续调整连接参数，直至第 192 轮次，得到的输出是 5.00009858，误差 $\hat{y} - y = 5 - 5.00009858 = -0.00009858$ 小于误差要求 0.0001，此时的神经网络如图 7-28 所示。

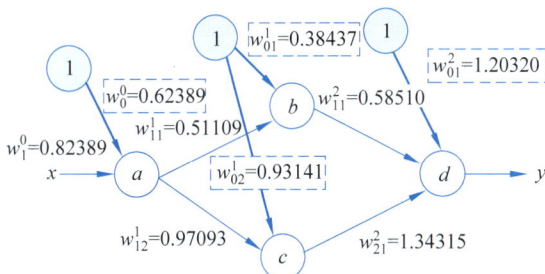

图 7-28 经过 192 轮次调整连接参数后的神经网络

这个例子中的误差随着参数调整轮次的变化情况和损失函数随着参数调整轮次的变化情况如图 7-29 所示。图中（a）的横坐标是调整参数的轮次，纵坐标是误差值；（b）的横坐标是调整参数的轮次，纵坐标是损失函数的值。

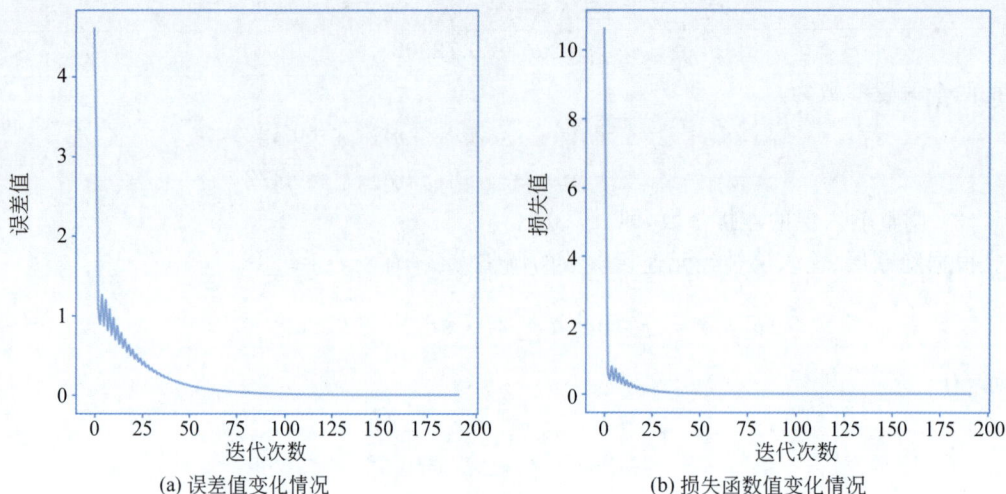

(a) 误差值变化情况　　　　　　　　(b) 损失函数值变化情况

图 7-29　误差值和损失函数值随参数调整的变化情况

BP 学习算法是神经网络常用的有效优化算法，许多问题都可以用它来解决。它给出了一种误差反向传播的计算方法。BP 算法实际上是一个迭代算法，反复使用训练集中的样本对神经网络进行训练。训练集中的全部样本被使用一次称为一个轮次。在实际训练过程中，往往需要多个轮次的训练才能到达神经网络的训练要求。

BP 学习算法具有收敛速度慢的特点，从上面的例子可以看出。同时，BP 学习算法在训练时需要大量带有标签的训练数据，且由于算法采用的是梯度下降方法进行的连接参数调整，使得算法容易陷入局部最优。这些缺点都影响了该算法在许多工程领域的应用。

BP 神经网络从模型本身的架构来说没有架构设计的标准，也就是说，使用 BP 神经网络时网络需要多少层、每层需要多少神经元节点等都没有相关的标准或准则。这也是 BP 神经网络要解决的问题之一。

7.3　深度学习

2016 年 7 月，多伦多大学计算机系教授杰弗里·辛顿（Geoffrey Hinton）在《科学》杂志上发表了论文《用神经网络降低数据维数》，被认为是深度学习（deep learning）领域的开创性论文，掀起了 AI 和神经网络的研究热潮，深度学习甚至成为神经网络的代名词。

通常，神经网络包含的层数称为神经网络的深度，并将包含很多很多层的神经网络称为深度神经网络（deep neural network，DNN），相应的学习算法被称为深度学习（deep learning neural network，DL）。在深度学习领域中，并没有严格区分多少层的神经网络才可以称为深度学习网络。

深度学习框架是为了解决网络算法及其推导的复杂性问题而产生的。从 BP 神经网络学习算法和学习过程中，可以看到连接参数的调整过程过于复杂，加上网络结构设计没有相关的标准或准则，致使使用神经网络及其算法时过于烦琐。为了解决这个问题，很多公司设计和开发了许多深度学习框架，这些框架是专门为搭建神经网络而设计的。使用深度学习框架时，只需要设计好神经网络，框架会自动实现 BP 算法。目前用得比较多的有

TensorFlow、PyTorch、Keras 等，还有百度公司的飞桨（PaddlePaddle）、一流科技公司的 OneFlow 等。深度学习框架的设计和开发被越来越多的公司和研究机构所重视，许多框架还在发展和完善中，使用时需要参考相关资料，这里不再赘述。

7.4 生成对抗网络及在图像生成中的应用

生成对抗网络（generative adversarial networks，GAN）于 2014 年由 Goodfellow 等提出，它是一种无监督学习算法框架（无监督学习的内容在"5.2 节机器学习的分类"中介绍）。生成对抗网络一经提出，就成为研究和应用的热点，并被广泛应用于计算机视觉、机器学习、语音处理等领域。

7.4.1 生成对抗网络

深度学习模型一般可以分为判别式模型和生成式模型，这是按照功能来对深度学习模型进行的分类。所谓的判别式模型，是指用来判别"是什么"或是"属于哪一类"的深度学习模型。所谓的生成式模型，是指用来生成数据、图像、样例甚至模式等的深度学习模型。

生成对抗网络属于生成式深度学习模型，可以用其生成数据样例、图像等。对于一个生成对抗网络，究竟能够生成什么，主要取决于训练数据样本，而生成的效果主要取决于网络架构和相关设计，例如网络的深度、损失函数的设计等。

1. 生成对抗网络的结构

生成对抗网络（GAN）主要由生成网络和判别网络两部分组成，一般称生成网络为生成器，判别网络称为判别器。GAN 借鉴博弈论中对抗的思想，将生成网络和判别网络分别看作博弈的双方，他们通过对抗来不断迭代优化网络中的参数，使生成网络和判别网络的性能得到提升。GAN 的基本结构如图 7-30 所示。其中，生成器依据随机数据 z（也可以称作随机噪声）生成样本 $G(z)$，判别器判别输入的样本数据的真假（一般为二分类结果），并作为判别器的输出。在训练网络的过程中，依据"判别结果"去调整生成网络和判别网络，图中用虚线表示，以使生成网络生成的数据样本更接近真实样本，判别网络的判别结果更准确。

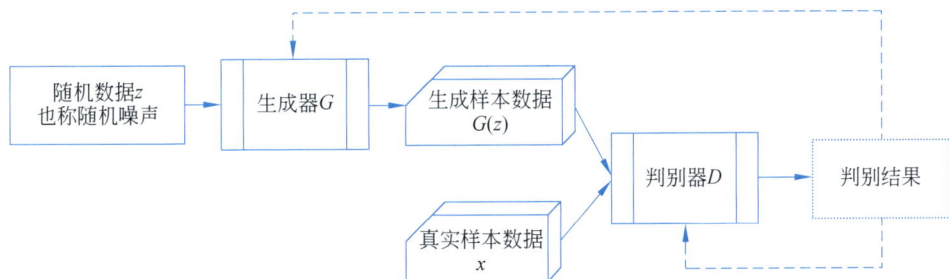

图 7-30 生成对抗网络模型基本结构示意图

2. 生成对抗网络的目标函数

GAN 与一般的深度学习网络不同。一般的神经网络都是由一个网络构成，训练时根据网络输出与期望输出之间的误差来调整网络连接参数。但是，生成对抗网络是由生成器、判别器两个子网络组成的一个整体，它的学习训练目标是要"使生成网络生成的数据样本更接近真实样本、判别网络的判别结果更准确"。怎样设计损失函数，能够达到这样的目的？

在 GAN 中生成网络 G 和判别网络 D 的优化可以看作是一个二元极小极大的问题，建立包含 G 和 D 的目标函数 $V(G,D)$，如式(7-9)所示：

$$\min_{G} \max_{D} V(G,D) = \min_{G} \max_{D} (E_{x \sim P_{data}}[\log D(x)] + E_{z \sim P_z}[\log(1 - D(G(z)))])$$

(7-9)

其中，随机噪声用 z 表示，通过生成网络 G 生成样本用 $G(z)$ 表示，判别网络用 D 表示，判别结果用 $D(*)$ 表示，真实样本 x 的数据分布用 P_{data} 表示，噪声 z 的分布用 P_z 表示，E 为期望。

（注：离散型随机变量的数学期望计算公式是

$$E(X) = \sum x P(x)$$

其中，$E(X)$ 表示数学期望，x 表示随机变量的取值，$P(x)$ 表示随机变量取值 x 的概率。

连续型随机变量数学期望的计算公式为

$$E(X) = \int x f(x) dx$$

其中，$f(x)$ 是随机变量的概率密度函数。要了解更详细的内容，可以参考概率论数理统计的相关内容。）

在目标函数 $\min_{G} \max_{D} V(G,D)$ 中，$\max_{D}$ 是指要最大化 D 的区分度，$\min_{G}$ 是指要最小化 G 和真实数据分布的差异。

我们不禁会问，判别器 D 的区分度什么情况下最大？或者换一种说法，怎样才能判断判别器 D 是最优的？怎样判断 $V(G,D)$ 距离理想的 $\max_{D} V(G,D)$ 最近？即判别器 D 的最优条件是什么？同理，生成器的最优条件又是什么？

判别器 D 的最优条件如下。

命题 1 对于固定的生成器 G，判别器 D 的最优值 $D_G^*(x)$ 为

$$D_G^*(x) = \frac{P_{data}(x)}{P_{data}(x) + P_g(x)}$$

(7-10)

其中，P_{data} 表示真实样本数据概率分布，P_g 表示生成器 G 生成的样本数据隐含的概率分布。

证明：对于给定的生成器 G，判别器 D 的训练准则是使得 $V(G,D)$ 最大，即通过训练判别器 D 调整其参数，使 $V(G,D)$ 最大。

$$V(G,D) = E_{x \sim P_{data}}[\log D(x)] + E_{z \sim P_z}[\log(1 - D(G(z)))]$$

$$= \int_x P_{data}(x) \log D(x) dx + \int_z P_G(z) \log(1 - D(z)) dz$$

由于真实样本数据与生成器生成的样本数据具有相同的空间及维数，故有

$$V(G,D) = \int_x P_{data}(x) \log D(x) dx + \int_x P_G(x) \log(1 - D(x)) dx$$

$$= \int_x (P_{data}(x) \log D(x) + P_G(x) \log(1 - D(x))) dx$$

我们知道，$\forall (a,b) \in \{R^2 - \{0,0\}\}$，方程 $f(x) = a\log(x) + b\log(1-x)$，在 $(0,1)$ 区间上，在点 $\frac{a}{a+b}$ 取到最大值。由此，将判别器 D 看成一个整体，得到

$$D_G^*(x) = \max_D V(G,D) = \frac{P_{\text{data}}(x)}{P_{\text{data}}(x) + P_g(x)}$$

证毕。

生成器 G 的最优条件如下。

在讨论生成器 G 的最优条件时,假设此时判别器 D 已经达到了最优,这样的假设与实际训练情况并不矛盾,因为 GAN 在训练时首先训练判别器 D,再训练生成器 G。

把最优判别器式(7-10)代入公式函数 $V(G,D)$,可以重新设置一个函数 $C(G)$ 如下:

$$
\begin{aligned}
C(G) &= \max_D V(G,D) \\
&= E_{x \sim P_{\text{data}}}\left[\log D_G^*(x)\right] + E_{z \sim P_z}\left[\log(1 - D_G^*(G(z)))\right] \\
&= E_{x \sim P_{\text{data}}}\left[\log D_G^*(x)\right] + E_{x \sim P_g}\left[\log(1 - D_G^*(G(x)))\right] \\
&= E_{x \sim P_{\text{data}}}\left[\log \frac{P_{\text{data}}(x)}{P_{\text{data}}(x) + P_g(x)}\right] + E_{x \sim P_g}\left[\log\left(\frac{P_g(x)}{P_{\text{data}}(x) + P_g(x)}\right)\right]
\end{aligned}
$$

应用场论理论中的 KL 散度与 JS 散度,对上述公式进行转化,整理如下:

$$
\begin{aligned}
C(G) &= -\log 4 + \text{KL}\left(P_{\text{data}} \,\middle\|\, \frac{P_{\text{data}} + P_g}{2}\right) + \text{KL}\left(P_g \,\middle\|\, \frac{P_{\text{data}} + P_g}{2}\right) \\
&= -\log 4 + 2\text{JS}(P_{\text{data}} \,\|\, P_g)
\end{aligned}
$$

其中,$\text{KL}(P_1 \| P_2) = E_{x \sim P_1}\left(\log \frac{P_1}{P_2}\right)$,$\text{JS}(P_1 \| P_2) = \frac{1}{2}\text{KL}\left(P_1 \middle\| \frac{P_1 + P_2}{2}\right) + \frac{1}{2}\text{KL}\left(P_2 \middle\| \frac{P_1 + P_2}{2}\right)$。

训练 GAN 网络需要最小化 $C(G)$,即 $\min(\text{JS}(P_{\text{data}} \| P_g))$,JS 散度的值越小,两个分布之间越接近。

因此,理论上的最优解只有当 $P_g = P_{\text{data}}$ 时达到,此时 $C(G) = -\log 4$。

当然,数据的概率分布只是数据的一个特征。事实上,具有相同概率分布的数据也可能是不同的。例如,两张概率分布相同的图像,很可能是完全不同的。如何衡量 GAN 网络生成的数据与真实数据的差异? 也是 GAN 需要进一步研究的课题。

3. 生成对抗网络的训练

GAN 通过交替更新两个网络的参数来完成训练,先固定生成网络 G,更新判别网络 D 的参数,再固定判别网络 D,更新生成网络 G 的参数。我们用 θ_d 表示判别网络 D 的参数,用 θ_G 表示生成网络 G 的参数。GAN 的判别器和生成器的训练过程可以描述如下。

训练判别器的一次迭代过程如下。

(1) 从训练数据集中获取一个真实数据样例 x。

(2) 获取一个新的随机噪声数据 z,输入生成器 G,生成数据 $G(z)$。

(3) 使用随机梯度方法更新判别器参数,使 $V(G,D)$ 最小,即

$$\nabla_{\theta_d}\left(E_{x \sim P_{\text{data}}}\left[\log D(x)\right] + E_{z \sim P_z}\left[\log(1 - D(G(z)))\right]\right)$$

其中,∇_{θ_d} 表示应用梯度下降的方法更新 θ_d。

训练生成器的一次迭代过程如下。

(1) 获取一个新的随机噪声数据 z,输入生成器 G,生成数据 $G(z)$。

(2) 将生成器 G 生成数据 $G(z)$ 输入判别器 D,获得判别器的判别结果 $D(G(z))$。

（3）用随机梯度方法更新判别器参数，使 $V(G,D)$ 最大，即

$$\nabla_{\theta_g}(E_{z\sim P_z}[\log(1-D(G(z)))])$$

其中，∇_{θ_g} 表示应用梯度下降的方法更新 θ_g。

生成对抗网络也不是完美无瑕的，它也存在深度学习中普遍存在的梯度消失和模式崩溃等问题，这些问题在后期的改进 GAN 方法中有所改善，有兴趣的读者可以参考最新的一些文献资料。

7.4.2　基于生成对抗网络的图像生成方法

本节以生成手写数字图像为例，给出应用 GAN 生成图像的方法，包括介绍基于 GAN 的图像生成方法、具体应用算例的实现及关键代码。

1. 基于生成对抗网络图像生成方法

用于图像生成的 GAN 的目标是完成图像生成任务。当然，GAN 也由生成器和判别器两部分组成。生成器的目标是生成尽可能逼真的图像，而判别器则致力于区分这些生成图像与真实图像。在训练过程中，生成器和判别器通过对抗性的方式相互提升，从而提高各自的性能。生成器从噪声分布中采样，并通过复杂的神经网络结构将这些噪声转换为逼真的图像。与此同时，判别器接收真实图像和生成图像作为输入，并通过反馈向生成器传递信息，帮助其改进图像质量。生成器和判别器的对抗关系推动了图像生成质量的不断提升。

生成器通过输入一个随机噪声向量，逐步生成逼真的手写数字图像。其结构包含多个全连接层，每个全连接层后都连接 Leaky ReLU 激活函数，确保网络在训练过程中更好地捕捉图像的复杂特征。最后一层使用 Tanh 激活函数，将输出值限制在 $[-1,1]$ 范围内，进一步提升图像的质量和稳定性。生成器的损失函数如下：

$$\min_G V(G,D)=E_{z\sim P_z}[\log(1-D(G(z)))]$$

生成器的损失函数旨在通过提高生成图像被误判为真实图像的概率来驱使其学习。在对抗性训练中，生成器的策略是不断改进生成图像的质量，以至于判别器难以准确区分生成的和真实的图像。

判别器通过输入一张手写数字图像输出该图像为真实图像的概率。其结构包括多个全连接层，每个全连接层后都连接 Leaky ReLU 激活函数和 dropout，以增强模型的泛化能力，减少过拟合风险。在最后一层，使用 sigmoid 激活函数将输出压缩到 0~1 的概率值。判别器的损失函数如下：

$$\max_D V(G,D)=E_{x\sim P_{\text{data}}}[\log D(x)]+E_{z\sim P_z}[\log(1-D(G(z)))]$$

判别器损失函数的主要设计目标是最大化其正确分类真实图像和生成图像的概率。判别器通过学习从训练数据中提取特征，努力使自己能够尽可能准确地区分真实图像和生成图像。

2. 图像生成的例子

实验平台主要包括硬件实验平台和软件实验平台。硬件实验平台采用 Intel(R) Core (TM) i7-11700 @ 2.50GHz 处理器、NVIDIA GeForce GTX 3060 显卡和 32 GB 运行内存。软件实验平台采用 Ubuntu 20.04 操作系统、Python 3.9 编程语言、Pytorch 2.1 深度学习框架。

数据集使用的是 MNIST 数据集，它是一个广泛用于机器学习和图像识别研究的手写数字图像数据集。该数据集包含 60000 张用于训练的图像和 10000 张用于测试的图像，每张图像都是 28×28 像素的灰度图，标签为 0～9 的数字。在使用 MNIST 数据集训练 GAN 之前，需要对数据进行预处理。这一步骤包括将图像的像素值归一化到［−1,1］的范围内。这样的归一化不仅能够加速神经网络的训练过程，还能提升模型的整体性能。

3. 结果与分析

实验结果如图 7-31 所示，它展示了经过 200 个轮次(epoch)训练后 GAN 生成的图像样本。生成器逐步学习并成功生成了逼真的手写数字图像。从生成的图像来看，GAN 能够生成清晰且真实的手写数字图像。尽管个别图像存在轻微的模糊，总体的质量仍然相当高，这充分证明了 GAN 在生成手写数字图像方面的有效性和潜力。在训练初期，生成的图像质量较差，存在明显的噪声和模糊现象。随着训练的进行，生成器逐渐优化，生成的图像逐步变得更加清晰，并开始呈现出手写数字特征。到达第 200 个轮次时，大部分生成的图像已经能够与真实手写数字媲美，充分展示了 GAN 强大的学习和生成能力。尽管有些图像仍有细微的模糊，但这些问题在更多轮次的训练中有望进一步改善。实验结果充分展示了 GAN 在生成手写数字图像方面的有效性和潜力。

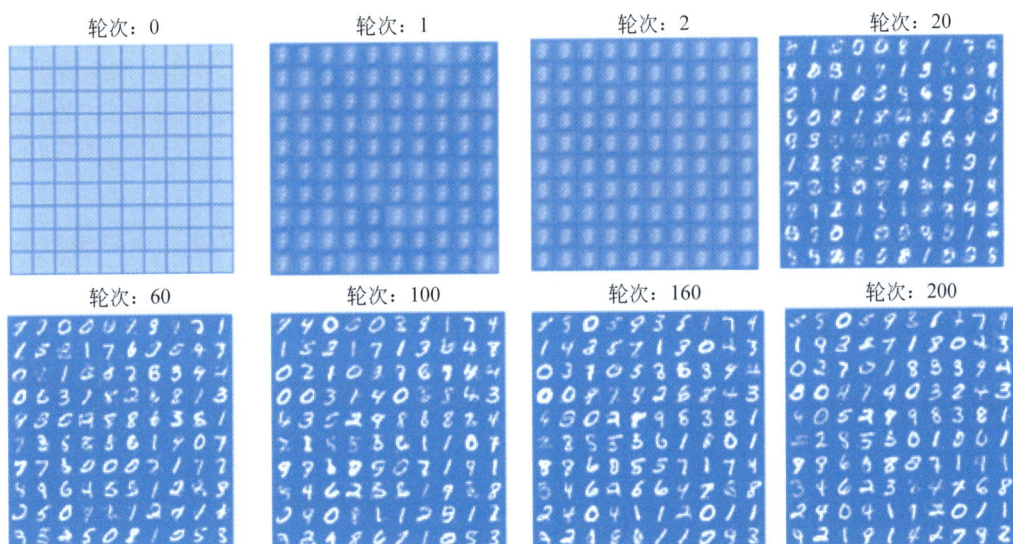

图 7-31　生成手写数字的训练结果

从上面的例子可以看到，构建和训练 GAN 模型，能够生成高质量、逼真的手写数字图像。这种技术不仅可以用于手写图像数据的生成，还可以应用于其他类型的图像数据生成领域，如人脸图像、自然风景图像以及医学影像等，在许多领域有着广泛的应用前景。

7.5　本章小结

本章力图从零开始逐步深入讲解神经元、神经网络和深度学习，并且着力用示例和应用深入讲解模型和工具的建立过程和各部分的作用。神经网络与深度学习是当前人工智能领域最火的研究热点。新技术、新方法层出不穷，虽然这里介绍的对抗生成网络是近年来的研究成果,但其发展速度却十分迅速。我们唯有保持学习研究的状态,面向应用,努力具有"能应用、会应用"的能力,才能适应新时代的发展速度。

习题 7

1. 建立一个识别数字 3 和数字 8 的神经网络,给出网络结构、偏置值和激活函数。数字 3 图像和数字 8 的图像如图 7-32 所示。

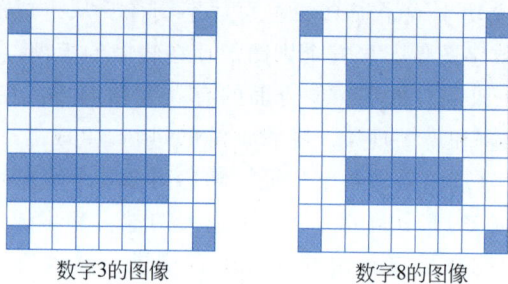

数字3的图像   数字8的图像

图 7-32　数字 3 和 8 的图像

2. 假设给出的训练样例数据是:输入数据是 $x_1=1$,$x_2=1$,期望输出是 $\hat{y}=6$,误差最低要求 $e_{min}=0.0001$。建立一个 BP 神经网络、网络结构设计、训练过程描述及训练结果。

3. 在网上寻找"鸢尾花"数据库,建立一个 BP 神经网络,使其完成对"鸢尾花"的分类。要求:给出 BP 神经网络结构设计、训练过程描述及训练结果。

4. 给自己拍照,建立一个生成对抗网络,生成一个自己的照片。要求:给出网络设计、结构描述、相关的函数设计、生成结果展示。自主选择使用的平台实现。注意照片不能太大。

5. 查找选择一篇关于深度学习的近三年的文献资料,读懂并总结、讲述。

第 8 章

卷积神经网络及其图像分类案例

本章学习目标：
- 了解卷积神经网络，并认识其发展过程和背景知识。
- 理解卷积神经网络的基本知识、工作原理及层与层之间的框架结构。
- 掌握 PyTorch 框架，使用基于 PyTorch 构建的网络处理图像分类的任务。
- 操作实践：能够构建卷积神经网络整体框架，并使用搭建的模型进行图像分类任务，并不断优化网络，完成网络的训练和应用。

本章主要介绍卷积神经网络的发展过程和基础知识，以及基于卷积神经网络的图像分类方法，并通过所学分类方法进行案例实验。通过讲解卷积神经网络的原理及结构的相关知识，读者将学习如何构建和训练卷积神经网络模型来解决图像分类问题。

8.1 卷积神经网络的定义及其结构

卷积神经网络在许多领域都实现了非常成功的应用。本节给出卷积神经网络的定义，介绍卷积神经网络的总体架构及各个组成部分。

8.1.1 卷积神经网络的定义

卷积神经网络(convolutional neural networks,CNN)是一种前馈神经网络，具有深度结构，并使用卷积计算。它是深度学习中的重要算法之一，其灵感来源于人类视觉系统的工作原理。它在图像分类、语义分割、目标检测等任务中取得了巨大成功。CNN 适用于处理具有网格结构的数据，对于图像识别和计算机视觉领域具有重要意义。除了在计算机视觉领域的应用，CNN 的影响也逐渐扩展到其他领域，如自然语言处理、语音识别和推荐系统等。这得益于 CNN 对各种数据的有效处理能力，以及其可训练的参数化结构和端到端的学习方法。

CNN 的组成部分包括卷积层、池化层和全连接层。其核心思想是通过这些层级来提取和学习图像中的特征表示。卷积层通过卷积操作对输入图像使用一系列的卷积核进行处理，从而提取出局部特征。每个卷积核在不同位置上滑动，计算出对应位置的局部特征。通过多个卷积核的组合，CNN 能够提取出不同尺度和抽象级别的特征。池化层的作用是进行空间降采样，以减少模型的参数量和计算复杂度，并提取出对平移不变性具有鲁棒性的特征。其中最大池化是一种常见操作，它从特征图的每个区域中选择最大值作为降采样后的特征值。全连接层用于将池化层输出的特征表示映射到最终的输出类别。这些层通常包括多个神经元，每个神经元对应一个类别，并通过激活函数将输入特征映射到相应的概率分布。通过这些组件的组合，CNN 能够有效地提取图像中的特征，并将其映射到输出类别。这种结构的设计使得 CNN 在图像识别和计算机视觉任务中取得了显著成果，在其他领域的应用也取得了成功。

贯穿整个 CNN 的特点是参数共享和局部连接。参数共享意味着在卷积过程中，同一个卷积核会在输入数据的不同位置上应用，从而共享参数，并减少模型的复杂度。局部连接意味着每个卷积核只关注输入数据中的局部区域，有助于更好地捕捉局部特征。

此外，CNN 具有极佳的表征学习能力，通过其阶层结构对输入信息进行平移不变的分类，因此也被称为"平移不变人工神经网络"。卷积神经网络仿造生物的视知觉机制构建，可以进行监督学习和非监督学习，其隐藏层之间的连接较为稀疏，层内卷积核具有参数共享的特性，这使得卷积神经网络能够以较小的计算量提取特征。例如，对像素和音频进行学习、有稳定的效果且对数据没有额外的特征工程要求。

CNN 的训练过程通常使用反向传播算法和梯度下降优化器来更新网络参数，以使网络能够学习到更好的特征表示和分类决策边界。对于 CNN 的训练来说，大规模的标注数据集至关重要，因为它需要大量样本来进行模型的学习和泛化。总而言之，CNN 是一种强大的图像处理和计算机视觉模型。通过多层卷积、池化和全连接层提取和学习图像中的特征表示，从而实现图像分类、目标检测和其他计算机视觉任务的成功应用。

8.1.2　卷积神经网络的总体架构

卷积神经网络是一种具有深度结构的前馈神经网络，主要由卷积层、池化层、全连接层和激活函数组成。在整个过程中，CNN 的卷积层用于提取图像中的局部特征，池化层用于减少参数量和计算复杂度，并提取具有鲁棒性的特征，全连接层用于将特征表示映射到输出类别，激活函数使模型进行非线性的变换，从而起到更好的拟合效果。模型的训练和优化通过反向传播算法来更新模型的权重和偏置。

在计算机中，呈现出来的图片是一个个数值型的像素块。一幅具有长宽属性的图片，在计算机中就变成了一个二维的矩阵，如图 8-1 所示。

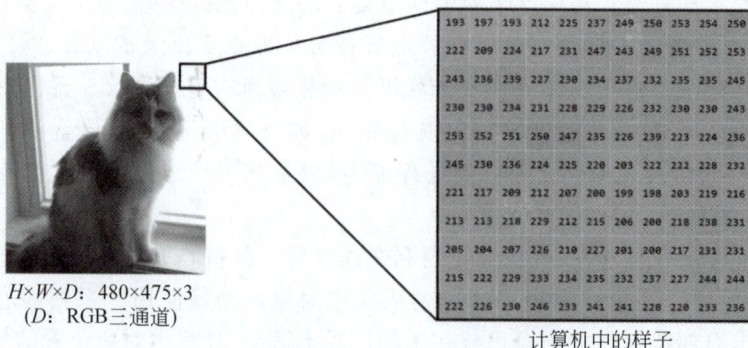

$H×W×D$：480×475×3
（D：RGB三通道）

计算机中的样子

图 8-1　计算机中表示图片的二维矩阵

CNN 的目标是通过特定的模型对事物进行特征提取，并根据这些特征对事物进行分类或识别。其中最关键的步骤是特征提取，即如何从数据中提取出最能区分事物的特征。为了实现这一目标，CNN 需要经过迭代训练过程。在图像中，目标事物的特征通常体现在像素与像素之间的关系上。例如，在图像识别中，动物的身体毛发与相邻像素之间的差异通常比毛发与背景之间的差异大。这样的差异使得我们能够将图像中的“动物”识别出来。在 CNN 中，卷积运算在很大程度上负责特征的提取。最终的目标是通过训练和调优得到一个准确率较高的模型，能够对新的图像进行准确的分类。

8.1.3 卷积层

卷积层是卷积神经网络中至关重要的组成部分之一，主要用于从输入图像中提取局部特征。它通过应用一系列的卷积核对输入图像进行卷积操作，从而计算出每个位置的特征响应。这些卷积核可以看作是一种过滤器，通过滑动窗口的方式在输入图像上进行卷积运算，从而捕捉到不同位置的局部特征。

卷积操作是一种在图像上滑动窗口的运算，它将每个位置的像素与卷积核进行逐元素相乘，并将结果相加得到一个输出值。卷积核是一个较小的矩阵，其中的元素被称为权重。通过调整权重，卷积层可以学习图像中不同位置的特征。卷积操作具有局部性的特征，每个卷积核只关注输入数据中的一个小区域，使得其能够捕获到矩阵中的局部特征，例如图像的纹理、目标的边缘等信息。假如使用多个不同大小的卷积核，可以使卷积层提取出不同尺度下的抽象级别特征。

卷积操作也可以看成一个函数或一种算法。这种函数需要输入一个矩阵和卷积核，按照卷积步骤要求进行计算。可以通过图 8-2 简单理解，假设有一个 5×5 的矩阵和一个 3×3 的卷积核，如图 8-2 所示。

1	1	1	0	0
1	0	1	1	0
0	1	0	1	1
1	0	1	0	1
1	0	1	0	1

1	1	0
1	0	1
0	1	1

图 8-2　输入矩阵和卷积核

当进行卷积操作时，我们将这个 3×3 的卷积核应用于 5×5 的输入矩阵中的每个位置，通过逐元素相乘并求和的方式来计算输出矩阵对应位置的值。

卷积操作的具体过程：将卷积核的中心对齐到输入矩阵的左上角位置。再将卷积核的每个元素与输入矩阵对应位置的元素相乘。对所有乘积结果进行求和，得到一个单一的值。将这个值作为输出矩阵的对应位置的值。将卷积核向右移动一个位置，继续进行乘积求和操作，直到将卷积核滑动到输入矩阵的最右侧。将卷积核向下移动一个位置。重复上述步骤，直到将卷积核滑动到输入矩阵的最右下角。卷积操作的第一步过程及结果如图 8-3 所示。

通过这个过程，可以计算出一个输出矩阵，卷积层的输出矩阵称为特征图或卷积特征

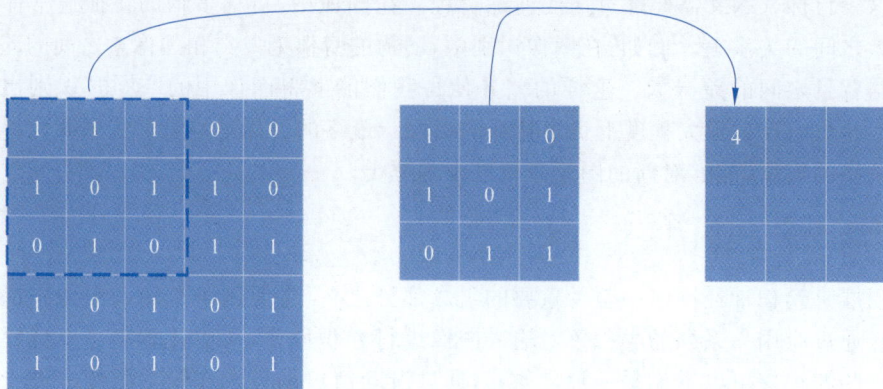

图 8-3　卷积操作

图。其大小取决于输入矩阵的大小、卷积核的大小和步幅。卷积操作的好处在于它能够捕捉输入矩阵的局部特征，而不受整体图像的影响。通过使用不同的卷积核，卷积操作可以提取不同的特征，如边缘、纹理等。这使得卷积神经网络能够有效地处理图像和其他二维数据。

此外，卷积核的大小和数量是需要指定的超参数。通过调整这些超参数，可以控制卷积层对输入图像的特征提取能力。卷积核的大小决定了它关注的局部区域大小，而卷积核的数量决定了卷积层提取特征的种类和丰富程度。

卷积层的输出可以作为下一层的输入，通过堆叠多个卷积层，网络能够学习更加抽象和高级的特征表示。下面将用代码和可视化结果对卷积层进行进一步的学习。

首先需要导入进行卷积操作用到的库，代码如下。

```
import cv2
import numpy as np
from scipy.signal import convolve2d
import matplotlib.pyplot as plt
```

其中 cv2 是一个开源的计算机视觉和机器学习库，提供了大量的图像和视频处理功能，如图像读取/写入、图像滤波、特征检测、物体跟踪等。numpy 提供了强大的 N 维数组对象、丰富的函数库，为数据分析和机器学习等领域提供了高效的数值计算支持。scipy 是基于 numpy 的一个开源库，提供了众多用于优化、线性代数、积分、插值、特殊函数、FFT、信号和图像处理、ODE 求解等科学与工程计算常用的功能。matplotlib 是 Python 中的标准绘图库，提供了丰富的 2D 和 3D 绘图功能，为数据可视化提供了强大的支持，广泛应用于科学研究、工程分析等领域。

然后加载输入的图片，并创建一个卷积核，代码如下。

```
#加载图像
image = cv2.imread('C:/Users/16356/Pictures/2.jpg', 0)
#创建卷积核
conv_kernel = np.array([[2, 0, -1],
                        [3, 0, -3],
                        [1, 0, -3]])
```

使用 scipy 库中的 convolve2d 函数来进行二维卷积操作，代码如下。

```
#进行卷积操作
conv_result = convolve2d(image, conv_kernel, mode='same')
```

通过 plt 库绘制出输入图像、卷积核、卷积后图像，代码如下。绘制结果如图 8-4 所示。

```
#绘制原始图像
plt.subplot(2, 2, 1)
plt.imshow(image, cmap='gray')
plt.title('Original Image')

#绘制卷积核
plt.subplot(2, 2, 2)
plt.imshow(conv_kernel, cmap='gray')
plt.title('Convolution Kernel')

#绘制卷积结果
plt.subplot(2, 2, 3)
plt.imshow(conv_result, cmap='gray')
plt.title('Convolution Result')

#显示图像
plt.tight_layout()
plt.show()
```

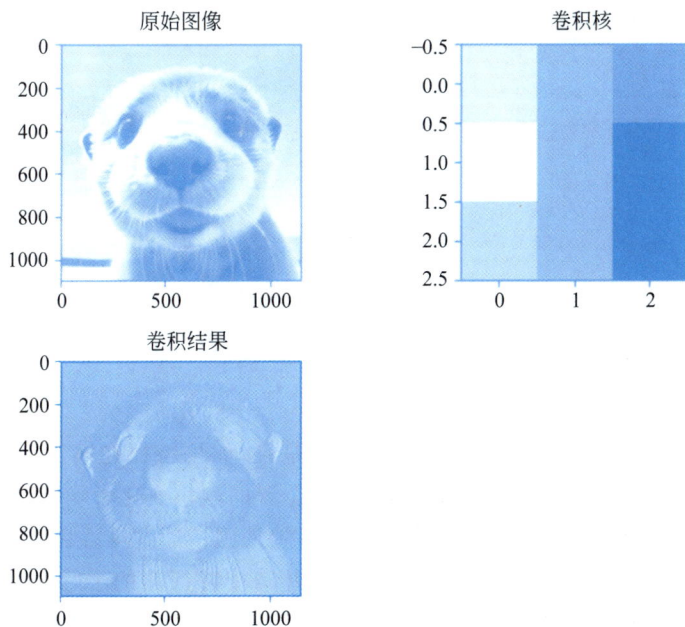

图 8-4　绘制结果图像

8.1.4　池化层

经过卷积层提取完特征之后，可以直接连接全连接层，然后接 softmax（softmax 是一种归一化指数函数）进行分类输出图片类别。但此时所经过卷积后的特征图数据量特别大，也就面临着庞大的计算量挑战，这时池化层就发挥出了应有的作用，它可以进一步降低网络训练参数和模型过拟合的程度。

池化层的作用是减少特征图的尺寸、参数数量和计算复杂度。它通过对输入特征图的局部区域进行汇聚操作，将该区域内的特征值进行聚合，得到一个更小的输出特征图。池化操作通常有两种类型：最大池化和平均池化。最大池化选取输入区域内的最大值作为输出值，而平均池化则取输入区域内的平均值作为输出值。当进行池化操作时，将一个固定大小的窗口在输入特征图上滑动，并对窗口内的特征值进行聚合，得到一个更小维度的输出值。

池化操作的具体过程如下：将池化窗口的左上角对齐到输入特征图的位置。在池化窗口内，根据所选择的池化类型对窗口内的特征值进行聚合操作。对于最大池化，选取窗口内的最大值作为输出值；对于平均池化，计算窗口内特征值的平均值作为输出值。将输出值作为输出特征图的对应位置的值。将池化窗口向右移动一个步长，继续进行聚合操作，直到将窗口滑动到输入特征图的最右侧。将池化窗口向下移动一个步长，重复上述步骤，直到将窗口滑动到输入特征图的最右下角。假设输入矩阵为 3×3，池化的窗口大小为 2×2，步幅为 1，卷积操作的第一步过程及结果如图 8-5 所示。

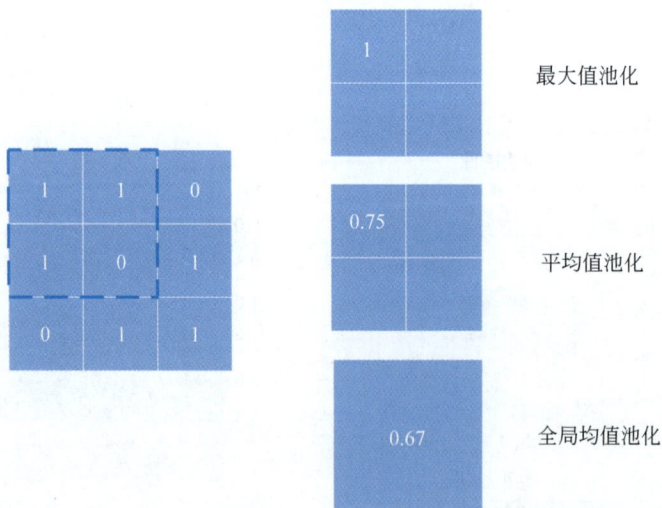

图 8-5　池化操作

此外，它还可以提供一定的平移不变性，也就是说，如果特征在输入特征图的不同位置出现，池化操作可以将其汇聚为一个输出值，不受位置的微小变化影响。

池化层通常与卷积层交替使用，以提取和缩小特征图。通过堆叠多个卷积层和池化层，CNN 能够逐渐学习更加抽象和高级的特征表示，并减小特征图的尺寸，从而实现对图像的分类、目标检测和其他计算机视觉任务。

总的来说，池化层是 CNN 中用于减小特征图尺寸、参数数量和计算复杂度的重要组成部分。它通过对输入特征图的局部区域进行汇聚操作，将特征值聚合为一个更小的输出值。

池化层在特征提取过程中起到重要作用,并增加了网络的平移不变性和鲁棒性。下面将用代码和可视化结果对池化层进行进一步的学习。

首先需要导入池化操作用到的库,代码如下。

```python
import numpy as np
import matplotlib.pyplot as plt
```

定义一个最大池化操作的函数,代码如下。

```python
def max_pooling(image, pool_size):
    #获取图像的尺寸
    image_height, image_width = image.shape
    #计算池化结果的尺寸
    result_height = image_height //pool_size
    result_width = image_width //pool_size
    #创建空白图像
    result = np.zeros((result_height, result_width))
    #执行最大池化操作
    for i in range(result_height):
        for j in range(result_width):
            result[i, j] = np.max(image[i * pool_size:(i+1) * pool_size, j * pool_size:(j+1) * pool_size])
    return result
```

定义一个平均池化操作的函数,代码如下。

```python
def average_pooling(image, pool_size):
    #获取图像的尺寸
    image_height, image_width = image.shape
    #计算池化结果的尺寸
    result_height = image_height //pool_size
    result_width = image_width //pool_size
    #创建空白图像
    result = np.zeros((result_height, result_width))
    #执行平均池化操作
    for i in range(result_height):
        for j in range(result_width):
            result[i, j] = np.mean(image[i * pool_size:(i+1) * pool_size, j * pool_size:(j+1) * pool_size])
    return result
```

定义一个输入图像和池化尺寸,并执行最大池化和平均池化操作,代码如下。

```python
#输入图像
image = np.array([[1, 2, 3, 4],
                  [5, 6, 7, 8],
                  [9, 10, 11, 12],
                  [13, 14, 15, 16]])
#池化尺寸
```

```
pool_size = 2
#执行最大池化操作
max_pooled_image = max_pooling(image, pool_size)
#执行平均池化
average_pooled_image = average_pooling(image, pool_size)
#打印结果
print("最大池化结果:")
print(max_pooled_image)
print("平均池化结果:")
print(average_pooled_image)
```

结果如下。

```
最大池化结果:
[[6.   8.]
 [14.  16.]]
平均池化结果:
[[3.5   5.5]
 [11.5  13.5]]
```

使用 plt 库将两种池化后的结果可视化，代码如下。

```
#可视化输入图像
plt.subplot(1, 3, 1)
plt.imshow(image, cmap='gray')
plt.title('Input Image')
#可视化最大池化结果
plt.subplot(1, 3, 2)
plt.imshow(max_pooled_image, cmap='gray')
plt.title('Max Pooling Result')
#可视化平均池化结果
plt.subplot(1, 3, 3)
plt.imshow(average_pooled_image, cmap='gray')
plt.title('Average Pooling Result')
plt.show()
```

结果如图 8-6 所示。

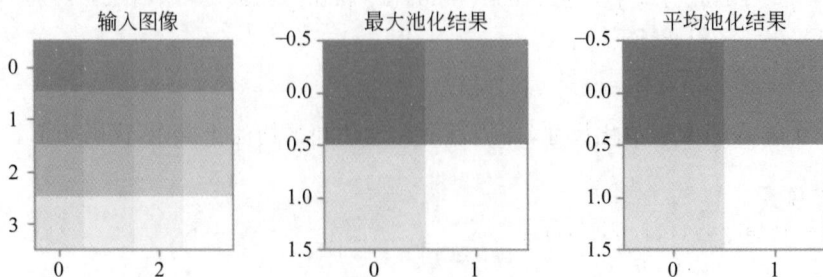

图 8-6 最大池化和平均池化可视化图像

8.1.5 激活函数

激活函数是深度学习中一种重要的非线性函数,它通常被应用于神经网络的每个神经元上,以增加模型的表达能力和非线性拟合能力。激活函数通过引入非线性变换,使神经网络络具备处理复杂模式和非线性关系的能力。第 7 章也介绍了激活函数,这里简单回顾几种常见的激活函数及其特点。

1. Sigmoid 函数

Sigmoid 函数将输入值映射到0~1的连续输出。它具有平滑的 S 形曲线,可以将任意实数映射到一个概率值。然而,Sigmoid 函数在输入值较大或较小时,容易出现梯度消失的问题。其函数图像如图 8-7 所示。

2. Tanh 函数

Tanh 函数又叫双曲正切函数,其将输入值映射到−1~1 的连续输出。与 Sigmoid 函数相比,Tanh 函数的输出范围更广,但也存在梯度消失的问题。其函数图像如图 8-8 所示。

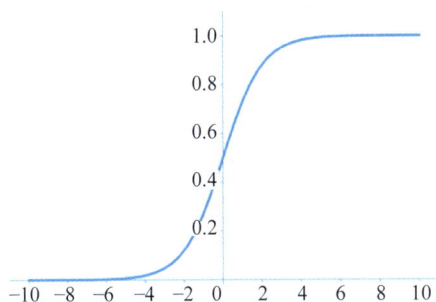

图 8-7　Sigmoid 函数

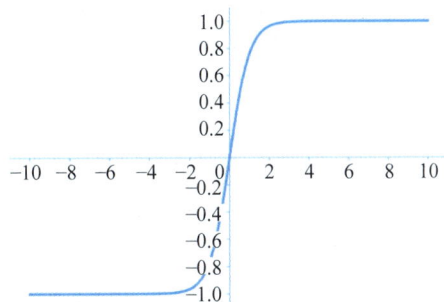

图 8-8　Tanh 函数

3. ReLU 函数

ReLU 函数是一种简单且广泛使用的激活函数。它将负输入值映射为 0,而将正输入值保持不变。ReLU 函数计算速度快,并且在处理大规模数据时表现出色。但是,ReLU 函数在负输入值上会输出 0,这可能导致"神经元死亡"问题,即神经元无法更新。其函数图像如图 8-9 所示。

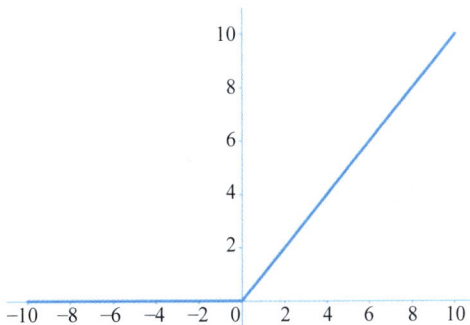

图 8-9　ReLU 函数

4. Leaky ReLU 函数

Leaky ReLU 函数是 ReLU 函数的一种变体,它通过引入一个小的斜率在负输入值上保持非零输出。这有助于解决 ReLU 函数的"神经元死亡"问题。其函数图像如图 8-10 所示。

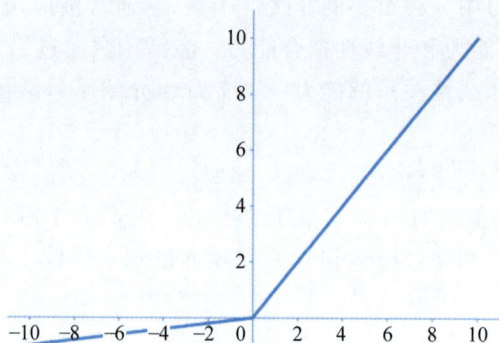

图 8-10　Leaky ReLU 函数

选择合适的激活函数取决于任务的性质和需求。通常，ReLU 是最常用的激活函数，它在许多情况下表现良好。然而，对于输出层的不同任务，可能需要使用不同的激活函数。此外，还有其他激活函数的变体和扩展，以满足不同的需求，解决特定的问题。

8.1.6　全连接层

全连接层是神经网络中常见的一种层级，它起着将前一层的所有神经元与当前层的所有神经元相连接的作用，实现了神经网络的端对端映射。全连接层的主要功能是通过激活函数引入非线性映射能力，并将前一层的特征映射到当前层的输出。这样，通过堆叠多个全连接层，神经网络可以实现复杂的非线性映射。全连接层还能够通过调整权重矩阵中的权重来学习输入特征与输出结果之间的关系，从而实现对输入数据的分类、回归以及其他任务。

但是，如果大量使用全连接层，会使网络的参数量大大增加，并且提升计算的复杂度。因此在设计网络结构时，需要根据具体任务需求和输入数据的特点来合理地选择全连接层的数量和大小，从而最大限度地避免过拟合的发生，并提高计算效率。全连接层的过程如图 8-11 所示。

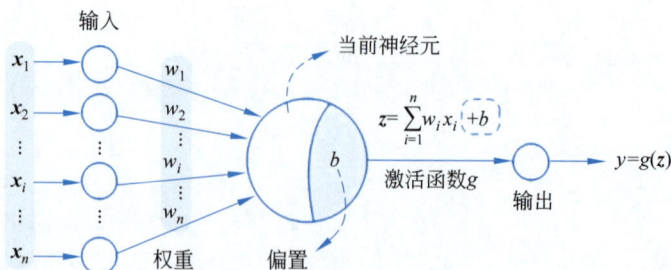

图 8-11　全连接层的过程

图 8-11 中最左列的 x_1 到 x_n 为上一层的输出向量，每个向量通过全连接层乘上不同的权重 w，再加上神经元中的偏置 b，最后依次相加得到输出 z。由上述步骤完成了全连接层的主体部分，但是这一过程只是进行着重复的线性变换，对于模型拟合程度的帮助有限。于是便引入了激活函数 g，从而得到非线性变换，可以起到更好的拟合效果。

此外,随着神经网络中全连接层数的增加,参数增加,在表示能力大幅度增强的同时,也很容易出现过拟合现象。过拟合指的是机器学习模型在训练数据上表现得很好,但在新的未见过的数据上表现较差的现象。当模型过度地记住了训练数据的细节和噪声,而未能很好地捕捉数据的普遍模式和规律时,就会出现过拟合。

过拟合通常发生在模型的复杂度过高或训练数据过少的情况下。当模型的复杂度很高时,它具有足够的灵活性来拟合训练数据中的噪声和异常值,但却无法泛化到新的数据。如果训练数据很少,模型可能无法捕捉到数据的整体特征,而只记住了少量样本。

随着神经网络的发展,许多过拟合的解决方法被提出。一种方法是可以通过对训练的数据集进行扩充,增加更多的训练数据,从而帮助模型更好地捕捉数据的整体特征,减少对噪声和异常值的过度拟合。另一种方法是根据训练时的误差变化及时停止训练。此外,也可以通过添加正则化项限制模型参数的大小,减少模型的复杂度,从而减少过拟合的风险。Dropout就是训练模型时常用的正则化抑制过拟合的方法。具体来说,Dropout的操作如下。

训练过程中的丢弃:在每个训练样本的前向传播过程中,对于每个神经元,以一定的概率(通常是 0.2~0.5)将其输出置为零。这相当于随机地"丢弃"一部分神经元,不参与当前样本的计算。

权重缩放:为了保持网络的期望输出不变,对于未被丢弃的神经元,将其输出值除以丢弃率的倒数。这样可以确保网络的期望输出保持一致。

推理过程中的保留:在模型进行推理或测试时,不再进行丢弃操作。而是将所有神经元的输出都乘以丢弃率的倒数,以保持输出的一致性。

Dropout的主要作用是减少神经网络的复杂度,防止神经元之间出现过度依赖,从而提高模型的泛化能力。它可以视为在每个训练样本中使用了不同的子网络,通过对不同的子网络进行训练来获得模型的鲁棒性。图 8-12 为未使用 Dropout 和使用 Dropout 的全连接层对比图。

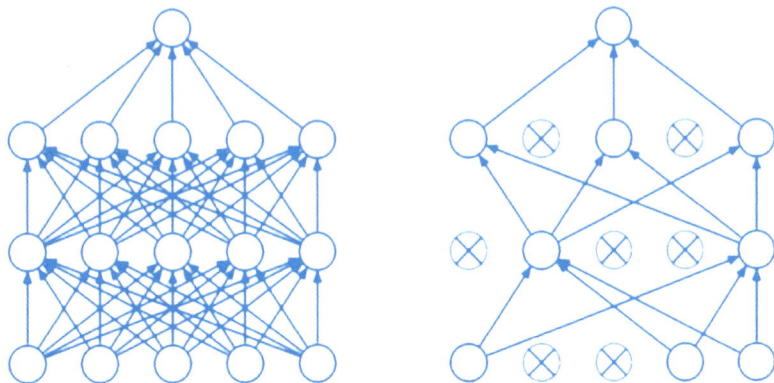

图 8-12 Dropout 前后结构对比图

下面用代码和可视化结果对全连接层进行进一步的学习。
首先导入全连接层用到的库,代码如下。

```
import torch
import torch.nn as nn
```

定义一个含有 Dropout 正则化方法的全连接层，代码如下。

```
class DropoutFC(nn.Module):
    def __init__(self, input_size, hidden_size, output_size, dropout_rate):
        super(DropoutFC, self).__init__()
        self.fc1 = nn.Linear(input_size, hidden_size)
        self.dropout = nn.Dropout(dropout_rate)
        self.fc2 = nn.Linear(hidden_size, output_size)
        self.relu = nn.ReLU()

    def forward(self, x):
        x = self.fc1(x)
        x = self.relu(x)
        x = self.dropout(x)
        x = self.fc2(x)
        return x
```

创建一个模型的实例，代码如下。

```
input_size = 10
hidden_size = 20
output_size = 5
dropout_rate = 0.5
model = DropoutFC(input_size, hidden_size, output_size, dropout_rate)
```

使用模型进行前向传播，输入数据是 32 个样本，每个样本有 10 个特征，代码如下。

```
input_data = torch.randn(32, input_size)
output = model(input_data)
print("模型输出的大小:", output.size())
模型输出的大小: torch.Size([32,5])
```

上述代码定义了名为 DropoutFC 的自定义模型类继承自 nn.Module。它包含了两个全连接层（nn.Linear），一个 ReLU 激活函数（nn.ReLU）和一个 Dropout 层（nn.Dropout）。在模型的 forward 方法中，我们按照顺序将输入数据传递给每一层，并在第一个全连接层和 ReLU 激活函数之间应用了 Dropout 层。

创建模型实例时，对输入大小、隐藏层大小、输出大小和丢弃率进行了规定。然后使用模型对输入数据进行前向传播，得到输出。这是一个简单的示例，处理不同的任务时，可以根据需求和数据进行调整和扩展。对于 Dropout 等设置参数时，需要根据具体任务和数据进行合理的调参和评估。

8.1.7　学习率和优化器

学习率是一个控制模型更新步长的超参数。它决定了模型每次参数更新时改变的幅度。较高的学习率会导致参数更新过大，可能会使模型在训练过程中不收敛甚至发散。这种情况下，模型可能无法达到最优解，甚至无法有效地学习数据的特征。因此，如果学习率设置过高,需要降低学习率,以确保模型的稳定性和收敛性。另外,较低的学习率会导致训练过程的收敛速度过慢,可能需要更多的迭代才能达到较好的性能。如果学习率设置过低,可以尝试增加学习率,以加快模型的收敛速度。

优化器是一种用于更新模型参数的算法。它根据模型的损失函数和参数的梯度来调整参数的值,以使模型在训练过程中逐渐优化,并收敛到最优解。不同的优化器具有不同的更新策略和特点,可以根据具体任务和需求选择合适的优化器。

以下是一些在 CNN 中常用的优化器,列举如下。

(1) 随机梯度下降(stochastic gradient descent,SGD):SGD 是最基本和常用的优化器之一。它在每次迭代中随机选择一个样本或一小批样本来计算损失函数的梯度,并使用该梯度来更新模型参数。SGD 可以用于训练 CNN,但可能在收敛速度和稳定性方面存在一些问题。

(2) 动量优化器:动量优化器在 SGD 的基础上引入了动量项,用于加速梯度下降过程。它通过累积之前的梯度方向来决定下一次更新的方向和步长,从而在训练过程中更快地收敛。动量优化器在训练 CNN 时可以帮助克服局部最优解,并提高训练速度和稳定性。

(3) AdaGrad:AdaGrad(adaptive gradient)是一种自适应学习率的优化器。它根据每个参数的历史梯度信息来自动调整学习率,对于稀疏特征或出现频率低的特征有较好的效果。在 CNN 中,AdaGrad 可以用于训练,但可能会导致学习率过早下降,从而影响模型的收敛性能。

(4) RMSProp:RMSProp(root mean square propagation)是一种改进的 AdaGrad 算法。它引入了一个衰减系数来平衡历史梯度和当前梯度的比重,从而更好地适应不同特征的学习率。RMSProp 在 CNN 中的训练中表现良好,能够加速收敛,并提高性能。

(5) Adam:Adam(adaptive moment estimation)是一种结合了动量优化和自适应学习率的优化器。它通过计算梯度的一阶矩估计和二阶矩估计来自适应地调整学习率,并具有较好的收敛性和泛化性能。Adam 是 CNN 中广泛使用的优化器之一,能够在训练过程中有效地优化模型参数。

这些优化器在 CNN 的训练过程中具有不同的特点和适用性。选择合适的优化器取决于网络的结构、数据的特点以及训练任务的需求。此外,还可以结合学习率调度、正则化和其他技术来进一步优化 CNN 模型的训练和性能,学习率的选择对于模型的训练效果和收敛速度至关重要。

学习率和优化器之间存在密切关系。学习率决定了参数更新的步长,而优化器决定了参数更新的方向和策略。合理调整学习率和选择合适的优化器可以帮助模型更快地收敛,并达到更好的性能。在实际应用中,选择合适的学习率需要结合具体的任务、数据和网络结构等因素进行调试和优化。通常需要进行实验和观察,以找到最佳的学习率设置,从而获得更好的训练效果和模型性能。

本节主要讲述了卷积神经网络的主体结构和其中主要层次的原理及代码实现过程,接下来将运用卷积神经网络进行实战练习,以卷积神经网络为框架,实现对图像分类的案例分析。

8.2 卷积神经网络的特点与发展历程

8.2.1 卷积神经网络的特点

CNN 的具体特点如下。

（1）参数共享和局部连接。CNN 通过参数共享和局部连接的方式来减少模型的复杂性。参数共享是在卷积过程中，同一个卷积核会被应用于输入数据的不同位置，以达到共享参数的效果。局部连接是每个卷积核只关注输入数据中的局部区域，从而可以更精确地捕捉局部特征。

（2）擅长处理具有平移不变性的数据。CNN 在处理图像等具有平移不变性的数据时表现出色。通过运用卷积层和池化层，可以在图像中提取到与位置无关的特征，使得模型对于物体在图像中的位置变化具有鲁棒性。

（3）深度学习和多层结构。CNN 通常由多个卷积层、池化层和全连接层交错叠加而成，形成深层神经网络。这种深度学习和多层结构的设计使得 CNN 能够学习浅层网络学习不到的更加抽象和高级的特征表示，从而大大提高了模型的精度和性能。

（4）自动学习特征表示。相较于传统手动的设计特征方法，CNN 能够自动地学习输入数据中的特征表示。通过多层卷积和非线性激活函数，无须人工干预地从原始数据中提取有用的特征。

（5）并行计算和高效处理。由于卷积操作具有局部连接和参数共享的特点，CNN 可以通过并行计算高效地处理大规模的数据。这使得其在处理大型图像数据集和进行实时图像处理时具有优势。

但是 CNN 也存在以下一些缺点。

（1）对输入尺寸有要求：CNN 一般要求输入数据为固定大小的图像。这在某些应用场景下可能会限制其适用性。

（2）需要大量的训练数据：CNN 通常需要大量的标注数据进行训练，以获得良好的性能。这对于某些领域或任务可能会存在挑战。

（3）训练和调参复杂：CNN 的训练和调参过程相对复杂，需要进行适当的超参数调整和网络结构设计。这对于初学者来说可能会有一定的难度。

综上所述，CNN 具有参数共享和局部连接、对平移不变性具有良好处理能力、深度学习和多层结构、自动学习特征表示以及并行计算和高效处理等特点，这些特点使得其成为处理图像和模式识别任务的强大工具。然而，其对输入尺寸的要求、需要大量的训练数据以及训练和调参的复杂性等缺点也不可忽视，这使得其距离完美还有一定的发展空间。

8.2.2 卷积神经网络的发展历程

卷积神经网络在 20 世纪已经初具雏形，在图像领域发挥着重要作用。许多经典的结构，主要包括 LeNet、AlexNet、ZFNet、VGG、GoogleNet、ResNet、SENet 等，其发展过程如图 8-13 所示。

CNN 的起源可以追溯到 20 世纪 60 年代，当时大卫·休伯尔（David H. Hubel）和托斯

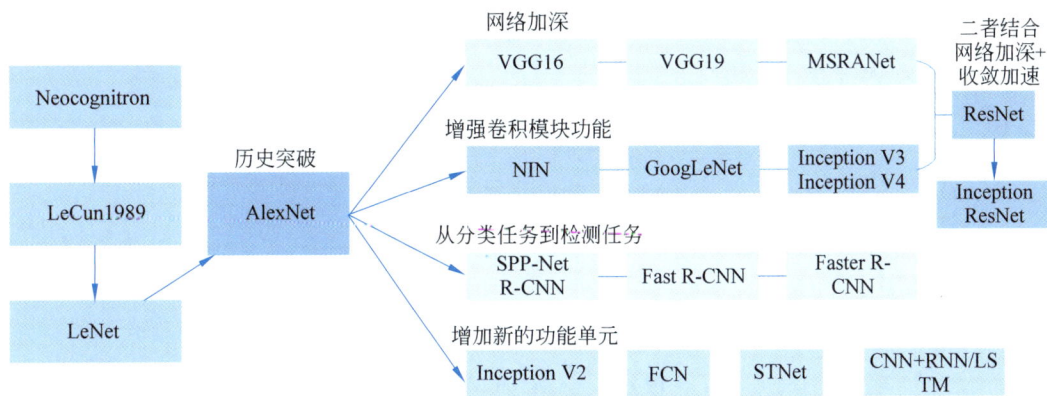

图 8-13　CNN 的发展过程

坦·维厄瑟尔(Torsten N.Wiesel)对猫大脑中的视觉系统进行了研究。之后他们结识了史蒂文·库弗载(Steven Kuffler),并与其一起加入了哈佛大学,在哈佛医学院创立了神经生物学系。1980 年,日本科学家福岛邦彦提出了一个包含卷积层和池化层的神经网络结构,这一网络结构为后来的卷积神经网络奠定了基础。五年之后,辛顿和鲁梅哈特(Rumelhart)等提出了反向传播(back propagation,BP)算法,使得神经网络的训练变得便捷高效。这些里程碑式的贡献为卷积神经网络的发展铺平了道路,使其成为现代深度学习和计算机视觉领域中一种重要的模型。

　　在前人的基础之上,李立昆(Lecun)提出了 LeNet-5 模型结构,该模型将 BP 算法应用到这个神经网络结构的训练上,用于解决手写数字识别的视觉任务,就形成了当代 CNN 的雏形。由此,CNN 卷积层、池化层和全连接层的大体架构就基本定下来了。LeNet-5 的网络架构如图 8-14 所示。

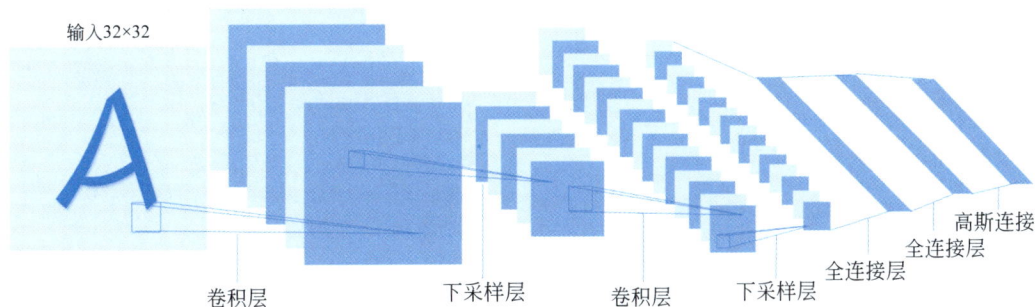

图 8-14　LeNet-5 网络架构

　　在 2012 年的 ImageNet 图像识别大赛中,辛顿组的论文提出了 AlexNet 模型,引入了 Dropout 方法以及新颖的深层结构,将错误率从 25％降低到了 15％,以超过第二名 10.9 个百分点的巨大优势夺得当年冠军,轰动了图像识别领域。AlexNet 网络结构如图 8-15 所示。

　　之后的一年,ZFNet 成为了 ImageNet 分类任务的冠军,相较于 AlexNet,它只是将参数进行调整,将 AlexNet 第一层卷积核由 11 变成 7,步长由 4 变为 2,第 3、4、5 卷积层转变为 384、384、256。此外,其网络结构并没有很大的变动,但是其性能较 AlexNet 提升了很多。

　　牛津大学 Visual Geometry Group 根据名称缩写提出了 VGG-Nets,以 VGG 为基础网

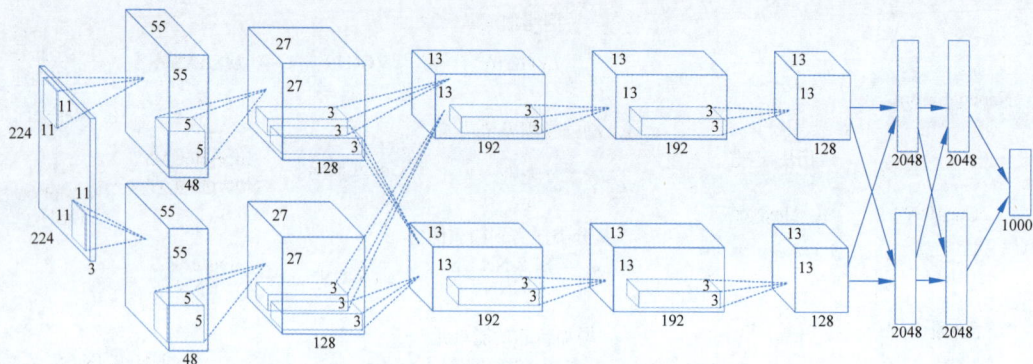

图 8-15　AlexNet 网络结构

络,荣获了 2014 年 ImageNet 大赛中分类任务的第二名和定位任务的第一名。VGG 可以看成是 AlexNet 的网络加深,通过反复堆叠 3×3 的小型卷积核和 2×2 的最大池化层来实现。在当时看来,VGG 是一个非常深的网络,其成功地构建了 16～19 层深的 CNN。VGG16 的网络结构如图 8-16 所示。

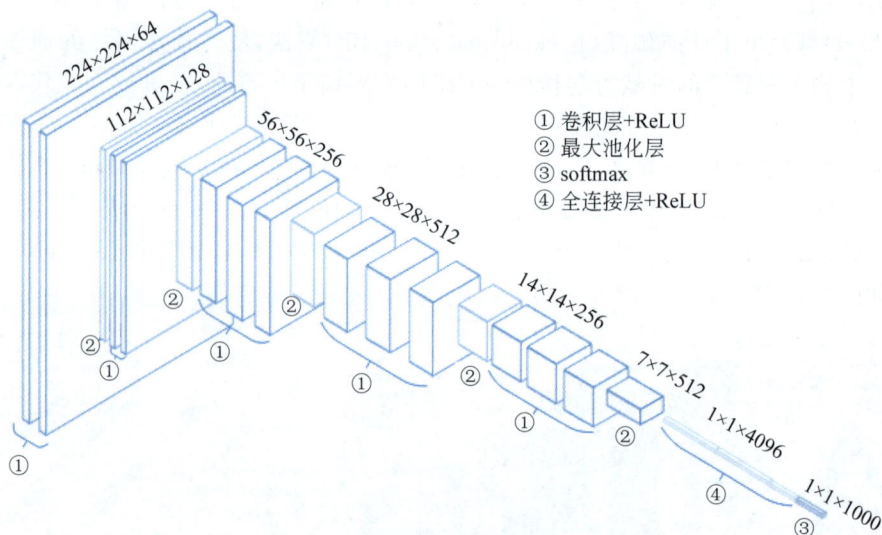

图 8-16　VGG16 网络结构

　　同年,GoogLeNet 在 ImageNet 大赛中击败了 VGG,在分类任务上获得了第一名。GoogLeNet 与 AlexNet 和 VGG-Nets 的改进思路不一样,它们的思路是通过加深网络结构的深度提升网络精度。而 GoogLeNet 是在加深网络的同时也在结构上作了创新,其添加了 inception 结构,使其代替单纯的"卷积＋激活"的常规操作,inception 结构的主要思想是找到能够逼近的卷积视觉网络内的最优局部稀疏结构,并使用简易模块完成这一结构。GoogLeNet 将 CNN 的研究上升到了新的高度。GoogLeNet 的网络结构如图 8-17 所示。

　　2015 年,何恺明推出的 ResNet 在 ISLVRC 和 COCO 上获得第一名(注:ISLVRC 是一个机器学术领域的学术竞赛,主要有分类、定位、检测等任务;COCO 的全称是 MS COCO,是微软公司创办的学术竞赛,主要有检测、分割等任务)。相较于前几个网络,ResNet 在网络结构上做了更大的创新,它并不再是单一地使用层数堆积,其对 CNN 提供的新思路是深

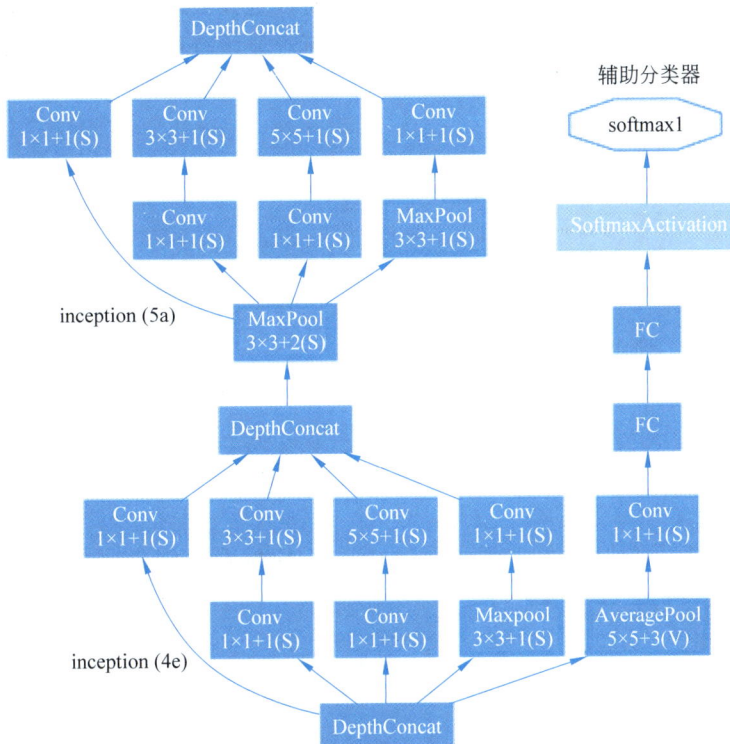

图 8-17   GoogLeNet 网络结构

度学习发展历程上里程碑式的事件。ResNet(图 8-18)的主要创新点是在神经网络中添加了残差块这一结构,缓解了模型加深带来的梯度消失和梯度爆炸问题,同时也解决了网络退化问题。

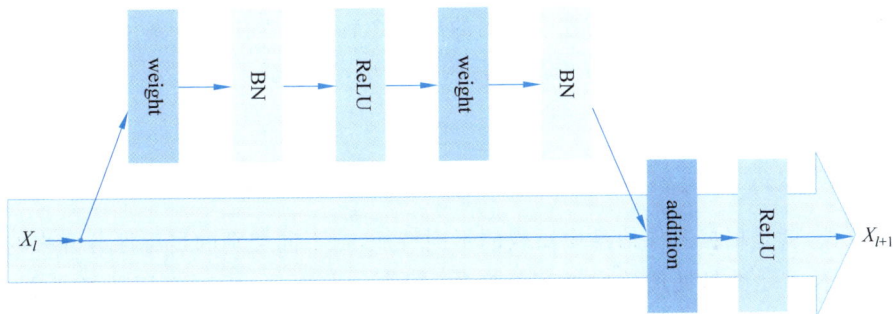

图 8-18   ResNet 网络结构

在 CNN 的发展中,有许多工作致力于提升网络性能,降低空间维度。此外,也可以从其他角度考虑提升性能,比如关注特征通道之间的关系。这种思路促使 SENet(squeeze-and-excitation networks)的提出。SENet 结构中的关键操作是 squeeze 和 excitation,通过这两个操作来建模特征通道之间的相互依赖关系。

首先,使用 squeeze 操作对空间维度进行特征压缩,将每个二维的特征通道转换为一个实数。这个实数在一定程度上具有全局的感知范围,并且输出的维度与输入的特征通道数相匹配。接下来是 excitation 操作,通过参数 w 为每个特征通道生成权重。最后,进行

reweight 操作，将 excitation 的输出权重视为经过特征选择后的每个特征通道的重要性，并通过逐通道的乘法权重重新调整先前的特征，从而对原始特征进行通道维度上的重标定。SENet 的网络结构如图 8-19 所示。

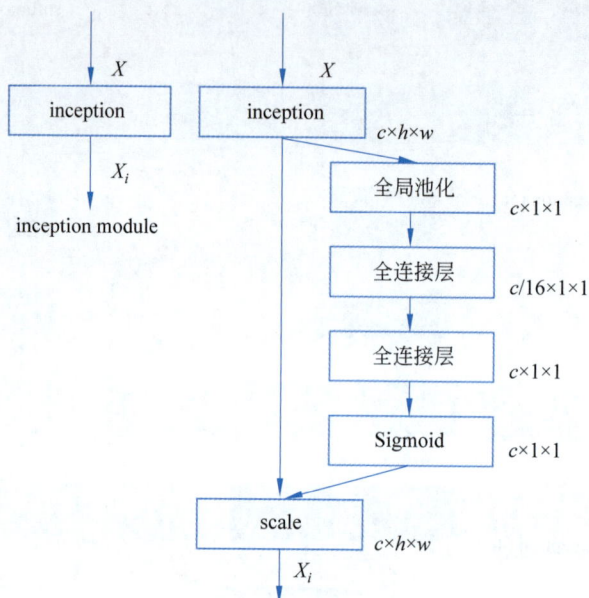

图 8-19　SENet 网络结构

8.3　基于 PyTorch 框架的 Mnist 数据集分类案例

本节首先介绍图像分类和分类任务需要用到的 PyTorch 框架，主要介绍 PyTorch 框架的优势和特点，以及在图像分类任务中常用的库。之后介绍本次实验案例用到的 Mnist 手写数字数据集，以及运用 PyTorch 框架进行构建模型，实现基于 PyTorch 对于 Mnist 数据集分类案例的整体过程。

8.3.1　图像分类

图像分类，就是根据图像信息中反映的不同特征，把不同类别的目标区分开来的图像处理方法。CNN 就是图像处理技术进步的产物，图像分类则是 CNN 常用的场景之一，在图像处理领域起到重要的作用和意义。我们可以通过 CNN 来实现在不同物种层次上识别不同对象，如图 8-20 所示。

图 8-20　不同类别动物的图像

在 CNN 还没有普及之前,通常由人工抽取图像中的特定信息来实现图像分类任务,然后对这些特征编写特定的算法来对分类模式进行匹配。这种人工提取的方法,不仅在特征工程问题上耗费了工程师大量的时间,而且仍然会存在着许多严峻的问题。如图像受光照影响、物体旋转影响、物体平移等空间信息的改变,其图像中物体的特征也会随之改变等,从而导致之前的模式识别方法失效。例如上述所讲的 AlexNet 网络模型在 2012 年 ImageNet 大赛上超越了其他选手,夺得了当年图像分类大赛的冠军,原因就是 AlexNet 是由 CNN 改进的网络模型。

此外,图像分类在生活的诸多领域中也有许多应用。

(1)自动化识别和分类。图像分类使计算机能够自动地从大量的图像数据中识别和分类不同的对象、场景或模式。人们手动分类和标注是一项耗时且费力的任务,而图像分类技术能够快速、准确地完成这项工作。

(2)目标检测和物体识别。通过对图像进行分类,可以确定图像中存在的对象或物体的类别,为进一步的分析和处理提供基础。

(3)视觉监控和安全。图像分类在视觉监控和安全领域起到重要作用。通过对监控图像进行分类,可以自动识别出异常事件、危险物体或可疑行为,提高安全性和监控效率。

(4)医学影像和诊断。图像分类在医学影像领域具有广泛应用。医生可以通过对医学图像进行分类快速识别和诊断不同的病变、疾病或异常情况,提高医疗诊断的准确性和效率。

(5)自动驾驶和智能交通。图像分类在自动驾驶和智能交通系统中起着关键作用。通过对道路图像进行分类,可以识别出交通标志、车辆和行人等,实现自动驾驶和智能交通的功能。

综上所述,图像分类在自动化识别和分类、目标检测和物体识别、图像搜索和内容推荐、视觉监控和安全、医学影像和诊断以及自动驾驶和智能交通等领域具有重要的意义。它为我们利用计算机对图像进行自动处理和分析提供了强大的工具和技术。所以,通过优秀的技术实现更好的图像分类,会使生活质量有很大提升。

8.3.2 PyTorch 介绍

PyTorch 是由 Facebook 开源的神经网络框架,是 Torch 的 Python 版本,是专门针对 GPU 加速的深度神经网络编程。Torch 是一个经典的对多维矩阵数据进行操作的张量库,在机器学习和其他数学密集型应用中有广泛应用。与 Tensorflow 的静态计算图不同,PyTorch 的计算图是动态的,可以通过实时运算来改变计算图。作为经典机器学习库 Torch 的端口,PyTorch 为 Python 语言使用者提供了舒适的写代码选择。此外,PyTorch 也遵循 Python 的独特功能编写可读代码的编码风格。PyTorch 能够实时运行和测试部分代码,而不是等待整个程序的编写。

PyTorch 由于灵活性和计算能力强而成为最受欢迎的深度学习框架之一。首先,其在自然语言处理(natural language processing,NLP)方面有很广泛的应用。NLP 是一种行为技术,即计算机能够理解人类语言的口语或书面语。自然语言处理的主要内容包括机器翻译、信息检索、情感分析、信息抽取和问答。其次,它在图像分类的任务中也发挥着很大的作用,例如该算法可以告诉计算机视觉应用程序某个图像中是猫还是狗。虽然物体检测对人眼来说毫不费力,但对计算机视觉应用来说可是一项挑战。使用 PyTorch,开发人员可以处理图像和视频,创建准确的计算机视觉模型。

PyTorch 有着其他框架所没有的优势。

(1) 架构简洁。PyTorch 的设计追求最少的封装,尽量避免重复创造。不像 Tensorflow 中充斥着许多全新的概念,PyTorch 的设计遵循 tensor 到 variable 再到 nn.Module 三个由低到高的抽象层次,分别代表高维数组(张量)、自动求导(变量)和神经网络(层/模块),而且这三个抽象之间联系紧密,可以同时进行修改和操作。简洁设计的另一个好处就是代码易于理解,PyTorch 的源码只有 Tensorflow 的十分之一左右,更少的抽象、更直观的设计使得 PyTorch 的源码十分易于阅读。

(2) 速度快。PyTorch 的灵活性不以速度为代价,在许多评测中,PyTorch 的速度表现胜过 Tensorflow 和 Keras 等框架。框架的运行速度和程序员的编码水平有极大关系,但同样的算法,使用 PyTorch 实现的那个更有可能快过用其他框架实现的。

(3) 使用简单。PyTorch 是所有框架中面向对象设计最优雅的一个。PyTorch 面向对象的接口设计来源于 Torch,而 Torch 的接口设计以灵活易用而著称。PyTorch 继承了 Torch 的特点,尤其是 API 的设计和模块的接口都与 Torch 高度一致。PyTorch 的设计最符合人们的思维,它让用户尽可能地专注于实现自己的想法,所思即所得,不需要考虑太多关于框架本身的束缚。

(4) 活跃的社区。PyTorch 提供了完整的文档、循序渐进的指南、作者亲自维护的论坛,供用户交流和求教问题。Facebook 人工智能研究院对 PyTorch 提供了强力支持,作为当今排名前三的深度学习研究机构,FAIR 的支持足以确保 PyTorch 获得持续的开发更新,不至于像许多由个人开发的框架那样昙花一现。

此外,运用 PyTorch 框架进行训练模型时常常会提及一些概念,因此有必要了解重要的概念。

(1) 张量(tensor):张量是 PyTorch 中的核心数据结构,类似于多维数组。它可以表示输入数据、模型参数和计算结果。张量可以具有不同的维度和形状,并且可以在 CPU 或 GPU 上进行计算。

(2) 模型(model):模型是由神经网络层组成的结构,用于执行特定任务。PyTorch 提供了 nn.Module 类,用于定义和组织模型。模型可以包含各种层(如全连接层、卷积层、循环神经网络等)以及激活函数和损失函数等。

(3) 前向传播(forward propagation):前向传播是指从模型的输入开始,通过模型的各个层逐层计算,最终得到输出的过程。在 PyTorch 中,可以通过定义模型的 forward 方法来实现前向传播逻辑。

(4) 反向传播(backward propagation):反向传播是训练神经网络模型时使用的一种算法,用于计算模型参数的梯度。通过自动求导功能,PyTorch 可以根据损失函数和前向传播过程自动计算每个参数的梯度,并将其保存在模型的属性中。这些梯度可以用于更新模型参数,以最小化损失函数。

(5) 优化器(optimizer):优化器是用于更新模型参数的算法。PyTorch 提供了各种优化器,如随机梯度下降、Adam、Adagrad 等。优化器根据模型参数的梯度和学习率等参数计算出参数的更新量,并将其应用于模型。

（6）损失函数(loss function)：损失函数用于衡量模型在训练数据上的性能。PyTorch 提供了各种损失函数，如均方误差（MSE）、交叉熵损失（cross-entropy）、对比损失（contrastive loss)等。损失函数通常与优化器一起使用，用于计算梯度并更新模型参数。

这些概念是使用 PyTorch 进行深度学习任务时的基础，并且在构建、训练和评估模型时经常遇到。理解这些概念的含义和作用，可以更好地使用 PyTorch 完成深度学习任务。

8.3.3　PyTorch 常用库介绍

在 PyTorch 中进行图像分类任务时，有几个常用的库可以更好地处理数据、构建模型和评估结果。以下是常用的库以及对每个库的详细解释。

（1）torchvision：torchvision 是一个用于计算机视觉任务的 PyTorch 扩展库。它提供了一些常用的数据集，如 CIFAR-10、CIFAR-100、MNIST 等。这些数据集可以通过简单的调用加载，并且已经预定义了数据预处理的方式。同时包含了一些经典的图像分类模型，如 AlexNet、VGG、ResNet 等。这些模型可以通过简单的调用加载，并且可以使用预训练的权重进行初始化。此外，torchvision 提供了各种图像变换操作，如随机裁剪、缩放、翻转、归一化等。这些变换可以应用于图像数据集，以增加数据的多样性和泛化能力。通过 torchvision 可以方便地加载和预处理图像数据集，以及使用预训练的模型进行图像分类、目标检测等任务。

（2）NumPy：NumPy 是一个 Python 科学计算的核心库，提供了高性能的数值计算功能。它支持多维数组和矩阵操作，以及广播功能。在 PyTorch 中，张量操作和数据处理与 NumPy 非常相似，因此 NumPy 经常与 PyTorch 一起使用。可以通过使用 NumPy 来加载、转换和操作数据，以及进行数学计算和统计分析。

（3）Pillow：Pillow 是一个 Python 图像处理库，可以与 PyTorch 一起使用。它提供了丰富的图像读取、保存和处理功能。使用 Pillow 也可以轻松地加载、保存和转换各种图像格式，如 JPEG、PNG 等。此外，Pillow 还提供了一些图像处理操作，如调整大小、裁剪、旋转、滤镜等。在 PyTorch 中，可以使用 Pillow 来预处理图像数据，以便用于训练和评估模型。

（4）Matplotlib：Matplotlib 是一个广泛使用的 Python 绘图库，用于创建各种静态、动态和交互式图表。它提供了丰富的绘图功能，包括折线图、散点图、柱状图、饼图等。在 PyTorch 中，可以使用 Matplotlib 来可视化模型的训练过程、绘制损失函数曲线、显示图像结果等。Matplotlib 的简单易用性使得它成为了 PyTorch 中常用的可视化工具之一。

（5）OpenCV：OpenCV 是一个开源的计算机视觉库，提供了大量的图像处理和计算机视觉算法。它支持各种图像操作，如加载、保存、调整大小、裁剪、旋转、滤镜、边缘检测等。在 PyTorch 中，可以使用 OpenCV 来进行更高级的图像处理操作，如图像增强、对象检测、图像分割等。OpenCV 还提供了一些计算机视觉算法的实现，如人脸检测、目标跟踪等。PyTorch 可以与 OpenCV 无缝集成，以便进行更复杂和灵活的图像处理任务。

这些库在 PyTorch 图像分类任务中经常使用，它们提供了丰富的功能和方法，可以方便地进行数据处理、模型构建和结果评估，根据具体需求和任务，可以选择合适的库来辅助开发。

8.3.4　Mnist 数据集介绍

Mnist 数据集来自美国国家标准与技术研究所，是一个经典的机器学习数据集。其中训练集来自 250 位测试人员手写的数字构成，其中一半是高中学生，另一半是人口普查局的工作人员。测试集与训练集类似，也是相同占比的手写数字数据，该数据集在图像分类任务中应用非常广泛。其中手写数字的灰度图像均是 28×28 像素。数据集总体包含 60000 个训练样本和 10000 个测试样本。

Mnist 数据集的创建目的是使通过机器学习建立的模型可以较为准确地识别不同的手

图 8-21　Mnist 数据集

写数字。每个样本都有一个对应的标签，表示图像中所示的数字。标签的取值范围是 0～9，共 10 个类别。

使用 Mnist 数据集时，通常需要对图像进行预处理，例如将像素值归一化到 0～1，或者进行图像增强操作。预处理可以提高模型的性能和泛化能力。

在 PyTorch 框架中，torchvision 库提供了方便的 API 来加载和预处理 Mnist 数据集。可以使用 torchvision.datasets.MNIST 类来加载数据集，并使用 DataLoader 类创建数据加载器，以便在训练和评估模型时方便地获取数据。图 8-21 为 Mnist 数据集中部分数据的形式。

可以通过代码获取数据集中前 10 条数据的图片形式。

```
import numpy as np
import matplotlib.pyplot as plt
for i in range(10):
    img = np.reshape(train_img [i, :], (28, 28))
    label = np.argmax(train_img [i, :])
    plt.matshow(img, cmap = plt.get_cmap('gray'))
    plt.show()
```

结果如图 8-22 所示。

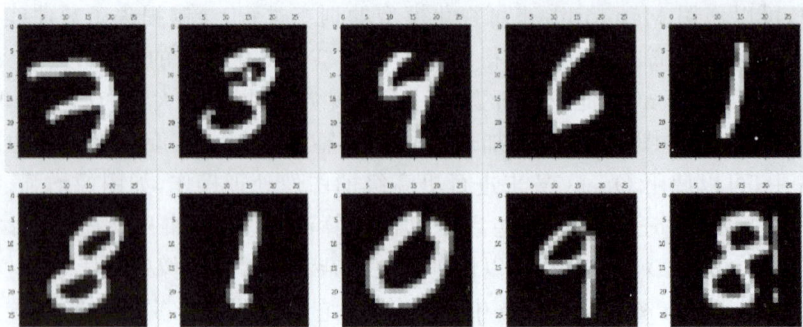

图 8-22　前 10 条结果

8.3.5　神经网络训练过程

使用 CNN 处理图像分类任务的训练过程通常包括以下步骤。

（1）数据准备。首先需要准备训练数据集和验证数据集。本章使用的 Mnist 数据集采用的是 60000 个样本的训练数据集和 10000 个样本的验证数据集。训练数据集包含了大量标注图像，可以知道一张图像对应的确切数字。而验证数据集用于在训练过程中评估模型的性能。数据集的准备包括数据预处理和数据增强等，比如将所有数据集的尺寸裁剪成同一大小，从而进行更好的网络训练。数据增强也是许多数据集不可或缺的步骤，比如通过对图像的旋转来扩充数据集，从而减少过拟合现象，或者通过滤波处理减少噪声干扰，以提升网络精度。

（2）模型构建。首先需要定义一个 CNN 模型的主体架构，包括卷积层、池化层、全连接层中许多参数的设置以及层与层的相对位置和激活函数的选取。在本章基于 PyTorch 框架的 Mnist 数据集分类案例中，使用 PyTorch 框架中的 Module 类来构建模型，并通过定义模型的层结构和参数来创建自定义的 CNN 模型。

（3）损失函数的定义。对于图像的分类，选择适合于分类任务的损失函数可以提升网络精度，并减少迭代次数。常见的损失函数包括交叉熵损失函数、对数损失函数、多项式损失函数等。损失函数用于衡量模型输出与真实标签之间的差异，选择哪种损失函数取决于任务的性质、标签的类型以及模型的架构。对于特定的任务，还可以根据需要进行损失函数的定制。

（4）优化器选择。优化器其实就是在神经网络训练中一种更新参数的算法，它根据模型的损失函数和参数梯度来调整参数的值，以使模型在训练过程中逐渐优化，并收敛到最优解。选择合适的优化器来更新模型的参数，常见的选择包括随机梯度下降和 Adam 优化器。这些优化器在神经网络的训练过程中具有不同的特点和适用性。选择合适的优化器取决于网络的结构、数据的特点以及训练任务的需求。此外，还可以使用学习率调度器来动态调整学习率，以进一步优化训练过程。

（5）训练循环。在每个训练迭代中，首先进行的是前向传播过程，将训练数据输入模型中，通过模型的前向传播计算模型的输出。然后将模型的输出与真实标签进行比较，计算得出损失函数的值。再通过反向传播算法计算出损失函数对模型参数的梯度，以梯度为标准，使用优化器，根据梯度更新模型的参数，使得迭代过程中的损失函数不断减小，起到优化效果。经过一定次数的迭代，定期使用验证数据集对模型的性能进行评估，可以计算准确率、精确度、召回率等指标。最后设置训练终止条件，比如达到规定的迭代次数或损失函数的收敛程度，则停止该模型的训练。保存已经训练好的模型，可以进行其他任务的训练和使用。

以上是卷积神经网络训练过程的一般步骤。除了上述五个步骤，具体的训练过程可能会根据任务的不同而有所调整，例如使用学习率调度器、正则化等技术来提高模型的性能，一句话概括就是具体任务，具体分析。

8.3.6　案例分析

下面将通过代码演示及讲解完成基于 PyTorch 框架的 Mnist 数据集分类案例，由此对上述神经网络训练过程作进一步讲解。

进行代码编写之前，需要配置代码所需环境。首先需要确保计算机中安装了 Python 环境，PyTorch 支持 Python 3.6 及以上版本。可以从 Python 官方网站下载并安装适合自己计算机操作系统的 Python 版本。

有了 Python 环境之后，需要安装 PyTorch 框架，可以从 PyTorch 官网中选取适合操作系统的 PyTorch 版本进行安装。如图 8-23 所示，选取的 PyTorch 版本为 Windows 操作系统下的稳定版本，使用 pip 语句进行安装，使用 Python 语言环境进行编写，并且采用 CUDA 11.8 的 GPU 版本进行训练。安装方法为复制最下面两行代码，在计算机安装 Python 环境的命令行中打开并粘贴进去。

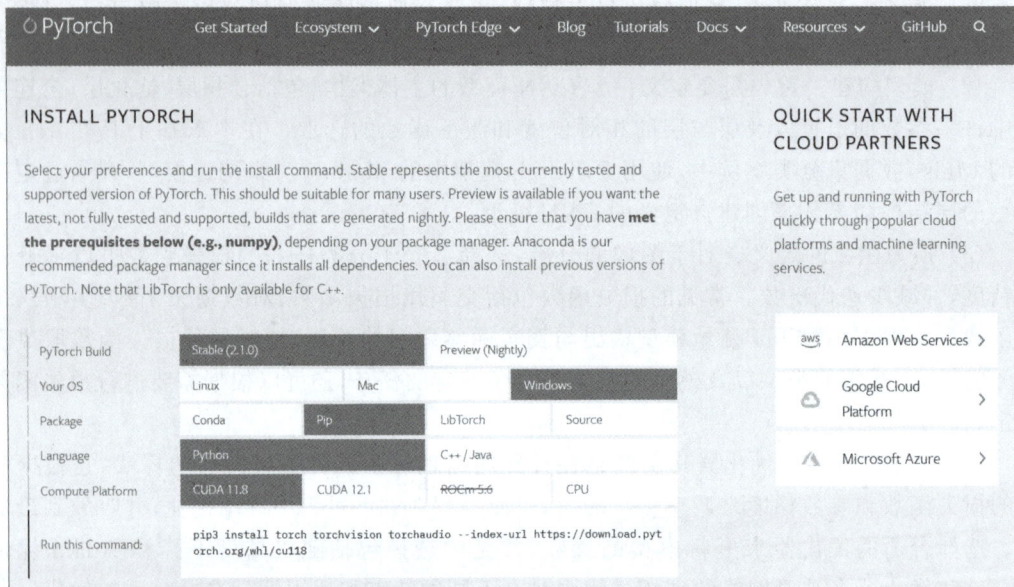

图 8-23　PyTorch 官网

安装完成后，可以在 Python 解释器中输入以下代码。

```
import torch
print(torch.__version__)
```

如果安装成功，会输出显示 PyTorch 的版本号。

另一个用到的工具是 Jupyter notebook，它是一种交互式的编程环境，提供了一种方便的方式来创建和共享代码、数据分析和可视化的文档。它是基于 Web 的，允许用户在浏览器中编写和运行代码，并将代码、文本和图像等元素组合在一起，形成一个完整的文档。

Jupyter 的交互性很强，允许用户以交互的方式编写和运行代码。用户可以分块执行代码，查看中间结果，并根据需要修改和调试。此外，它还支持多种编程语言，包括 Python、R、Julia 等。这使得用户可以在同一个环境中使用不同的编程语言进行开发和分析。Jupyter 允许用户在代码中插入文本、图像和可视化元素，从而创建丰富的文档。这使得用户可以将代码和解释性文本结合起来，更好地展示和分享分析结果。本次案例分析就是通过 Jupyter 的编程环境编写实现的。

准备好环境以后，进入代码编写阶段，首先导入实验需要用到的库，代码如下。

```
import torch
import torch.nn as nn
import torch.optim as optim
from torchvision.datasets import MNIST
from torchvision.transforms import ToTensor
from torch.utils.data import DataLoader
import matplotlib.pyplot as plt
```

导入了所需的库时，每个库都有特定的功能和作用。下面逐个解释每个库的作用。

torch：这是 PyTorch 深度学习库的核心库。它提供了各种功能和工具，用于构建、训练和评估神经网络模型。

torch.nn：这个库提供了构建神经网络模型所需的各种类和函数。其中包括卷积层、池化层、全连接层、损失函数等。通过调用这个库，可以方便地定义和组合各种神经网络层。

torch.optim：这个库提供了各种优化器，用于参数的优化和更新。训练神经网络模型时，可以选择不同的优化器，如 Adam、SGD 等，来调整模型的参数，以最小化损失函数。

torchvision.datasets.MNIST：这是一个 PyTorch 提供的用于加载 MNIST 数据集的类。MNIST 是一个手写数字识别数据集，包含了大量的手写数字图像和对应的标签。

torchvision.transforms.ToTensor：这是一个用于将图像数据转换为张量格式的转换函数。它将图像数据从 PIL Image 对象转换为 torch.Tensor 对象，并进行归一化处理。

torch.utils.data.DataLoader：这个库提供了数据加载器类，用于批量加载数据。它可以根据指定的批量大小和其他参数，自动对数据进行划分和加载。

matplotlib.pyplot：这是一个用于数据可视化的库。在这段代码中，它用于绘制训练过程中的损失曲线。

通过导入这些库，可以使用 PyTorch 的功能和工具来构建、训练和评估神经网络模型，并进行数据的预处理和可视化。这些库提供了丰富的功能和灵活的接口，使得深度学习任务更加便捷和高效。

接下来是对 Mnist 数据集的加载，代码如下。

```
#定义数据转换
transform = ToTensor()
#加载 Mnist 数据集
train_dataset = MNIST(root='./data', train=True, download=True, transform=
transform)
test_dataset = MNIST(root='./data', train=False, download=True, transform=
transform)
#创建数据加载器
train_loader = DataLoader(train_dataset, batch_size=64, shuffle=True)
test_loader = DataLoader(test_dataset, batch_size=64, shuffle=False)
```

首先，代码定义了一个变量 transform，它使用 ToTensor()函数将图像数据转换为张量格式。这个转换函数还会对图像数据进行归一化处理。

通过 MNIST 类来下载和加载 MNIST 数据集。其中 MNIST 类的参数 root 指定数据集存储的路径，train 为 True，表示加载训练集数据。download 为 True，表示如果数据集不存在，则自动下载数据集。最后的 transform＝transform 是指定对图像数据进行的转换操作。

通过调用 MNIST 类，创建了 train_dataset 和 test_dataset 两个数据集对象，这两个对象分别表示训练集和测试集。

然后使用 DataLoader 类来创建数据加载器。数据加载器是一个可以迭代访问数据的对象，它将数据划分为小批量，并提供了一些方便的功能，如随机打乱数据、并行加载数据等。其中参数 dataset 指定要加载的数据集对象，batch_size 参数指定每一个批次的样本数量，本次实验设置为 64，shuffle 参数代表是否需要将数据顺序进行随机打乱，值为 True 则是将数据顺序打乱。

这段代码的作用是将 MNIST 数据集下载到指定路径，并将数据集加载到内存中，以便后续使用。通过使用数据加载器，可以方便地获取小批量的数据进行训练和评估。如果有图 8-24 的显示内容，则表示数据集加载成功。

```
Downloading http://yann.lecun.com/exdb/mnist/train-images-idx3-ubyte.gz
Downloading http://yann.lecun.com/exdb/mnist/train-images-idx3-ubyte.gz to ./data/MNIST/raw/train-images-idx3-ubyte.gz
100%|██████████| 9912422/9912422 [00:07<00:00, 1383142.85it/s]
Extracting ./data/MNIST/raw/train-images-idx3-ubyte.gz to ./data/MNIST/raw

Downloading http://yann.lecun.com/exdb/mnist/train-labels-idx1-ubyte.gz
Downloading http://yann.lecun.com/exdb/mnist/train-labels-idx1-ubyte.gz to ./data/MNIST/raw/train-labels-idx1-ubyte.gz
100%|██████████| 28881/28881 [00:00<00:00, 99795.27it/s]
Extracting ./data/MNIST/raw/train-labels-idx1-ubyte.gz to ./data/MNIST/raw

Downloading http://yann.lecun.com/exdb/mnist/t10k-images-idx3-ubyte.gz
Downloading http://yann.lecun.com/exdb/mnist/t10k-images-idx3-ubyte.gz to ./data/MNIST/raw/t10k-images-idx3-ubyte.gz
100%|██████████| 1648877/1648877 [00:01<00:00, 1166294.60it/s]
Extracting ./data/MNIST/raw/t10k-images-idx3-ubyte.gz to ./data/MNIST/raw

Downloading http://yann.lecun.com/exdb/mnist/t10k-labels-idx1-ubyte.gz
Downloading http://yann.lecun.com/exdb/mnist/t10k-labels-idx1-ubyte.gz to ./data/MNIST/raw/t10k-labels-idx1-ubyte.gz
100%|██████████| 4542/4542 [00:00<00:00, 11651699.55it/s]
Extracting ./data/MNIST/raw/t10k-labels-idx1-ubyte.gz to ./data/MNIST/raw
```

图 8-24　数据集载入

数据集加载完成后，定义卷积神经网络训练模型的框架，代码如下。

```
#定义模型
class CNN(nn.Module):
    def __init__(self):
        super(CNN, self).__init__()
        self.conv1 = nn.Conv2d(1, 32, kernel_size=3, stride=1, padding=1)
        self.relu1 = nn.ReLU()
        self.pool1 = nn.MaxPool2d(kernel_size=2, stride=2)
        self.conv2 = nn.Conv2d(32, 64, kernel_size=3, stride=1, padding=1)
        self.relu2 = nn.ReLU()
        self.pool2 = nn.MaxPool2d(kernel_size=2, stride=2)
        self.fc1 = nn.Linear(7 * 7 * 64, 128)
        self.relu3 = nn.ReLU()
        self.fc2 = nn.Linear(128, 10)
    def forward(self, x):
        x = self.conv1(x)
        x = self.relu1(x)
        x = self.pool1(x)
        x = self.conv2(x)
```

```
            x = self.relu2(x)
            x = self.pool2(x)
            x = x.view(x.size(0), -1)
            x = self.fc1(x)
            x = self.relu3(x)
            x = self.fc2(x)
            return x
#创建模型实例
model = CNN()
```

首先,代码定义了一个名为 CNN 的类,继承自 nn.Module,这是 PyTorch 中所有神经网络模型的基类。通过继承可以方便地定义自己的神经网络模型。这个模型包括两个卷积层、两个池化层和两个全连接层。

super(CNN,self).__init__()代码调用了父类 nn.Module 的构造函数,用于初始化模型。

self.conv1 和 self.conv2 是对网络中卷积层的定义。它使用 nn.Conv2d 类来定义一个二维卷积层,其中的参数依次是输入通道数、输出通道数、卷积核大小等。以第一层卷积层为例,其输入通道为 1,输出通道为 32,卷积核大小为 3,滑动窗口步幅为 1,周围填充为 1。卷积层的作用是提取输入图像的特征。

self.pool1 和 self.pool2 是对网络中池化层的定义。它使用 nn.MaxPool2d 类来定义一个二维最大池化层,其中的参数包括池化窗口大小和步幅。以第一层池化层为例,其池化窗口大小为 2,步幅为 2。池化层的作用是对特征图进行降采样,减少参数数量。

self.fc1 和 self.fc2 是对网络中全连接层的定义。它使用 nn.Linear 类来定义一个线性层,其中的参数包括输入特征数和输出特征数。全连接层的作用是将池化层输出的特征图转换为一维向量,并进行线性变换。

此外,在第一层卷积层和第一层池化层、第二层卷积层和第二层池化层以及两个全连接层之间都引入了 ReLU 激活函数,这样神经网络可以更好地处理非线性关系,提升表达能力和学习能力。

在 CNN 类中,还定义了一个 forward 方法,用于定义模型的前向传播过程。在该方法中,输入数据经过卷积层、池化层、全连接层、激活函数等操作,最终输出模型的预测结果。

定义完模型的结构之后,开始对模型进行训练和评估。进行模型训练时,需要定义一个损失函数和一个优化器,代码如下。

```
#定义损失函数和优化器
criterion = nn.CrossEntropyLoss()
optimizer = optim.Adam(model.parameters(), lr=0.001)
```

代码第 1 行定义了一个损失函数。本次实验使用的是较为常用的交叉熵损失函数(cross entropy loss)。交叉熵损失函数通常用于多分类问题,它比较模型的预测结果和真实标签之间的差异,并计算出一个损失值。

代码第 2 行定义了一个优化器。本次实验使用的是 Adam 优化器(Adam optimizer)。优化器的作用是根据模型的损失值来调整模型的参数,使得损失值最小化。Adam 优化器是一种常用的优化器，它结合了动量（momentum）和自适应学习率（adaptive learning rate）的特性，能够更有效地更新模型的参数。第一个参数表示我们要优化模型的所有参数，第二个参数表示学习率是 0.001，即每次参数更新的步长。

通过定义损失函数和优化器，可以在模型训练过程中计算损失值，并利用优化器来更新模型的参数，从而逐步优化模型的性能。

定义完损失函数和优化器之后进行到训练模型的过程，代码如下。

```
#训练模型
for epoch in range(5):
    running_loss = 0.0
    for images, labels in train_loader:
        optimizer.zero_grad()
        outputs = model(images)
        loss = criterion(outputs, labels)
        loss.backward()
        optimizer.step()
        running_loss += loss.item()
    print(f'Epoch {epoch+1}, Loss: {running_loss/len(train_loader):.4f}')
```

这段代码是一个模型训练的循环，通过多次迭代训练数据集来更新模型的参数。第一个 for 循环中定义了训练轮次为 5，每个轮次都会循环遍历整个训练数据集，并初始化一个变量 running_loss，用于记录每个轮次中的累计损失值。第二个 for 循环表示遍历训练数据加载器 train_loader 中的每个批次数据。每个批次包含一批图像数据和对应的标签数据。optimizer.zero_grad() 将优化器的梯度置零，以便进行新一轮的梯度计算和参数更新。然后将输入图像数据 images 传递给模型，进行前向传播，得到输出结果 outputs。之后通过 loss 定义损失函数 criterion，计算模型的输出结果与真实标签数据之间的损失。loss.backward()进行损失的反向传播，计算损失对模型参数的梯度。使用 optimizer.step()更新模型的参数，根据梯度和学习率进行参数的更新。最后将当前批次的损失值累加到 running_loss 变量中，用于计算每个轮次的平均损失值，完成后打印每个轮次的训练损失。结果如以下代码所示，可以看出，随着迭代次数的增加，模型的损失函数在不断减小。

```
Epoch 1, Loss:0.1731
Epoch 2, Loss:0.0482
Epoch 3, Loss:0.0343
Epoch 4, Loss:0.0257
Epoch 5, Loss:0.0198
```

模型训练完成，使用测试数据集对模型的精确度进行评估，代码如下。

```
#评估模型
correct = 0
total = 0
with torch.no_grad():
    for images, labels in test_loader:
        outputs = model(images)
```

```
        _, predicted = torch.max(outputs.data, 1)
        total += labels.size(0)
        correct += (predicted == labels).sum().item()
print(f'Test Accuracy: {100 * correct / total:.2f}%')
#保存模型参数
torch.save((model.state_dict(),'model.pth'))
Test   Accuracy: 99.02%
```

    首先初始化两个变量 correct 和 total,来记录模型在测试集上的预测准确数和总样本数,用于计算模型的准确率。然后,使用 torch.no_grad()上下文管理器,以确保在评估模型时不进行梯度计算。接下来用测试数据加载器迭代每个批次的图像和标签。对于每个批次,使用模型对图像进行预测,并使用 torch.max()函数找到预测结果中的最大值和对应的索引。然后,将标签的大小累加到 total 变量中,并将预测正确的数量累加到 correct 变量中。最后,通过计算正确预测的比例来计算模型的准确率,并将结果打印出来。此外,还将使用 torch.save()函数保存训练好的模型参数到文件中,以便后续使用和部署。最后得出使用测试集评估的模型精度为 99.02%。

    然后通过 load_state_dict 来加载预训练模型的参数。torch.load()函数用于从文件中加载模型参数的状态字典。在这里将文件名设置为 model.pth,表示要加载名为 model.pth 的文件中保存的模型参数。然后,通过调用该方法将加载的参数状态字典加载到模型中。这样可以使用预训练模型的参数进行推理或进一步训练,代码如下所示。

```
#加载训练好的模型参数
model.load_state_dict(torch.load('model.pth'))
<All keys matched successfully>
```

    最后使用训练好的模型参数进行预测,并可视化其分类结果,代码如下。

```
#进行预测
images, labels = next(iter(test_loader))
outputs = model(images)
_, predicted = torch.max(outputs.data, 1)
#可视化分类结果
fig, axes = plt.subplots(8, 8, figsize=(12, 12))
axes = axes.ravel()
for i in range(len(images)):
    axes[i].imshow(images[i].squeeze(), cmap='gray')
    axes[i].set_title(f'Predicted: {predicted[i].item()}\nTrue: {labels[i].item()}')
    axes[i].axis('off')
plt.tight_layout()
plt.show()
```

    首先,使用 next(iter(test_loader))来获取测试数据加载器中一个批次的图像和标签。然后将这些图像输入模型中,通过 model(images)得到模型的输出。之后使用 torch.max(outputs.data,1)找到每个输出中的最大值及其对应的索引,即预测结果。

然后就是可视化的过程，通过 plt.subplots()创建一个 8×8 的子图网格，并将这些子图展平为一维数组，以便在后续的循环中遍历。使用一个循环来遍历每个图像，并在子图中显示。对于每个图像，使用 axes[i].imshow(images[i].squeeze(),cmap='gray')来显示图像，并使用 predicted[i].item()和 labels[i].item()来显示预测结果和真实标签。最后使用 plt.tight_layout()来调整子图的布局，并使用 plt.show()将图像显示出来。通过这段代码可以直观地看到模型对测试图像的分类结果，手写数字图片部分分类结果如图 8-25 所示。

图 8-25　分类结果

至此，完成了对 CNN、神经网络训练以及基于 PyTorch 框架的 Mnist 数据集分类案例的讲解。

8.4　本章小结

本章由卷积神经网络简介、卷积神经网络基础、基于 PyTorch 框架的 Mnist 数据集分类案例三大部分构成。在卷积神经网络简介部分介绍了卷积神经网络的优点、发展历程以及早期研究和经典结构的提出,也提到了图像分类在生活中的应用和作用。在卷积神经网络基础部分详细介绍了卷积神经网络的基本概念和原理,包括卷积层、池化层、激活函数和全连接层等组件的作用和使用方法。通过代码实验演示详细讲解了网络结构。基于 PyTorch 框架的 Mnist 数据集分类案例部分主要介绍了 PyTorch 框架和 Mnist 数据集,并讲解了构建和训练卷积神经网络模型来解决图像分类问题。

对于未来图像分类的发展方向,可以从深度学习着手。首先,是对深度学习模型的改进,如模型的泛化能力和可解释性的提升,未来的研究可以致力于改进深度模型的结构和训练算法,以提高模型的性能和可解释性。其次,可以利用多模态数据,将不同模态的信息进行融合和联合学习,从而进一步探索多模态数据的特征提取和融合方法,以提高分类性能。再者,未来的研究可以关注半监督和无监督学习方法,通过利用少量标注数据或无标注数据来训练图像分类模型,从而降低数据标注的成本。此外,在实际应用中,图像数据可能会受到各种干扰和扰动,如光照变化、视角变换等。为了提高图像分类模型的鲁棒性,未来的研究可以探索如何设计更加鲁棒的特征表示和模型结构,以应对不同的干扰和扰动。最后,可以使用非局部依赖关系建模,传统卷积神经网络通常只考虑局部的感受野,而忽略了全局的上下文信息。为了更好地捕捉图像中的长程依赖关系,未来的研究可以引入非局部操作或注意力机制等方法,以提高图像分类模型对全局信息的建模能力。综上所述,通过这些方向的研究和改进,可以进一步提高图像分类模型的性能和适用性,推动图像分类技术在各个领域的应用和发展。

习题 8

1. 解释 CNN 中的卷积层和池化层的作用及区别。

2. 训练 CNN 模型时,什么是过拟合?如何减少发生过拟合?

3. 请列举几种常用的卷积神经网络架构,例如 LeNet、AlexNet 等,并描述它们的特点。

4. 如何评估训练好的 CNN 模型在测试集上的性能?请列举一些评估指标,并解释其含义。

5. 在实际应用中,如何选择合适的损失函数来训练图像分类的 CNN 模型?请举例说明。

6. 编写一个使用 PyTorch 构建的简单卷积神经网络模型,包括一个卷积层、一个池化层和一个全连接层,用于图像分类任务。

7. 编写一个函数,使用预训练的卷积神经网络模型(如 ResNet、VGG 等)对输入图像进行预测,并输出预测结果。

第 9 章

推荐系统及其应用案例

本章学习目标：

- 了解推荐系统的发展历程、面临挑战与发展趋势。
- 理解推荐系统的概念和基本组成结构。
- 掌握协同过滤推荐算法的基本工作原理。
- 操作实践：构建基于协同过滤的推荐系统，在实际生活中为用户进行个性化推荐。

随着互联网技术突飞猛进的发展，人类社会从信息稀缺的时代步入了信息过载的新纪元。在这样的时代背景下，信息需求者迫切需要从海量的数据中迅速找到所需内容，而信息提供方则致力于帮助用户剔除无关信息，凸显真正有价值的内容。这种双向的需求催生了两种主要的信息筛选机制：搜索引擎和推荐系统。搜索引擎主要服务于具有明确信息需求的用户，用户通过输入关键词能够迅速检索到相关信息。然而，这种机制也存在一定的局限性。由于搜索引擎通常基于内容的流行度和相关性进行排序，这可能导致一些热门信息过度曝光，而冷门但有价值的内容则被埋没。在这种情况下，推荐系统应运而生。与传统的搜索引擎不同，推荐系统能通过记录和分析用户的历史行为数据，运用先进的推荐算法，快速找出并主动为用户推荐其可能感兴趣的信息，为用户生成个性化的信息列表，从而在实现个性化推荐的同时提高用户检索信息的效率。这不仅使用户能够更便捷地获取感兴趣的内容，也为那些冷门但具有潜在价值的信息提供了更多的展示机会，促进信息的多样化发展。

9.1 什么是推荐系统

推荐系统最初应用在电子商务领域，通过分析用户的购买记录、浏览历史等信息，为用户提供个性化的物品推荐，从而增加用户购买物品的可能性。这种应用方式极大地提升了用户的购物体验，也为电商平台带来了更高的收益。1997 年，Resnick 对推荐系统进行了定义：推荐系统是通过电子商务网站向用户给出物品的信息和建议，帮助用户决策应该购买什么物品，模拟销售人员协助用户完成购买过程。随着技术的不断进步和应用场景的拓展，推荐系统也逐渐应用于人们日常生活中的各个领域，以个性化的方式为人类提供更为便捷、精准的服务，以下是几个具体应用实例。

电商购物推荐：当用户在一些电商平台（例如淘宝、京东、拼多多、唯品会等）浏览物品时，推荐系统会根据用户的购物历史、浏览记录和搜索习惯，为其展示可能感兴趣的物品。这些推荐可能包括与用户之前购买的物品相似的物品，或者根据用户搜索过的关键词推荐相关物品。这种个性化的推荐方式不仅提高了购物的便捷性,也有助于发现用户潜在的购物需求。

音乐与视频推荐:在一些音乐和视频平台上(例如 QQ 音乐、网易云音乐、酷狗音乐、爱奇艺、优酷视频、腾讯视频等),推荐系统会根据用户的听歌或观看历史推荐相似的歌曲、歌单或视频内容。这对于那些想要探索新音乐或视频,但又不知道从何下手的用户来说非常实用。通过推荐系统,用户可以轻松地发现符合自己兴趣的作品,丰富自己的娱乐生活。

新闻资讯推荐:新闻资讯平台(例如今日头条、腾讯新闻、网易新闻等)通过推荐系统为用户提供个性化的新闻推送。系统会根据用户的阅读历史和兴趣推荐相关的新闻和文章。这样,用户不仅可以获取最新的新闻资讯,还能读到自己感兴趣的内容,提高阅读的满意度和效率。

社交媒体推荐:社交媒体平台(例如抖音、微信、知乎等)根据用户的关注列表、互动行为和兴趣偏好,为其推荐可能感兴趣的用户、话题或内容。这有助于用户扩大社交圈子,发现更多有趣的人和话题,丰富用户的社交体验。

餐饮推荐:当用户打开外卖或餐饮推荐应用(例如美团、饿了么、大众点评等)时,系统会根据用户的口味、历史订单和附近餐厅的评价等信息推荐用户可能喜欢的菜品或餐厅。这不仅节省了查找餐厅和菜品的时间,还能确保用户享受到符合自己口味的美食。

旅游推荐:旅游推荐平台(例如携程、去哪儿、途牛等)是指根据个人喜好、预算、时间等因素,为旅行者提供适合的旅游目的地、行程规划、酒店住宿、交通方式等建议。这些推荐通常基于丰富的旅游资源和数据,旨在帮助旅行者获得更好的旅游体验。

以上这些推荐系统通过收集和分析用户的行为数据,运用先进的算法和技术,为用户提供更加智能、个性化的服务。它们不仅提高了人们的生活质量,也推动了信息时代的快速发展。同时,随着技术的不断进步,推荐系统将在更多领域实现更精准、更智能的推荐服务。

9.2 推荐系统的发展历程、面临挑战与未来趋势

9.2.1 推荐系统的发展历程

推荐系统的发展融合了技术创新、算法演进与商业应用,是一个充满创新和突破的过程,可以追溯到 20 世纪 90 年代初,下面详细介绍其关键时间节点和重要成果。

1. 初期萌芽阶段(20 世纪 90 年代初期)

1992 年:戈德伯格(Goldberg)等在帕洛阿尔托研究中心的 Tapestry 系统中首次引入了协同过滤思想,这是首个基于协同过滤的信息过滤系统,是推荐系统领域的重大突破。

1994 年:美国明尼苏达大学的 GroupLens 研究组推出了 GroupLens 系统,该系统首次将协同过滤思想用于推荐问题,并建立了形式化的模型。GroupLens 系统是基于用户的协同过滤推荐算法的先驱,它通过分析用户的共同兴趣来提供个性化的推荐。

2. 快速发展阶段(20 世纪 90 年代中期至末期)

1997 年:GroupLens 研究实验室启动了 MovieLens 物品,该物品利用 EachMovie 数据集训练了第一版推荐模型,并在此后不断发布新的 MovieLens 数据集。MovieLens 数据集成为推荐系统研究中最受欢迎的数据集之一,为研究者提供了丰富的实验资源。同一年,

Resnick 在文献中正式提出了"推荐系统"这个概念，随着推荐系统的普及和应用，越来越多的研究机构开始涌现，推荐系统的研究成果也层出不穷。

1998 年至 2005 年：这一时期，协同过滤技术在推荐系统中占据主导地位。研究者提出了多种协同过滤算法，如基于用户的协同过滤、基于物品的协同过滤以及基于奇异值分解的协同过滤等。这些算法不断推动着推荐系统的进步，提高了推荐的准确性和个性化程度。

2006 年：在线 DVD 租赁公司 Netflix 举办了一场著名的推荐系统竞赛，要求研究者能在其提供的数据集上建立一个准确率超越 Netflix 自身推荐系统的系统，旨在提高电影推荐的准确性。这场竞赛吸引了大量的研究者和团队参与，推动了推荐系统技术的快速发展。许多创新的算法和模型在这场竞赛中涌现出来，为推荐系统领域带来了新的突破。

2006 年至 2009 年：受 Netflix 竞赛的影响，推荐系统领域的研究进入了一个新的高潮。研究者开始探索更多的算法和技术，如矩阵分解、深度学习等，以此来提高推荐的准确性和效率。

3. 多元化与深度学习融入阶段（2010 年至 2020 年初）

FM 和 FFM 模型：2010 年产生了 FM 模型，针对 LR 模型未充分挖掘特征之间的相关性，引入了特征交叉的概念。2017 年，研究人员提出了对 FM 的改进模型 FFM，引入了 field 的概念，进一步提升了特征交叉的效果。

Word2vec 和 Graph Embedding：2013 年，谷歌提出 Word2vec 模型，提出了 Embedding 的概念，后被广泛应用到推荐系统。2014 年，进一步产生了 Graph Embedding 算法，如 DeepWalk，用于捕获关联物品间的结构化信息。

组合模型与集成学习：如 GBDT＋LR 模型、XGboost 算法等，通过组合不同模型的优点来提升推荐效果。

Wide＆Deep 和 DeepFM 模型：2016 年谷歌提出了 Wide＆Deep 模型，正式把深度神经网络引入推荐系统。2017 年，华为提出了 DeepFM 模型，用 FM 替换了 Wide＆Deep 中的 LR 部分。

DCN 和 DIN 模型：DCN 模型尝试告别人工做特征交叉，自动进行特征交叉。DIN 模型引入了用户向量随物品变动的机制，提升了推荐的准确性。

4. 2020 年代的创新与发展（2020 年以后）

深度学习的持续深化：随着深度学习技术的不断发展，研究者继续探索其在推荐系统中的应用，如使用 Transformer 模型来处理用户行为序列，捕捉用户的动态兴趣变化。

多模态融合：推荐系统开始融合多种模态的数据，如图文数据、音视频数据等，以更全面地理解用户需求，提供更加精准的推荐。

隐私保护与可解释性：随着用户对隐私保护的关注增加，推荐系统开始注重隐私保护技术的研发，如差分隐私等。同时，可解释性推荐系统成为研究热点，旨在提高推荐结果的可解释性，增强用户信任。

长期价值挖掘：推荐系统开始关注长期价值的挖掘，通过优化推荐策略引导用户接触更多新鲜内容，同时提升平台的整体活跃度和用户黏性。

实时推荐与个性化推荐：随着实时计算技术的提升和个性化需求的增加，推荐系统开始更加注重实时推荐和个性化推荐的能力，以满足用户对即时性和个性化的需求。

综上所述，推荐系统的发展历史是一个不断创新和演进的过程。从最初的协同过滤思想到如今的深度学习、多模态融合、隐私保护与可解释性等技术的应用,推荐系统在不断地发展、完善和突破瓶颈,为用户提供更个性化、更精准的推荐服务。随着技术的不断进步和应用场景的不断拓展,未来推荐系统还有望在更多领域发挥重要作用,为用户提供更加便捷和个性化的服务体验。

9.2.2　推荐系统面临的挑战

当前,推荐系统面临的挑战复杂且多维,它们不仅关乎技术层面的突破与创新,还涉及用户体验、隐私保护、伦理道德等多方面的考量。下面对这些挑战进行概述。

1. 数据稀疏性与冷启动问题

数据稀疏性是指用户与物品之间的交互数据相对于整个物品空间来说非常有限,这导致基于用户历史行为的推荐算法难以准确预测用户的潜在兴趣。这一问题限制了推荐系统的准确性和覆盖率,可能导致系统无法捕捉用户的真正偏好。同时,冷启动问题也是推荐系统面临的重要挑战。新用户和新物品由于缺乏历史数据,难以获得准确的推荐。这直接影响用户体验和系统效果,新用户可能因缺乏合适的推荐而感到不满,新物品则可能因无法获得曝光而错失市场机会。

2. 多样性与新颖性

推荐系统需要在保证个性化的同时提供多样化的推荐结果,以满足用户多样化的需求。然而,如何在保证推荐准确性的同时增加推荐结果的多样性,避免过度个性化导致的视野狭窄问题,是推荐系统面临的挑战之一。此外,推荐系统还应能够发现并推荐用户之前未接触过但可能感兴趣的新内容,即保持新颖性。然而,如何识别用户潜在的兴趣点,并将这些兴趣点转化为实际的推荐结果,同时避免推荐过于冷门或无关的内容,也是推荐系统需要解决的问题。

3. 实时性与动态性

用户的兴趣和需求是实时变化的,推荐系统需要能够实时捕捉这些变化,并快速调整推荐结果。然而,如何在保证系统稳定性的同时提高数据处理和推荐更新的速度,以满足实时性需求,是推荐系统面临的挑战之一。此外,除了用户兴趣的变化外,物品本身也可能随时间发生变化(如价格、库存、评分等)。如何有效地处理这些动态信息,并将其融入推荐算法中来提高推荐的准确性和时效性,也是推荐系统需要解决的问题。

4. 隐私与伦理问题

推荐系统依赖于用户的个人数据,如何保护用户隐私,防止数据泄露,是一个重要问题。推荐系统需要在保护用户隐私的同时充分利用用户数据提高推荐效果,并遵守相关法律法规,确保数据处理和使用的合法性。此外,推荐系统还可能引发一系列伦理问题,如算法偏见、信息茧房等。如何设计和优化推荐算法来减少算法偏见和歧视,提供多样化的推荐结果,避免信息茧房现象的发生,也是推荐系统需要关注的伦理问题。

5. 评估与解释性

由于推荐系统的输出是非数字的(如物品列表),评估其性能较为困难。传统的准确率、召回率等指标可能不足以全面反映推荐系统的优劣。因此,如何建立更加全面和客观的评估体系,以准确评价推荐系统的性能,并在实际应用中验证推荐效果,以指导系统的优化和改进,是推荐系统面临的挑战之一。此外,为了提高用户信任度,推荐系统还需要能够提供可解释的推荐理由。然而，深度学习等复杂模型虽然提高了推荐准确性，但其"黑箱"特性使得解释性成为一大挑战。如何在保持模型复杂度和推荐准确性的同时提高模型的解释性，也是推荐系统需要解决的问题。

6. 系统扩展性与资源消耗

随着用户量和物品量的增加，推荐系统需要能够高效处理大规模数据，并保持良好的性能。因此，如何设计可扩展的系统架构和算法，以应对用户量和物品量的快速增长，并优化数据处理和存储流程，以提高系统的处理能力和响应速度，是推荐系统面临的挑战之一。此外，推荐系统的运行需要消耗大量的计算资源和存储资源。如何在保证推荐质量的同时降低资源消耗，优化资源分配和使用策略，以提高系统的整体效率和可持续性，也是推荐系统需要关注的问题。

9.2.3 推荐系统的发展趋势

推荐系统未来的发展方向将是多元化且充满挑战的，随着大数据、机器学习、深度学习等技术的不断发展和进步，推荐系统将在多方面显著提升。

1. 算法和技术的进步

深度学习在推荐系统中的应用将更加广泛和深入。特别是 CNN 和 RNN 等复杂模型将被更多地用于处理序列数据（如用户行为序列）和图像数据（如物品图片），以提取更丰富的特征和模式，提高推荐的准确性。强化学习将被广泛应用于解决推荐系统中的冷启动和探索—利用问题。通过强化学习，推荐系统能够更好地学习和优化策略，在有限的数据和反馈下做出更优的推荐决策。

混合推荐算法必将成为研究的热点和趋势。通过将多种推荐算法进行融合，可以充分利用各种算法的优势弥补各自的不足，实现更准确、多样化的推荐结果。

2. 知识图谱的整合

知识图谱作为包含大量实体和关系信息的结构化数据，对于理解用户兴趣和需求、物品之间的关联性具有极大的价值。未来的推荐系统将更多地整合知识图谱，通过引入实体和关系的信息提高推荐的准确性和个性化程度。知识图谱的整合还可以帮助推荐系统更好地处理冷启动问题，通过利用知识图谱中的关联信息，为新用户或新物品提供更准确的推荐。

3. 个性化与跨领域推荐

随着用户对个性化需求的不断提高，推荐系统需要更加精准地理解用户的兴趣和偏好。通过深入分析用户的行为数据、社交关系以及个人信息等，推荐系统可以构建更准确的用户画像，为用户提供更加个性化的推荐结果。多模态数据的融合将有助于实现更加精准的个性化推荐。通过将文本、图像、音频等多种模态的数据进行融合，可以更全面地了解用户的兴趣和需求，提高推荐的准确性和多样性。

推荐系统还需要具备跨领域推荐的能力。随着用户需求的多样化，推荐系统要能够跨领域地推荐，例如从电影推荐扩展到书籍推荐，或者从购物推荐扩展到旅游推荐。这需要对用户的兴趣进行深入理解，并找到不同领域之间的关联和共性。

4. 基于上下文和场景的推荐

未来的推荐系统将更加注重考虑用户当前的上下文和场景信息。例如，时间、地点、天气、用户的情绪等都可以作为上下文信息来影响推荐结果。通过结合上下文信息，推荐系统可以提供更加贴合用户当前需求和环境的推荐。基于上下文和场景的推荐还可以提高用户的满意度和体验。例如,在用户即将下班时推荐附近的餐厅,或者在用户情绪低落时推荐一些放松的音乐,都可以让用户感受到更加贴心和个性化的服务。

5. 可解释性与用户信任

用户通常更倾向于接受和理解具有明确解释性的推荐结果。因此,未来的推荐系统将注重提高推荐结果的可解释性,通过提供清晰的推荐理由和依据,增强用户对推荐结果的信任度和满意度。可解释性的提升还可以通过可视化技术来实现,即将推荐结果以图表、标签云等形式展示给用户,可以让用户更直观地了解推荐的理由和依据,提高用户对推荐系统的信任度和接受度。

6. 用户反馈与推荐系统的互动

推荐系统将更多地引入用户反馈机制,让用户能够直接对推荐结果进行评价和反馈。通过用户反馈,推荐系统可以更好地了解用户的需求和偏好,及时调整推荐策略,提高推荐的准确性和满意度。用户反馈还可以用于优化推荐系统的模型和算法,通过分析用户的反馈数据,可以发现模型中存在的问题和不足,进而对模型进行改进和优化,提高推荐系统的性能和效果。

7. 效率与可扩展性

随着数据量的不断增加和计算资源的有限性,如何在保证推荐质量的同时提高推荐效率,将成为一个重要的挑战。未来的推荐系统将更加注重优化算法和模型,提高推荐系统的匹配效率和用户的购买转化率。例如,通过优化搜索算法和使用近似算法、索引结构以及并行计算等技术,可以提高推荐系统的效率,减少计算时间,同时保持推荐结果的准确性。此外,还可以采用分布式计算和存储技术提高推荐系统的可扩展性和处理能力。

8. 云计算与边缘计算的结合

随着云计算和边缘计算技术的发展,推荐系统可以利用这些技术实现更高效的数据处理和模型训练。通过云计算平台,推荐系统可以充分利用大规模的计算资源和存储资源进行高效的数据处理和模型训练。同时,边缘计算技术可以将部分计算任务迁移到用户设备或近端服务器上,减少网络延迟和数据传输量,提高用户体验和推荐系统的实时性。

9. 加强数据隐私和安全保护

随着网络攻击和数据泄露等安全问题不断增多,人们对数据隐私和安全的关注不断增加。因此,未来的推荐系统将加强对用户数据隐私和安全的保护。目前,联邦学习和差分隐私技术已被广泛应用于推荐系统中,使得系统能够在不收集原始用户数据的情况下进行模型训练和优化,同时保护用户的隐私。此外,还可以采用加密技术、访问控制以及数据脱敏等手段确保用户数据的安全性和隐私性。

9.3　推荐系统的基本结构

推荐系统通常包括数据源层、数据收集层、数据预处理和存储层、召回层、融合过滤层、排序层和推荐展示层,具体如图 9-1 所示。这些层次协同工作通过对用户行为、物品信息以及用户画像等数据的深入分析,为用户提供个性化的推荐服务,从而极大地提升了用户体验和满意度。接下来将具体介绍推荐系统的基本结构以及推荐系统的召回层常用的协同过滤推荐。

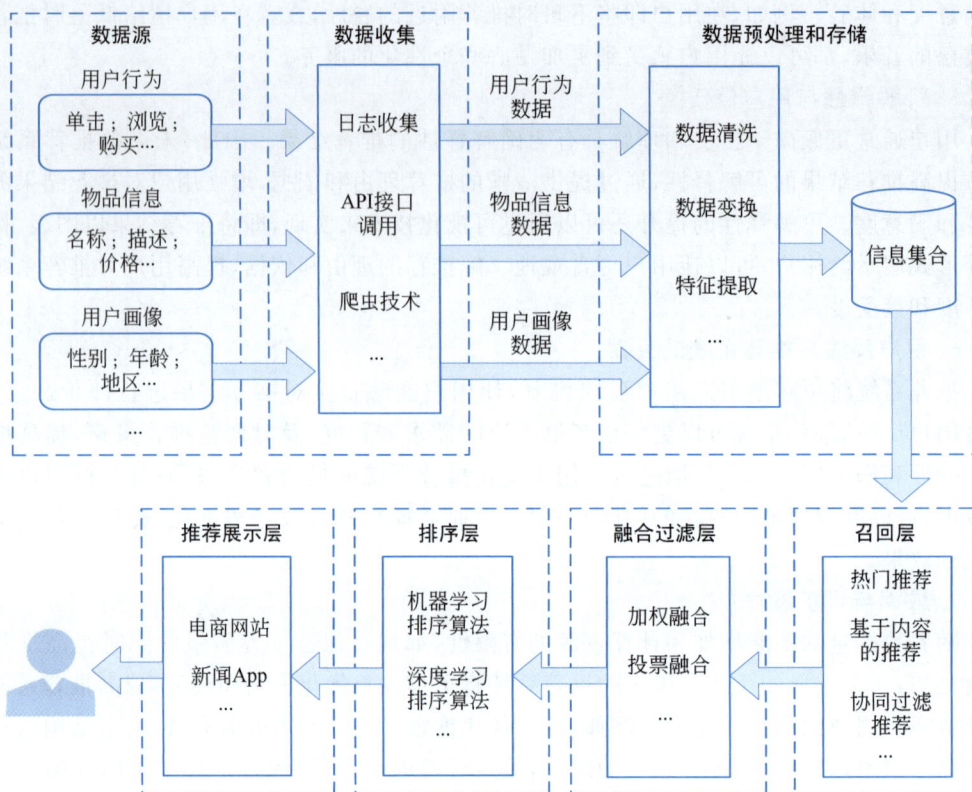

图 9-1　推荐系统基本结构图

1. 数据源层

这一层是整个推荐系统的基石,它负责提供推荐算法所依赖的各种原始数据,主要包括以下几类数据。用户行为数据(如点击记录、浏览记录、购买记录、评论、点赞、分享等):能够反映用户的兴趣和偏好;物品信息数据(如物品名称、物品描述、物品价格等):用于构建物品的特征和属性;用户画像数据(如性别、年龄、地区等):用于描述用户的基本属性和特征;上下文数据(如时间、地点、天气等):能够反映用户当前的需求和情境。数据源层是推荐系统的起点,其数据的质量和多样性直接影响后续推荐结果的准确性和有效性。

2. 数据收集层

数据收集的主要目的是从各种数据源中捕获推荐过程中用到的各种信息。常用的数据收集技术包括日志收集、爬虫技术和 API 接口调用等。日志收集:通过网站或应用的日志系统记录用户行为数据,如页面访问、单击事件等。API 接口调用:通过调用第三方 API 接口获取用户数据或内容数据,如社交媒体数据、电商平台的物品信息等。爬虫技术:使用网络爬虫从公开网站抓取数据,如新闻文章、物品评论等。但需要注意的是,爬虫技术应遵守相关法律法规和网站的使用协议。

3. 数据预处理和存储层

该层首先负责将收集到的数据进行必要的预处理。常用的数据预处理技术有数据清洗、数据变换、特征提取等。数据清洗是确保数据准确性和一致性的重要步骤,主要包括去除重复数据、缺失值填充、异常值处理等。数据变换：根据需要对数据进行格式转换、归一化、标准化等处理，以消除特征之间的量纲差异，提高模型的训练效果。特征提取：从原始数据中提取出对推荐有用的特征，如用户的行为特征、物品的属性特征等，特征提取是构建用户画像和物品画像的基础。

接下来使用各种数据存储技术，如关系型数据库（MySQL、Oracle 等），NoSQL 数据库（Redis、MongoDB 等）或分布式文件系统（HDFS）等，将预处理好的用户行为数据、物品信息数据和用户画像数据等整合成为统一的数据集，存储在合适的位置，以便后续的数据分析和模型训练使用。

数据预处理是推荐系统数据处理的关键环节，主要目的是提高数据质量，为后续的数据分析和模型训练提供可靠的数据支持。同时，通过合理的数据存储和管理可以提高数据的查询和处理效率，从而加快推荐系统的响应速度。

4. 召回层

本层是推荐系统的核心部分，它使用多种召回策略从大量数据中提取出用户可能感兴趣的物品或信息。这些召回策略包括热门推荐，即根据物品的流行度和用户的历史行为来推荐热门物品；基于内容的推荐，即根据用户的历史行为和物品的内容特征来推荐相似的物品；以及协同过滤推荐，即利用用户之间的相似性或物品之间的相似性来推荐物品。每种召回策略都会返回一个候选物品集合，供后续的过滤和排序阶段使用。在实际应用中，单一的召回策略可能无法满足复杂的推荐需求，因此通常采用多种召回策略的组合，并将它们的结果进行融合，以得到一个更加全面和准确的候选集。此外，为了提高召回效果，还会采用一些优化技术，如特征工程、模型优化和负样本采样等。

综上所述，召回层是推荐过程中的一个重要环节，它采用不同的召回策略从信息集合中触发尽可能多的与用户兴趣或需求相关的结果，可以平衡推荐的准确性和探索性，并将这些结果返回给后续的排序阶段。该层的主要目的是快速地从海量的物品库中筛选出用户可能感兴趣的一小部分物品，以缩小后续排序算法的处理范围，提高推荐效率和准确性。

5. 融合过滤层

由于召回层可能会返回多个候选物品集合，融合过滤层负责将这些集合进行融合和过滤。它使用各种融合策略，如加权融合、投票融合等来整合不同召回策略的结果，以提高推荐的准确性和全面性。同时，融合过滤层还采用过滤技术，如去重、评分过滤等，来去除重复的或低质量的候选物品，以确保最终呈现给用户的推荐结果既丰富又精准。

融合过滤层是提升推荐结果质量和用户体验的关键环节。通过精细化的过滤和融合策略可以进一步优化推荐结果，提高用户的满意度和点击率。同时，融合过滤层还可以根据用户的反馈和行为来调整融合策略和过滤规则，以实现个性化的推荐。

6. 排序层

排序层对融合过滤层输出的候选物品进行排序，以确保用户最先看到最可能感兴趣的物品。它使用各种排序算法，如机器学习排序算法、深度学习排序算法等，来根据物品的相关性、新颖性、多样性等因素进行排序。排序算法会考虑用户的历史行为、物品的流行度、用户与物品之间的交互强度等多个因素，以确定每个候选物品的排序位置。

排序层直接影响推荐结果的顺序和用户的浏览体验。通过合理的排序策略，可以将用户最感兴趣的物品放在前面，提高用户的点击率和满意度。同时，排序层还可以根据用户的实时反馈和行为来调整排序算法，以实现更加个性化和精准的推荐。

7. 推荐展示层

推荐展示层负责将排序层输出的最终推荐结果呈现给用户，根据具体的应用场景（如电商网站、新闻 App 等）设计合适的用户界面和交互方式，以确保用户能够方便地浏览和选择推荐的物品或信息。推荐展示层会考虑用户的视觉体验、操作便捷性等因素，来设计直观的推荐列表、图片展示、详情页面等用户界面元素。

推荐展示层是用户与推荐系统交互的直接界面，其设计直接影响用户的感知和接受度。通过优化用户界面和交互方式可以提升用户的参与度和忠诚度，从而提高推荐系统的整体效果。同时，推荐展示层还可以根据用户的反馈和行为来调整界面设计和交互方式，以实现更加个性化和用户友好的推荐体验。

9.4　基于协同过滤的推荐方法

协同过滤这一概念最早于 1992 年由戈德伯格等提出，并应用于邮件系统 Tapestry 中，通过记录用户的阅读反应来协同过滤和筛选信息。随后，协同过滤被广泛应用于电影、新闻等领域的推荐系统。目前，协同过滤是市面上最常用的推荐算法之一，也是本章重点介绍的内容。协同过滤主要分为基于内存的协同过滤和基于模型的协同过滤。其中，基于内存的协同过滤包括基于用户的协同过滤和基于物品的协同过滤。基于模型的协同过滤则包括贝叶斯模型、聚类模型、回归模型、基于 Markov 链的模型、潜在语义分析模型和目前应用较为广泛的基于矩阵分解的潜在因子模型等。下面主要介绍基于内存的协同过滤和基于矩阵分解的协同过滤。

9.4.1　基于内存的协同过滤

基于用户的协同过滤推荐算法的核心在于利用用户间的相似性进行推荐。该算法的基本假设是：用户对某些物品的评分行为（高分或低分）能够反映出他们对其他物品评分时的倾向性。具体而言，算法会首先识别出与目标用户最相似的若干邻居用户，随后依据这些邻居用户对特定物品的评分来预测目标用户对该物品的评分。例如，如果你偏爱科幻和动作电影，而用户 A 也同样喜欢这两类电影，那么可以合理推测，他对其他科幻或动作电影的评分可能与你较为接近。因此，在需要为你推荐一部新的科幻电影时，算法会寻找与你相似的用户 A，参考他对这部电影的评分，从而预测你可能对这部电影给出的评分，进而更精准地为你推荐可能感兴趣的电影。如图 9-2 所示，用户 A 和用户 C 兴趣偏好高度相似，因为他们都喜欢电影 1、2、3，既然用户 A 喜欢电影 4，那么可以把电影 4 推荐给用户 C。

基于物品的协同过滤推荐算法的核心在于利用不同物品之间的相似性进行推荐。该算法的基本假设是：若两个物品被众多用户同时喜欢或反感，则这两个物品间可能存在某种相似性。具体而言，算法会首先识别出目标用户已经评分过的某个物品，随后寻找与该物品相似的其他若干物品，并依据用户对这些相似物品的评分来预测用户对目标物品的评分。例如，如果你对一部科幻电影给出了高分，那么基于物品的协同过滤推荐算法会找到与这部电影相似的其他科幻电影，并参考你对这些相似电影的评分，来预测你可能对另一部新的科幻电影给出的评分。这样，算法就能更准确地为你推荐可能符合你口味的电影。如图 9-3

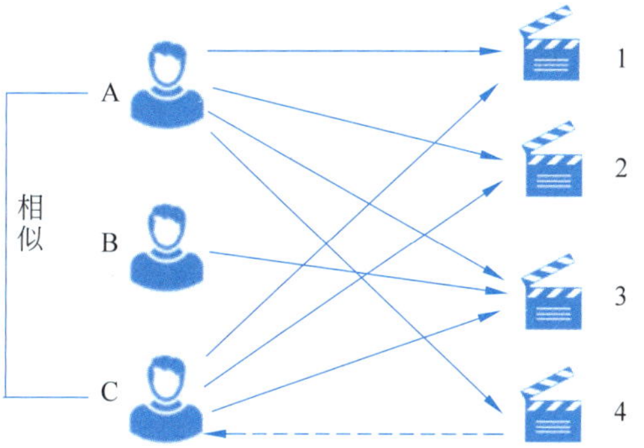

图 9-2　基于用户的协同过滤

所示,用户 A 和用户 C 都对电影 1 和电影 4 给出了高分评价,说明电影 1 和电影 4 是相似的,对于用户 B 来说,他对电影 1 给予了评分,那么可以将电影 4 推荐给用户 B。

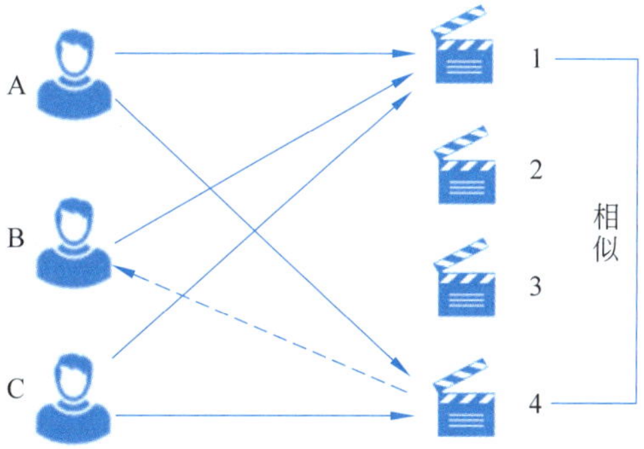

图 9-3　基于物品的协同过滤

接下来,以基于用户的协同过滤为例给出具体实现过程,整个过程实现包括 4 个阶段:分别是建立用户评分信息模型、寻找最近邻居、进行评分预测和生成推荐结果。接下来,以求目标用户 u 对物品 i 的预测评分为例来说明算法的具体实现过程。

(1) 建立用户评分信息模型。

根据数据收集存储层的数据来建立用户评分信息模型。在推荐系统中,通常将输入数据表示为 $m \times n$ 的矩阵 $\boldsymbol{R}$ 形式,$\boldsymbol{R}$ 被称为用户-物品评分矩阵。m 表示用户个数,n 表示物品个数,U 表示全体用户集合,I 表示全体物品集合。其中,矩阵元素 r_{vj} 表示用户 $v(v \in U)$ 对物品 $j(j \in I)$ 的评分值。如果用户 v 对物品 j 没有进行评分,用 $r_{vj} = \varnothing$ 表示。

(2) 寻找最近邻居。

这一阶段的主要任务就是为目标用户找出"最近邻居"(nearest neighbor)集合。具体过程为:首先,基于用户-物品评分矩阵 $\boldsymbol{R}$,计算目标用户 u 与系统中其他用户间的相似度,继而得到一个按照相似度大小递减排序的邻居用户集合 $\text{Set}_{\text{Neighbor}}$。接下来,可设定一个阈值 N,在邻居用户集合 $\text{Set}_{\text{Neighbor}}$ 中为目标用户 u 选取前 N 个用户作为其的最近邻居,得到集合 Set_{knn}^{u}。

在推荐系统中,相似度计算扮演着重要的角色,主要用于衡量用户之间的兴趣相似度,进而找到与目标用户兴趣相似的用户集合,以便从这些相似用户中推荐目标用户可能感兴趣的物品。除了余弦相似度外,推荐系统还可能采用其他相似度度量方法,如皮尔森相关系数、杰卡德相似系数等，具体选择哪种方法取决于数据的特性和推荐系统的需求。以下介绍两种常见的相似度计算方法，即余弦相似度和皮尔森相关系数度量方法。

① 余弦相似度。

余弦相似度又称为余弦相似性，是通过计算两个向量的夹角余弦值来评估它们的相似度。在推荐系统中，计算用户 u 和用户 v 之间的余弦相似度时，通常会考虑用户 u 和用户 v 对一系列物品的评分或行为记录（如浏览、购买等）。这些评分或行为记录可以被转换为向量形式，其中每个向量代表一个用户，向量中的每个元素代表用户对某个物品的评分或行为强度。

假设用户 u 的评分向量为计算公式为 $r_u = (r_{u_1}, r_{u_2}, \cdots, r_{u_i}, \cdots, r_{u_n})$，假设用户 v 的评分向量为计算公式为 $r_v = (r_{v_1}, r_{v_2}, \cdots, r_{v_i}, \cdots, r_{v_n})$，其中 n 是物品的总数，r_{u_i} 和 r_{v_i} 分别表示用户 u 和用户 v 对第 i 个物品的评分或行为强度（如果未评分或未产生行为，则可以用 0 或其他适当的默认值表示）。那么，用户 u 和用户 v 的余弦相似度可以通过以下公式计算：

$$\text{sim}(u, v) = \frac{r_u \cdot r_v}{\| r_u \| \| r_v \|} \tag{9-1}$$

其中，$r_u \cdot r_v$ 是用户 u 和用户 v 评分向量的点积，计算公式为 $\sum_{i=1}^{n} r_{u_i} r_{v_i}$。$\| r_u \|$ 是用户 u 评分向量的模，计算公式为 $\sqrt{\sum_{i=1}^{n} r_{u_i}^2}$，$\| r_v \|$ 是用户 v 评分向量的模，计算公式为 $\sqrt{\sum_{i=1}^{n} r_{v_i}^2}$。

以上公式计算的是用户 u 和用户 v 在 n 维空间中向量之间的余弦值，它衡量了两个向量之间的角度。如果两个用户的评分向量方向相同，则余弦相似度为 1；如果方向完全相反，则余弦相似度为 -1；如果两个向量正交，则余弦相似度为 0。

② 皮尔森相关系数。

皮尔森相关系数也称为简单相关系数，是一种统计指标，用于衡量两个连续型变量之间的线性相关程度。实际上，它也可以被视为一种余弦相似度，但在计算之前，先对向量进行中心化处理，即两个向量会各自减去其均值，然后再计算它们之间的余弦相似度。假设有用户 u 和用户 v，现使用余弦相似度计算二者的相似度，具体计算方式如下：

$$\text{sim}(u, v) = \frac{\sum_{j \in I_{uv}} (r_{uj} - \bar{r}_u) \times (r_{vj} - \bar{r}_v)}{\sqrt{\sum_{j \in I_{uv}} (r_{uj} - \bar{r}_u)^2} \times \sqrt{\sum_{j \in I_{uv}} (r_{vj} - \bar{r}_v)^2}} \tag{9-2}$$

其中，I_{uv} 表示用户 u 和用户 v 共同评分的物品集合；$\bar{r}_u$ 和 $\bar{r}_v$ 分别表示用户 u 和用户 v 的平均评分。

(3) 计算预测评分。

经过上述(2)中的计算步骤，可以找到目标用户的最近邻居集合。接下来，依赖目标用户与最近邻居之间的相似度以及这些最近邻居对特定物品（通常是目标用户未评分的物品）的评分，来计算目标用户对特定物品的评分。以下是一个典型的预测评分计算公式，这个公式通过计算目标用户 u 与所有相似用户对特定物品 i 评分的加权平均值来预测目标用户 u 对物品 i 的评分，具体计算方式如下：

$$\hat{r}_{ui} = \frac{\sum\limits_{v \in \mathrm{Set}_{knn}^u} r_{vi} \times \mathrm{sim}_{uv}}{\sum\limits_{v \in \mathrm{Set}_{knn}^u} |\,\mathrm{sim}_{uv}\,|} \tag{9-3}$$

在式(9-3)预测评分计算公式的基础上,还可以使用另一种稍微变化的公式来计算预测评分。它同样考虑了目标用户与相似用户之间的相似度以及这些相似用户对特定物品的评分,但可能在细节上有所不同。以下是一个这样的预测评分计算公式:

$$\hat{r}_{ui} = \bar{r}_u + \frac{\sum\limits_{v \in \mathrm{Set}_{knn}^u} (r_{vi} - \bar{r}_v) \times \mathrm{sim}_{uv}}{\sum\limits_{v \in \mathrm{Set}_{knn}^u} |\,\mathrm{sim}_{uv}\,|} \tag{9-4}$$

从式(9-4)可见,首先计算目标用户 u 的平均评分,然后考虑相似用户对特定物品 i 的评分与他们的平均评分之间的差异,并根据相似度进行加权。最后,将这个加权和加到目标用户的平均评分上,得到预测评分。这种方法可以看作是对目标用户评分的偏差进行校正,并考虑了相似用户的评分偏差。

(4) 生成推荐结果。

经过上述(3)中的计算步骤,得到了目标用户对所有未评分物品的预测评分。接下来,将这些预测评分从高到低进行排序,并根据设定的阈值向目标用户推荐评分最高的若干未评分的物品。

9.4.2　基于矩阵分解的协同过滤

基本矩阵分解技术是通过一个线性模型去描述用户评分。假设存在一些潜在分类特征,用户对一个物品的评分可以表示为这个物品属于每个潜在分类特征的程度和用户对每个潜在分类特征的喜好程度的线性组合。预测评分的线性模型式(9-5)所示。

$$\hat{\boldsymbol{R}} = \boldsymbol{Q}^{\mathrm{T}} \boldsymbol{P} \tag{9-5}$$

其中,$\hat{\boldsymbol{R}}$ 表示预测评分矩阵;$\boldsymbol{P} = (\boldsymbol{p}_1, \boldsymbol{p}_2, \cdots, \boldsymbol{p}_m)$ 表示 $f \times m$ 的用户特征矩阵,向量 $\boldsymbol{p}_u (u = 1, 2, \cdots, m)$ 表示用户 u 对每个潜在分类的喜好程度;$\boldsymbol{Q} = (\boldsymbol{q}_1, \boldsymbol{q}_2, \cdots, \boldsymbol{q}_n)$ 表示 $f \times n$ 的物品特征矩阵,向量 $\boldsymbol{q}_i (i = 1, 2, \cdots, n)$ 表示物品 i 属于每个潜在分类的程度;用户 u 对物品 i 的预测评分 $\hat{r}_{ui}$ 可以通过式(9-6)得到。

$$\hat{r}_{ui} = \boldsymbol{q}_i^{\mathrm{T}} \boldsymbol{P}_u \tag{9-6}$$

根据式(9-6),只要求得用户特征向量 $\boldsymbol{P}_u$ 和物品特征向量 $\boldsymbol{q}_i$,就能够计算用户 u 对物品 i 的预测评分,为了得到 $\boldsymbol{P}_u$ 和 $\boldsymbol{q}_i$,可以通过随机梯度下降来求解式(9-7)所示的最小二乘问题。

$$(\boldsymbol{P}^*, \boldsymbol{q}^*) = \underset{r_{ui} \neq \varnothing}{\mathrm{argmin}} \sum (r_{ui} - \boldsymbol{q}_i^{\mathrm{T}} \boldsymbol{P}_u)^2 + \lambda (\|\boldsymbol{q}_i\|^2 + \|\boldsymbol{P}_u\|^2) \tag{9-7}$$

其中,$\lambda(\|\boldsymbol{q}_i\|^2 + \|\boldsymbol{P}_u\|^2)$ 是为了避免过拟合而加入的正则项,λ 为常数;$r_{ui} - \boldsymbol{q}_i^{\mathrm{T}} \boldsymbol{P}_u$ 称为残差,即观测值与回归估计值的差值,在推荐系统里即真实评分与预测评分之间的差值,结合式(9-6),将残差记为 e_{ui},具体表示如式(9-8)所示。

$$e_{ui} = r_{ui} - \hat{r}_{ui} \tag{9-8}$$

其中，r_{ui}表示真实评分；$\hat{r}_{ui}$表示预测评分。

9.4.3 评价指标

推荐系统的效果评估可通过在线测试和离线测试两种方式进行。在线测试主要依赖用户反馈、调查问卷等手段，评估用户对推荐结果的满意程度，满意度越高，则算法效果越好。而离线测试作为当前研究中最常用的评估方法，需选择合适的评价指标来衡量推荐算法的性能。这些常用指标包括评分预测准确度、准确率、召回率、覆盖率、多样性和实时性等，它们共同构成了评价推荐系统好坏的重要标准。通过不断优化召回策略，可以进一步提高推荐系统的准确性和个性化程度，从而提升用户体验。下面介绍几种常见的评价指标。

1. 评分预测准确度

对于基于评分的推荐算法，评分预测准确度是衡量算法预测用户对物品评分的准确程度的指标。通常使用平均绝对误差（MAE）和均方根误差（RMSE）来评估预测评分与实际评分之间的误差。

平均绝对误差表示真实评分与预测评分之间的偏差值，偏差越小，代表推荐质量越好，计算方法如式（9-9）所示：

$$\text{MAE} = \frac{\sum_{u,i \in T} | r_{ui} - \hat{r}_{ui} |}{| T |} \tag{9-9}$$

其中，T表示测试集，r_{ui}表示用户u对物品i的真实评分，$\hat{r}_{ui}$表示用户u对物品i的预测评分。

均方根误差表示真实评分与预测评分之间的平均偏差的平方根，值越小，代表推荐质量越好，计算方法如式（9-10）所示。

$$\text{RMSE} = \sqrt{\frac{\sum_{u,i \in T} (r_{ui} - \hat{r}_{ui})^2}{| T |}} \tag{9-10}$$

2. 准确率和召回率

准确率表示预测正确的物品数占所有预测物品数的比例，即衡量推荐列表中用户实际感兴趣物品的比例，其值越大，表明结果越准确。计算方法如式（9-11）所示。

$$\text{Precision} = \frac{\sum_{u \in U} | P(u) \bigcap T(u) |}{\sum_{u \in U} | P(u) |} \tag{9-11}$$

召回率表示预测正确的物品数占用户真正偏好物品数的比例，即衡量系统能够找到用户感兴趣物品的能力，其值越大，表明结果越全面。计算方法如式（9-12）所示。

$$\text{Recall} = \frac{\sum_{u \in U} | P(u) \bigcap T(u) |}{\sum_{u \in U} | T(u) |} \tag{9-12}$$

其中，$P(u)$表示为用户u推荐的物品数，$T(u)$表示用户u真正偏好的物品数。

3. 调和平均数

虽然准确率和召回率均能对算法的性能进行评价，但是二者不能同时兼顾。为了解决这个问题，采用调和平均数，也叫F值评价指标进一步客观地证明推荐算法的有效性。F

值表示准确率和召回率的加权调和均值,综合反映算法的整体性能,F 值越高,代表算法性能越好。计算方法如式(9-13)所示。

$$F = 2 \times \frac{\text{Precision} \times \text{Recall}}{\text{Precision} + \text{Recall}} \tag{9-13}$$

F 值越大,表明推荐算法的精确度越好,推荐质量越高。

9.5　推荐系统应用案例

1. 任务

通过开发一款基于用户的协同过滤零食推荐系统熟悉推荐算法的基本步骤。

2. 开发背景

随着电商和在线购物平台的蓬勃发展,零食市场也迎来了前所未有的增长机遇。然而,面对琳琅满目的零食,消费者往往感到困惑和无所适从。为了解决这个问题,本节将基于协同过滤推荐算法思想开发一款零食推荐系统,并详细介绍系统的开发步骤,给出相应的代码实现。

3. 实验环境

编程语言:Python;开发环境:PyCharm。

4. 开发步骤

(1) 确定数据源。

为了进行用户与零食交互的分析,首先需要收集相关的数据,这些数据可以存储在各种形式的数据源中,例如数据库、CSV 文件、API,或者任何其他包含用户与零食交互信息的存储方式。本书为了方便,自己构造一个模拟数据集,构造数据集的代码及运行结果如下所示。

```
代码 1
import pandas as pd
import numpy as np
#构造一个模拟数据集
data = {
    'user_id': [1, 1, 2, 2, 2, 2,3, 3, 3, 3,4, 4, 4,4, 4, 5, 5, 5, 5,5,6, 6, 6,7, 7,7,7,
7],
    'snack_id': [1, 3, 1, 2, 3, 4,1, 3, 4, 5, 1, 2, 3,4, 5, 1,2,3, 4,5,1, 3, 4,1, 2, 3,
4, 5],
    'rating': [4.0, 2.0, 4.5, 3.5, 2.0,4.5, 4.0, 2.0, 4.0, 3.0, 4.0, 1.0,2.0,3.0, 4.5,
4.5,3.0,2.0,4.0, 4.0,1.0,4.0,5.0,4.5,3.0,2.0,3.5,4.0]
}
df = pd.DataFrame(data)
#展示构造的数据集
print("构造的数据集:")
print(df)
```

在以上代码中,首先构造了一个模拟数据集 data,其中,user_id 表示用户编号,snack_id 表示零食编号,rating 表示用户对某个零食的评分,即喜好程度,评分范围为 1～5,分值越大，表示用户越喜欢，反之亦然。然后将 data 数据源以表格的形式存储到一个新的 DataFrame 对象中，并将其赋值给变量 df，最后输出构造好的数据集，如下所示。

```
代码 1 运行结果
构造的数据集：
    user_id  snack_id  rating
0      1        1       4.0
1      1        3       2.0
2      2        1       4.5
3      2        2       3.5
4      2        3       2.0
5      2        4       4.5
6      3        1       4.0
7      3        3       2.0
8      3        4       4.0
9      3        5       3.0
10     4        1       4.0
11     4        2       1.0
12     4        3       2.0
13     4        4       3.0
14     4        5       4.5
15     5        1       4.5
16     5        2       3.0
17     5        3       2.0
18     5        4       4.0
19     5        5       4.0
20     6        1       1.0
21     6        3       4.0
22     6        4       5.0
23     7        1       4.5
24     7        2       3.0
25     7        3       2.0
26     7        4       3.5
27     7        5       4.0
```

通过以上输出结果可见，该模拟数据集总共包括 28 条评分记录。

（2）数据准备。

在现实生活中，对于从数据源收集到的数据，有必要进行清洗和转换，以确保数据的质量和一致性。清洗可能包括删除缺失值、异常值或重复记录。转换可能包括将日期字符串转换为日期对象，或将分类数据编码为数值等。本书为了方便，自己构造一个模拟数据集，假设数据是干净的，所以不涉及对数据的进一步处理，直接根据数据集创建用户-零食评分矩阵，具体代码及运行结果如下所示。

```
代码 2
#创建用户-零食评分矩阵
ratings_matrix = df.pivot(index='user_id', columns='snack_id', values='rating')
.fillna(0)
#展示数据准备的结果
```

```
print("数据准备完成,用户-零食评分矩阵:")
print(ratings_matrix)
```

代码 2 运行结果
数据准备完成,用户-零食评分矩阵:

snack_id	1	2	3	4	5
user_id					
1	4.0	0.0	2.0	0.0	0.0
2	4.5	3.5	2.0	4.5	0.0
3	4.0	0.0	2.0	4.0	3.0
4	4.0	1.0	2.0	3.0	4.5
5	4.5	3.0	2.0	4.0	4.0
6	1.0	0.0	4.0	5.0	0.0
7	4.5	3.0	2.0	3.5	4.0

　　以上输出结果为一个用户-零食评分矩阵,其中行代表用户(由 user_id 标识),列代表零食(由 snack_id 标识),该模拟数据集总共包括 7 个用户、5 种零食。矩阵中的每个元素代表一个用户对特定零食的评分。评分可以是任何实数,在这个特定的矩阵中,评分是 0~5 的数值,其中 5 表示最喜欢。从该矩阵可见,用户 1(user_id 为 1)给零食 1(snack_id 为 1)打了 4.0 分,没有给零食 2(snack_id 为 2)打分(或打了 0.0 分,表示未评分/不喜欢),给零食 3 打了 2.0 分,以此类推。

　　(3) 召回层实现。

　　本书的目的是让读者从根本上理解推荐算法,所以在召回层仅使用经典常用的协同推荐算法。协同过滤可以分为基于用户的协同过滤和基于物品的协同过滤,本书使用基于用户的协同过滤来找到与目标用户相似的其他用户,并召回他们喜欢的零食。代码如下。

代码 3
```
from sklearn.metrics.pairwise import cosine_similarity
from scipy import sparse
  #将评分矩阵转换为稀疏矩阵格式
ratings_matrix_sparse = sparse.csr_matrix(ratings_matrix.values)
  #计算用户之间的相似度(使用余弦相似度)
user_similarity = cosine_similarity(ratings_matrix_sparse)
#打印用户之间的相似度矩阵
print("用户之间的相似度矩阵:")
print(user_similarity)
#假设要为 user_id 为 1 的用户进行推荐
target_user_id = 1
#找到与目标用户最相似的 N 个用户
N = 3
similar_users = user_similarity[target_user_id].argsort()[-N-1:-1][::-1]
                            #排除自身
#展示召回结果
#打印与目标用户最相似的用户的相似度
print("与目标用户最相似的用户的相似度:")
print(user_similarity[target_user_id][similar_users])
```

人工智能基础及应用（微课视频版）

```
print("与目标用户最相似的用户:")
print(similar_users)
```

以上代码主要实现了基于余弦相似度的用户相似度计算和推荐系统中的用户召回。首先,将评分矩阵 ratings_matrix 转换为稀疏矩阵格式。稀疏矩阵格式有助于节省内存,特别是在处理大型数据集时。然后,使用余弦相似度计算用户之间的相似度。在此基础上对目标用户召回:假设要为 user_id 为 1 的用户进行推荐,通过 argsort 方法找到与目标用户最相似的 N 个用户(这里 N 设为 3)。运行结果如下。

```
代码 3 运行结果
用户之间的相似度矩阵:
[[1.0         0.6530173   0.6666667   0.6308802   0.6090002   0.4140393   0.6272925 ]
 [0.6530173   1.0         0.7915362   0.7303208   0.8668606   0.7169031   0.8548125 ]
 [0.6666667   0.7915362   1.0         0.9568351   0.9227276   0.7360699   0.9124255 ]
 [0.6308802   0.7303208   0.9568351   1.0         0.9605155   0.5877208   0.9623835 ]
 [0.6090001   0.8668606   0.9227275   0.9605155   1.0         0.6208239   0.9984646 ]
 [0.4140393   0.7169031   0.7360699   0.5877208   0.6208239   1.0         0.5902813 ]
 [0.6272925   0.8548125   0.9124255   0.9623835   0.9984646   0.5902813   1.0       ]]

与目标用户最相似的用户的相似度:
[0.6666667   0.6530173   0.6308802 ]
与目标用户最相似的用户:
[3 2 4]
```

以上代码的输出结果展示了用户之间的相似度矩阵,以及针对特定目标用户(user_id 为 1)的召回结果。用户相似度矩阵是一个 7×7 的矩阵,表示 7 个用户之间的相似度。矩阵中的每个元素表示两个用户之间的余弦相似度,值越接近 1,表示用户越相似。对角线上的元素都是 1,因为用户与自身的相似度总是最高的。通过观察相似度矩阵的第 1 行元素,可以找到与目标用户(user_id 为 1)最相似的用户相似度分别是 0.6666667、0.6530173 和 0.6308802,即对应的最相似用户 ID 分别是 3、2 和 4。

(4) 融合过滤。

在通常情况下,可以将基于协同过滤的召回结果与其他推荐算法的召回结果进行融合,以提高推荐的多样性和准确性。本书假设没有其他推荐算法的召回结果,只使用协同过滤的结果。除此之外,还可以使用一些过滤规则来进一步筛选召回结果,比如只保留评分高于某个阈值的零食。代码如下。

```
代码 4
#召回相似用户喜欢的零食
recommended_snacks = pd.Series(0, index=ratings_matrix.columns)
similarities_sum = user_similarity[target_user_id][similar_users].sum()
                                                        #计算相似度的和

for other_user_id, similarity in zip(similar_users, user_similarity[target_user_id][similar_users]):
    other_user_ratings = ratings_matrix.loc[other_user_id]
```

```
              #使用相似度的和作为分母进行标准化
              normalized_similarity = similarity / similarities_sum
              recommended_snacks += other_user_ratings * normalized_similarity
print("推荐的零食:")
print(recommended_snacks)

#只保留目标用户未评分的零食
target_user_ratings = ratings_matrix.loc[target_user_id]
unrated_snacks = recommended_snacks[target_user_ratings == 0]
print("目标用户未评分的零食 ID:")
print(unrated_snacks)
#添加过滤规则:只保留评分高于某个阈值的零食
threshold = 3.0
filtered_recommendations = unrated_snacks[unrated_snacks > threshold]

#展示融合过滤结果
print("经过融合过滤后的推荐零食:")
print(filtered_recommendations)
```

这段代码是一个推荐系统的核心部分,它首先初始化一个用于存储每种零食推荐分数的列表或序列。接着,计算目标用户与所有相似用户之间相似度的总和。然后,遍历每个相似用户,获取他们与目标用户的相似度以及他们对每种零食的评分,并将这些评分乘以相似度(经过标准化处理)来更新每种零食的推荐分数。最后,打印出每种零食的推荐分数作为最终的推荐结果。简而言之,这段代码通过结合相似用户的评分和相似度来计算并输出零食的推荐结果。运行结果如下。

```
代码 4 运行结果
推荐的零食:
snack_id
1    4.167315
2    1.495151
3    1.999963
4    3.843887
5    2.480755

用户未评分的零食 ID:
2
4
5


经过融合过滤后的推荐零食:
snack_id
4    3.843887
5    2.480755
```

根据提供的推荐结果,系统已经为目标用户计算了每种零食的推荐分数,并输出了最终的推荐列表。在这个列表中,零食 1、零食 4 和零食 5 获得了较高的推荐分数,分别是 4.167315、3.843887 和 2.480755。同时,我们知道用户尚未对零食 ID 2、4、5 进行评分。经过融合过滤（即考虑用户未评分的零食），最终的推荐零食列表中仅包含了用户未评分的零食 ID 4 和 5，以及它们对应的推荐分数。这表明系统成功地根据相似用户的评分和相似度为目标用户推荐了尚未尝试但可能感兴趣的零食。

（5）排序和展示。

根据一定的排序规则（如评分高低）对推荐结果进行排序，以确保最相关的推荐排在最前面。将排序后的推荐结果展示给用户，这可以通过一个 Web 界面、一个移动应用或一个简单的命令行输出来实现。代码如下。

```
代码 5
#根据评分高低对推荐结果进行排序
sorted_recommendations = filtered_recommendations.sort_values(ascending=
False)

#展示推荐结果
print("最终推荐给用户的零食(按评分排序):")
print(sorted_recommendations)
```

运行结果如下。

```
代码 5 运行结果
最终推荐给用户的零食(按评分排序):
snack_id
4    3.843887
5    2.480755
```

9.6　本章小结

本章主要围绕推荐系统进行了探讨。首先，明确了推荐系统的基本概念，阐述其在信息过载背景下为用户提供个性化内容的重要作用。接着，回顾了推荐系统的发展历史，从早期的简单算法到如今的深度学习模型，展现了推荐技术在不断进步和创新的历程。此外，还对推荐系统当前面临的一系列挑战及未来的发展方向进行了详细概述。

随后，本章重点介绍了基于协同过滤召回的推荐系统。详细描述了其基本结构，并深入剖析了经典协同过滤算法的工作原理，解释了如何通过用户-物品交互信息来发现用户的潜在兴趣。

最后，通过给出一个具体的应用案例展现了基于用户的协同过滤召回推荐系统的基本步骤与实践应用。通过这一案例的分析与探讨，读者可以更加直观地理解推荐系统的运作机制，深刻体会到其在提升用户体验、挖掘潜在价值方面的重要作用。

习题 9

1. 简述推荐系统的定义及其在互联网环境中的核心作用。
2. 列举推荐系统发展历程中的几个重要里程碑，并简述它们对推荐系统技术发展的影响。

    3. 解释基于用户的协同过滤和基于物品的协同过滤的基本原理,并比较它们的优缺点。

    4. 如何理解推荐系统面临的隐私与伦理问题?

    5. 大模型对推荐系统未来的发展有什么影响?

第 10 章

决策树分类方法及案例实现

本章学习目标：

- 了解决策树分类方法的基本原理。
- 理解信息熵的基本概念及其内涵。
- 理解和掌握 ID3 方法的原理和信息增益的应用。
- 操作实践应用 ID3 算法求解实际问题。

生活中常常会依据一定的标准和条件做出选择。比如，挑选一款适合自己的手机时，可能会考虑手机的品牌、价格、屏幕尺寸、摄像头质量等多个因素。这个过程就是一个典型的决策树分类问题。决策树分类就是通过构建一棵决策树，根据手机的各种特征，逐步缩小选择范围，最终找到最符合自己需求的手机。本章主要介绍决策树分类方法的基本原理和实际应用案例，帮助读者更好地理解并应用决策树分类方法。

10.1 决策树的基本概念

假设有一普通客户 A 向某银行申请贷款，银行信贷员 B 需要依据以往的银行信贷记录情况来初步判定是否应该同意该客户的信贷申请。该申请客户 A 的条件是(中年，没有工作，有房子)，以往可参考的银行信贷记录数据，如表 10-1 所示。

表 10-1 某银行信贷申请数据集

序　号	年　龄	有 工 作	有 房 子	信 贷 情 况	类　别
1	青年	否	否	一般	拒绝
2	青年	否	否	好	拒绝
3	青年	是	否	好	同意
4	青年	是	是	一般	同意
5	青年	否	否	一般	拒绝
6	中年	否	否	一般	拒绝
7	中年	否	否	好	拒绝
8	中年	是	是	好	同意
9	中年	否	是	非常好	同意

续表

序　号	年　龄	有工作	有房子	信贷情况	类　别
10	中年	否	是	非常好	同意
11	老年	否	是	非常好	同意
12	老年	否	是	好	同意
13	老年	是	否	好	同意
14	老年	是	否	非常好	同意
15	老年	否	否	一般	拒绝

银行信贷员 B 依据申请信贷客户 A 的个人的条件和以往的信贷数据记录情况,对信贷客户 A 给出同意或拒绝的初步认定,其认定过程如下:

① 依据客户 A 的年龄是中年,从表 10-1 中的 6～10 条数据进行判定,5 条数据中有 2 条是拒绝,3 条是同意,所以不能给出确定的认定;继续②。

② 在 6～10 条数据中,再对第二个条件有无工作进行判定,其中如果有工作,以往的结果是同意,而客户 A 没有工作,在没有工作的情况下,有 2 条记录是同意,2 条记录是不同意,仍然不能确定结果;继续③。

③ 考虑客户 A 的第三个条件有无房子,在没有工作的情况下,如果有房子,则同意,没有房子,则拒绝。能够得到确定的结果,客户 A 有房子,所以客户 A 的贷款申请被同意。认定过程结束。

上述认定客户 A 的贷款申请是拒绝还是同意的过程,如图 10-1 表示,这个树形结构被称为决策树。

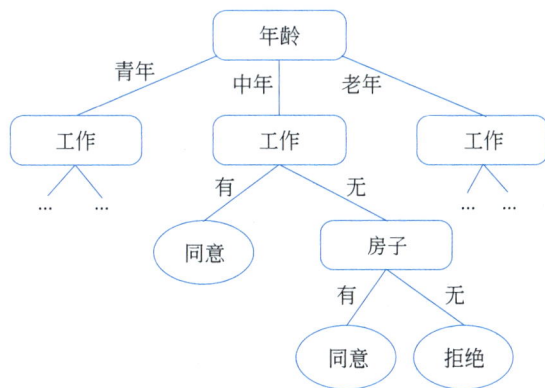

图 10-1　客户 A 贷款申请认定示意图

决策树(decision tree)是一个树结构(可以是二叉树或非二叉树),其每个非叶节点表示一个特征属性上的测试,每个分支代表这个特征属性在某个值域上的输出,而每个叶节点存放一个类别。使用决策树进行决策的过程就是从根节点开始,测试待分类项中相应的特征属性,并按照其值选择输出分支,直到到达叶子节点,将叶子节点存放的类别作为决策结果。图 10-1 是一个简单的信贷员 B 依据以往的数据记载对客户 A 进行信贷认定所构建决策树的部分内容。依据表 10-1 中数据可以构建不同的决策树,如图 10-2 和图 10-3 所示。

人工智能基础及应用（微课视频版）

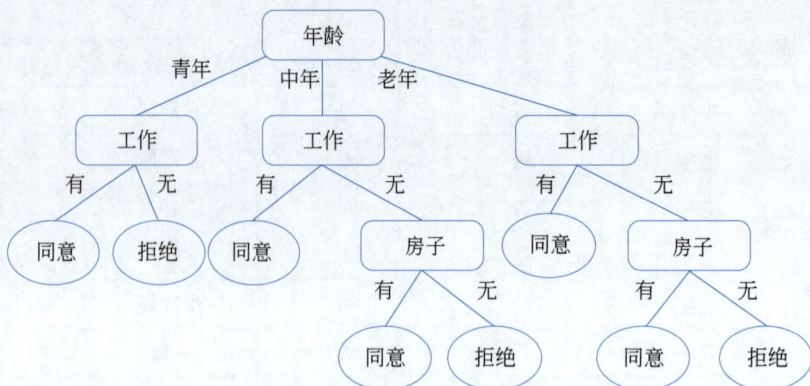

图 10-2　某银行信贷申请决策树 1

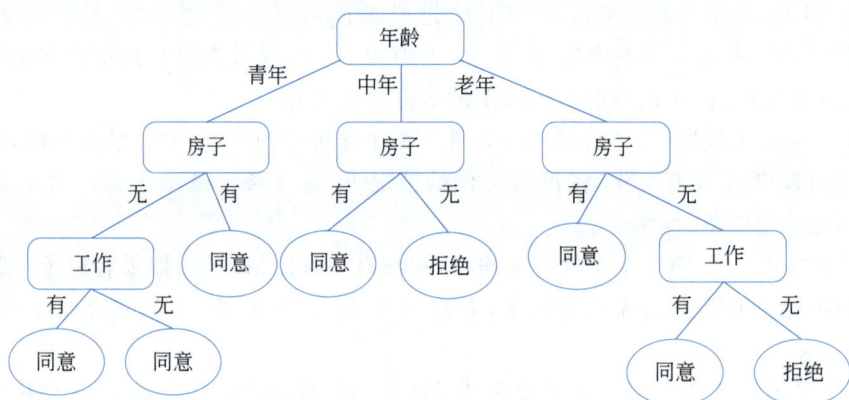

图 10-3　某银行信贷申请决策树 2

在图 10-2 和图 10-3 中，"年龄""有工作?""有房子?"等节点为决策树中的测试节点，是作为判定条件的属性，在判定过程中，依据判定条件的属性取值而选取的路径称为分支，例如图 10-2 中"年龄"这个属性有"青年""中年""老年"3 个取值，当"客户 A"的"年龄"是"中年"时，判断的路径就去"中年"这一分支，到达"有无工作"这个测试节点，再进行下一步的判断，直到被判定为"同意"或"拒绝"为止，即得到判定的结论，到达决策树中的叶子节点；叶子节点是判定树中的结论节点。从决策树中的根节点到达每一个叶子节点的路径就构成了决策树分类的一条规则，一棵决策树中存在多条从根节点到达叶子节点的路径，即存在多条分类规则。在决策树中，多条规则具有互斥且完备的特点，即每一个样本均被且只被一条路径所覆盖。只要提供的数据量足够的庞大和真实，就能够通过数据挖掘方法构造出对应的决策树。

通过图 10-2 和图 10-3 的示例可以看出决策树作为一种直观的分类方法，其结构形似一棵树，由多个测试节点（或称为判断节点）构成，且具有如下特点：

① 决策树是一种树形结构，本质是一棵由多个测试节点组成的树。

② 决策树中每个内部节点表示一个属性上的判断。

③ 决策树每个分支代表一个判断结果的输出。

④ 每个叶节点代表一种分类结果。

从以上描述可以看出，针对同一个数据集可采用不同的属性作为测试属性，从而会得到不同的决策树。那么该如何选择测试属性,来构建一棵决策树?

10.2 信息熵与信息增益

在给定数据集的基础上,如何构建一棵决策树呢?在构建决策树的过程中,一个关键的步骤是选择哪个或哪些属性作为决策树的测试节点。选择哪个属性作为最先的测试节点呢?其依据是什么?通常会选择对数据区分最大的那个属性作为测试节点,也就是说,数据本身具有一定的不确定性,当采用某个属性并按照这个属性对应的属性值对数据进行划分之后,能够降低数据所表现的不确定性,以更快地实现分类;如何衡量属性对数据的这种区分度呢?在决策树分类方法中,主要是基于信息熵对属性区分能力进行度量。

10.2.1 信息熵

数据是信息的载体,不同信息代表不同的含义,每个信息的确定性与不确定性也不同。有的信息的不确定性大,有的信息的不确定性小。如表10-2所示,假设$U=\{u_1,u_2,u_3,u_4,u_5,u_6\}$为论域,每个元素有五个属性$\{a_1,a_2,\cdots,a_5\}$,每个属性有两个属性值$\{0,1\}$,对应着相应的信息值,例如可能对应的是性别$\{$男,女$\}$等。对于论域$U$的属性$a_1$来说,所有元素的值都为1,说明属性$a_1$是确定的1,不具有不确定性;同样,对于属性$a_2$来说,所有元素的值都为0,说明属性$a_2$也是确定的0,不具有不确定性;对于属性$a_3$来说,有一个元素属性$a_3$值为0,其余5个元素的属性值为1,说明属性$a_3$具有不确定性,但不确定性很小;对于属性$a_4$来说,有两个元素属性$a_4$值为0,其余4个元素的属性值为1,说明属性$a_4$具有一定的不确定性;对于属性$a_5$来说,有3个元素属性$a_5$值为0,其余3个元素的属性值为1,说明属性$a_5$具有很强的不确定性。这个结论是我们观察出来的,能不能给出一个函数,使其能够描述这种不确定性?

表 10-2 论域 U 的元素属性及其值的情况

元　　素	属性 a_1	属性 a_2	属性 a_3	属性 a_4	属性 a_5
u_1	1	0	0	0	0
u_2	1	0	1	0	0
u_3	1	0	1	1	0
u_4	1	0	1	1	1
u_5	1	0	1	1	1
u_6	1	0	1	1	1

香农(C. E. Shannon)给出了这样一个函数,并给这个函数取名为信息熵。香农是信息论的创始人。下面就来介绍信息熵。

信息传播过程可以简单地描述为:信源→信道→信宿。其中,"信源"是信息的发布者,即上载者;"信宿"是信息的接收者,即最终用户。信源,是产生各类信息的实体,信源发出的信息一般是不确定的。设信源符号有n种取值,即$X=\{x_1,x_2,\cdots,x_n\}$,对应概率分别为$p(x_i)(i=1,2,\cdots,n)$,且各种符号的出现彼此独立。信源的信息熵$H(X)$定义为

$$H(X)=E[-\log X]=-\sum_{i=1}^{n}p(x_i)\log(p(x_i)) \tag{10-1}$$

其中，$\log()$ 是以 2 为底的对数函数。

图 10-4 给出的是 $y=-p(x)\log(p(x))$ 的函数图像，其中，$p(x)\in[0,1]$，希望读者对其有直观的认识。

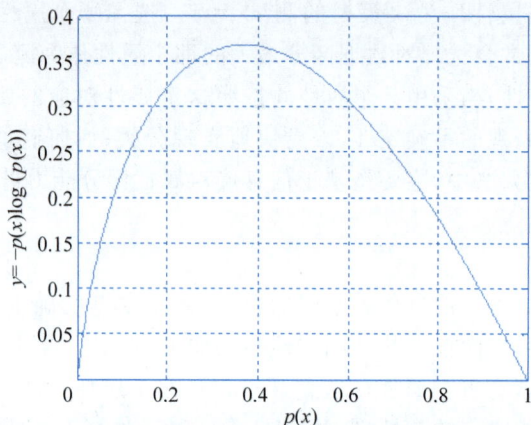

图 10-4　$y=-p(x)\log(p(x))$ 函数图像

现在，再来看看表 10-2 的例子，对于属性 a_1，$x_1=0$，$x_2=1$，$p(x_1)=0$，$p(x_2)=1$，有

$$H(属性\ a_1)=-\sum_{i=1}^{2}p(x_i)\log(p(x_i))\approx 0$$

注意，这里 $p(x_1)=0$，$\log(p(x_1))$ 是没有意义的，但是由于 $\lim\limits_{p(x)\to 0}p(x)\log(p(x))=0$，故有

$$H(属性\ a_1)\approx 0$$

同理，

$$H(属性\ a_2)=-\sum_{i=1}^{2}p(x_i)\log(p(x_i))\approx 0$$

对于属性 a_3，$x_1=0$，$x_2=1$，$p(x_1)=\dfrac{1}{6}$，$p(x_2)=\dfrac{5}{6}$，有

$$H(属性\ a_3)=-\sum_{i=1}^{2}p(x_i)\log(p(x_i))=-\left(\frac{1}{6}\log\left(\frac{1}{6}\right)+\frac{5}{6}\log\left(\frac{5}{6}\right)\right)\approx 0.456$$

对于属性 a_4，$x_1=0$，$x_2=1$，$p(x_1)=\dfrac{1}{3}$，$p(x_2)=\dfrac{2}{3}$，有

$$H(属性\ a_4)=-\sum_{i=1}^{2}p(x_i)\log(p(x_i))=-\left(\frac{1}{3}\log\left(\frac{1}{3}\right)+\frac{2}{3}\log\left(\frac{2}{3}\right)\right)\approx 0.6365$$

对于属性 a_5，$x_1=0$，$x_2=1$，$p(x_1)=\dfrac{1}{2}$，$p(x_2)=\dfrac{1}{2}$，有

$$H(属性\ a_5)=-\sum_{i=1}^{2}p(x_i)\log(p(x_i))=-\left(\frac{1}{2}\log\left(\frac{1}{2}\right)+\frac{1}{2}\log\left(\frac{1}{2}\right)\right)\approx 0.693$$

可以看到，信息熵能够表示属性的不确定性。一个属性的信息熵越大，它的不确定性就越强；一个属性的信息熵越小，它的不确定性就越弱。

综上可以看出，信息熵是衡量一个系统不确定性或混乱程度的度量标准。在决策树分类算法中,信息熵被用来量化数据集的不纯度或混乱程度。信息熵越高,表示数据集中的样本类别越分散,不确定性越大;反之,信息熵越低,表示数据集中的样本类别越集中,不确定性越小。

10.2.2 信息增益

信息熵反映了数据集本身所体现的不确定性,这与如何去选择一个属性作为决策树中的测试属性又有怎样的联系呢? 测试属性的作用是依据其对应的属性值实现对原数据集的划分,原数据集依据测试属性值被划分成不同的数据子集。如果每个数据子集中的数据类别属性都是确定,则分类结束;如果仍存在不确定性,则需要进一步选择其他属性作为测试属性,对数据子集再进行划分,直到得到满足确定性度量要求的数据子集为止。也就是说,通过测试属性及其属性值实现对原数据集的不断划分,不断降低其数据子集的不确定性,直到得到具有确定性的数据子集。那我们自然就会想到,通过某个属性对数据集进行划分之后,使其不确定性降低越多的那个属性对数据集的区分能力就越强,就越能使数据更快地向确定性逼近,从而实现最后的分类。所以通常对比原数据集的不确定性与划分之后数据子集的不确定性的降低程度作为测试属性的选择标准。选择降低程度最大的那个属性作为测试属性。信息熵表示了原数据集的不确定性,被 A 属性划分之后的数据子集的不确定性可以用条件熵 $H(X|A)$ 来表示。信息熵与条件熵的差值就代表了以 A 属性作为测试属性之后数据集的不确定性的变化程度或信息量的变化程度,称为信息增益。

信息增益指的是在划分数据集之前和之后信息发生的变化量。具体来说,它是划分前数据集的熵(entropy)与划分后数据集的条件熵(conditional entropy)之差。

信息增益可定义为:特征 A 对训练数据集 X 的信息增益可表示为 $g(X,A)$,定义为集合 X 的信息熵 $H(X)$ 与特征 A 给定条件下 X 的条件熵 $H(X|A)$ 之差,即

$$g(X,A) = H(X) - H(X|A) \tag{10-2}$$

例 1:下面以表 10-1 的数据来讲解信息熵、条件熵和信息增益的具体计算。

① 首先,根据表 10-1 的数据求出决策值(即分类属性)的信息熵。

$$H(X) = -\frac{9}{15}\log_2\frac{9}{15} - \frac{6}{15}\log_2\frac{6}{15} \approx 0.971$$

② 其次,求出各特征的条件信息熵。

将各特征分别记为:$\{A_1,A_2,A_3,A_4\}$,其中$\{A_1,A_2,A_3,A_4\}$分别代表年龄、有无工作、有无房子和信贷情况等分类条件,则基于各属性的条件熵的值计算如下。

$$H(X|年龄) = \frac{5}{15}\left(-\frac{2}{5}\log_2\frac{2}{5} - \frac{3}{5}\log_2\frac{3}{5}\right) + \frac{5}{15}\left(-\frac{3}{5}\log_2\frac{3}{5} - \frac{2}{5}\log_2\frac{2}{5}\right)$$
$$+ \frac{5}{15}\left(-\frac{4}{5}\log_2\frac{4}{5} - \frac{1}{5}\log_2\frac{1}{5}\right)$$

$$H(X|年龄) = 0.888$$

$$H(X|有无工作) = \frac{5}{15}\left(-\frac{5}{5}\log_2\frac{5}{5}\right) + \frac{10}{15}\left(-\frac{4}{10}\log_2\frac{4}{10} - \frac{6}{10}\log_2\frac{6}{10}\right) \approx 0.647$$

按照如上的计算方式,同理计算得

$H(X|有无房子)=0.551$。

$H(X|信贷情况)=0.608$。

③ 最后，求出信息增益：

$g(X,年龄)=H(X)-H(X|年龄)=0.971-0.888=0.083$

$g(X,有无工作)=H(X)-H(X|有无工作)=0.971-0.647=0.324$

$g(X,有无房子)=H(X)-H(X|有无房子)=0.971-0.551=0.420$

$g(X,信贷情况)=H(X)-H(X|信贷情况)=0.971-0.608=0.363$

从各个属性对原数据集划分之后所得的信息增益的结果可以看出，属性"有无房子"的信息增益值最大，说明用该属性作为测试节点时，对数据集信息不确定性降低的程度最大，因此可以在4个属性中首先选择"有无房子"作为决策树中的第一个测试节点，对原数据集进行划分，得到图10-5所示的部分决策树。

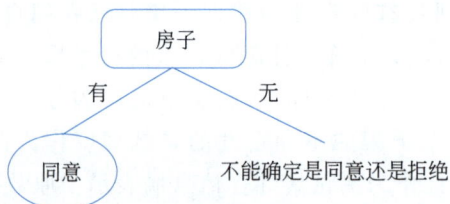

图 10-5　表 10-1 对应的某银行信贷申请部分决策树

从图 10-5 可以看出，单从"没有房子"不能准确认定是"同意"还是"拒绝"，则需要再针对"没有房子"数据子集重复上述过程，构建一棵决策树。这种以信息增益作为选择决策树测试节点构建决策树的方法就是 ID3 算法。

10.3　决策树分类方法

10.3.1　ID3 算法

ID3 算法的核心是在数据集的各个属性上计算各属性的信息增益值，依据最大信息增益值原则选择决策树中的测试节点，递归地构建决策树。

具体方法如下。

① 从根节点开始，对数据集计算所有可能的特征（属性）的信息增益，选择信息增益最大的特征（属性）作为测试节点，由该特征（属性）的不同取值建立子节点。

② 再对子节点递归调用以上①过程，构建决策树。

③ 直到所有特征的信息增益均很小，或者没有特征可以选择为止。

④ 最后得到一个决策树。

例如，针对 10.2 节的例 1，表 10-1 的数据集有"年龄""有无工作""有无房子""信贷情况"4 个特征（属性）的信息增益计算分别为 0.083、0.324、0.420 和 0.363。

在 ID3 中选择信息增益最大的条件"有无房子"作为起始条件，使得分类效率最高，即选择有无房子条件作为决策树根节点，将原数据集 X 分为 $X1=\{4,8,9,10,11,12\}$ 和 $X2=\{1,2,3,5,6,7,13,14,15\}$，其中在数据集 $X1$ 中，所有数据的结论都为"同意"，即同意贷款申请，已明确分类。而对于数据集 $X2$ 中的分类有"同意"和"拒绝"，仍然存在不确定性，如

图 10-5 所示,需从特征"年龄""有无工作""信贷情况"中选择新的特征(属性)作为分支测试节点,再继续进行决策树的构建,构建过程是针对 $X2$ 数据集计算 $X2$ 的信息熵和特征(属性)"年龄""有无工作""信贷情况"的信息增益,结果如下。

$$H(X2) = -\frac{3}{9}\log_2\frac{3}{9} - \frac{6}{9}\log_2\frac{6}{9} \approx 0.918$$

$$g(X2,年龄) = H(X2) - H(X2|年龄) = 0.918 - 0.668 = 0.251$$

$$g(X2,有无工作) = H(X2) - H(X2|有无工作) = 0.918$$

$$g(X2,信贷情况) = H(X2) - H(X2|信贷情况) = 0.474$$

则针对数据子集 $X2$ 选择信息增益最大的特征"有无工作"作为新的分支测试节点,被划分之后的数据集中数据的分类都为确定的类别"同意"或"拒绝",实现对数据集 $X2$ 的划分,得到图 10-6 的决策树。

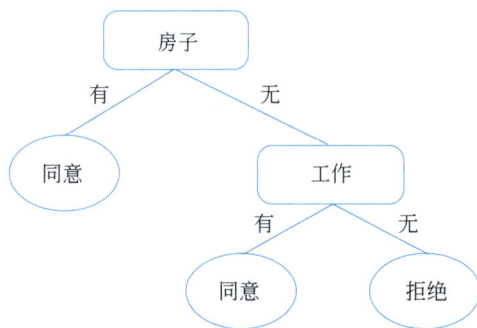

图 10-6 表 10-1 对应的某银行信贷申请的决策树

对比与表 10-1 数据集对应的决策树图 10-2、图 10-3 和图 10-6,依据 ID3 算法获得的决策树更为简洁,对应的分类规则从根节点到叶子节点的路径只有 3 条,对于客户 A 的判定直接通过"有房子"的属性就可确定"同意"客户 A 的申请。下面通过一个多数据集的例子深入讲解 ID3 算法。

例 2:应用 ID3 算法对多数据样本手工构建一棵决策树,并实现分类。

表 10-3 是一个含有 1024 条某品牌专卖店销售 PC 过程中记录下来的来本店顾客是否购买该商品的数据信息样本 X,依据此信息分析当商店新进入一名"收入较高、信誉较好的某公司青年员工"时,判断其是否能够购买本店的 PC。

表 10-3 某品牌专卖店销售 PC 数据集样本信息

统计用户计数	年 龄	收 入	学 生	信 誉	是否购买
64	青	高	否	良	不买
64	青	高	否	优	不买
128	青	中	否	良	不买
64	青	低	是	良	买
64	青	中	是	优	买
128	中	高	否	良	买

续表

统计用户计数	年 龄	收 入	学 生	信 誉	是否购买
64	中	低	是	优	买
32	中	中	否	优	买
32	中	高	是	良	买
60	老	中	否	良	买
64	老	低	是	良	买
64	老	低	是	优	不买
132	老	中	是	良	买
64	老	中	否	优	不买

解决该问题，首先通过已有的数据信息构建该商店 PC 销售的决策树，然后依据决策树和当前用户的属性特征对当前用户是否能够购买 PC 做出判断，即分类。

(1) 计算对给定样本分类属性的信息熵。

类别标签 S 被分为两类："买"或"不买"。

其中：$S_{1(买)}=640$，$S_{2(不买)}=384$，那么 $S=S_1+S_2=1024$。S_1 的概率 $p_1=640/1024=0.625$；S_2 的概率 $p_2=384/1024=0.375$

分类属性信息熵：$H(S_1,S_2)=H(640,384)=-p_1\log(p_1)-p_2\log(p_2)=0.9544$。

(2) 计算每个特征的条件熵及信息增益。

① 计算"年龄"特征的条件熵："年龄"分为三组，即"青年""中年""老年"。

• 青年占总样本的概率。

$P(青年)=384/1024=0.375$ ，则 $S_{1(买)}=128$，$p_1=128/384$；$S_{2(不买)}=256$，$p_2=256/384$

有 $H_{青年}(S_1,S_2)=H(128,256)=-p_1\log(p_1)-p_2\log(p_2)=0.9183$

• 中年占总样本的概率。

$P(中年)=256/1024=0.25$ ，则 $S_{1(买)}=256$，$p_1=256/256=1$；$S_{2(不买)}=0$，$p_2=0/384=0$

有 $H_{中年}(S_1,S_2)=H(256,0)=-p_1\log(p_1)-p_2\log(p_2)=0$

• 老年占总样本的概率。

$P(老年)=384/1024=0.375$ ，则 $S_{1(买)}=257$，$p_1=257/384$；$S_{2(不买)}=127$，$p_2=127/384$

有 $H_{老年}(S_1,S_2)=H(257,127)=-p_1\log(p_1)-p_2\log(p_2)=0.9157$

则年龄的条件熵为

$H(X|年龄)=P(青年)\times H_{青年}(S_1,S_2)+P(中年)\times H_{中年}(S_1,S_2)+P(老年)\times H_{老年}(S_1,S_2)$

$=0.375*0.9183+0.25*0+0375*0.9157=0.6877$

则年龄的信息增益为：$g(X,年龄)=0.9544-0.6877=0.2667$

② 同理，计算"学生"特征的条件熵和信息增益如下。

$H(X|学生)=0.7811$；$g(X,学生)=0.9544-0.7811=0.1733$

③ 同理，计算"收入"特征的条件熵和信息增益如下。

$H(X|收入)=0.9361$；$g(X,收入)=0.9544-0.9361=0.0183$

④ 同理，计算"信誉"特征的条件熵和信息增益。

$H(X|信誉)=0.9048；g(X，信誉)=0.9544-0.9048=0.0496$

（3）从所有属性特征中选出信息增益最大的那个特征作为根节点或分支节点。

根据（2）中计算，选定年龄列 $g(X，年龄)=0.2667$ 来划分数据集。

（4）根据年龄属性的不同取值将数据集拆分为 3 个子集，删除年龄特征列，再针对 3 个不同的数据子集重复第（2）步和第（3）步，直至划分结束。

如本例中，首次划分后，按照属性值"青年"和"老年"划分的数据子集中含有多个标签，所以需要继续划分，按照属性值"中年"划分的数据子集内就剩下一个标签，构成确定分类，作为叶子节点。

（5）划分结束标志为：子集中只有一个类别标签或依据建树深度限制停止划分；当达到建树深度而分类仍存在不确定性时，可按照少数服从多数的原则确定分类结果。

上述结果产生一个决策树，如图 10-7 所示。

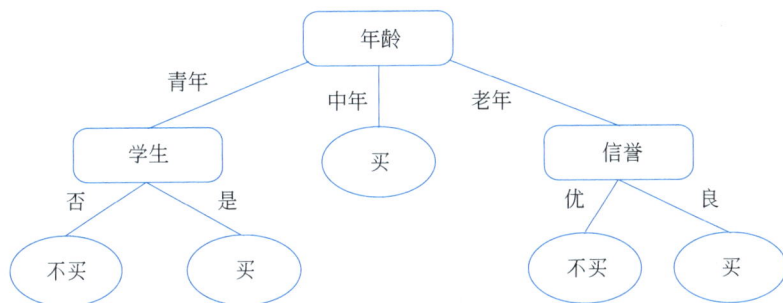

图 10-7　表 10-3 数据集的 ID3 算法生成决策树

依据此决策树，可判定新进入的"收入较高信誉较好的某公司青年职员"不会购买电脑。

ID3 算法的主要缺点如下。

（1）无法处理连续属性：ID3 算法设计时并未考虑连续属性，因此无法直接应用于包含连续值的数据集。针对包含连续属性值的数据集，需要对连续属性值进行离散化处理或设置分割点。

（2）无法处理缺失值：当数据集中存在属性缺失的样本时，ID3 算法无法有效地进行特征选择和决策树生成。针对存在缺失值的情况，需要按照问题的实际需要作缺失值补全或删除处理。

（3）偏向选择属性值多的属性作为测试属性且容易产生过拟合现象：通过 ID3 算法的实现过程可以看出，在选择测试属性的过程中，属性的取值越多，其条件熵越小，信息增益越大，这样的属性就越容易被选择作为测试属性，这可能导致生成的决策树过深，从而在训练集上表现良好，但在测试集上性能不佳，即产生过拟合现象。

10.3.2　C4.5 算法

ID3 中以信息增益作为划分训练数据集的特征，存在倾向于选择取值较多的特征问题，使用信息增益比可以对这个问题进行一定程度的矫正。C4.5 算法就是采用信息增益比作为分类节点的选择依据，对 ID3 算法进行的改进。

信息增益比：特征 A 对训练数据集 X 的信息增益比 $g_r(X,A)$ 是其信息增益与训练数据集 X 关于特征 A 的值的熵 $H_A(X)$ 之比，即式(10-3)：

$$g_r(X,A)=\frac{g(X,A)}{H_A(X)} \tag{10-3}$$

其中，$H(X)=-\sum_{i=1}^{n}\frac{|X_i|}{|X|}\log_2\frac{|X_i|}{|X|}$，$n$ 为特征 A 取值的个数。

信息增益比，本质是在信息增益的基础之上乘上一个惩罚参数。特征个数较多时，惩罚参数较小；特征个数较少时，惩罚参数较大。惩罚参数是数据集 X 以特征 A 作为随机变量的倒数。

其算法计算过程与前文中 ID3 类似，这里不再赘述。

C4.5 算法的主要优点如下。

（1）改进了特征选择标准：C4.5 算法采用信息增益比作为特征选择的标准，有效解决了 ID3 算法偏向于选择属性值多的特征的问题。

（2）易于理解：C4.5 生成的决策树规则简单明了，易于理解，便于后续的应用和维护。

（3）分类准确率高：由于 C4.5 算法在特征选择上的改进，使得其能够在更广泛的数据集上实现较高的分类准确率。

C4.5 算法的主要缺点如下。

（1）算法效率较低：在构造决策树的过程中，C4.5 需要对数据集进行多次的顺序扫描和排序，这在一定程度上降低了算法的效率。

（2）内存限制：C4.5 算法更适合于能够驻留内存的数据集。当数据集非常大时，由于内存限制，程序可能无法正常运行。

（3）适用于小数据集和特征取值较多的情况：虽然 C4.5 算法在处理大特征集时表现受限，但它在小数据集上的性能通常更为出色。当特征取值很多时，使用 C4.5 算法通常能够得到更好的结果。

10.4 决策树分类案例

案例 1：根据数据集生成决策树并做简单预测。

假设有这样一个决策树，一个人将尝试决定他/她是否应该参加喜剧节目。在这个例子中，我们利用决策树模型帮助其决定是否参加镇上的喜剧节目。首先，从包含参与者历史记录的数据集（包括年龄、经验、等级、国籍及是否参加节目的信息）出发。为兼容机器学习算法，将非数值型数据（国籍、是否参加）转换为数值型。接着，分离特征列（年龄、经验、等级、国籍）与目标列（是否参加），并训练 DecisionTreeClassifier 模型。模型基于数据学习，并构建决策树，用于预测新输入数据的结果。通过可视化决策树讲解其决策过程。最后，依据喜剧演员的年龄、经验、等级和国籍等信息，利用该模型预测新喜剧节目是否值得参加。例如，人物每次在镇上举办喜剧节目时都进行注册，并注册一些关于喜剧演员的信息，还登记了他是否去过。案例的数据集如表 10-4 所示。

表 10-4 案例 1 数据集样本信息

年龄（Age）	经验（Experience）	等级（Rank）	国籍（Nationality）	目标（Go）
36	10	9	UK	NO
42	12	4	USA	NO
23	4	6	N	NO
52	4	4	USA	NO
43	21	8	USA	YES
44	14	5	UK	NO
66	3	7	N	YES
35	14	9	UK	YES
52	13	7	N	YES
35	5	9	N	YES
24	3	5	USA	NO
18	3	7	UK	YES
45	9	9	UK	YES

实现过程如下。

（1）导入相关包和数据集。

```
import pandas                          #导入 pandas 库用于数据处理
from sklearn import tree               #导入 sklearn 中的 tree 模块,含决策树算法
import pydotplus                       #导入 pydotplus 库用于决策树的可视化
from sklearn.tree import DecisionTreeClassifier
                                       #从 sklearn.tree 中导入 DecisionTreeClassifier 类
import matplotlib.pyplot as plt        #导入 matplotlib.pyplot 用于图像显示
import matplotlib.image as pltimg      #导入 matplotlib.Image 用于读取图像文件
df = pandas.read_csv("show.csv")       #读取 CSV 文件到 DataFrame
print(df)                              #打印 DataFrame 以查看数据
```

（2）数据预处理：将非数字列转换为数值。

```
d = {'UK': 0, 'USA': 1, 'N': 2}              #创建映射字典
df['Nationality'] = df['Nationality'].map(d) #使用 map 方法转换 Nationality 列
d = {'YES': 1, 'NO': 0}                       #创建另一个映射字典
df['Go'] = df['Go'].map(d)                    #使用 map 方法转换 Go 列
print(df)                                     #打印转换后的 DataFrame
```

（3）数据集划分：分离特征列和目标列。

```
features = ['Age', 'Experience', 'Rank', 'Nationality']   #定义特征列
X = df[features]                                           #提取特征列数据
y = df['Go']                                               #提取目标列数据
```

```
print(X)                                              #打印特征数据
print(y)                                              #打印目标数据
```

（4）创建并训练决策树。

```
#使用 DecisionTreeClassifier 创建决策树模型,指定使用信息增益(Entropy)作为分裂标准,
#并设置随机种子
dtree = DecisionTreeClassifier(criterion='entropy', random_state=42)
#训练模型
dtree = dtree.fit(X, y)
#导出决策树为图形表示
data = tree.export_graphviz(dtree, out_file=None, feature_names=features)
                        #导出决策树为图形表示,将决策树模型转换为 graphviz 可用的格式数据
graph = graphviz.Source(data)    #创建 graphviz 的 Source 对象,用于进一步处理决策树
                                 #图形数据
graph.render('mydecisiontree', format='png', view=False)
                                 #将决策树图形渲染为 png 格式文件并保存
#显示决策树图像
img = pltimg.imread('mydecisiontree.png')
                                 #显示决策树图像,读取保存的 png 格式决策树图像文件
plt.imshow(img)                  #在 matplotlib 中显示图像
plt.axis('off')                  #关闭图像坐标轴显示,使图像展示更简洁
plt.show()                       #展示图像
```

（5）数据预测。

```
#使用训练好的决策树模型进行预测
#预测示例 1:40 岁的美国喜剧演员,10 年经验,排名 7
print(dtree.predict([[40, 10, 7, 1]]))       #预测结果
print("[1] means 'GO'")                       #解释预测结果
print("[0] means 'NO'")                       #注意这里的引号应该一致,避免不必要的混淆
#预测示例 2:40 岁的美国喜剧演员,10 年经验,排名 6
print(dtree.predict([[40, 10, 6, 1]]))       #预测结果
print("[1] means 'GO'")                       #解释预测结果
print("[0] means 'NO'")                       #解释预测结果
```

生成的决策树如图 10-8 所示。

案例 2：泰坦尼克号数据集生成决策树进行预测。

泰坦尼克号的沉没事件是 20 世纪初最著名且最具悲剧性的海难之一,它不仅夺去了数千人的生命,也永远地改变了海上航行的安全标准。这一事件不仅吸引了历史学家和电影制作者的关注,也成为数据科学和机器学习领域中的一个经典案例。通过对泰坦尼克号乘客数据的分析,可以利用现代机器学习技术来探索哪些因素可能影响了乘客的生存机会,并尝试构建一个预测模型来模拟这一决策过程。决策树作为一种直观且易于理解的机器学习算法,非常适合此类分类问题。构建决策树模型,我们可以从数据中学习并提取出影响乘客生存的关键因素,如乘客的性别、年龄、票类以及是否有亲属同行等。这些因素不仅有助于我们理解当时的社会结构和生存规律,还可以为现代紧急救援和灾难管理提供有价值的参考。

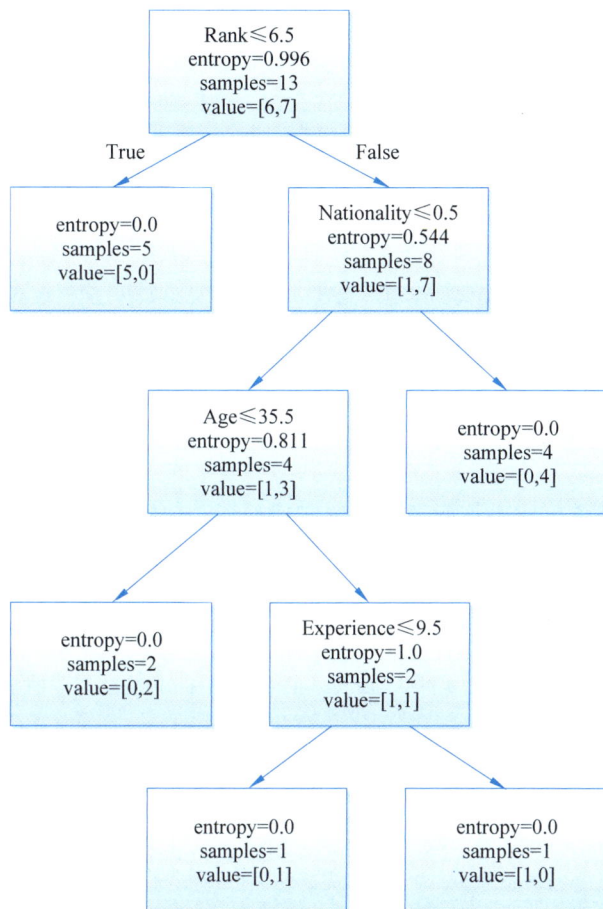

图 10-8　案例 1 生成的决策树

接下来将以泰坦尼克号数据集为例,详细介绍使用 Python 和 scikit-learn 库来实现决策树模型的构建、训练和评估。我们从数据获取和预处理开始,逐步进行特征选择、数据集划分、特征转换和模型训练,并最终通过模型评估来验证预测效果。通过这一案例的学习,读者将掌握决策树模型的基本原理和应用方法,并具备解决实际分类问题的能力。泰坦尼克号案例实现步骤和案例 1 一致,包含以下步骤:获取数据、挑选目标值和特征值、数据处理、数据集的划分、数据的特征转换、字典特征抽取(特征值→字典类型)、决策树模型的建立、模型评估(预测)。泰坦尼克号数据集前 5 行的数据如图 10-9 所示,数据集列名称解释如表 10-5 所示。

	survived	pclass	sex	age	sibsp	parch	fare	embarked	class	who	adult_male	deck	embark_town	alive	alone
0	0	3	male	22.0	1	0	7.2500	S	Third	man	True	NaN	Southampton	no	False
1	1	1	female	38.0	1	0	71.2833	C	First	woman	False	C	Cherbourg	yes	False
2	1	3	female	26.0	0	0	7.9250	S	Third	woman	False	NaN	Southampton	yes	True
3	1	1	female	35.0	1	0	53.1000	S	First	woman	False	C	Southampton	yes	False
4	0	3	male	35.0	0	0	8.0500	S	Third	man	True	NaN	Southampton	no	True

图 10-9　泰坦尼克号数据集

表 10-5　泰坦尼克号数据集列信息表

列　名　称	定　义	值表示范围
survived	幸存	0 表示死亡,1 表示生存
pclass	票类	1、2、3 分别代表三种等级
sex	性别	
age	年龄	
sibsp	兄弟姐妹/配偶在泰坦尼克号	兄弟姐妹/配偶在泰坦尼克号
parch	父母/孩子在泰坦尼克号	父母/孩子在泰坦尼克号
fare	乘客票价	乘客票价
embarked	登岸港	C=瑟堡，Q=皇后镇，S=南安普敦

泰坦尼克号数据集生成决策树预测算法实现如下。

（1）导入数据。

```
import pandas as pd                        #导入数据
titanic=pd.read_csv("data/titanic.csv")
                    #利用 pandas 的 read.csv 模块从互联网中收集泰坦尼克号数集
```

（2）数据的分析和预处理。

```
titanic.head()                            #首先观察数据的基本特征
titanic.info()                            #使用 pandas 的 info 属性查看数据的统计特征
#注:数据共有 891 条乘客信息,有些特征是完整的,有一些是不完整的,如 name 和 pclass 是完整
#的,age 是不完整的
#由于数据比较久远,难免会丢失掉一些数据,造成数据的不完整,也有数据是没有量化的
#在决策树模型之前,需要对数据作一些预处理和分析的工作
X=titanic[['pclass','age','sex']] #特征选择,这里根据对泰坦尼克号的了解,sex、age、
#pclass 作为判断生还的三个主要因素
y=titanic['survived']
X.info() #对当前选择的特征进行探查
X['age'].fillna(X['age'].mean(), inplace=True) #根据上面的输出,设计几个数据处理
#的任务;①age 这个数据列,只有 714 个,需要补全完整;②sex 数据列需要转化为数值,比如
#one-hot 编码
X.info()
```

（3）数据集划分。

```
from sklearn.model_selection import train_test_split
X_train, X_test, y_train, y_test = train_test_split(X, y, test_size=0.25, random
_state=33)
```

（4）数据的特征转化。

```
from sklearn.feature_extraction import DictVectorizer
```

```
vec = DictVectorizer(sparse=False)  #转换特征后,我们发现凡是类别型的值的特征都单独
#剥离出来了,独成一列特征,数据型不改变其值
X_train=vec.fit_transform(X_train.to_dict(orient='records'))
X_train
vec.feature_names_
X_test=vec.transform(X_test.to_dict(orient='records'))
```

（5）使用决策树模型进行预测。

```
from sklearn.tree import DecisionTreeClassifier
dtc=DecisionTreeClassifier()              #使用默认的配置初始化决策树模型
dtc.fit(X_train, y_train)                 #使用分割的数据进行模型的学习
y_predict = dtc.predict(X_test)           #用训练好的模型对测试数据集进行预测
```

（6）输出准确率与详细的分类信息。

```
from sklearn.metrics import classification_report
dtc.score(X_test, y_test)                  #输出预测准确率:0.8340807174887892
print(classification_report(y_predict,y_test,target_names=['died', 'survived']))
                                           #输出更加详细的分类性能
```

10.5 本章小结

本章主要介绍了决策树分类方法的基本原理、基本概念、分类依据以及信息熵的计算。通过具体的案例(如 PC 的购买、贷款申请审批等)展示了如何计算信息熵和构建决策树的过程。在贷款申请审批的案例中,根据年龄、有无工作、有无房子和信贷情况等特征属性,通过计算条件熵和信息增益逐步构建出能够准确分类贷款申请的决策树,给出 ID3 和 C4.5 算法,总结了决策树分类方法的优点和局限性。最后给出决策树分类方法的实际应用案例,以使读者加深对决策树方法的理解和掌握。

习题 10

1. 假如在一个数据中有 3 个类别,占比分别为{1/3,1/3,1/3},请计算此类别的信息熵。

2. 假如在一个数据中有 3 个类别,占比分别为{1/10,2/10,7/10},请计算此类别的信息熵。

3. 假如在一个数据中有 3 个类别,占比分别为{1,0,0},请计算此类别的信息熵。

4. 对比 1、2、3 题中的结果,总结信息熵与不确定性之间的关系。

5. 如何解决 ID3 算法存在的过拟合问题? 给出你的想法。

第 <11> 章

ChatGPT

本章学习目标：

- 了解 ChatGPT 的概念和 ChatGPT 的发展历程。
- 理解和掌握 ChatGPT 的工作原理。
- 操作实践：能够熟练使用某个领域的 ChatGPT 工具。

ChatGPT 具有强大的自然语言处理能力和多模态转化能力，可用于多个场景和领域。本章首先介绍 ChatGPT 的基本概念，再介绍架构及工作原理，最后介绍应用方式方法。

11.1 ChatGPT 概述

11.1.1 ChatGPT 的定义

GPT(generative pre-trained transformer)是一种广泛使用的人工智能语言模型，具有自然语言处理的能力，可以理解和生成人类语言。它可以在各种自然语言中处理任务，如文本分类、情感分析、问答系统等。GPT 模型由 OpenAI 公司开发，基于 Transformer 架构，通过学习大量文本数据来提升语言的理解能力。

ChatGPT(chat generative pre-trained transformer)是一种基于自然语言处理技术的机器学习模型，通过学习大量文本和对话集合，能够模拟人类的语言和行为，实现与人类的交互和智能响应。ChatGPT 具有广泛的应用场景，如智能客服、智能助手、智能家居等。它不但能够理解人类的语言，还能够生成相应的回复，使用户体验更加自然和便捷。ChatGPT 具有高效、智能、灵活的特点，能够有效地提高人机交互的效率和用户体验。随着人工智能技术的不断发展，ChatGPT 的应用前景将更加广阔。

GPT 和 ChatGPT 都是人工智能语言模型，都具有自然语言处理的能力，能够理解和生成人类语言。它们之间的主要区别在于应用场景和功能。

GPT 模型在各种 NLP 任务中表现出很好的性能，可以处理各种复杂的语言问题。

ChatGPT 则是一种专门用于对话生成的人工智能语言模型。它基于 GPT 架构，需要经过特殊的训练，以便更好地理解和生成人类对话。ChatGPT 主要用于聊天机器人、虚拟助手等场景，能够提供更自然、流畅的语言进行交互体验。ChatGPT 通过大量的对话数据来训练模型，以便更好地模拟人类对话。

GPT 是一种广泛使用的通用语言模型，而 ChatGPT 则是一种专门用于对话生成的语言模型。它们都是人工智能技术的重要应用，能够更高效地处理自然语言任务。

11.1.2　ChatGPT 的功能

ChatGPT 是一个基于深度学习的自然语言处理模型,它具备以下多种功能。

① 文本理解与生成:能够理解用户输入的文本,并生成流畅、连贯、符合上下文的回答。

② 教育辅助:提供学习材料,解答学术问题。

③ 问答系统:回答各种问题,包括一般知识、专业问题等。

④ 语言翻译:将一种语言的文本翻译成另一种语言的文本。

⑤ 文本摘要:为长篇文章或文档生成简短的摘要。

⑥ 内容创作:创作文章、故事、诗歌等文本内容。

⑦ 编程辅助:帮助编写、调试代码,甚至生成代码片段。

⑧ 客户服务:作为聊天机器人,提供客户咨询和支持。

⑨ 个性化推荐:根据用户的历史和偏好提供个性化的内容推荐。

⑩ 情感分析:分析文本中的情感倾向,如积极、消极或中性。

⑪ 文本分类:将文本分类到预定义的类别中。

⑫ 语言模型微调:在特定领域或任务上微调模型,以提高性能。

⑬ 对话管理:在对话中保持上下文的连贯性,进行多轮交互。

⑭ 信息检索:从大量数据中检索相关信息。

⑮ 文本校对与编辑:检查文本中的语法错误,提出改进建议。

⑯ 语音转文本:将语音输入转换为文本,然后生成回答。

⑰ 多语言支持:支持多种语言,进行跨语言的交流和翻译。

⑱ 创意写作:提供创意写作的灵感和建议。

⑲ 数据解读:解释和总结数据报告或统计信息。

⑳ 辅助决策:提供基于文本信息的决策支持。

ChatGPT 的这些功能使其在各个领域都有广泛的应用价值,随着人工智能技术的不断发展,ChatGPT 的功能也将不断完善和扩展,未来将在更多领域发挥重要的作用。

11.1.3　ChatGPT 的发展历程

ChatGPT 的发展历程可以追溯到 2018 年,当时 OpenAI 公司发布了一款名为 GPT 的预训练语言模型。GPT 通过学习大量文本数据来提升语言理解能力,并且可以生成全新的、符合语法的句子。在 GPT 的基础上,OpenAI 进一步开发了 GPT-2 和 GPT-3 模型,这些模型在语言理解和生成方面表现出了更高的性能。

GPT-1 标志着自然语言处理领域进入了一个新的时代。它通过预训练的方式,从大量的无标签数据中学习语言的内在规律和知识,从而实现了对语言的生成和理解。GPT-1 的出现,使得自然语言处理任务变得更加容易和高效,也为后续的 GPT 系列模型奠定了基础。

GPT-2 进一步提升了语言生成和理解的能力。与 GPT-1 相比,GPT-2 的参数数量和训练数据量都有了大幅度的提升,从而使得模型能够更好地理解和生成更加丰富多样的语言。在许多自然语言处理任务中,GPT-2 都取得了非常优秀的表现,进一步证明了预训练语言模型的强大能力。

GPT-3 更是将自然语言处理技术推向了一个新的高度。GPT-3 不仅在参数数量和训练数据量上实现了再次飞跃，更重要的是引入了许多新的技术和方法，如多任务学习、半监督学习等，从而使得模型能够更好地适应各种复杂的自然语言处理任务。在诸如机器翻译、文本摘要、对话生成等领域，GPT-3 都取得了非常出色的表现。

GPT-3 发布后，OpenAI 开始将 GPT 技术应用于对话生成领域，开发出了 ChatGPT。ChatGPT 通过大量的对话数据来训练，以更好地模拟人类对话。它能够提供更自然、流畅的语言交互体验，因此被广泛应用于聊天机器人、虚拟助手等场景。

ChatGPT 的发展历程是一个漫长而不断进化的过程。从早期的基于规则的自然语言处理技术，到后来的基于统计的自然语言处理技术，再到现在的基于深度学习的自然语言处理技术，ChatGPT 在不断的技术创新和应用拓展中逐渐成熟。随着 Transformer 模型的出现，ChatGPT 在处理自然语言方面取得了突破性进展。Transformer 模型通过自注意力机制和多层叠加的网络结构，能够更好地捕捉句子中的上下文信息，提高了 ChatGPT 的语义理解和生成能力。随着技术的不断进步，ChatGPT 的应用场景也在不断拓展。如今，ChatGPT 已经广泛应用于在线客服、智能问答系统、机器翻译等领域。同时，ChatGPT 还在教育、医疗、智能家居等领域展现出巨大的潜力和机会。然而，随着 ChatGPT 的普及和应用，也面临着一些挑战和问题。例如，如何保证对话的质量和准确性、如何处理偏见和歧视问题、如何优化性能和效率等。为了解决这些问题，需要不断地进行技术创新和应用拓展，也需要关注伦理和法律问题，确保 ChatGPT 的应用符合道德和法律法规的要求。

ChatGPT 的发展历程是基于 GPT 技术的不断演进和应用拓展。随着技术的不断进步，ChatGPT 未来还有很大的发展潜力，有望在更多领域发挥其语言模型的强大能力。

11.1.4 ChatGPT 的优势和挑战

1. ChatGPT 的优势

ChatGPT 的优势在于其强大的自然语言处理能力和对话生成能力。首先，ChatGPT 采用最先进的自然语言处理技术，包括 Transformer 模型的深度学习技术，能够更好地理解和生成人类语言。这使得 ChatGPT 在对话生成方面表现出了卓越的能力，能够根据用户的输入进行智能化的回答和对话。其次，ChatGPT 具有强大语言生成能力，能够根据用户的输入生成高质量的文本内容，如文章、评论、摘要等。这使得 ChatGPT 在内容创作领域具有广泛的应用前景，如自动写作、智能编辑等。此外，ChatGPT 还具有高度的可扩展性和灵活性，可以根据不同的需求进行定制和优化，如语音识别、机器翻译等，这使得 ChatGPT 在各个领域都具有广泛的应用前景。ChatGPT 的优势如下。

① 自然语言处理：ChatGPT 能够理解和生成自然语言文本，使得人机交互更加自然和流畅。

② 多样化回答：ChatGPT 可以根据上下文生成多样化的回答，使得对话更加丰富和有趣。

③ 学习能力：ChatGPT 具备强大的学习能力，可以学习各种领域的知识，为用户提供准确和专业的回答。

④ 智能推荐：ChatGPT 可以根据用户的兴趣和需求智能推荐相关的信息和资源。

⑤ 跨平台使用：ChatGPT 可以在各种平台上使用，方便用户在不同设备上对话。

⑥ 可扩展性：ChatGPT 可以通过不断的学习和训练提高自己的智能水平和回答能力。

⑦ 可定制化：ChatGPT 可以根据用户的需求进行定制，满足不同行业和场景的需求。

⑧ 隐私保护：ChatGPT 在运行过程中保护用户隐私和数据安全，不会泄露用户的个人信息。

这些优势使得 ChatGPT 在人工智能领域具有广泛的应用前景，包括智能客服、智能助手、智能家居、智能汽车等。同时，ChatGPT 的发展也促进了人工智能技术的进步，为人类的生活和工作带来了更多的便利和创新。

除了上述优势，ChatGPT 还有以下几个重要的特点。

① 实时性：ChatGPT 能够实时地响应用户的输入，并快速地给出相应的回答，这对于需要快速响应的场景非常有用。

② 情感分析：ChatGPT 具备情感分析的能力，可以理解并回应用户的情感，这对于改善人机交互的体验非常有帮助。

③ 跨语言能力：ChatGPT 不仅支持多种语言，还可以处理不同语言的混合输入，这使得其可以广泛应用于国际化场景。

④ 自我学习能力：ChatGPT 可以通过自我学习来不断提高自己的能力，这意味着随着时间的推移，其回答的质量会不断提高。

总的来说，ChatGPT 的优势在于其强大的自然语言处理能力、智能化的回答方式、广泛的应用场景以及对隐私的保护等，使得其在人工智能领域具有巨大的潜力和价值。

2. ChatGPT 的挑战

ChatGPT 是一种基于人工智能的自然语言处理技术，能够与人类进行自然对话，并进行各种任务的处理，如问题回答、自动翻译、语音识别等。然而，尽管 ChatGPT 具有强大的功能，但它也面临着一些挑战。

（1）数据隐私和安全问题不容忽视。随着 ChatGPT 的应用越来越广泛，ChatGPT 需要大量的训练数据来学习，这些数据可能包含用户的隐私信息，因此数据泄露的风险也在增加。为了解决这一问题，需要加强数据加密和保护措施，同时建立完善的数据管理制度，确保用户数据的安全和隐私。

（2）ChatGPT 需要处理大量的语言数据，这需要强大的计算资源和存储能力。为了提高效率和性能，ChatGPT 需要不断优化算法和硬件设备，同时降低运营成本，以满足大规模应用的需求。

（3）ChatGPT 还需要面对各种语言和文化差异的挑战。为了更好地适应不同地区和语言，ChatGPT 需要不断学习和改进，同时加强与当地文化和习惯的融合。

（4）ChatGPT 需要解决与人类沟通的障碍问题。虽然 ChatGPT 能够处理自然语言，但它并不能完全理解人类的复杂情感和语境。因此，处理一些情感丰富或语境复杂的文本时，ChatGPT 的回答可能会显得生硬或不够自然。这就需要加强自然语言处理技术的研发和应用，提高 ChatGPT 的语义理解和表达能力，使其能够更加自然、准确地与人类沟通。

尽管 ChatGPT 面临一系列的挑战和问题，但它仍然是一种非常有前途的人工智能技术。通过不断的技术改进和商业模式创新，ChatGPT 在未来将发挥更加重要的作用。

11.1.5 ChatGPT 对人类社会的影响

1. 对教育领域的影响

第一，促进教育模式的变革。

教育模式的变革主要体现在学生个性化学习的推进、学校智能化教学的实现和教学中跨学科融合的促进。ChatGPT 能够整合不同学科的知识，为学生提供跨学科的学习资源和实践机会，推动教育从单一学科向综合素养培养转变。

第二，加强教育资源的优化。

教育资源的优化主要体现在教育资源的公平化和教育资源的多样化两方面。ChatGPT 为教育资源匮乏地区的学生提供了更多学习机会，在线平台和智能辅导缩小了区域间教育资源的差距。ChatGPT 可以生成丰富的教学材料，包括语言学习、编程、艺术等领域的个性化内容，进一步丰富了教育资源。

第三，促使对教育政策的重新思考。

ChatGPT 的应用促使教育政策制定者重新思考教育目标和技术应用的结合方式，这是当前教育领域的重要发展趋势，尤其在人工智能技术快速发展的背景下，这种结合方式应该呈现出多维度的创新与变革。教育政策必须确保技术应用与教育目标的一致性，推动教育向更加高效、公平和人性化的方向发展。

2. 对就业市场的影响

ChatGPT 等 AI 技术的崛起对就业市场产生深远的影响。据预测，到 2030 年，AI 将取代 8500 万个工作岗位。在客服、数据录入和会计等领域，许多职位已经部分或全部自动化。然而，AI 技术的出现也创造了新的就业机会。随着 AI 技术的普及，需要更多的人来开发、部署和维护这些系统。此外，AI 与人类的协作也将成为未来的常态，人们将需要更强的跨领域技能，如数据解读、创新思维和人际交往能力。这些新机会将出现在 AI 技术、云计算和数据分析等领域，为求职者提供更广阔的职业发展空间。

3. 对人类沟通方式的影响

随着 ChatGPT 等自然语言处理技术的发展，人类的沟通方式正在经历一场深刻的变革。ChatGPT 具有强大的语言理解和生成能力，正在改变人与机器的交互方式，也对人与人之间的沟通方式产生深远的影响。据统计，全球范围内的用户每天花费在社交媒体上的时间超过 200 亿分钟，而其中大部分时间都用在了聊天和交流上。ChatGPT 的出现使得人与机器的沟通更加自然、便捷，进而使人与人的沟通不再受限于传统的文本输入和输出方式。

ChatGPT 的应用场景非常广泛，例如在线客服、智能问答系统、机器翻译等。在这些场景中，ChatGPT 能够快速地理解和回答问题，提供准确的信息和解决方案，大大提高了沟通效率。同时，ChatGPT 还能够根据用户的语言习惯和情感状态进行智能化的回复，使沟通更加自然和人性化。

ChatGPT 强大的语言处理能力使其能够自动识别和理解用户的语言，自动进行语义分析和信息抽取，从而快速地提供用户需要的信息和解决方案。同时，ChatGPT 还具有高度的智能化水平，能够根据用户的反馈和行为进行自我学习和优化，不断提高自身的智能化水平和服务质量。

　　然而,由于 ChatGPT 具有强大的语言生成能力,可能会被用于生成虚假信息或攻击性的言论;由于其具有高度的智能化水平,还可能会被用于侵犯用户的隐私和安全。因此,应用 ChatGPT 时,需要加强监管和管理,确保其应用符合法律法规和社会道德规范。

　　总之,ChatGPT 等自然语言处理技术的发展正在深刻地改变人类的沟通方式,使得人们可以更加自然、便捷地进行交流和沟通,提高了沟通的效率和便捷性。未来,随着技术的不断进步和应用场景的不断拓展,ChatGPT 将会在更多的领域得到应用和推广,成为人类沟通方式的重要组成部分。

11.1.6　ChatGPT 的伦理和法律问题

1. AI 技术的道德边界

　　AI 技术的道德边界是一个备受关注的话题。随着 AI 技术的不断发展,人们对于其道德应用的关注度也越来越高。在 ChatGPT 的应用中,我们也需要注意到其可能带来的道德问题。例如,在机器翻译中,如果 AI 技术被用于翻译敏感信息,如造谣、辱骂、人身攻击、个人隐私、商业机密等,就可能涉及道德问题。因此,应用 ChatGPT 时,需要明确其道德边界,并采取相应的措施来保护用户的利益。此外,还需要建立相应的监管机制,以确保 AI 技术的道德应用。例如,可以建立 AI 技术的伦理审查机制,以确保 AI 技术的研发和应用符合道德标准。同时,也需要加强公众的科普教育,提高公众对于 AI 技术的认知和理解,以避免因误解而导致的恐慌和不安。

2. ChatGPT 与隐私保护

　　随着 ChatGPT 等人工智能技术的快速发展,隐私保护问题日益凸显。ChatGPT 在收集、存储、使用和共享个人信息时,如果不加以规范和限制,就可能导致个人隐私的泄露和滥用。因此,在 ChatGPT 的应用中,必须高度重视隐私保护问题,采取有效的措施来确保用户的个人信息安全。

　　第一,ChatGPT 的开发者需要建立完善的隐私政策,明确收集、使用和共享个人信息的范围和方式,同时要确保用户对个人信息的控制权,如知情权、访问权、更正权和删除权等。此外,ChatGPT 的开发者还需要采取加密等安全措施来保护用户信息不被未经授权的第三方获取和使用。

　　第二,政府和监管机构也需要制定相关法律法规来规范人工智能技术的使用,保护个人隐私。例如,可以规定 ChatGPT 等人工智能技术收集和使用个人信息的最小范围和最短时间,要求开发者对个人信息的处理进行审计和监管,同时对侵犯个人隐私的行为进行惩罚。

　　第三,用户自身也需要提高隐私保护意识,了解 ChatGPT 等人工智能技术的使用方式和隐私政策,避免在不安全的平台上使用个人信息,也可以通过技术手段来保护个人信息安全,如使用虚拟私人网络、加密聊天等。

　　总之,在 ChatGPT 等人工智能技术的快速发展中,隐私保护是一个不可忽视的问题。需要各方共同努力,采取有效的措施来确保用户的个人信息安全。只有这样,人工智能技术才能在合法合规的前提下更好地服务于人类社会。

3. 法律法规对 ChatGPT 的约束和引导

　　ChatGPT 日渐普及,法律法规对其的约束和引导也日益受到关注。为了规范 AI 技术的使用,多国政府相继出台相关法律法规,对 AI 技术的研发、应用和推广进行监管。这些法规要求 AI 技术必须遵守道德和法律原则,确保技术的合理、合法和可持续性发展。例如,欧盟出台的《人工智能法案》规定,AI 技术必须经过严格的审查和授权,确保其符合道德和法律标准。在美国,联邦贸易委员会也发布了针对 AI 技术的指南,要求 AI 技术的开发和使用必须遵循公平、透明和可问责的原则。这些法律法规的出台不仅有助于规范 ChatGPT 等 AI 技术的使用,防止其被滥用或用于非法目的,也为 AI 技术的发展提供了法律保障和支持。

11.1.7 ChatGPT 的发展前景

1. ChatGPT 的技术趋势和创新方向

随着深度学习技术的不断发展,ChatGPT 在自然语言处理领域的技术趋势和创新方向也日益明显。未来,ChatGPT 将会在以下几方面实现更大的突破和创新。

(1) 更加精准的语义理解:随着深度学习算法的不断优化和数据集的不断扩大,ChatGPT 将能够更加精准地理解人类语言,进一步提高对话质量和用户体验。

(2) 个性化定制:通过对用户历史对话和行为的分析,ChatGPT 将能够提供更加个性化的服务和定制化的体验,满足不同用户的需求和偏好。

(3) 跨语言支持:随着全球化和多语言需求的不断增加,ChatGPT 将支持更多的语言和地区,满足不同国家和地区用户的需求。

(4) 集成化和智能化:ChatGPT 将与更多的智能设备和系统集成,实现更加智能化的交互和服务。同时,ChatGPT 还将与其他 AI 技术进行融合和创新,实现更加高效和智能的解决方案。

(5) 隐私保护和安全保障:ChatGPT 应用不断普及、用户数据不断增加,隐私保护和安全保障将成为 ChatGPT 技术发展的重要方向之一。未来,ChatGPT 将采用更加先进的加密技术和隐私保护方案,确保用户数据的安全和隐私。

2. ChatGPT 在商业领域的潜力和机会

ChatGPT 在商业领域的潜力和机会是巨大的。随着人工智能技术的不断发展,ChatGPT 等自然语言处理技术逐渐成为商业领域的重要应用。ChatGPT 具有强大的语言理解和生成能力,帮助企业提高客户满意度、优化客户服务、提升营销效果等方面的能力。以下将从几方面探讨 ChatGPT 在商业领域的潜力和机会。

第一,ChatGPT 可以帮助企业提高客户满意度。通过自然语言交互,ChatGPT 能够快速理解客户需求,提供个性化的服务和解决方案。例如,在金融领域,客户可以使用 ChatGPT 进行智能咨询,了解投资理财、保险、贷款等方面的知识。ChatGPT 能够根据客户的问题和需求提供专业、准确的回答,提高客户满意度和忠诚度。

第二,ChatGPT 可以帮助企业优化客户服务。通过自然语言处理技术,ChatGPT 能够自动识别和解决客户的问题和投诉。在客户服务中,快速响应和解决客户问题是至关重要的。ChatGPT 可以大幅提高客户服务效率和质量,降低企业成本和客户等待时间。

第三,ChatGPT 可以帮助企业提升营销效果。通过自然语言生成技术,ChatGPT 能够生成具有吸引力和针对性的营销内容,提高营销效果和转化率。例如,在电商领域,商家可以使用 ChatGPT 生成个性化的产品推荐和促销信息,吸引潜在客户的关注和购买。同时,

ChatGPT 还可以帮助企业进行市场调研和竞品分析,为企业制定营销策略提供有力支持。

第四,ChatGPT 技术不断发展和完善,其在商业领域的应用场景也将不断拓展。例如,ChatGPT 可以应用于智能家居领域,实现智能音箱、智能电视等设备的语音交互和控制;可以应用于智能驾驶领域,实现车辆的人机交互和智能导航;还可以应用于教育、医疗等领域,提供更加智能化和高效的服务。

综上所述,ChatGPT 在商业领域的潜力和机会是巨大的。通过提高客户满意度、优化客户服务、提升营销效果等方面的应用,ChatGPT 将为企业带来更多的商业机会和发展空间。随着技术的不断进步和应用场景的不断拓展,ChatGPT 在商业领域的应用前景将更加广阔。

3. ChatGPT 对社会发展和人类文明的影响

ChatGPT 作为引领未来的自然语言处理技术,对社会发展和人类文明的影响不容忽视。随着 ChatGPT 技术的不断进步和应用领域的拓展,它将在许多方面改变生活方式和工作模式。例如,在教育领域,ChatGPT 能够提供个性化的学习资源和智能化的辅导,帮助学生更好地理解和掌握知识。在医疗领域,ChatGPT 可以通过自然语言处理技术快速准确地分析病例和提供治疗方案,提高医疗服务的效率和质量。在商业领域,ChatGPT 可以帮助企业更好地理解客户需求和反馈,优化产品设计和服务质量,提高市场占有率和竞争力。

ChatGPT 对社会发展的影响不仅限于特定领域,还具有广泛的应用前景和潜力。例如,ChatGPT 可以应用于智能城市的建设中,通过智能化管理和服务提高城市居民的生活质量和幸福感。此外,ChatGPT 还可以应用于金融、能源、交通等关键领域,提高行业的智能化水平和安全性。随着 ChatGPT 技术的不断发展和完善,它将在更多领域发挥重要作用,推动社会的发展和进步。

ChatGPT 对人类文明的影响也是深远的。首先,ChatGPT 将改变人们的沟通方式,使得信息传递更加高效和准确;其次,ChatGPT 将推动知识的普及和传承,使更多人能够获取和学习知识;最后,ChatGPT 将促进文化的交流和传承,使得不同文化背景的人们能够更好地理解和交流。

11.2　ChatGPT 的主体架构及支撑技术

11.2.1　ChatGPT 的架构

ChatGPT 的主体架构遵从"基础语料＋预训练＋微调"的基本范式,如图 11-1 所示。"预训练＋微调"是指首先在大数据集上训练得到一个具有强泛化能力的模型(预训练模型),然后在下游任务上进行微调,是一种基于模型的迁移方法。

海量高质量的基础语料是 ChatGPT 技术突破的关键因素。其语料体系包括预训练语料与微调语料,后者包括代码和对话微调语料。预训练语料包括从书籍、杂志、百科等渠道收集的海量文本数据,提供了丰富的语义语境和词汇,帮助模型深入学习理解自然语言中的基础词汇与逻辑关系表达规则;微调语料包括从开源代码库爬取、专家标注、用户对话等方式加工而成的高质量标注文本数据,进一步增强其对话能力。

预训练是构建大规模语言模型的基础,是指事先在大规模训练数据上进行大量通用的

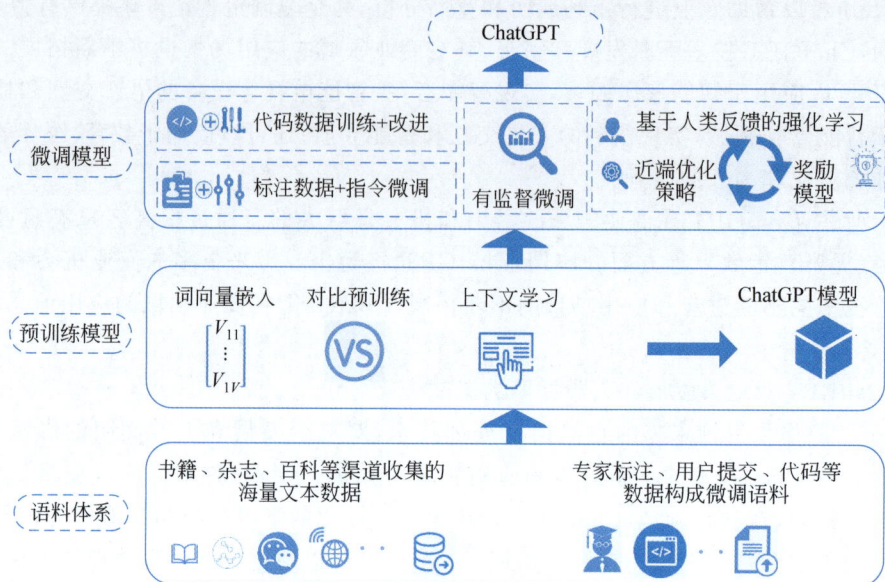

图 11-1　ChatGPT 架构示意图

训练，采用无监督学习方法，以得到通用且强泛化能力的语言模型。

在大规模数据的基础上，通过预训练，模型初步具备了对人类语言理解和上下文学习的能力，能够捕捉文本片段和代码片段的语义相似性特征，从而生成更准确的文本和代码向量，为后续微调任务提供支持。微调是实现模型到应用的保障，是指在特定任务的数据集上对预训练模型进行进一步的训练，通常包括冻结预训练模型的底层层级（如词向量）与调整上层层级（如分类器）的权重。对预训练模型微调将大大缩短训练时间，节省计算资源，并加快训练收敛速度。ChatGPT 在具有强泛化能力的预训练模型基础上，通过整合基于代码数据的训练和基于指令的微调，利用特定的数据集进行微调，使之具有更强的问答式对话文本生成能力，其"预训练＋微调"的流程如图 11-2 所示。

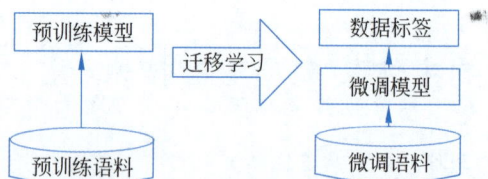

图 11-2　ChatGPT"预训练＋微调"流程

11.2.2　Transformer 模型

Transformer 模型是 ChatGPT 技术原理中的核心组件，为自然语言处理带来了突破性的进展。Transformer 模型是一种基于自注意力机制的深度学习模型，它由 Vaswani 等在 2017 年提出，并被广泛应用于自然语言处理任务。Transformer 模型主要由两部分组成：编码器和解码器。编码器由多个相同的层堆叠而成，每一层都包含自注意力机制和残差连接。解码器同样由多个相同的层堆叠而成，但在每一层中还包含了编码器的输出作为输入，以指导解码过程。自注意力机制是 Transformer 模型的核心，它允许模型在处理输入时关注到所有位置的信息,而不仅仅是相邻的位置。通过自注意力机制,Transformer 模型可以更好地理解输入数据的内在关系,从而在自然语言处理任务中表现出色。

除了 Transformer 模型本身,其变体也被广泛使用。例如,BERT(bidirectional encoder representations from transformers)是一种预训练的 Transformer 模型,它在大量无监督数据上进行训练,并被证明在各种 NLP 任务中具有强大的性能。

Transformer 模型采用自注意力机制,将输入的句子视为序列,通过计算句子中每个单词之间的相关性得分来捕捉句子中的语义信息。这种机制使得 Transformer 模型能够更好地理解自然语言,并在机器翻译、文本生成等领域中取得优异表现。据统计,Transformer 模型在英语语言理解方面达到了 85.5% 的准确率,在中文语言理解方面达到了 80.1% 的准确率。此外,Transformer 模型还具有并行计算的优势,能够在大规模数据上快速训练,进一步提高了模型的性能和效率。随着 Transformer 模型的不断优化和改进,它在自然语言处理领域的应用前景将更加广阔。

11.2.3　自然语言处理

自然语言处理(NLP)是人工智能领域的一个重要分支,使得计算机可以理解和处理人类语言。随着深度学习技术的发展,自然语言处理近几年取得了突破性的进展。例如,Transformer 模型的出现,使得机器翻译的准确率达到了惊人的水平。同时,自然语言处理也被广泛应用于在线客服、智能问答系统、机器翻译等领域。自然语言处理的发展,使得 ChatGPT 等对话机器人能够更好地理解人类语言,提供更加智能的服务。未来,随着技术的不断进步,自然语言处理将在更多的领域得到应用,为人类带来更多的便利。

基于 Transformer 模型的 ChatGPT 自然语言处理技术采用预训练-微调(pretrained-finetune)的方法进行模型训练。在模型训练过程中,ChatGPT 使用大量语料库进行预训练,学习语言的基本语法、语义和上下文信息。在预训练阶段,模型会学习如何将输入的文字转化为相应的内部表示,并利用自注意力机制捕捉句子中的重要信息。在微调阶段,模型训练会对特定任务的数据进行训练,例如对话生成。在这个阶段,模型会学习如何根据上下文生成合适的回复,以满足用户的对话需求。通过微调,ChatGPT 可以更好地理解特定任务的语义和语境,从而生成更加自然、准确和有用的回复。

除了自然语言处理技术,ChatGPT 还采用了许多其他技术来提高自然语言处理的性能,例如,使用掩码语言模型(masked language model)来提高语言表示的能力,以及使用生成对抗网络(GAN)进行对话生成和评估。这些技术的应用使得 ChatGPT 在自然语言处理方面表现出了很高的性能,并为用户提供了流畅、自然的对话体验。

11.2.4　深度学习技术

深度学习技术是 ChatGPT 的核心驱动力。通过深度学习,ChatGPT 能够从大量的文本数据中学习语言的语法、语义和上下文信息,从而生成自然、准确和有意义的回答。深度学习技术中的神经网络模型,如 Transformer,通过训练可以自动提取输入数据的特征,并生成相应的输出。这种模型在自然语言处理任务中表现出了极高的性能,使得 ChatGPT 能够理解并回应复杂的语言问题。

深度学习技术不仅提高了 ChatGPT 的对话质量,还增强了其处理复杂问题的能力。

例如,处理歧视和偏见问题时,ChatGPT 通过深度学习技术可以识别并纠正这些不公正的语言表达,从而提供更加公正和客观的信息。深度学习技术还为 ChatGPT 的优化提供了解决方案。通过不断优化神经网络模型和训练算法,可以提高 ChatGPT 的性能和效率,使其更加智能、高效地为用户提供服务。

11.2.5　ChatGPT 与其他 AI 技术的比较和融合

1. ChatGPT 与 Siri、Alexa 等技术的比较

ChatGPT、Siri 和 Alexa 都是人工智能技术的应用,但它们在设计、功能和应用场景上有所不同。以下是对这三种技术的比较。

(1) 技术基础。

ChatGPT 基于 OpenAI 的 Transformer 架构,是一个预训练的语言模型,专注于理解和生成自然语言文本。

Siri 由苹果公司开发,使用自然语言处理和机器学习技术,集成了语音识别和语音合成。

Alexa 由亚马逊公司开发,同样使用语音识别和自然语言处理技术,以及机器学习来改进用户体验。

(2) 交互方式。

ChatGPT 主要通过文本交互,用户输入文字,ChatGPT 以文本形式回应。

Siri / Alexa 设计用于语音交互,用户通过语音命令与它们交流,它们也可以通过语音反馈。

(3) 功能定位。

ChatGPT 适合进行开放式对话、文本生成、内容创作、教育、问答等。

Siri / Alexa 更多用于执行具体任务,如设置提醒、播放音乐、控制智能家居设备、搜索信息等。

(4) 个性化和学习。

ChatGPT 可以生成个性化的文本,但作为一个 API,它不存储个人用户的长期数据。

Siri / Alexa 提供个性化体验,可以学习用户的偏好和习惯,并根据这些信息提供定制化服务。

(5) 应用场景。

ChatGPT 适用于需要文本生成和对话的应用程序,如聊天机器人、教育工具、内容创作辅助等。

Siri / Alexa 广泛应用于个人助理、智能家居控制、车载系统等。

(6) 隐私和安全。

所有这些技术都重视用户隐私和数据安全,但它们的数据处理和存储方式可能有所不同。

(7) 开发和部署。

ChatGPT 作为一个 API,可以被集成到不同的应用程序和平台中。

Siri / Alexa 与特定的硬件和生态系统紧密集成,如苹果设备和亚马逊的 Echo 系列设备。

（8）开放性和可访问性。

ChatGPT 的模型虽然本身不是开源的，但 OpenAI 提供了 API 接口，供开发者使用。

Siri/Alexa 的核心技术是专有的，不对外开放，但提供了开发者工具来创建与这些平台兼容的技能或应用。

ChatGPT、Siri 和 Alexa 都是人工智能语言模型，但它们在技术实现、应用场景和性能表现等方面存在一定差异。每种技术都有其独特的优势和局限性，选择使用哪一种取决于用户的具体需求和偏好。

为了更深入地了解 ChatGPT 与 Siri、Alexa 等技术，可以通过分析模型、数据集、算法复杂度等方面的差异来实现。首先，在分析模型方面，ChatGPT 采用 Transformer 模型，具有更高的计算复杂度和资源消耗。Siri 和 Alexa 具有较低的计算复杂度和资源消耗。其次，在数据集方面，ChatGPT 需要大规模语料库进行训练，而 Siri 和 Alexa 则依赖特定领域的语料库。此外，在算法复杂度方面，ChatGPT 具有更高的算法复杂度，能够处理更复杂的自然语言处理任务。

综上所述，ChatGPT 具有较强的通用性和优异的表现能力，可应用于多个领域；Siri 和 Alexa 则更侧重于智能家居和移动设备的语音助手应用。

2. ChatGPT 与图像识别技术的融合应用

ChatGPT 与图像识别技术的融合应用为人工智能领域带来了新的突破。将自然语言处理技术与图像识别技术相结合，可以实现更加智能化、高效化的图像识别系统。这种融合应用不仅可以提高图像识别的准确率，还可以为人类提供更加便捷、智能的服务。

ChatGPT 与图像识别技术的融合应用具有广泛的前景。这种结合可以实现更高级别的智能对话系统，为用户提供个性化的消费体验，提高购物的效率和准确性，以及在安防系统、智能驾驶和医学影像诊断等领域发挥重要作用。

在医疗领域，ChatGPT 与图像识别技术的融合应用可以帮助医生快速准确地诊断病情，通过图像识别技术识别病变区域，结合 ChatGPT 的推理能力，可以提高诊断的准确性和效率。

在安防领域，这种融合应用可以帮助警方快速识别犯罪嫌疑人，提高公共安全水平。

在在线购物领域，用户可以通过上传照片或提供商品描述，结合 ChatGPT 与图像识别技术自动识别商品，并给出推荐和购买建议。这种个性化推荐方式可以提高购物的效率和准确性，为用户提供更加个性化的消费体验。

在旅游咨询领域也大有作为。用户只需上传风景照片或提供描述，ChatGPT 结合图像识别技术就能自动识别景点，并给出相关的旅游信息，如交通、住宿等。

在智能驾驶中，通过图像识别技术识别路况和车辆信息，结合 ChatGPT 的对话功能，可以实现更加智能和安全的驾驶。

总之，ChatGPT 与图像识别技术的融合应用具有巨大的潜力和广阔的前景。这种技术的应用不仅有助于提高各种场景下的智能化水平，也将为人类的生活带来更多的便利和创新。

3. AI 技术间的互补与集成创新

AI 技术间的互补与集成创新是推动 ChatGPT 发展的关键因素之一。随着人工智能技术的不断发展，不同技术之间的相互融合和集成已经成为一种趋势。ChatGPT 也不例外，它集成了多种 AI 技术，包括自然语言处理、深度学习、机器学习等，从而实现了高度智能化的自然语言交互。

互补性是 AI 技术间的重要关系之一。以机器翻译为例，ChatGPT 的机器翻译功能可以快速地将一种语言翻译成另一种语言，这对于跨语言沟通来说是非常重要的。而另一种 AI 技术，如语音识别技术，可以将语音转换成文本，从而进一步增强 ChatGPT 的交互能力。这两种技术相互补充，使得 ChatGPT 能够更加全面地理解人类语言，并提供更加智能化的回答。

集成创新也是 AI 技术发展的重要方向之一。通过将不同的 AI 技术集成到一个系统中，可以实现更加高效和智能的处理和分析。例如，ChatGPT 集成了自然语言处理技术和深度学习技术，从而实现了更加智能化的自然语言交互。同时，ChatGPT 还可以与图像识别技术进行集成，从而实现在自然语言交互的同时还能够处理和分析图像数据。这种集成创新使得 ChatGPT 能够更加全面地处理和分析信息，提高其智能化水平。

通过不断探索和尝试新的技术组合和应用场景，可以进一步增强 ChatGPT 的性能和智能化水平，为人类提供更加智能化的服务和支持。

11.3 ChatGPT 的应用

随着人工智能技术的不断发展，ChatGPT 作为一种先进的自然语言处理技术，具有广泛的应用前景和拓展空间，正在被广泛地应用于各种领域中。

11.3.1 ChatGPT 在教育领域的应用

ChatGPT 在教育领域的应用实践包括但不限于以下几方面：

（1）信息检索：ChatGPT 可以帮助学生获取精确信息，并提供即时的结果。ChatGPT 的结果响应是直观的，能够直击要点，帮助学生快速获取和理解信息。例如，如果一个学生在数学问题上需要帮助，ChatGPT 可以帮助其解决问题，解释数学概念，并根据这个概念生成更多的问题，举一反三，供学生练习。

（2）培养批判性和创造性思维：如果制定适当的规则和策略来打击抄袭或作弊问题，ChatGPT 反而能帮助学生形成批判性和创造性思维。ChatGPT 可以引导学生进行独立思考，让学生通过分析和判断来获取知识，提高解决问题的能力。

（3）辅助教师工作：ChatGPT 可以帮助教师编写课程计划，创建教案等，大大节省教师的时间和精力。同时，ChatGPT 还可以协助教师进行课堂管理，提供教学建议等，帮助教师更好地完成教学任务。

（4）个性化学习：ChatGPT 可以根据学生的学习情况和需求提供个性化的学习方案和指导。通过分析学生的学习数据和行为，ChatGPT 可以发现学生的学习特点和问题，提供更加精准的学习建议和帮助。

（5）语言学习：ChatGPT 可以用于语言学习，提供实时的语言翻译和对话练习。学生可以通过与 ChatGPT 进行对话练习来提高口语和听力能力，还可以通过 ChatGPT 来学习不同语言的表达方式和文化背景。

ChatGPT 在教育领域的应用实践是多方面的，它可以帮助学生、教师和学习者提高学习效率和质量,促进教育的个性化和智能化。然而,ChatGPT 在教育领域的应用实践也面临着一些挑战和问题。首先,ChatGPT 虽然能够提供大量的信息和知识,但并不能替代传统的课堂教学和教师的作用。教师的角色不仅是传递知识,还包括引导学生思考、培养学生的价值观和情感等方面的素养。其次,ChatGPT 的答案有时可能存在错误或不准确的情况,这可能会误导学生。最后,ChatGPT 的智能化水平还有待提高,例如在理解复杂的数学公式或医学图像等方面,ChatGPT 还无法达到人类专家的水平。

因此,为了更好地在教育领域应用 ChatGPT,需要采取一些策略和措施。首先,教师需要掌握 ChatGPT 的使用技巧,将其作为教学辅助工具来使用,而不是完全替代教师的角色。其次,学校和教育机构需要制定相应的规则和政策,来规范 ChatGPT 的使用,避免出现作弊等问题。此外,需要不断提高 ChatGPT 的智能化水平,使其更好地适应教育领域的需求。

11.3.2　ChatGPT 在医疗领域的应用

通过自然语言处理技术,ChatGPT 可以快速准确地分析大量的医疗数据,帮助医生做出更准确的诊断和治疗方案。在医疗领域,ChatGPT 已经开始展现出其强大的应用潜力,以下是一些 ChatGPT 在医疗领域的应用。

(1) 智能问诊助手:ChatGPT 对大量医学文献和数据库进行学习,可以将这些知识转换为自然语言,为医生提供智能问诊助手。医生通过与 ChatGPT 进行对话,快速获取有关疾病和治疗方案的信息,提高诊断的准确性和效率。

(2) 自动化病历记录:ChatGPT 可以自动记录患者的病史、症状、诊断结果等信息,并生成结构化的病历报告。这不仅可以减轻医生的工作负担,还可以提高病历记录的准确性和完整性。

(3) 药物研发与推荐:ChatGPT 可以通过对大量的药物研发数据和文献的学习,为药物研发人员提供有价值的药物设计和推荐建议。ChatGPT 可以帮助研究人员快速筛选出具有潜在疗效的药物候选者,从而提高药物研发的效率和成功率。

(4) 健康管理:ChatGPT 可以为个人提供个性化的健康管理建议。通过与用户的交流,ChatGPT 可以了解用户的健康状况、生活习惯和需求,从而给出合理的饮食、运动和保健方面的建议。

(5) 医学影像诊断:ChatGPT 可以对医学影像进行自动分析和诊断。通过对大量的医学影像数据进行学习,ChatGPT 可以识别出病变的组织和器官,并提供初步的诊断意见。这可以为医生提供辅助诊断的依据,并提高诊断的准确性和效率。

ChatGPT 在医疗领域的应用广泛且潜力巨大,随着技术的不断发展和完善,ChatGPT 有望为医疗行业带来更多的创新和变革。

11.3.3　ChatGPT 在智能家居领域的应用

在智能家居领域,ChatGPT 的应用主要体现在语音助手和智能家居控制方面。语音助手是智能家居的重要组成部分,而 ChatGPT 的语音识别和生成技术,使得语音助手更加智能、高效。用户可以通过语音指令控制智能家居设备,如灯光、空调、电视等,实现家居生活的自动化和智能化。

（1）ChatGPT 作为智能家居助手，能够与用户进行自然、友好和个性化的交流。通过分析用户的对话历史、偏好和习惯，ChatGPT 可以为用户提供更智能、更贴心、更节能的家居方案和建议。例如，根据用户的日常作息时间自动调节卧室的灯光亮度、温度，以帮助用户更好地休息；根据用户的饮食习惯自动推荐食谱、调节厨房设备的工作参数，以提高烹饪效率。

（2）ChatGPT 为智能家居设备添加社交功能。通过与设备的互动，用户可以与其他家庭成员或朋友聊天，分享生活点滴，使家居生活更加丰富多彩。这种社交功能不仅增加了设备的趣味性和亲密感，还有助于加强家庭成员之间的情感联系。

（3）ChatGPT 为智能家居创建虚拟角色。这些角色可以根据用户的喜好和需求进行个性化定制，如虚拟宠物、虚拟管家等。用户可以通过对话方式与这些角色进行娱乐、教育或治疗等活动，丰富家庭生活。

（4）ChatGPT 为智能家居提供多语言支持。这意味着不同国家和地区的用户可以使用自己熟悉的语言与系统沟通，无须担心语言障碍。这一功能不仅扩大了系统的适用范围，还为其在全球市场上推广奠定了基础。

此外，ChatGPT 在智能家居领域还有许多潜在的应用场景。例如，ChatGPT 可以支持智能家居设备的自动化操作、远程控制和自动化调整，提高智能家居的自动化水平。这不仅可以为用户带来更便捷的生活体验，还有助于降低能源消耗、提高生活效率。

通过结合 ChatGPT 技术，智能家居将变得更加智能化、人性化、社交化和多语言化，为用户带来更加便捷、舒适和有趣的生活体验。同时，合作伙伴们也可以利用这一技术进行有效的宣传推广活动，扩大市场影响力，共同推动智能家居行业的繁荣发展。

11.3.4　ChatGPT 在线客服中的应用

在线客服作为 ChatGPT 的重要应用之一，能够为企业提供高效、便捷的客户服务。通过使用 ChatGPT 技术，在线客服能够更好地理解客户的问题和需求，快速给出准确的回答和建议，提高客户满意度和忠诚度。这主要得益于 ChatGPT 的自然语言处理能力和深度学习技术，能够自动识别和理解客户的问题，给出合适的回答。此外，ChatGPT 还可以通过不断学习和优化提高回答的准确性和效率，进一步降低企业成本和提高客户满意度。

在线客服 ChatGPT 具有以下特点。

（1）自然语言处理：在线客服 ChatGPT 能够理解和处理人类语言，通过自然语言处理技术将用户的语言转化为机器可以理解的格式，从而进行自动回复。

（2）机器学习：在线客服 ChatGPT 使用机器学习技术来不断学习和改进自己的回复能力。通过不断的学习和训练，ChatGPT 可以逐渐提高自己的回复质量和效率。

（3）多样化回复：在线客服 ChatGPT 可以根据不同的情境和用户输入的内容，生成多样化的回复。这些回复思路清晰、逻辑严密，能够满足用户的多种需求。

（4）快速响应：在线客服 ChatGPT 可以快速响应用户的输入，并给出相应的回复。这有助于提高用户的满意度和效率，减少等待时间。

（5）智能化管理：在线客服 ChatGPT 还具备智能化管理功能，可以自动记录用户的反馈和问题，对这些问题进行分析和整理，为企业提供数据支持。

在线客服 ChatGPT 还具有以下优势。

（1）24/7 服务：在线客服 ChatGPT 可以全天候在线，随时为用户提供服务。这对于那些需要随时为用户提供帮助的企业来说是非常有价值的。

（2）减少人力成本：使用在线客服 ChatGPT 可以减少企业对人力客服的需求，从而降低人力成本。在线客服 ChatGPT 可以处理大量的常见问题和请求，而复杂的问题可以转交给人工客服处理。

（3）提高客户满意度：在线客服 ChatGPT 能够快速响应、思路清晰、逻辑严密地回答用户的问题，这可以大大提高客户的满意度。另外，客户可以通过在线客服 ChatGPT 随时获取帮助，也能提高客户的满意度。

（4）改进客户服务质量：通过机器学习和数据分析，在线客服 ChatGPT 可以不断改进自己的回复质量和效率，从而提高客户服务质量。

（5）增强客户忠诚度：通过提供高效、优质的客户服务，在线客服 ChatGPT 可以帮助企业增强客户忠诚度，从而提高企业的业务效益。

在线客服 ChatGPT 是一种非常有用的工具，可以帮助企业提高客户服务质量和效率，降低成本，增强客户忠诚度。随着人工智能技术的不断发展，在线客服 ChatGPT 的应用前景将会更加广阔。

11.3.5　ChatGPT 在智能问答系统中的应用

智能问答系统是 ChatGPT 应用的一个重要场景，它利用自然语言处理技术和深度学习技术快速、准确地回答用户的问题。

智能问答系统是一种基于人工智能技术的计算机程序，它能够自动地回答用户提出的问题。ChatGPT 是一种基于深度学习的自然语言处理技术，可以用于构建智能问答系统。ChatGPT 通过训练大量的文本数据，学习到了语言的语法、语义和上下文信息，从而能够理解人类语言，并生成自然语言回复。它可以根据用户的问题在内部知识库中查找相关信息，或者利用推理、演绎等逻辑运算得出答案。

随着互联网信息的爆炸式增长，人们对于快速获取信息的需求越来越高，智能问答系统的出现正好满足了这一需求。根据市场研究报告，智能问答系统的市场规模不断扩大，未来几年仍将保持高速增长。这主要得益于人们对于便捷、高效的信息获取方式的追求，以及技术的不断进步和应用场景的拓展。智能问答系统的技术原理主要是基于自然语言处理技术和深度学习技术，通过分析问题、匹配答案、筛选答案等步骤，最终输出最符合用户需求的答案。在应用场景方面，智能问答系统可以应用于在线客服、智能家居、医疗等领域，为用户提供快速、准确的信息服务。例如，在医疗领域，智能问答系统可以帮助患者快速了解病情、获取治疗方案等信息。在教育领域，智能问答系统可以辅助教师进行教学、回答学生的问题等。未来，随着技术的不断进步和应用场景的拓展，智能问答系统将更加智能化、个性化，能够更好地满足用户的需求。

相比于传统的基于规则或模板的方法，ChatGPT 具有更强的自适应能力和更高的回答质量。它能够处理各种复杂的问题，包括开放式问题、上下文相关问题等，并且能够生成连贯、有逻辑的回复。

然而，ChatGPT 也存在一些局限性。例如，它可能无法处理一些模糊或抽象的问题，或者在某些情况下会生成不准确或误导性的答案。此外，ChatGPT 的训练需要大量的计算资源和时间,因此,其开发和维护的成本较高。

11.3.6　ChatGPT 在机器翻译领域中的应用

机器翻译是指利用计算机自动将一种语言的文本转换为另一种语言的文本的过程。机器翻译是 ChatGPT 应用场景中的一个重要领域。随着全球化和多语言市场的不断扩大,机器翻译技术为人们快速、准确地获取跨语言信息提供了便利。ChatGPT 是一个大型的语言模型,它使用人工智能技术来理解和生成自然语言的文本。ChatGPT 能够将一种语言的输入文本自动转换为另一种语言的输出文本,因此,可以被视为一种机器翻译技术。

ChatGPT 的机器翻译功能基于 Transformer 模型,该模型具有强大的自适应能力和上下文感知能力,能够实现更加准确和流畅的翻译效果,相比传统机器翻译有了很大幅度的提升。此外,ChatGPT 还支持多种语言之间的翻译,包括英语、中文、法语、德语等数十种语言。这种多语言支持能力使得 ChatGPT 在跨国企业、跨境电商等领域具有广泛的应用前景。

ChatGPT 还可以根据用户的反馈和数据进行持续的学习和改进,从而提高翻译的准确性和流畅性。然而,机器翻译技术仍然存在一些挑战和限制。例如,对于一些复杂的语言结构和文化背景,机器翻译可能难以完全理解和表达。所以,它也需要不断改进和优化,以更好地满足人们的需求。为了提高机器翻译的准确性和流畅性,研究人员正在不断探索新的技术和方法。例如,他们正在研究使用更复杂的模型结构,如 Transformer 的变种或基于注意力机制的模型,以提高机器翻译的语义理解和表达。此外,研究人员还正在探索使用无监督或半监督学习方法,使机器翻译系统能够更好地处理未标记的数据,并提高其泛化能力。

未来,随着人工智能技术的不断发展,机器翻译技术有望实现更高的准确性和更广泛的应用。例如,它可以帮助人们快速翻译大量的文档、网站和社交媒体内容,促进全球范围内的信息共享和交流。此外,机器翻译技术还可以应用于语音识别、智能客服和自动翻译机器人等领域,提高人机交互的效率和用户体验。

随着技术的不断发展,ChatGPT 的应用场景也将越来越广泛。如文本生成、情感分析等。在文本生成方面,ChatGPT 可以被用于自动生成文章、摘要、评论等文本内容。通过训练 ChatGPT,可以让其学习到语言的风格、语法和语义,从而生成符合要求的文本。这可以大大提高文本生成的效率和可读性,对于新闻报道、广告创意、内容营销等领域具有广泛的应用价值。在情感分析方面,ChatGPT 可以被用于识别和分析文本中的情感倾向和情感色彩。通过训练 ChatGPT,可以让其学习不同情感表达方式的特征,从而自动判断文本的情感倾向。这可以用于客户反馈分析、舆情监控、产品评价等领域,帮助企业和机构了解用户的情感和态度。

11.4　ChatGPT 实践案例

用户可以通过多种渠道使用 ChatGPT,如直接访问官方网站、使用移动应用、使用第三方集成服务、社交媒体和合作平台以及使用代理服务等。

直接访问 ChatGPT 官方网站,以下是基本的步骤。

(1) 访问官方网站:打开浏览器,输入网址 chat.openai.com,进入 ChatGPT 的官方网站。

（2）登录或注册：如果您是新用户，需要注册一个账户。如果是老用户，直接登录即可。

（3）开始对话：登录后，您会看到一个聊天界面，可以直接在对话框中输入您的问题或指令。

（4）输入问题：在对话框中输入您想要 ChatGPT 回答的问题或者需要它完成的任务。

（5）发送并接收回答：输入完毕后，按下回车键或单击"发送"按钮，ChatGPT 处理您的问题并给出回答。

（6）多轮对话：可以与 ChatGPT 进行多轮对话，它能够根据上下文理解提出的问题，并给出连贯的回答。

如果使用的是智能手机，可以下载 ChatGPT 的官方移动应用。对于 iOS 用户，可以在 App Store 下载；对于 Android 用户，可以在 Google Play 商店或其他应用市场下载。

有些第三方平台或服务可能集成了 ChatGPT 的功能，可以通过这些平台的 ChatGPT 入口间接使用 ChatGPT。

本部分以 ChatGPT 在教育领域的应用实践为例。

通过自然语言处理技术和深度学习技术，ChatGPT 能够理解和回答各种问题，为学生提供个性化的学习支持。据统计，全球已经有超过 100 万学生使用 ChatGPT 学习，这种应用实践不仅提高了学生的学习效率，还为教师提供了更加精准的教学反馈和评估。ChatGPT 的应用实践还表明，AI 技术可以成为教育领域的重要辅助工具，帮助教师快速组织教学材料，提高教学效率和学习效果。

例如，在讲解网站开发的欢迎界面时，ChatGPT 能够帮助教师快速生成多种语言环境编写的实例，节约教师的备课时间，扩大学生的学习知识面。

在 ChatGPT 应用中输入"欢迎界面代码"，ChatGPT 就会根据提问反馈信息。

以下为 ChatGPT 回答。

欢迎界面的代码可以有很多种实现方式，这取决于你想要创建的界面类型（网页、桌面应用、移动应用等）以及你使用的编程语言和框架。以下是一些常见平台的简单示例。

1. HTML ＋ CSS 网页欢迎界面

```html
<!DOCTYPE html>
<html lang="en">
<head>
    <meta charset="UTF-8">
    <title>Welcome Page</title>
    <style>
        body {
            font-family: Arial, sans-serif;
            background-color: #f0f0f0;
            display: flex;
            justify-content: center;
            align-items: center;
            height: 100vh;
            margin: 0;
```

```
        }
        .welcome-container {
            background-color: #fff;
            padding: 20px;
            border-radius: 5px;
            box-shadow: 0 2px 5px rgba(0,0,0,0.2);
        }
        h1 {
            color: #333;
        }
    </style>
</head>
<body>
    <div class="welcome-container">
        <h1>Welcome to Our Website!</h1>
        <p>Please log in or sign up to continue.</p>
    </div>
</body>
</html>
```

2. Python Tkinter 桌面应用欢迎界面

```python
import tkinter as tk
def on_welcome_click():
    #Define what happens when the welcome button is clicked
    print("Welcome button clicked!")
root = tk.Tk()
root.title("Welcome App")
welcome_label = tk.Label(root, text="Welcome to the App!", font=("Arial", 20))
welcome_label.pack(pady=20)
welcome_button = tk.Button(root, text="Click to Continue", command=on_welcome_click)
welcome_button.pack(pady=10)
root.mainloop()
```

3. React.js 单页应用欢迎界面

```jsx
import React from 'react';
function WelcomePage() {
    return (
        <div style={{ fontFamily: 'Arial', backgroundColor: '#f0f0f0', height:
'100vh', display: 'flex', justifyContent: 'center', alignItems: 'center' }}>
            <div style={{ backgroundColor: '#fff', padding: '20px', borderRadius:
'5px', boxShadow: '0 2px 5px rgba(0,0,0,0.2)' }}>
                <h1 style={{ color: '#333' }}>Welcome to Our Website!</h1>
                <p>Please log in or sign up to continue.</p>
            </div>
        </div>
    );
```

```
}
export default WelcomePage;
```

请根据你的具体需求选择合适的代码示例。如果你需要针对特定平台或框架的更详细的指导，请提供更多的信息。

如果对以上回答不满意，或者需要更具体的实例，可以在 ChatGPT 应用中输入"Android 欢迎界面代码"，ChatGPT 就会根据提问反馈信息。以下为 ChatGPT 回答。

在 Android 开发中，欢迎界面通常是一个 Activity 或 Fragment，它在用户首次打开应用时显示。以下是一个简单的 Android 欢迎界面的示例代码，使用 XML 布局文件和 Java 或 Kotlin 编写的 Activity。

1. XML 布局文件（welcome_layout.xml）

```xml
<xml version="1.0" encoding="utf-8">
<RelativeLayout xmlns:android="http://schemas.android.com/apk/res/android"
    android:layout_width="match_parent"
    android:layout_height="match_parent"
    android:background="@color/colorPrimary">
    <TextView
        android:id="@+id/welcome_text"
        android:layout_width="wrap_content"
        android:layout_height="wrap_content"
        android:layout_centerInParent="true"
        android:text="Welcome to the App!"
        android:textSize="24sp"
        android:textColor="@android:color/white" />
    <Button
        android:id="@+id/welcome_button"
        android:layout_width="wrap_content"
        android:layout_height="wrap_content"
        android:layout_below="@id/welcome_text"
        android:layout_marginTop="20dp"
        android:layout_centerHorizontal="true"
        android:text="Get Started"
        android:textColor="@android:color/white"
        android:background="@color/colorAccent" />
</RelativeLayout>
```

2. Java Activity（WelcomeActivity.java）

```java
…
public class WelcomeActivity extends AppCompatActivity {
    private Button welcomeButton;
    @Override
    protected void onCreate(Bundle savedInstanceState) {
        …
        welcomeButton = findViewById(R.id.welcome_button);
        welcomeButton.setOnClickListener(new View.OnClickListener() {
```

人工智能基础及应用（微课视频版）

```java
        @Override
        public void onClick(View v) {
            redirectToMainActivity();
        }
    });
}
private void redirectToMainActivity() {
    Intent intent = new Intent(WelcomeActivity.this, MainActivity.class);
    startActivity(intent);
    finish();                          //关闭欢迎界面
}
}
```

3. Kotlin Activity（WelcomeActivity.kt）

```kotlin
...
class WelcomeActivity : AppCompatActivity() {
    ...
    val welcomeButton: Button = findViewById(R.id.welcome_button)
    welcomeButton.setOnClickListener {
        redirectToMainActivity()
    }
}
private fun redirectToMainActivity() {
    val intent = Intent(this, MainActivity::class.java)
    startActivity(intent)
    finish()                           //关闭欢迎界面
}
}
```

上述代码创建了一个 WelcomeActivity，它加载了一个包含欢迎信息和"Get Started"按钮的布局。当用户单击按钮时，应用将跳转到主活动（MainActivity）。需要将 MainActivity 替换为应用中实际的主屏幕 Activity。

请确保在 Android 项目的 AndroidManifest.xml 文件中声明 WelcomeActivity，并且它是启动时加载的第一个 Activity。

```xml
<activity android:name=".WelcomeActivity">
    <intent-filter>
        <action android:name="android.intent.action.MAIN" />
        <category android:name="android.intent.category.LAUNCHER" />
    </intent-filter>
</activity>
```

这只是一个基础示例，实际的欢迎界面可能会包含动画、图片、更多的按钮和复杂的逻辑。根据你的具体需求，可以进一步定制这个界面。

在与 ChatGPT 交流时，提出具体的问题有助于获得更准确和有用的回答。提高提问质量的技巧归纳如下。

（1）明确目的：清楚地表达你想要了解的信息或需要解决的问题。

（2）使用关键词：在你的问题中包含关键词，这样机器人可以更快地识别主题。

（3）避免歧义：尽量避免使用模糊不清的词汇，确保问题表述清晰。

（4）限定范围：如果你的问题涉及一个广泛的话题，尝试将其缩小到一个具体的方面。

（5）提供背景信息：如果需要，提供一些背景信息，这样机器人可以更好地理解上下文。

（6）逐步提问：如果你有一个复杂的问题，可以将其分解成几个小问题，逐步提问。

（7）避免双重否定：这可能会使问题变得模糊不清，尽量使用肯定句式。

（8）检查语法：确保你的问题语法正确，这有助于机器人正确解析你的意图。

（9）使用正确的格式：如果机器人支持特定的命令格式或关键词，确保按照这些规则提问。

（10）反馈调整：如果机器人的回答不是你期望的，根据回答调整你的问题。

例如，如果你想要了解如何创建一个 Android 欢迎界面，一个具体的问题可能是："我正在使用 Android Studio 开发一个应用，我需要创建一个欢迎界面，它应该包含一个欢迎信息和一个按钮，当用户单击按钮时，界面将跳转到主屏幕。请问我应该如何实现这个功能？"

这个问题清晰地说明了需求，提供了足够的上下文，并且限定了问题的范畴，使得回答更加有针对性。

以下为 ChatGPT 的回答。

要在 Android Studio 中创建一个欢迎界面，并实现单击按钮跳转到主屏幕的功能，你可以按照以下步骤操作。

步骤 1：创建欢迎界面布局。

首先，你需要创建一个 XML 布局文件来定义欢迎界面的 UI 元素。这个布局将包含一个 TextView，来显示欢迎信息和一个 Button 来触发跳转。

```
welcome_activity.xml
<?xml version="1.0" encoding="utf-8"?>
<RelativeLayout xmlns:android="http://schemas.android.com/apk/res/android"
    ...
    <TextView
        android:id="@+id/welcome_text"
        android:layout_width="wrap_content"
        android:layout_height="wrap_content"
        android:layout_centerHorizontal="true"
        android:layout_above="@id/welcome_button"
        android:layout_marginBottom="20dp"
        android:text="Welcome to Our App!"
        android:textSize="24sp"
        android:textColor="@android:color/white" />
    <Button
        android:id="@+id/welcome_button"
        android:layout_width="wrap_content"
        android:layout_height="wrap_content"
        android:layout_centerInParent="true"
        android:text="Get Started"
```

人工智能基础及应用（微课视频版）

```
        android:textColor="@color/your_text_color"
        android:background="@drawable/your_button_background" />
</RelativeLayout>
```

请替换 your_background_color、your_text_color 和 your_button_background 为你希望的颜色和背景。

步骤2：创建欢迎界面 Activity。

接着，创建一个 Activity 作为欢迎界面的逻辑处理。

```
WelcomeActivity.java
    …
public class WelcomeActivity extends AppCompatActivity {
    private Button welcomeButton;
    @Override
    protected void onCreate(Bundle savedInstanceState) {
        …
        welcomeButton = findViewById(R.id.welcome_button);
        welcomeButton.setOnClickListener(new View.OnClickListener() {
            @Override
            public void onClick(View v) {
                redirectToMainActivity();
            }
        });
    }
    private void redirectToMainActivity() {
        Intent intent = new Intent(WelcomeActivity.this, MainActivity.class);
        startActivity(intent);
        finish();                                //关闭欢迎界面
    }
}
```

请确保将 MainActivity.class 替换为你的主屏幕 Activity 的类名。

步骤3：配置 AndroidManifest.xml。

确保你的 WelcomeActivity 在 AndroidManifest.xml 中被声明，并且是应用的入口点（启动器 Activity）。

```
<manifest xmlns:android="http://schemas.android.com/apk/res/android"
    package="your.package.name">
    <application ... >
        <activity android:name=".WelcomeActivity">
            <intent-filter>
                <action android:name="android.intent.action.MAIN" />
                <category android:name="android.intent.category.LAUNCHER" />
            </intent-filter>
        </activity>
        <!-- 其他 Activity 声明... -->
    </application>
</manifest>
```

请将 your.package.name 替换为你的包名。

步骤 4：运行应用。

连接你的 Android 设备或使用模拟器运行应用。应用启动时,应该显示欢迎界面,单击 Get Started 按钮后,将跳转到主屏幕。

这些步骤将创建一个基本的欢迎界面,并实现按钮单击跳转功能。根据你的应用需求, 可能还需要添加一些额外的逻辑,比如检查是否是首次启动应用等。

11.5　本章小结

ChatGPT 是一种基于 GPT 模型的聊天机器人,可以进行智能对话等活动。本章主要 从以下几方面介绍 ChatGPT。

(1) 通过将 GPT 和 ChatGPT 进行对比,介绍了 ChatGPT 的定义、特点以及发展历程。

(2) 分析 ChatGPT 主体架构、基本原理及 Transformer 模型等支撑技术。

(3) ChatGPT 模型在实际场景中的应用,例如教育领域、医疗领域及智能领域等。

(4) 以 ChatGPT 在教育领域的应用实践为例,详细阐述了 ChatGPT 的使用过程。

习题 11

1. 选择题

(1) ChatGPT 模型基于哪种神经网络架构?

　　A. 循环神经网络(RNN)　　　　　　　B. 变换器(Transformer)

　　C. 卷积神经网络(CNN)　　　　　　　D. 生成对抗网络(GAN)

(2) ChatGPT 可以进行哪些类型的任务?

　　A. 文本生成　　　　　　　　　　　　B. 图像识别

　　C. 语音到文本转换　　　　　　　　　D. 以上都正确

(3) ChatGPT 如何维持对话的上下文?

　　A. 每次只考虑最后的回答　　　　　　B. 保存所有之前的交谈历史

　　C. 通过外部数据库跟踪对话　　　　　D. 无法维持上下文

(4) ChatGPT 的输出可以用于以下哪些内容生成?

　　A. 编写诗歌　　　　B. 编写代码　　　　C. 生成音乐　　　　D. 以上都正确

(5) 在哪些行业中,ChatGPT 可能会被用来提高效率 ?

　　A. 医疗保健　　　　　　　　　　　　B. 教育

　　C. 客户服务　　　　　　　　　　　　D. 以上都正确

2. 问答题

(1) ChatGPT 的主要功能有哪些?

(2) ChatGPT 是如何工作的?

(3) ChatGPT 的局限性有哪些?

(4) ChatGPT 如何影响未来的就业市场? 哪些行业可能会受到最大的影响?

(5) 未来 AI 技术将如何发展? 我们应该如何准备,以适应这些变化?

参 考 文 献

[1] Hinton G E, Salakhutdinov R R. Reducing the Dimensionality of Data with Neural Networks[J]. Science,2006,313 (5786): 504-507.

[2] Goodfellow I J, Pouget-Abadie J, Mirza M. Generative adversarial nets[J]. Advances in Neural Information Processing Systems, 2014(27): 2672-2680.

[3] Cottrell G W. New Life for Neural Networks[J]. Science,2006,313(5786): 454.

[4] Deng L. Deep Learning: Methods and Applications[M]. Boston: Now Publishers Inc,2014.

[5] Garreta R. Learning scikit-learn: Machine Learning in Python[M]. Birmingham: Packt Publishing,2013.

[6] Barber D. Bayesian Reasoning and Machine Learning[M]. Cambridge: Cambridge University Press,2012.

[7] Szeliski R. Computer Vision: Algorithms and Applications[M]. New York: Springer-Verlag Inc,2011.

[8] Jurafsky D S,Martin J H. Speech and Language Processing[M]. Upper Saddle River: Prentice Hall,2010.

[9] Koller D, Friedman N. Probabilistic Graphical Models: Principles and Techniques [M]. Cambridge, MA: MIT Press,2009.

[10] Russell S J,Norvig D. Artificial Intelligence: A Modern Approach[J]. 北京: 人民邮电出版社,2002.

[11] Duda R O,Hart P E,Stork D G. Pattern Classification (2nd Edition)[M]. NewYork: John Wiley & Sons,Inc,2001.

[12] Liu X, Mao T, Shi Y, et al. Overview of knowledge reasoning for knowledge graph [J]. Neurocomputing,2024(585): 127571.

[13] Du C Y, Li X G, Li Z Y. Semantic-enhanced reasoning question answering over temporal knowledge graphs[J]. Journal of Intelligent Information Systems,2024,62(3): 859-881.

[14] Dosovitskiy A,Beyer L,Kolesnikov A,et al. An Image is Worth 16×16 Words: Transformers for Image Recognition at Scale[C]. International Conference on Learning Representations,2021.

[15] Ramesh A,Pavlov M,Goh G,et al. Zero-Shot Text-to-Image Generation[J]. 2021(139): 8821-8831.

[16] Brown T B, Mann B, Ryder N, et al. Language Models are Few-Shot Learners[J]. 2020(33): 1877-1901.

[17] He K,Fan H,Wu Y,et al. Momentum Contrast for Unsupervised Visual Representation Learning [C]//2020 IEEE/CVF Conference on Computer Vision and Pattern Recognition (CVPR). IEEE,2020.

[18] Chen T,Kornblith S,Norouzi M,et al. A Simple Framework for Contrastive Learning of Visual Representations[J]. 2020(119): 1597-1607.

[19] Silver D,Schrittwieser J,Simonyan K,et al. Mastering the game of Go without human knowledge[J]. Nature,2017,550(7676): 354-359.

[20] Vaswani A,Shazeer N,Parmar N,et al. Attention Is All You Need[J]. arXiv,2017(30): 5998-6008.

[21] Lecun Y,Bengio Y,Hinton G. Deep learning[J]. Nature,2015,521(7553): 436.

[22] Kingma D P,Welling M. Auto-Encoding Variational Bayes[J]. arXiv. org,arXiv: 1312. 6114,2014.

[23] Cho K,Van Merrienboer B,Gulcehre C,et al. Learning Phrase Representations using RNN Encoder-Decoder for Statistical Machine Translation[J]. Computer Science,2014: 1724-1734.

[24] Mikolov T,Chen K,Corrado G,et al. Efficient Estimation of Word Representations in Vector Space [J]. arXiv preprint arXiv: 1301. 3781,2013.

[25] Krizhevsky A, Sutskever I, Hinton G. ImageNet Classification with Deep Convolutional Neural

Networks[J]. Advances in Neural Information Processing Systems,2012,25(2).

[26] Hinton G E,Osindero S,Teh Y W. A Fast Learning Algorithm for Deep Belief Nets[J]. Neural Computation,2006,18(7): 1527-1554.

[27] Hssina B,Merbouha A,Ezzikouri H,et al. A comparative study of decision tree ID3 and C4. 5[J]. International Journal of Advanced Computer Science and Applications,2014,4(2): 13-19.

[28] Lu J,Wu D S,Mao M S,et al. Recommender System Application Developments: A Survey[J]. Decision Support Systems,2015(74): 12-32.

[29] Resinick P,Varian H R. Recommender Systems[J]. Communications of the ACM,1997,40(3): 56-58.

[30] Goldberg D,Nichols D A,Oki B M,et al. Using collaborative filtering to weave an information tapestry[J]. Communications of the ACM,1992,35(12): 61-70.

[31] Resnick P,Iacovou N,Suchak M,et al. GroupLens: An open architecture for collaborative filtering of netnews[C]. Chapel Hill,NC: Proceedings of the 1994 ACM Conference on Computer Supported Cooperative Work,1994: 175-186.

[32] Linden G,Smith B,York J. Amazon. com recommendations: Item-to-item collaborative filtering[J]. IEEE Internet Computing,2003,7(1): 76-80.

[33] Koren Y, Bell R, Volinsky C. Matrix factorization techniques for recommender systems [J]. Computer,2009,42(8): 30-37.

[34] Adomavicius G,Tuzhilin A. Toward the next generation of recommender systems: A survey of the state-of-the-art and possible extensions[J]. IEEE Transactions on Knowledge and Data Engineering, 2005,17(6): 734-749.

[35] Juan Y,Zhuang Y,Chin W S,et al. Field-aware factorization machines for CTR prediction[C]. USA: Proceedings of the 10th ACM Conference on Recommender Systems,Boston Massachusetts,2016: 43-50.

[36] Perozzi B,Al-Rfou R,Skiena S. Deepwalk: Online learning of social representations[C]. New York, USA: Proceedings of the 20th ACM SIGKDD International Conference on Knowledge Discovery and Data Mining,2014: 701-710.

[37] Cheng H T,Koc L,Harmsen J,et al. Wide & deep learning for recommender systems[C]. Boston, USA: Proceedings of the 1st Workshop on Deep Learning for Recommender Systems,2016: 7-10.

[38] Guo H, Tang R, Ye Y, et al. DeepFM: a factorization-machine based neural network for CTR prediction[C]. Melbourne,Australia: Proceedings of the Twenty-Sixth International Joint Conference on Artificial Intelligence (IJCAI-17),2017: 1725-1731.

[39] Zhou G,Zhu X,Song C,et al. Deep interest network for click-through rate prediction[C]. London, United Kingdom: Proceedings of the 24th ACM SIGKDD International Conference on Knowledge Discovery & Data Mining,2018: 1059-1068.

[40] Zhao H,Ma C,Wang G,et al. Empowering large language model agents through action learning[J]. arxiv preprint arxiv: 2402. 15809,2024.

[41] Xiang X, Zhang J. FusionViT: Hierarchical 3D object detection via LiDAR-Camera vision transformer fusion[J]. arxiv preprint arxiv: 2311. 03620,2023.

[42] Beigi G, Mosallanezhad A, Guo R, et al. Privacy-aware recommendation with private-attribute protection using adversarial learning[C]. TX,USA: Proceedings of the 13th International Conference on Web Search and Data Mining,Houston,2020: 34-42.

[43] Su Y, Wang X, Le E Y, et al. Long-Term Value of Exploration: Measurements, Findings and

Algorithms[C]. Merida,Yucatan,Mexico：Proceedings of the 17th ACM International Conference on Web Search and Data Mining,2024：636-644.

[44] Bobadilla J,Ortega F,Hernando A,et al. Recommender systems survey[J]. Knowledge-based Systems,2013(46)：109-132.

[45] Leonidas D,George D,Hamid A. Artificial Intelligence：Machine Learning,Convolutional Neural Networks and Large Language Models[M]. Borlin：De Gruyter,2024：26-30.

[46] Du S,Li J. Image Classification Method Based on Multi-Scale Convolutional Neural Network[J]. Journal of Circuits,Systems and Computers,2024,33(10)：11-26.

[47] Kumari A. Convolutional Neural Network Based Image Classification[J]. International Journal of Sciences：Basic and Applied Research (IJSBAR),2022,65(1)：67-95.

[48] Siddhartha B,Vaclav S,Aboul H E,et al. Deep Learning：Research and Applications[M]. Berlin：De Gruyter,2020.

[49] Javidi B. Image Recognition and Classification[M]. New York：Taylor and Francis,CRC Press,2002.

[50] 李德毅. 人工智能导论[M]. 北京：中国科学技术出版社,2018：276.

[51] 王万良. 人工智能及其应用[M]. 2版. 北京：高等教育出版社,2016：464.

[52] 马少平. 艾博士：深入浅出人工智能[M]. 北京：清华大学出版社,2023：472.

[53] 周志华. 机器学习[M]. 北京：清华大学出版社,2016：425.

[54] 韩家炜,Kamber M,裴健,等. 数据挖掘概念与技术[M]. 北京：机械工业出版社,2012：468.

[55] 周志华,王魏,高尉,等. 机器学习理论导引[M]. 北京：机械工业出版社,2020：193.

[56] Russell S,Norvig P. 人工智能：一种现代方法[M]. 北京：人民邮电出版社,2004：758.

[57] Duda R O,Hart P E,Stork D G. 模式分类[M]. 北京：机械工业出版社,2003：530.

[58] 张仰森,黄改娟. 人工智能教程[M]. 北京：高等教育出版社,2008：380.

[59] 王永庆. 人工智能原理与方法[M]. 陕西：西安交通大学出版社,1999：466.

[60] 王昊奋,漆桂林,陈华钧. 知识图谱：方法、实践与应用[M]. 北京：电子工业出版社,2019：480.

[61] 赵军,刘康,何世柱,等. 知识图谱[J]. 中文信息学报,2020,34(9)：111.

[62] 陈华钧. 知识图谱导论[M]. 北京：电子工业出版社,2021：327.

[63] 王萌,王昊奋,李博涵,等. 新一代知识图谱关键技术综述[J]. 计算机研究与发展,2022,59(9)：1947-1965.

[64] 武田英明. Davis R,Shrobe H,et al. What is a Knowledge Representation? [J]. AI Magazine,1993,14(1)：324-325.

[65] 张吉祥,张祥森,武长旭,等. 知识图谱构建技术综述[J]. 计算机工程,2022,48(3)：23-37.

[66] 陈海红. 基于知识图谱的问答系统研究[J]. 信息与电脑(理论版),2024,36(6)：104-107.

[67] 封晨,杨文. 基于知识图谱的智能问答系统研究[C]//孙冠群. 天津市电子学会：第三十七届中国(天津)2023'IT、网络、信息技术、电子、仪器仪表创新学术会议论文集. 天津：天津光电通信技术有限公司,2023：468-471.

[68] 刘东奇. 基于知识图谱的对话文本摘要方法研究[D]. 辽宁：沈阳工业大学信息科学与工程学院,2023：55.

[69] 牛凤桂,张贝,陈石. 大数据时代的地球科学知识图谱研究现状与展望[J]. 地震学报,2024,46(3)：353-376.

[70] 胡越,罗东阳,花奎,等. 关于深度学习的综述与讨论[J]. 智能系统学报,2019,14(1)：1-19.

[71] 梁俊杰,韦舰晶,蒋正锋. 生成对抗网络 GAN 综述[J]. 计算机科学与探索,2020,14 (1)：1-17.

[72] 黄印,周军,梅红岩. 基于双分支生成对抗网络的图像隐写方法[J]. 计算机应用与软件,2023,40(6)：295-302.

参考文献

[73] 苏如祺,卞雄,朱松豪.基于聚类优化学习的少样本图像分类[J].计算机科学,2024,51(S1)：323-329.

[74] 黄曼曼,王松林,周正贵,等.基于双通道交叉融合的卷积神经网络图像识别方法研究[J].现代信息科技,2024,8(12)：47-51.

[75] 张翼鹏,卢东东,仇晓兰,等.基于散射点拓扑和双分支卷积神经网络的SAR图像小样本舰船分类[J].雷达学报,2024,13(02)：411-427.

[76] 廖星宇.深度学习入门之PyTorch[M].北京：电子工业出版社,2017：232.

[77] 周中元,黄颖,张诚,等.深度学习原理与应用[M].北京：电子工业出版社,2020：271.

[78] 张敏.PyTorch深度学习实战[M].北京：电子工业出版社,2020：400.

[79] 陈云.深度学习框架PyTorch[M].北京：电子工业出版社,2018：300.

[80] 张进军.PyTorch框架下的复杂场景目标识别方法研究[J].现代计算机,2024,30(8)：66-71.

[81] 刘凡平.神经网络与深度学习应用实战[M].北京：电子工业出版社,2018：252.

[82] 项亮.推荐系统实践[M].北京：人民邮电出版社,2012：200.

[83] 朱郁筱,吕琳媛.推荐系统评价指标综述[J].电子科技大学学报,2012,41(2)：163-175.

[84] 冷亚军,陆青,梁昌勇.协同过滤推荐技术综述[J].模式识别与人工智能,2014,27(8)：720-734.

[85] 秦涛,杜尚恒,常元元,等.ChatGPT的工作原理、关键技术及未来发展趋势[J].西安交通大学学报,2024,58(1)：1-12.

[86] 邵昱.ChatGPT工作原理及对未来工作方式的影响[J].通信与信息技术,2023(4)：113-117.

[87] 张夏恒.ChatGPT对法律的冲击及其应对策略[J].江汉学术,2024,43(3)：45-54.

[88] 焦利敏,曲宗峰,李红伟,等.基于ChatGPT机理的智能家居语音交互构建研究[J].中国标准化,2023(11)：88-92.

[89] 蔡自兴,徐光祐.人工智能及其应用[M].北京：清华大学出版社,2004：398.